河北自然地理解读

大河之北

桑献凯

曹征平 王 宁◎主编

花山文艺出版社
河北·石家庄
河北出版传媒集团

图书在版编目（CIP）数据

大河之北：河北自然地理解读 / 桑献凯，曹征平，
王宁主编. -- 2版. -- 石家庄：花山文艺出版社，
2023.4

ISBN 978-7-5511-6647-8

Ⅰ. ①大… Ⅱ. ①桑… ②曹… ③王… Ⅲ. ①自然地
理－河北 Ⅳ. ①P942.22

中国国家版本馆CIP数据核字(2023)第068846号

编 委 会

主　任：那书晨　桑献凯　曹征平

副主任：王　宁

委　员：张采鑫　郝建国　朱艳冰　张许峰

书　　名：**大河之北**——河北自然地理解读

Dahe Zhi Bei —— Hebei Ziran Dili Jiedu

主　　编：桑献凯　曹征平　王　宁

书名题签：韩　羽

策划统筹：张采鑫　郝建国　王玉晓

责任编辑：于怀新　郝卫国

责任校对：李　伟　李　鸥

装帧设计：王爱芹

美术编辑：胡彤亮

出版发行：花山文艺出版社（邮政编码：050061）

　　　　　（河北省石家庄市友谊北大街330号）

销售热线：0311-88643299/96/17/34

印　　刷：保定市正大印刷有限公司

经　　销：新华书店

开　　本：889mm×1194mm　1/16

印　　张：39

字　　数：650千字

版　　次：2023年4月第2版

　　　　　2023年4月第1次印刷

书　　号：ISBN 978-7-5511-6647-8

定　　价：198.00元

我们深爱着这片土地

如果问，中国地貌类型最为齐备的省份是哪个？答案是：河北。

这里是全国唯一兼具高原、山地、丘陵、沙漠、盆地、平原、河流、湖泊、海滨等地形地貌的省份，是浓缩的"国家地理读本"——巍峨太行挺起华夏脊梁，大平原辽阔坦荡，白洋淀荷红苇绿，碣石外洪波涌起……这是大自然的天成之作，是一片需要不断认知的"宝地"。

唯有认识，才更热爱。——"要热爱自己的家乡，首先要了解家乡。深厚的感情必须以深刻的认识作基础。唯有对家乡知之甚深，才能爱之愈切。"

《大河之北——河北自然地理解读》系列报道2017年5月启动策划，历经两年多的采访、写作，从2019年5月9日开始陆续在《河北日报》上刊登，2019年12月19日全部刊发完毕。我们用平原、山地高原、森林草原、河湖水系、海洋5个系列、28期50万字的篇幅，带着读者遍访燕赵大地万水千山，细数我们脚下这片土地的美丽丰饶，并为您解读隐藏在山山水水背后的自然地理密码。

感谢这次行走！

这片土地蕴含的时光如此悠长，让人敬畏。35亿年的沧海桑田，每一块石头，每一捧土壤，每一条河流，每一片林草，都写满故事。

这片土地如此妖娆，让人热爱。不仅有18.8万平方公里的辽阔深沉，9万平方公里的通达坦荡，更有北纬38°的肥沃丰饶，北纬40°的甜蜜芬芳。

这片土地如此让人魂牵梦萦，为之探究，为之奋斗。他们中有一代代的地质人，有把种出"世界上最好吃的麦子"当成自己新梦想的育种专家，有为"山水林田湖"后面终于添了一个"草"喜极而泣的基层护草员……

一路行走，诗人艾青的名句在心底吟唱——"为什么我的眼里常含泪水？因为我对这土地爱得深沉……"

《大河之北——河北自然地理解读》就是这份深沉的爱的具体呈现。我们希望用科学与人文知识，带您实地感受和解读这片雄奇壮美的土地，与您分享"大河之北"的故事，一起从这片大地获取奋进的力量。

　　献给伟大的祖国！

　　献给可爱的河北！

　　献给壮美的燕赵大地！

《河北日报》编辑部

目录

CONTENTS

CONTENTS

涞源长城　　李占峰　摄

河北自然地理解读

总述篇

大河文化

06-03-0004-001

扫码看视频　　扫码听书

宝地天成

采访◎《河北日报》记者 王思达 张许峰 朱艳冰 赵红梅

执笔◎《河北日报》记者 王思达 朱艳冰

古代以"河"为黄河专称，也称"大河"。

"河北"作为一个地域名称起源很早，本指黄河下游以北地区。《尔雅·释丘》记载："天下有名丘五，其三在河南，其二在河北。"这里的"河"即指黄河，"河北"即指黄河以北的广大区域，包括今河北大部分地区。

早在几千年前，黄河就流经河北腹地，并在今沧州、天津一带入海。

西汉时期，黄河仍大范围流经河北，直到东汉，才改道山东入海。历史上黄河最后一次流经河北，是在北宋庆历年间（1048年之后），黄河第三次改道，夺海河入海，前后行水62年。

虽然今天的黄河已不再流经河北，但在历史上，黄河是对河北自然地理基础形成贡献最大、影响最深远的河流，漳河、滹沱河等河北著名河流，历史上都曾是黄河的支流。黄河，是河北当之无愧的母亲河。

"大河之北"，看我河北。

河北省海拔分级分布图

海拔分级
< 50米
50米~1...
100米~2...
200米~5...
500米~8...
800米~1...
1000米~...
1200米~...
1500米~...
2000米~...
≥2500...

基础地理要...
◎ 省级政...
○ 其他居...
▲ 山峰
～ 河流
＝ 运河
━ 海岸...
▨ 湖泊

王戬芬 制图

一、落差巨大的"阶梯"

1. 接近平原的山村

2019年4月5日，清明假期。

西柏坡纪念馆二楼，电报长廊。

两侧的白色大理石墙面上，是用不同数量"A"标示保密级别的密密麻麻的电文。一阵阵嘀嘀嗒嗒的模拟发报声，仿佛瞬间把人拉回到那个紧张的战争年代。

1948年5月，毛泽东率领中共中央机关与中央工委在西柏坡会合，人民解放军总部亦同时进驻。从此，西柏坡成为中国共产党解放全中国的最后一个农村指挥所。

在此后短短10个月时间里，党中央在这里，指挥了震惊中外的辽沈、淮海、平津三大战役，召开了具有伟大历史意义的七届二中全会和全国土地会议。

408封从西柏坡发出的电报，成为对那段历史的最好见证。

这些发报机所用的电力，来自离西柏坡不远的一座水电站——沕沕水发电站。

这座位于平山西部山区的发电站，是我党我军历史上第一座水力发电站。在那个特殊时期，沕沕水发电站为党中央在西柏坡的生活、办公用电提供了有力保障。

让许多人想不到的是，沕沕水海拔高度800多米，距它直线距离仅20公里的西柏坡，海拔高度却已经骤降到190多米。事实上，西柏坡这个通常被称为"太行山深处的小山村"的地方，单从海拔高度看，已经符合学术界对平原广义上的定义——200米以下。

这样的海拔高度意味着什么？这和党中央当初选择进驻西柏坡又有什么关系？

"我国西部海拔高，东部海拔低，陆地地势可划分为三级阶梯：第一级阶梯主要是青藏高原，平均海拔4000米以上；第二级阶梯主要是盆地、高原和中山，平均海拔在1000米～2000米；第三级阶梯主要是平原和低山丘陵，平均海拔在500米以下。"河北师范大学资源与环境科学学院原院长王卫教授摊开一张中国地形图介绍说。

"对河北乃至整个华北来说，最重要的地理分界线，也是重要的平原地形地貌塑造者，就是这条山脉。"王卫把手指在了河北西部一条南北走向的山脉上。

　　这条山脉，就是太行山。

　　巍巍八百里太行，自北而南贯穿于中国大地的腹心，上接燕山，下衔秦岭，是黄土高原和华北平原的地理分界，也是中国地形第二阶梯向第三阶梯的天然一跃。河北西部太行山区，也因此成为中国地形二、三阶梯的分界之地。

　　这，也是河北重要的地理特征之一。

　　位于石家庄西部、太行山东麓的平山，正是这一特征的典型代表。

　　"提及平山，人们往往首先会想到山区县这个说法。平山西靠太行山，与山西接壤，境内大部为中山、低山山区，因此这个说法并没有错。但很多人不了解的是，由于处于从高原山地向平原过渡的地带，平山地貌类型十分多样，境内山地、丘陵、平原所占的面积都不小。"王卫介绍。

　　事实上，在平山2600多平方公里的土地上，从西到东的地势包括了亚高山、中山、低山、丘陵、平原五个地貌亚类，县域内的海拔更是从110米到2281米不等，高差悬殊。

从张石高速涞源段远眺太行山　　　田　明　赵海江　摄

如果说，作为全国唯一兼有高原、山地、丘陵、沙漠、盆地、平原、河流、湖泊和海滨的省份，河北可以被看作整个中国地形地貌的一种缩影的话，那么，除了不靠海之外，平山，几乎可以被看作整个河北地形地貌的一种缩影。

打开一张平山县地形图，全县自太行山向东地势从高到低的特点一目了然。

县域最西部的驼梁一带，海拔2000米～2281米。

往东至合河口、营里、下口、北冶等乡镇的一部分村庄，海拔降至1000米～2000米；再往东，是蛟潭庄、孟家庄、杨家桥、小觉等乡镇，海拔为500米～1000米。

至平山县中部以东，海拔降到500米以下，这已是丘陵区和海拔更低的山前平原区，包括岗南、古月、西柏坡等乡镇以及滹沱河干流沿岸村庄和上三汲、温塘、平山镇等乡镇。

西柏坡，正是位于这一区域。

"西柏坡村三面环山，一面环水，严格来讲，它所处的位置应该算一片山坳，或者叫山间盆地。如果说整个平山县地处华北平原和太行山的交会处，那西柏坡这块山间盆地，恰好处于山地丘陵与平原间阶梯地带。"西柏坡纪念馆宣教部副主任姚军说。

西扼太行山，东临冀中平原，距石家庄90公里。交通方便，易守难攻，既适宜向西侧山里撤退，又便于向城市进军；南邻滹沱河，滩地肥美，地宽粮丰，稻麦两熟……这些得天独厚的地理条件，让西柏坡成为当年中共中央临时驻地的绝佳选择。

在河北广大的太行山山前区域，这样的例子又何止西柏坡一个。从拥有秦皇古驿道的井陉，到历史上被称为"旱码头"的鹿泉，从建立中国北方第一个红色政权的阜平，到曾经的八路军129师司令部涉县……这些位于从太行山区到山前平原阶梯位置的地方，无不以自己的方式，在历史上留下浓墨重彩的篇章。

2. 举足轻重的通道

在经济、交通尚不发达的古代和近代，处于地形阶梯位置的河北，一直有着举足轻重的地位。如何跨越并利用好这一阶梯，一直都是摆在河北人面前的一个重要问题。

2019年4月6日8时21分，石家庄站。

在太原工作的石家庄人孙洪亮走下刚刚停靠的G604次列车。

频繁往返于石家庄和太原之间，已经是孙洪亮生活中的常态。年轻的孙洪亮已经习惯了石太客运专线"一个小时出头"的通达效率。其实，这种从高原到平原的高效跨越，是随着2009年石太客运专线正式通车运行才得以实现的。

在石太铁路建成通车之初的1910年，从石家庄到太原共设34站，火车7时03分在石家庄发车，到达太原为16时33分，时长9个半小时。新中国成立后，石太铁路又历经多次改造，从石家庄到太原间200多公里的线路，运行时间缩短至5个小时。

长期以来，石太铁路列车运行时长难以大幅缩短的原因，在于太行山塑造的巨大而陡峻的"阶梯"：位于太行山东麓平原的石太铁路东起点石家庄站，海拔仅为70多米；铁路进入太行山区穿山越岭时，最高处海拔1000多米；到达终点站、位于汾河谷地中的太原站时，海拔高度回落至800米左右。

巨大的高度差和穿山越岭的曲折，给铁路建设带来极大困难。也正是为了克服太行山这个巨大的"阶梯"，2005年6月11日石太客运专线开工建设——这是中国开工最早的高速铁路。

"为了克服这种海拔差，保证动车组能在太行山崇山峻岭间跑出250公里的时速，这条客运专线在设计时就强调了逢山开路、遇沟搭桥，保证了路面的高平顺性能。"

国内著名隧道专家、石家庄铁道大学博士生导师朱永全，承担了当年石太客运专线中的太行山隧道这一重大科研项目。他告诉我们："石太客专全线有桥梁隧道32座。其中，全长27.8公里的太行山隧道是当时亚洲建成通车最长的铁路山岭隧道——没有它打通太行山，一小时沟通石太无法实现。"

2009年4月1日，石太客运专线正式开通动车组列车。据不完全统计，十年来，石太客运专线仅北京铁路局管内车站发送旅客，就累计达5714.38万人次，为整个社会的经济、文化发展，带来了不小的活力。

然而，在此之前，在时间动辄以万年乃至百万年计的茫茫地史中，通过这条举足轻重的通道进入如今河北境内的，则是对这片土地更为基础、更为重要的一些东西。

3. 平原内部的"台阶"

如今广阔平坦的河北大平原，最初形成，得益于太行山造山运动——从某种意义上讲，说太行山是华北平原的"母地"也并不为过。

"地理学上，许多山脉都是大江大河的分水岭。而太行山主脉虽然巍峨高耸，却并不构成分水岭——众多河流水系是自西向东横穿太行山主脉而过的。"王卫说。

正是借助高原和平原间的巨大地势落差，漳河、滹沱河、沙河、唐河、拒马河、永定河等河流，横切太行山主脉，裹挟着泥沙冲出山口，冲积而成了河北大平原中最早形成的部分——太行山山前平原。

此后的千万年里，河流带着泥沙东流入海，不断形成新的冲积平原，河北平原的东侧海岸也不断向东推移。太行山的巨大阶梯，塑造了河北平原今天的地貌。

其实，即使在广袤平坦的河北大平原上，也有两级相对平缓的"台阶"。

2019年4月20日，石家庄市区以北，滹沱河北岸，正定塔元庄村。

一大早，村子就已经在人声喧闹中"醒来"——周末的第一拨游客已经走进这里的现代农业科技生态园。

无土栽培的有机蔬菜、长在空中的地瓜、围成长廊的辣椒……一株株新奇的植物令人目不暇接。

这个远近闻名的"全国文明村""中国最美休闲乡村"，海拔高度70米左右，从平原的地貌分类上来讲，正是典型的太行山山前平原。

从塔元庄一路往东，约80公里，就来到了辛集。这里，海拔高度已悄然下降到三四十米——也就是说，塔元庄人脚下的地平面，在海拔上，差不多和辛集市区里一栋12层的民用小高层建筑的楼顶平齐了。

而辛集再往东200多公里，黄骅东部沿海，海拔高度则已普遍下降到5米以下。

"从广义上说，平原地区的海拔是200米以下。虽然河北平原的海拔普遍低于150米，但根据现代地貌特征，从西至东、由高到低，我们仍可以将河北大平原分成三部分，它们也恰恰分属三种不同类型的平原。"王卫说。

在太行山东麓和燕山南麓十几公里至90公里不等的位置，是形成时间最早的山前平原，海拔多在100米到50米之间；山前平原以东，是主要由海河水系和古黄

白洋淀附近的大平原　　牟宇摄

河冲积而成的冲积平原，海拔从西侧的50米，逐渐下降至东侧的5米左右；而到东部海滨地区，是由河流入海三角洲相连形成的滨海平原，这一区域的海拔已经下降到5米以下。

也正因如此，看似浑然一体的河北大平原，却呈现出多姿多彩的物产和风情。

二、宽厚坚实的"胸膛"

1. 华北粮仓

2018年6月5日9时30分，芒种前一天。

邯郸磁县西陈村。

一片片望不到头的金色麦田，在烈日照耀下格外晃眼。走近麦田，整齐的小麦茎秆粗壮，穗形饱满。

随着一阵阵发动机的轰鸣声，十几台大型小麦联合收割机整齐地排成一列，开始了由南向北、齐头并进的收割。

由此，河北当年3400余万亩小麦自南向北开始收获。

深厚肥沃的平原，赐予了河北得天独厚的农业生产条件。

近年来，河北小麦总产量一直稳定在1350万吨以上。按照2018年全国小麦1.27亿吨的产量算，河北小麦总产量占全国小麦总产量的10%以上。

也就是说，我国每收获10斤小麦，就有超过1斤来自燕赵大地。

短短30多分钟后，在大型小麦联合收割机的集体作业下，西陈村率先开镰的近百亩麦田已经收割完成。联合收割机把小麦收入机斗的同时，收割机携带的秸秆粉碎机已经把秸秆粉碎还田。

"往年，一台小麦联合收割机需要3个人，1人开车，1人丈量收割面积，1人收费。今年收割机安装了智能终端设备，可以自动准确计量收割面积，一台机子仅需1人即可。"磁县天道益农农机专业合作社的机手孙怀章，已有10年的机收作业经验，2018年是他第一年使用安装了智能终端设备的小麦联合收割机。

"我种了150亩小麦，以前从收到耕再到种玉米至少也得一周时间。今年用上了全程机械化收耕种作业，一天就能完成。"看着从收割机中倾泻而出的麦粒，西陈村种粮大户温茂宏的脸上抑制不住喜悦。

数百亩的小麦收获结束，联合收割机还没退场，玉米深松播种机已经开始了深松播种。随着一粒粒玉米种子被精确地埋入土地，紧跟其后的自走式水肥一体机械也开始浇水施肥。只用半天时间，小麦开镰收割、玉米播种已经全部完成。

如今，河北小麦的机收率已经达到99.4%。此后的半个多月时间里，如此高效、快速的小麦机收场景，由南至北，在河北大平原上不断重复上演。

支撑小麦、玉米生产高度机械化的，除了技术的快速进步，还有河北大平原独特的自然禀赋——平坦开阔。

打开一张中国地图，在如雄鸡一般挺拔的版图里，河北18.88万平方公里的面积总数显然谈不上突出。但河北的特殊性在于，它紧紧环抱着首都北京，如坚实的"胸腔"，护卫着祖国的心脏。

"胸腔"，是对河北在中国地位的最好诠释和肯定。而其中最充实饱满的"胸肌"，正是占河北总面积43.4%的平原。

广阔的河北大平原，既无山丘突起，又无陵岗盘踞，极目四望，长天与地平线相接，肥壤沃土，生机盎然，从古至今，为人们提供了丰饶的物产，也孕育出悠久灿烂的文明。

2. 平原"增肌"

然而，在这片宽厚的"胸膛"上，也曾有过贫瘠和落后。

2019年4月中旬，距离冬小麦成熟还有一个多月的时间。

沧州南皮绿油油的麦田里，密密麻麻的小麦正在苗壮成长。

几十年前，这里还只是一片泛着白花花盐碱的荒地。

如今，这片地的小麦产量已突破每亩1000斤，再加上玉米的产量，成为名副其实的"吨粮田"。

如此鲜明的改变，源自2013年一项国家重大科技支撑计划的启动——"渤海粮仓"科技示范工程。

"我国既是产粮大国，同时也是粮食进口大国。""渤海粮仓"科技示范工程首席科学家、中科院遗传与发育生物学研究所南皮试验站站长刘小京说："在有限的耕地资源中挖掘增产潜力，已成为确保我国粮食安全的关键。"

2018年6月12日，中科院南皮生态农业试验站工作人员陈素英（前）在收集试验田内的小麦准备测产　　牟　宇　摄

在广袤的河北大平原上，哪些区域的耕地资源增产潜力大呢？刘小京给出了这样一组对比数据：2008年，坐拥山前平原大面积良田的石家庄和位于粮食中低产区的沧州，粮食播种面积都在1000万亩左右，但石家庄的粮食总产量占到全省总产量的15%，而沧州只占12%。不过，还有一组数据显示，石家庄当年的粮食增产量比例为7%，而沧州却高达22%，低产田的增产潜力不容小觑。

保定、石家庄、邢台、邯郸一线的山前平原，是河北平原里最富庶、最肥沃的区域。与之相比，河北东南部的沧州、衡水等地，由于靠近海岸、地下水位高等原因，历史上多为瘠薄盐碱的中低产田。"春天白茫茫，夏天雨汪汪，十年九不收，糠菜半年粮"，沧州当地的一首古老民谚，道尽这里昔日种粮的艰难。

在几番考察河北中低产田和盐碱荒地的治理改良成效后，2011年，中科院院士、国家最高科技奖获得者、小麦育种专家李振声与刘小京等人联袂发表了题为《建设"渤海粮仓"的科学依据》的论文，正式提出"渤海粮仓"的概念。

两年后的2013年，国家重大科技支撑计划项目——"渤海粮仓"科技示范工程启动，明确提出，第一阶段到2017年实现增粮能力30亿公斤，第二阶段到2020年实现增粮能力50亿公斤。

"当时我们提出'渤海粮仓'的底气，来自我们30多年来积累的、很多成熟的盐碱地治理新技术。"刘小京回忆，其中很多经验和技术的发源地，正是南皮。

时间倒回至40多年前。20世纪70年代，国家实施盐碱地改造，南皮以其独特的土地"特色"——拥有大片的中低产田，吸引来了众多国家和省级科研院所。

40多年过去，作为"渤海粮仓"的技术发源地和实施核心区，南皮通过专业合作社、家庭农场和托管式管理等方式，建立起了规模化的示范区，已成为"渤海粮仓"工程增产增效和现代农业发展的县域示范样板。目前，"渤海粮仓"工程涉及河北的43个县（市、区）都已推广南皮经验，示范带动作用明显。

2018年6月20日，"渤海粮仓"科技示范工程河北项目区通过科技部验收。统计显示，"渤海粮仓"工程实施5年来，河北累计示范推广5197万亩，增粮47.6亿公斤，带动农民增收达109亿元。

为这片曾经的瘠薄之地"增肌"的，是科学，更是人力。

上至中科院这样的国家最高研究机构，下至最基层的农技研究推广部门，从李振声这样的国家顶级科学家，到省市县各级农业专家、农技推广人员，再到这片土地上的土生土长的普通农民，是他们用愚公一样坚持不懈、百折不挠的精神，为这片土地写下了新的传奇。

3. 地道奇兵

土层深厚的河北大平原，还曾留下过另一段传奇。

2019年4月3日，石家庄。

81岁的中国抗战史学会专家组顾问、河北省社科院退休研究员谢忠厚，为我们回忆起他所亲历的抗日战争。

"我家乡在冀县（今冀州市）西沙乡西沙村，1945年抗战胜利时，我刚刚7岁。"谢忠厚说，他的家乡虽然地处冀南抗日根据地，但在很长一段时间里，都是日军统治区和根据地的拉锯之地。

"村东6里的小刘庄，是日本鬼子的据点，南边仅1里，就是日军修筑的公路。"虽然"处在日军眼皮子底下"，但村里的地下抗日活动，却从未停止过。谢忠厚说，那时候村里几乎家家有地道，他家也不例外。

地道战，是抗日战争时期，华北平原上抗日军民发明的一种独特作战方式。

提起地道战，多数人都会首先想到冀中平原上的清苑冉庄地道。事实上，在广阔的华北平原上，当年地道的普及程度远超人们想象：时至今日，北起北京南郊，西到保定中部偏南，东到沧州以西、廊坊偏南，南至衡水中北部地区以及邯郸地区，仍存在着一条抗日地道遗址带。

地道战最初的形成，是因为河北大平原的无险可守。

"广袤平坦的河北大平原，给燕赵大地带来了丰饶和富庶，但在抗日战争时期，对敌后广大抗日军民而言，却存在无险可守的困难。"中国人民革命军事博物馆原研究员王聚英说。

"相较于山区，冀中平原开展游击战争难度更大。"王聚英介绍，为了长期坚持平原游击战，避免大量伤亡，冀中地区部分干部群众开始在野外挖地洞躲藏，后来又开始在村里秘密挖洞藏身，"经过历次反'扫荡'斗争，才逐渐完善成为后来人们熟悉的地道和地道战战法。"

"地道战是平原游击战中广大军民智慧的结晶，但同时，地道战能在冀中平原推广，也要归功于河北大平原这片坚实的土地。"王聚英说。

河北大地历经300多万年沉积形成的、厚度达300米～600米的堆积层，为地道战的开展提供了客观条件。

事实上，早在1000多年前的北宋时期，这片土地上就曾出现过军事地道。

2019年4月5日，冉庄东北约80公里，雄县县城将台路东侧，宋辽古地道遗址。

走入地道仅几米，顿时凉意袭来。经专业勘测，这段地道西南至东北横跨雄县、霸州、文安、永清，长达65公里。虽然如今挖掘复原的部分长度只有200多米，但地道内结构设施仍然十分齐全。地道整体用青砖砌成，高低不一，宽窄相继，藏兵洞、瞭敌洞、休息厅、议事厅一应俱全，顶部还设有透气孔。

雄县，古称雄州，隋代设瓦桥关，与霸州益津关和淤口关，合称"三关"。北宋时期，这里是宋辽边界地区。古地道便是当年宋辽对峙的历史见证。

在河北大平原上，如今已知的宋代地道，还不止雄县一处。

雄县往南400公里，河北南部、太行山前、邯郸峰峰矿区山底村。

在这个一面靠山、三面环沟的小山村，保存着我国目前规模最大、巷道最长的抗日战争时期地道——冀南山底抗日地道遗址。

1942年，抗日战争进入最残酷的阶段，为了有效消灭敌人、保存自己，这里修成了户户贯通、功能齐全的地道。如今，现存地道主巷1626米（9条大巷），复巷304米，支巷13666米，大洞室2个，小藏身洞关口6个，陷阱4个，直通枯井的地道2条，通向西山的地道1条，还有辐射附近村落的地道。

令人惊叹的是，山底抗日地道，最早竟源于宋金时期的古地道。

20世纪五六十年代，八一电影制片厂拍摄电影《地道战》时，采编组和摄制组曾多次在山底村实地考察、采访。最终，山底村地道战中的很多真人真事和正定高平、清苑冉庄等著名地道战场景、战例一道，被搬上了大银幕。

三、得天独厚的"自然地理博物馆"

1. 高速公路技术的"全地形试验场"

2018年11月5日，深秋时节。

曲港高速定州西收费站。

站长董明渊站在出站口的路旁，手持对讲机，目不转睛地盯着站口过往的车辆。

"没想到刚一通车就这么大车流量！"这几天，董明渊很忙，但也很兴奋，"从10月29日到11月5日零时，仅我们定州西收费站一地的车流量就近1.35万辆，远超预期。"

一周前的10月29日，曲港高速（曲阳至肃宁段）正式通车。

曲港高速，一头连接太行山麓的曲阳，一头直通渤海之滨的黄骅港，是河北最新建成的"东出西联"高速通道之一。它的建成通车，不但大大提高河北省内物资出省、出海的效率，还结束了安国、博野两地长期没有高速公路的历史。

驾车行驶在曲港高速上，很多驾驶经验丰富的司机都能感觉到，在这段路面上行驶，比普通高速更安静、平稳。其中奥秘，就在于曲港高速路面施工过程中大量使用的一种新材料——胶粉／SBS改性沥青。

"在曲港高速施工过程中，我们在路面中面层全部采用胶粉/SBS改性沥青，并选取了其中的10公里高速公路，除中面层使用外，对上下面层也进行了试验应用，最高胶粉掺量提高到30%。"河北省高速公路曲港筹建处工程管理科副科长李卫华介绍。

掺入胶粉，是为了提高路面的各项性能指标，让路面更耐磨，同时也降低了汽车的颠簸和噪音，对轮胎磨损也更小。"我们用的胶粉是由废旧轮胎加工而成，工程中共使用了约11万条废旧大车轮胎，可以说是变废为宝。"李卫华笑着说。

"事实上，长期以来，国内高速建设中的很多新材料、新技术，都是在河北率先落地并通车试验。多年来，在高速公路建设领域，河北高速一直有'全地形试验场'之称。"河北省交通规划设计院副院长朱冀军自豪地说。

朱冀军的话并不夸张。除了毗邻首都北京这一地缘优势外，河北能成为众多高速公路新技术试验场的主要原因，在于其地形地貌的多样性。

"咱们河北依山傍海，北边有高原山地、南部是平原，从高速公路建设角度来讲，无论是山区高速、平原高速的新技术，还是高原地区的高海拔高寒高速公路建设技术，抑或是沿海地区耐盐碱高速公路技术，都是我们在建设中需要去考虑的。"朱冀军说，"河北的全地形性，为不同需求的技术提供了绝佳的试验场。"

山海关老龙头　　田　明　赵海江　摄

　　河北，在自然地理方面拥有一项"中国之最"，即全国地貌类型最全的省份。

　　"从西北向东南，河北可分为坝上高原、燕山和太行山山地、河北平原三大地貌单元。坝上高原属内蒙古高原南缘的一部分，平均海拔1200米～1500米，占全省总面积的8.5%；燕山和太行山山地，其中包括丘陵和盆地，海拔多在2000米以下，占全省总面积的48.1%；河北平原位于省域的南部，海拔多在150米以下，占全省总面积的43.4%。"王卫说。

　　独特的自然禀赋，让河北成为中国唯一兼有高原、山地、丘陵、沙漠、盆地、平原、河流、湖泊和海滨的省份。因此，有人形容河北地势为山脉如镰，河流如扇，平原如毯，海洋如盘，堪称中国地貌类型的"博物馆"。

2. 山海之间的独特馈赠

　　如此齐全的地貌类型，赋予了河北堪称"中国缩影"的秀美风光。

　　2018年9月1日，秦皇岛市西港花园开埠地站。

　　9时10分，随着汽笛的一声长鸣，一列造型古朴的火车缓缓驶出站台。

　　几个小时之后，这趟旅游专列，将满载400多位游客到达终点站——位于燕山南麓的小山村板厂峪。

这是国内首条实现山海联动、海铁联运的观光旅游铁路。始发站距大海仅55米，而终点站却已到达燕山南麓、长城脚下。

从山到海的距离，只有40公里。

"山海旅游铁路的前身是始建于1915年的秦皇岛地方铁路，也被秦皇岛人称为'小铁路'，是秦皇岛重要的历史文化符号。"一直致力于秦皇岛乡土历史研究的文化学者刘剑表示，这条横亘于城区并在多个繁华路口穿过的地方铁路，曾深深影响着秦皇岛人的生活，见证了秦皇岛历史的变迁。

2016年，秦皇岛启动了山海旅游铁路项目，让这一百年铁路重获新生。如今，沿着这条线路，游客们可一路观览海、山、森林、地质遗迹、古堡村落等多种景观，最终到达长城脚下的板厂峪景区。

这条旅游线路，正是河北种类多样、风光秀美的自然景观的写照：从高原到平原，从山地到盆地，从丘陵到沙漠，从湖泊到海洋，河北大地一应俱全，更有火山地貌、喀斯特地貌、嶂石岩地貌、丹霞地貌、大理岩峰林地貌等较为特殊的地貌类型。

这些来自大自然的慷慨馈赠，让今天的河北拥有中国十大风景名胜2处，世界地质公园2处，国家级风景名胜区、森林公园、地质公园、自然保护区60处。

3. 气象万千的希望田野

齐全的地貌类型，给河北这片希望之地带来了复杂多样的气候。

2019年4月24日，"谷雨"过后的第四天。

上午9时，位于坝上高原的承德围场满族蒙古族自治县迎来了一场春雪。风裹挟着鹅毛大雪漫天而下，不一会儿，就将当地已经吐芽开花的新枝装点成了"千树万树梨花开"。

同一时间，围场以南500多公里处的冀中平原，则普降春雨。几乎下了整整一天的雨，虽然造成了出行上的诸多不便，却也给人们带来了缓解旱情和防火压力的喜悦。

再往南，200多公里以外的邯郸成安，下午3时的实时温度已经达到26.7℃，年轻人纷纷夏装出行。

与此同时，河北省气象局的数据显示，位于坝上高原地区的张家口沽源县实时温度为-0.9℃，而这，还是当地当天的最高气温。

当天，中国最南省份海南的省会海口市最高气温也不过28℃，最北省份黑龙江的省会哈尔滨最低气温则为4℃——河北南北两地的实时温差，竟然比中国南北两端省份省会的昼夜温差还要大。

究竟是什么，造就了河北的"气象万千"？

"影响气候的首要因素是地理位置，这既包括纬度位置，也包括海陆位置。河北省南起北纬36° 03′，北至北纬42° 40′，南北纬差6° 37′，东濒渤海，南连广阔平原，西邻山西高原，北接内蒙古高原。这种地理位置，造就了河北暖温带大陆性季风气候的基本特征。"王卫介绍。

位于太行山东麓的涞水县松树口村　　田 明　赵海江　摄

但是，在基本气候特征的基础上，造成河北境内各地气候差异如此巨大的，还有另外一个重要原因——地形。

"河北地势西北部高，东南部低。由坝上到坝下，地势陡落。崇礼、围场等县区海拔1000米～1200米；桑洋盆地海拔700米～900米；燕山、军都山与太行山，首尾相连成'弧形山脉'。自此向东南展入辽阔的华北大平原，地势虽有起伏，海拔多在150米以下。"王卫说，复杂多样的地貌，对温度和降水的影响十分显著，这是河北各地气候差异巨大的最根本原因。

地理环境和气候条件的差异，还造就了燕赵大地上类型各异的土壤。

2018年7月1日，盛夏。

易县清西陵。

几个年轻人正手持铁锹，在一处土质松软的空地上挥汗如雨地挖土。

这群年轻人，是中国地质大学长城学院土地资源管理专业的大三学生，正在进行土壤学专业的野外实习。

"看，这就是低山丘陵地区和山前平原地带比较典型的潮褐土，再往山上走，土壤类型就会逐渐变成典型褐土。"指着眼前被挖开的土壤剖面，带队的中国地质大学长城学院教授霍习良说。

褐土是河北面积最大的土壤类型。霍习良指给学生们看的潮褐土是褐土的一种，主要分布在地形平坦、土体深厚的山前平原地区。"这种土壤无盐化威胁，宜于灌溉，是最肥沃的土壤，百姓们称之为'蒙金土'。"霍习良说。

这只是他们专业实习中的一个普通场景。

从6月开始，这些"90后"大学生，已经在霍习良的带领下，调查了从冀中平原的华北明珠白洋淀到太行山东麓的清西陵的土壤情况。

"土壤是土地的核心，也是土地的主要组成部分，是农业生产的基本资料。土壤分布，既与生物、气候条件相适应，又与区域性的地貌、母岩、水文地质及成土年龄等条件相适应——白洋淀一带和清西陵地区的土壤类型，就大相径庭。"霍习良说。

褐土、潮土、棕壤、栗钙土、水稻土、风沙土、盐碱土和沼泽土……霍习良讲来如数家珍。

正是类型齐全、复杂多样的土壤，和多姿多彩的地形地貌一道，构成了我们

秋天的井陉县仙台山红叶　　　田明　摄

　　脚下的河北大地。它们，是绿水青山的自然基础，是河北至珍至爱的自然财富，为河北孕育了多种宝藏和丰盛物产。

　　在河北复杂多样的地貌类型中，占总面积43.4%的平原，以其肥沃的土壤、适宜的气候、通达的便利性，成为全省人口最集中、最富庶的区域。大自然亿万年的伟力和孕育，才造就了这平坦又坚实的土地，有了如今我们脚下这片深达数百米乃至数千米的厚土。这片厚土来自哪里？如今还发生着哪些变化？请看《大河之北·平原篇》第一单元——厚土何来。

　　（本单元得到河北师范大学资源与环境科学学院、河北省科学院地理科学研究所、河北省农业农村厅、河北省交通运输厅的大力支持，特此鸣谢！）

2018年7月8日拍摄的河北省魏县德政镇后西营村的田野　　牟　宇　摄

河北自然地理解读

平 原 篇

06-03-0004-002

扫码看视频　　扫码听书

📖 阅读提示

燕赵大地复杂多样的地貌类型中，占总面积43.4%的平原，以其肥沃的土壤、适宜的气候、便利的通达性，成为河北省人口最集中、最富庶的区域。

今天的河北大平原，作为华北平原的一部分，南北延伸约4个纬度，东西最宽处跨越约3.5个经度，地势坦荡辽阔，既无山丘突起，又无冈陵盘踞，沃野千里，天地四合。

大自然亿万年的伟力和韧性，造就了这平坦又坚实的土地，才有了如今我们脚下这片深达数百米乃至数千米的厚土。

更令人惊奇的是，这片厚土最富激情的成长，距今只有短短数千年时间。时至今日，沧海桑田的变化仍在延续。

2019年3月11日，在石家庄藁城区梅花镇的农田里，农民驾驶农机在小麦田间劳作　梁子栋　摄

2018年，夏天。

邢台南和。

全国最大的小麦加工企业之一金沙河集团。

一辆12轮东风重卡，稳稳地停在小麦存储仓库外的液压翻板上。

验质、称重、卸车。4分钟后，一阵密集而细碎的沙沙声中，30余吨金黄的麦粒，从卡车上倾泻而下。伴随着大功率小麦杂质自动分离系统的强力侧风，杂质与小麦自动分离。

很快，这些来自邯郸魏县、刚刚收获不久的优质强筋麦，配比上其他品种小麦，经过清理、筛选、中间切割、层层刮剥、低温研磨，成为面粉，再经过高速连续和面、仿手擀多道压延、中温中速干燥等数道全自动工序，变身成为中国北方最为经典的小麦深加工食品之一——挂面。

把一粒粒金黄的小麦，变成一根根修长的挂面，这条最新的全自动食品加工流水线，只用了几个小时。

然而，为了这一碗面的香醇，我们脚下的这片土地——孕育了这一切的河北大平原，已经悄悄准备了几千万年。

一、数千万年的孕育

1. 这片大平原，曾是山地，也曾是盆地

如果将我们脚下的大地比喻成一个人，那么地貌演化就像人的一生，都有降生前的孕育期，也有降生之后的幼年期、青年期、壮年期和老年期。

这片古老又年轻的河北大平原，到底经过了怎样的孕育？

在河北省科学院地理科学研究所学术委员会原主任、研究员吴忱看来，这一切，还要从距今8800万年前的中生代末期说起。

距今8800万年至6500万年前的中生代末期，恐龙统治的时代，地表覆盖着大量蕨类植物和裸子植物。虽然相比侏罗纪，此时恐龙的种类已明显减少，但其体形却普遍更为巨大，棘龙和霸王龙更是成为地球上有史以来最庞大的陆生肉食性动物。

这时的河北大平原，遍布着山地，平均海拔两三百米，高的地方达到500多米。

这也是一段长达2000多万年的地质平静期。

但平静中孕育着力量。以河流为主的诸多外力对这片古老的山地进行了漫长的侵蚀、剥蚀，山地被一点点削低，河流谷地以毫米级的进度被慢慢填平。最终，伴随着恐龙时代的结束，大自然在距今约6500万年前的白垩纪末期完成了对华北山地的夷平和削高补低——华北准平原基本形成。

那时，渤海还未形成，从如今的五台山、太行山一线，东至日本、朝鲜半岛，从如今的坝上高原以南至今黄河以北的广大地区，陆地仍连成一片。

华北准平原的形成，标志着在东亚地区持续了近1亿年的燕山运动趋于结束。此后的1000万年间，华北地区的地壳活动趋于稳定，地表也趋于平坦、宁静，地面上甚至发育出了普遍覆盖的风化壳。

20世纪80年代，阳原盆地。

时任北京师范大学地理系教授的中国科学院院士周廷儒，在一个地图上难以查到、名叫夏家山的小村庄，惊奇地发现了裸露在地层剖面中、厚度达8米的土红色岩石。

经过地质年代检测，这片似乎毫不起眼的岩石，正是距今6000万年前的古新世在华北准平原上普遍覆盖的红色风化壳。

后来，它被吴忱命名为夏家山期风化壳。

将近1000万年的相对稳定和沉寂，使今天的人们还能有幸一睹6000万年前形成的风化壳。但这些，只是马上到来的一次新的地壳运动前的"短暂"平静。距今约5400万年前的新生代始新世中期，华北地区拉开了喜马拉雅运动的序幕。

喜马拉雅运动是塑造如今亚欧大陆地形的大规模造山运动，如今我们看到的亚欧大陆上横贯东西的巨大山脉，都是喜马拉雅造山运动的产物。

这时候，伴随着能量的积累，大陆漂移、板块相撞，地壳活动开始激化：西太平洋板块和亚欧板块相撞挤压，激烈的板块运动伴随着剧烈的火山喷发，使沉寂已久的华北大地开始分异——大致以燕山运动晚期形成的太行山和燕山山前深断裂为界，西部和北部以抬升为主，逐渐形成山地；东部以下降为主，形成了几条南北走向的幼年期大裂谷，华北准平原也随之被分解。

在这个过程中，西部、北部和东部裂谷之间的准平原被抬高到了山地顶部，形成了一种特殊的地貌——山地夷平面。

2018年7月25日，小五台山。

一群来自河北师范大学生命科学学院的大一学生，正在杨家坪管理区进行实习考察。他们头顶不太遥远的山巅，就是代表河北第一高度的小五台山东台，海拔2882米。

东台顶峰，一片面积不过十几平方米的平坦台面，正是距今5400多万年前地壳运动遗留下来的产物。事实上，如今的河北最高的山脉小五台山的5个台顶（东台、南台、西台、北台、中台），都是距今5400多万年的始新世中期留下的夷平面。

对普通人而言几乎超出想象范围的数千万年，在地史长河中，其实只是弹指一挥间。

到距今约2400万年的中新世初期，华北地区开始了喜马拉雅运动第二幕活动。华北西部、北部山地不断抬高，而原来华北准平原的东沿——今天的日本、朝鲜半岛、辽东半岛一带，地势也逐渐上升，其腹地则逐渐形成一片面积广阔的盆地。

这，就是后来的华北平原之所在。

2. 两千多年前的"突变"

时间塑造一切。

地势高差和气候的变化让一度进入老年期的河流复苏，奔流的河水将粗粒物质不断搬运堆积到盆地中，又一点儿一点儿沉积下来，形成了平原的原始积累。到距今约300万年前的第三纪后期，古老的华北盆地，已经逐渐发展成为平原地貌。

历时数千万年堆积出来的这片平原，就是我们脚下春种秋收的土地吗？

不，那还只是大地母亲深层的肌体。

大约距今250万年前，喜马拉雅运动第三幕开始，这就是地质纪年中的"第四纪"。中国所有高山、高原现今达到的海拔高度，几乎都是这一阶段上升的结果。

也正是喜马拉雅运动第三幕，奠定了河北现代地貌格局。

这一时期，燕山、太行山最终达到了今天的高度。流经黄土高原的古黄河及太行山各水系，裹挟着大量泥沙呼啸而来，冲出山口、峡谷，一部分泥沙沉积在

地处冀中平原的雄县县城　　牟宇摄

谷口，形成洪冲积扇，一部分沉淀在东部平原。有科学资料显示，直到20世纪中后期，河北省内主要河流向平原运送的泥沙量，平均每年仍达1.97亿吨！

在第三纪后期平原地貌基础上，经过200多万年的时间，厚达数百米的松散沉积物不断堆积，现代华北平原逐渐形成。

这，就是今天我们脚下河北大平原的最终来源。

事实上，这块山海之间绵延近9万平方公里的连片平原，仍是分段形成的。

其中，太行山、燕山山前平原形成较早，在距今25000年～10000年前的末次冰盛期，就形成了洪积扇形平原，土质最为肥沃。其具体位置，在今天的唐山—北京—保定—石家庄—邢台—邯郸一线。

在今天的河北博物院南区三层《石器时代的河北》展厅里，悬挂着一张河北新石器时期重要遗址分布图。

仔细观察我们不难发现，这些距今约1万年至5000年的文明遗址，恰好整齐地分布在这一时期形成的山前洪积扇形平原一线。

直至今日，这一地区仍是京冀一带人口最为集中、最为富庶的地区。

鲜为人知的是，对古海岸遗迹的科学研究表明，随着地壳与气候的变化，华北平原几经沧海桑田。距今5500年前，华北的海岸线已经延伸到今孟村—沧州—青县—天津—曹妃甸—乐亭一线。但河北的平原，却局限在今馆陶—邢台—宁晋—清苑—北京（马驹桥）一线以西的山前部分，山前洪积平原以东的广大地区，则是湖泊、沼泽、洼地连成一片，并不适合人类居住。

直到距今3000年前的晚全新世，随着气候变冷、雨量减少，海平面再次下降，海岸线后退，大片平原开始露出，河流带着泥沙继续向东不断堆积，才最终形成了今日的河北大平原地貌景观。

相比此前千万年的孕育堆积，这实在是一个"突变"的过程。

2018年7月27日。

涿州市西何各庄村农家一号院饭店。

这一天，是中国传统节令中的二伏，在中国北方的广大地区，人们仍然保持

2018年7月8日拍摄的河北省魏县德政镇后西营村的田野　　牟宇摄

着"头伏饺子二伏面"的饮食习惯。

一盘形状酷似猫耳、口感极为筋道的面食，拌着香喷喷的肉酱卤，热腾腾地端上了桌。

这是涿州特色小吃"督亢面"。

督亢，战国燕的膏腴之地。今涿州东南有督亢陂，而在固安，据方志记载旧有督亢亭。这一带，包括附近的定兴、高碑店等地，就是历史上的督亢。

曾令秦王垂涎并引发了荆轲刺秦一系列传奇故事的膏腴之地督亢，在地貌学者的眼中，正是战国末期海平面下降、湖沼干涸后最新出露的一片丰饶富裕的沃土。

河北，别称"燕赵"。然而，大多数普通人想象不到的是，我们脚下这片厚土的最终成形，竟是在距今仅仅2000多年前的春秋战国至秦汉时期。

春秋末期燕、赵以及千乘之国古中山国在这片土地上的异军突起，战国时期赵武灵王的胡服骑射，战国中后期群雄逐鹿主战场的北移，邯郸1500多条成语典故的历史存留，"自古多慷慨悲歌之士"的千年礼赞……如今，当我们从地貌科学的独特视角回望那段岁月，会不禁惊叹，原来，在纵横捭阖风云际会的历史深处，竟有大自然早已铺垫下的神奇伏笔。

也许，正因如此，与《尔雅》《方言》《说文解字》并称为汉代四大训诂学著作的《释名》一书，才会把"乱则冀治，弱则冀强，荒则冀丰"作为河北——古之冀州的注脚。

在那个时代，这里就是一片崭新的土地，充满挑战和机遇！

二、河流的搬运与塑造

1. 一场暴雨，还原洪冲积平原"分娩"前的阵痛

1963年8月初。

一场突如其来的特大暴雨，扰乱了无数人的工作与生活。

它后来所引发的海河流域特大洪水，至今在中国灾害史上仍留有深重的一笔。

这一天，赞皇县的雨势仍未减弱。一个身着雨衣的年轻人，不顾滂沱的雨

黄河改道及渤海海岸线变迁示意图

褚 林 制图

势，蹚着泥泞的雨水，匆匆赶往赞皇境内的槐河决口处。

他并不是抗洪抢险的工作人员，而是一位恰好正在进行野外考察工作、决心借这个机会冒险见证自然奇观的地貌学者。

他就是当时只有27岁的吴忱。

距今2.5万～1.1万年的末次冰盛期，华北地区达到历史上最寒冷干燥的时期，海平面一度达到最低。这一时期，华北地区物理风化作用强烈，山体植被稀疏，地表裸露。每到雨季，突发性洪水挟带着大量碎屑物质，开始时以强烈下切为主，形成切割谷，旋即转为快速堆积，形成砂质古河道高地。

古河道高地形成后极易决口改道，因而在出山口以下地区形成砂砾石洪积扇，数个洪积扇连在一起便成为洪积扇形平原——太行山、燕山山前最为肥沃的洪积扇形平原，就是这样形成的。

然而，这一切，通常都只能通过对地质遗迹的科学研究来加以解释。在现实中，由于气候的变化和人类活动对自然的改造，特大洪水的强烈下切、洪积扇的形成过程究竟是怎样的，已经很难再现。

正因如此，给全流域带来深重灾难的1963年特大暴雨、洪水，却给吴忱带来了一次千载难逢的科考机会。

年轻的吴忱在暴雨中尽力爬上离决口稍远的一处高地，向决口处望去——

半个多世纪之后的今天，已经是耄耋之年的吴忱依然对当年洪水来势之汹涌记忆犹新：经过连日暴雨，洪水下游很多村庄已被冲毁，决口处水势却依然巨大。洪水裹挟着大量泥沙，在高差较大的地方，甚至形成了一堵数米宽的黄色瀑布，从上游奔涌而下。

即使在密集的雨幕中，站在决口不远处的吴忱，依然能闻到浓重的泥土腥气。

由于上下游地势高差，湍急的洪水一路对流经的地面进行着剧烈切割，地面土石、植被、人工物接连不断地塌方、崩落……在洪水源头处，水流冲刷作用不断加剧，受冲刷部位随着物质的剥蚀分离，边缘迅速向上游源头后退。

若不是亲眼所见，吴忱甚至不敢相信，短短不到一个小时的时间，洪水源头就因溯源侵蚀作用后退了数米。

24小时之后，吴忱再次冒雨返回决口处考察，洪水源头竟已后退了近1公里。

"当时我亲眼见证的，还只是一次洪水在几天之内的威力。如果将时间轴拉长到几千年、上万年，洪水改变地形、携带泥沙、塑造平原的能力可想而知。"半个多世纪后，吴忱这样感慨。

在人类生活的环境中，山洪暴发、河流决口是破坏巨大的灾难。但在远远超越人类历史的漫长地质年代中，大多数平原的最终形成，正是河流搬运、泥沙堆积的结果。山洪、决口，更往往是洪冲积平原"分娩"前的阵痛。

因此，那些搬运泥沙、塑造平原的大江大河，被人们亲切地称为母亲河。

如今早已不再流经河北境内的黄河，历史上曾长期在我们脚下的这片土地上奔腾。研究表明，黄河最晚在距今2.5万年的末次冰盛期就已流经华北平原。古黄河及其支流，正是对河北大平原形成起到最大作用的母亲河。

2. 一座地标，讲述母亲河的"独特赠予"

在今天的107国道新乐段入口处，伫立着一尊身插双翅、脚踏祥云、振翅欲飞的汉白玉骏马雕塑。

这座建于1992年的雕塑，是当时刚刚撤县建市的新乐，为自己兴建的第一座城市地标——"神道飞马"。

上古神话中的"飞马"，是在滔天洪水中向伏羲、女娲呈献治水河图的神兽；而"神道"，指的则是当地著名沙地神道滩。

神道滩，是新乐、无极一带一片面积相当广阔的河道沙地，直到20世纪80年代，这里的沙岗、沙丘仍触目皆是。在当地民间传说里，这片沙地要么是伏羲、女娲撒下的白沙路标所化，要么是天兵天将降妖除魔的通海大道，种种神秘离奇的说法不一而足。

但在地理学家眼中，这片广阔的沙地，是历史上沙河、磁河河道反复摆动留下的遗迹，是古河道变迁的例证之一。而不断变迁的古河道，特别是浅埋古河道沙带，是地貌学者解读平原成因时最为关注的、大自然留下的特殊密码之一。

研究表明，距今最晚不迟于2.5万年前，古黄河主流便已从今河南内黄一带进入今河北境内，沿途流经今大名、清河、枣强、景县、沧州、青县等地，并最终在天津以东入渤海盆地。到距今1万年以前，不仅今天河北中南部的卫河（古清河）、漳河、滹沱河、沙河、唐河都是古黄河的支流，乃至北部的永定河、潮白河，甚至直到冀东的滦河、青龙河，也都一度成为古黄河的支流——"神道飞马"和它背后的种种民间传说，所暗合的，竟然正是古老母亲河影响深远的"独特赠予"！

事实上，以黄河为主导的众多砂质古河道高地，不但建造了太行山、燕山山前平原，甚至直接伸进了渤海盆地。直到如今，在海河入海口处的海底，仍然保留着这一时期的古河道遗迹。

黄河，哺育了这片土地，也在上万年间，在这片土地上多次改道，大刀阔斧地改变着这片崭新平原的面貌。

距今8000年～5000年前的中全新世前半期，黄河在今孟村一带入海，并由此形成了如今的孟村三角洲。此后，这条黄河古河道又在春秋、战国及西汉时期，被黄河多次流经，最终形成了华北平原又长、又宽、又高的地面古河道沙带，进而由此构成了华北平原中部的分水岭。

星移斗转，岁岁年年。古黄河及其支流迅猛多变的洪水，挟带着大量泥沙在洪积扇形平原前缘以下地区，又开始形成冲积扇及扇前以下的泛滥平原。中全新世时期的湖沼湿地，大部分被泛滥平原掩埋，仅有几个扇间洼地群残留下来——今天白洋淀和衡水湖，就是那个时期留下的见证。

造化天成。如果不是地理学家的解读，谁能想象，如今承载着千年大计梦想的"华北明珠"，起初，竟也是黄河母亲无意中带给这片土地的留念。

直到东汉以后，黄河向南改道，才离开河北，进入山东。此后，除北宋时期在河北短暂流经60余年外，黄河再也没有进入河北境内。

公元627年，唐贞观元年，唐王朝设置"河北道"，其南部辖区包括了今天河北省的大部分境域。

大河之北，乃有其名。

乐亭县姜各庄镇的滦河入海口　　刘江涛　摄

三、沧海桑田"进行时"

1. 冀东：最年轻的平原

作为一种自然现象，平原的形成和演化进行得十分缓慢，以至于身处其中的人们，很多时候无法察觉到它的变化。

但事实上，河北大平原这片厚土，时时刻刻都在发生着或显著或细微的改变。

研究显示，唐山曹妃甸区，最早形成于明末清初，主要由来自渤海湾西岸和滦河洪积扇上的季节性河流带来的两股泥沙交汇堆积而成。这个新生的海积平原，地貌年龄只有400年左右。

而曹妃甸区里最年轻的一片天然陆地，形成距今尚不足百年时间。

"1921年一位英国学者实测的曹妃甸地区地形图显示，今天位于曹妃甸区的华北理工大学一带以及曹妃甸湿地一线以南的陆地，在当时还不存在——显然，这块区域形成于1921年以后。"吴忱表示。

曾于20世纪60年代来到这一带工作的一些石油工作者见证了这片土地的生长：当年的曹妃甸区南堡镇，属于国营河北柏各庄农场管辖，除了农场场部所在的半条小街，大部分是人迹罕至的稻田、虾池和盐场以及一人多高的芦苇丛，一天工作下来，几乎见不到几个当地人。甚至，如果没有那条简陋的防波堤，每天海水涨潮的时候，后来变成了唐海县城中心地带的那唯一的半条小街，就会被淹没在潮水之下……

由这片最新的土地沿海岸线向东北50多公里，我们就来到了位于乐亭县姜各庄镇的滦河入海口。

盛夏8月，站在这片面朝大海的地方，感觉不到内陆地区的酷热。

引人入醉的碧海蓝天，芳草萋萋的湿地景观，旷野茫茫的河口水域，长河落日的迷人风情，还有渔家人的热情与豪爽，让三五成群的游人暂时忘掉尘世的喧闹嘈杂，尽情享受大自然的恩赐。

在这里畅享海岸风情的游人，恐怕不会想到，他们脚下的海滩，也是一片极为年轻的土地，它从自然形成至今，不过刚刚一个世纪。

滦河，冀东一带的现代母亲河，上游流经高原、山地，坡降大，进入平原后，挟带的泥沙大量落淤。由于滦河历史上经常改道，近古以来，在滦州以下形成了嵌入滦河洪积扇形平原与青龙河洪积扇形之间的长50公里～60公里的冲积扇——三角洲平原，地面平展，古河道呈指状分布，带状沙丘甚多。

虽然城市建设的日新月异，让我们已经很难看到当时的片片沙丘，但曾到当地多次实地考察的吴忱告诉我们，在距今四五十年前的20世纪六七十年代，滦州的许多地方仍很大程度上保留着这种千百年来形成的原始地貌。

1915年，滦河在历史上最后一次改道，汹涌的河水将原有的冲积扇分割为二——以乐亭莲花池的滦河入海口为顶点最新发育的滦河三角洲，正是1915年以后才形成的。

这些神奇的地理变化，正是发生在我们身边的沧海桑田。

2. 吴桥：人力与天工

随着人类登上历史舞台，人类活动对自然、对地貌的改变，也开始越来越大。其影响之深远，有时并不亚于大自然造成的沧桑巨变。

2018年8月。

带着学生第三次从西非塞拉利昂来到中国吴桥学习杂技的安娜，要回国了。

"我现在有一个梦想，回国后，要在家乡建立一所杂技学校，叫'吴桥杂技学校塞拉利昂分校'。以后，我还会再来的。"46岁的安娜依依不舍。

世界杂技看中国，中国杂技看吴桥。吸引安娜和她的学生们不远万里来到中国拜师学艺的，是吴桥源远流长的杂技历史和高超的杂技技艺。而吴桥杂技的发展，就跟当地早年地理地貌变化有关。

吴桥，位于黑龙港地区腹地，大运河在这里穿境而过。

历史上，从春秋开始修建、至隋代完成的大运河，完全改变了河北境内各河流分流入海的自然局面，使原来单独入海的漳河、滹沱河、大清河、永定河等汇集到天津统一入海，形成了海河水系。

虽然大运河在中国历史上发挥了不可替代的作用，但在古代社会，它也打破了原有的自然水系和地貌格局，随着时间的推移，大运河和子牙河河床不断淤积，导致运河以西、子牙河以东之间的洼地越发低洼，长期的排水不畅，导致了这一地区频繁的洪涝、盐碱灾害。

千年古运河　　田瑞夫　摄

　　这一地区，就是曾因自然条件恶劣而长期贫困的黑龙港地区。

　　长期的旱涝、盐碱，曾让这里的人们饱受磨难，却也让他们磨炼出特有的灵巧与坚韧。历史上难以单纯靠种地为生的一代代吴桥人，不得不练就一身杂技绝学，借助大运河交通运输之便，沿河而行，北上南下，走江湖、闯世界，直至为中国杂技赢得了"世界杂技艺术摇篮"的美誉。

　　今天的黑龙港地区已经大部变身为渤海粮仓，但吴桥杂技的故事却告诉我们，只有处理好人与自然的关系，才能与自然和谐共生。

3. 白洋淀：沧桑的印记

　　2018年8月25日。

　　夏日的华北平原，白洋淀畔。

　　堤岸边的码头上，商铺林立，游人如织。碧波荡漾的淀面上，水鸟飞翔，游船穿梭。

横跨安新和雄县的白洋淀，面积366平方公里，现有大小淀泊143个，以大面积的芦苇荡和千亩连片的荷花淀而闻名，素有"华北明珠"之称。

白洋淀形成过程虽经历万年，但其最终成为连成一片的大面积水域，距今却不过几千年。长期以来，关于白洋淀的形成原因，学术界一直存在分歧，有构造成因说、气候成因说、河流成因说、海侵成因说。

河北师范大学资源与环境科学学院博士生导师许清海，曾经与吴忱一起，长期研究白洋淀环境变化。在他看来，白洋淀是在距今10000年-8000年前的中全新世形成的分散湖泊、沼泽、洼地的基础上，于距今3000年前的晚全新世时期、由河流差别堆积形成。

可以说，如今的"华北明珠"白洋淀，是河北大平原形成过程中，自然伟力留给河北的一颗宝贵"遗珠"。但在历史上，人类也曾对白洋淀进行过数次干预和"改造"。

大量的文献资料以及沉积、地层资料已经表明，距今3000年以前，如今的白洋淀地区还没有连成大片水域，而是由一个个大大小小的浅平洼地组成。

距今1000多年前的宋辽对峙时期，以河北白沟河沿线为宋辽国界，因此白沟河有界河之称。为抵御辽兵的进犯，宋朝采纳何承矩的建议，构筑塘泊防线。随着宋在界河沿途设塞屯兵，围堤屯田工程不断扩大，又沿今保定至安新、雄县、霸州，直到青县附近沿线开辟许多塘泊，利用这里地势低洼的特点，把一些河流与淀泊连接起来，引水灌溉，"广开水，以限戎马"，构成一条完整的塘泊防线，形成由河网、沟壕、水田、淀泊组成的"水长城"。白洋淀由此连成大片水域。

到明代弘治元年（1488年）前，白洋淀发生淤积，中间部分（北淀）辟为牧马场，白洋淀彻底干涸。到明正德年间（1506~1521），杨村河（潴泷河）决口，水患巨大、民田尽没，白洋淀重新蓄水，出现了"汪洋浩渺，势连天际"的景观。当时，人们为防止洪水泛滥，在白洋淀南端入口处，修筑了堤防数十里，它是后来淀南堤的前身，成了白洋淀的南界。今天白洋淀的范围自此才基本固定下来。

大自然的神奇力量与人们的后天干预，把如今的"华北明珠"赠予了河北大地。新中国成立后，科学家们也未曾停止对白洋淀的研究和探索。

时间倒回至30多年前，1986年5月。

一个满载科研设备和工作人员的小型车队，停在了白洋淀淀区深处。

当时，由于长时间干旱，白洋淀一度干淀。

正在为干淀而发愁的当地人惊讶地发现，车队里，最大的一辆卡车上架起的七八米高的设备，竟然和电影里的石油钻机颇为相似。

这是要干什么？难道是要在淀底下找石油吗？

轰鸣声响起，科考人员操作钻机，在干涸开裂的淀底，接连打了10个直径十一二厘米的钻孔。随后，10段裹满泥浆的淀底土芯被小心翼翼地取了上来。

经过专业处理，这些土芯很快被切成10厘米厚的切片，保存在贴好标签的塑料袋里。

这些土芯并不是为找石油而钻取的。这是河北省科学院地理科学研究所的工作人员，在寻找并提取一种人们司空见惯却很少注意的东西——沉淀在白洋淀地层中的孢子和花粉。

原来，孢子和花粉坚硬的孢粉壁能够抵御大自然的大部分化学侵袭，大自然又通过湖泊、沼泽隔绝了氧气，制造了一个小范围的厌氧环境。历史长河中，部分不同时期的植物花粉一部分被深埋到湖泊和沼泽中，成为研究古生态学最好的载体。

对于科学家们来说，通过研究白洋淀地层中的花粉产量，可以定量重建数千年来这一地区的土地覆被状况。

当时在地理科学研究所工作的许清海，参与了这次科考的全过程。

从白洋淀归来，经过清理筛选，一部分切片样品被分别送往北京大学和中国科学院贵阳地球化学研究所，进行碳-14测年，以便为其他样品的研究提供一条相对准确的"时间轴"。剩下的大部分样品，在实验室中经过酸碱处理、重液分离等工序，被送到显微镜下，进行人工观测检验。

在观测中，一种比其他花粉直径大出一倍的玛瑙纹状孢子，很快吸引了许清海的注意。

这种孢子，来源于一种叫水蕨的植物。在现实生活中，水蕨广布于全世界热带及亚热带各地，在中国分布的最北端也在大别山、淮河一带。而显微镜下白洋

高空鸟瞰白洋淀　　赵海江　田　明　摄

淀土样中，水蕨孢子的比例，最高能占到40%。也就是说，距今3000多年前，冀中平原白洋淀一带竟然属于温暖湿润的亚热带地区。

正是一次次像这样的科学考察和基础研究，让科学家们逐渐了解了几万年以来白洋淀地区的环境和气候、植被变化。而这些研究，终将会为白洋淀乃至整个河北地区未来环境、气候变化预测和生态治理提供基础数据和支撑。

倚太行临渤海、屏燕山俯沃野的河北大平原，是河北乃至中国历史上文明最繁盛、经济最发达的地区，商邢都、燕下都、中山王城、邯郸赵王城……一连串诸多古都曾在这片土地上诉说繁华；汉墓、瓷窑、古桥、古塔……无数的文化遗产在这片土地上至今存留。我们生活的城镇乡土，曾有着怎样的前世今生？我们的先人又用怎样的辛勤和智慧，结合天工与人力，创造出影响至今的璀璨文明？请看《大河之北·平原篇》第二单元——物华天宝。

（本单元得到河北师范大学资源与环境科学学院、河北省科学院地理科学研究所的大力支持，特此鸣谢！）

📖 阅读提示

河北大平原，是河北乃至中国历史上文明最繁盛、经济最发达的地区之一。

商邢都、燕下都、战国中山国、邯郸赵王城……诸多古城曾在这片土地上诉说繁华。

汉墓、瓷窑、古桥、古塔……无数文化遗产在这片土地上存留至今。

我们生活的城镇乡土，曾有着怎样的前世今生？我们司空见惯的这片平坦大地，如何孕育出这样的繁盛和神奇？我们早已熟知的风物背后，蕴含着哪些奇特的大自然密码？我们的先人又用怎样的辛勤和智慧，创造了影响至今的璀璨文明？

一、河北名窑：半部中国陶瓷史

2016年5月初，河北磁县冶子村。

村边一处4米见方、2米多深的土坑里，几位考古工作者正小心翼翼地清理土层。

这里，是河北三大名窑之一的磁州窑冶子村窑址发掘现场。

在土坑最下层的地层里，几片刚刚出土的瓷器残片，引起了队员们的注意：这些似乎并不起眼的青瓷残片上，有几点酱褐色的点缀。

与造型精美、装饰华丽的古代官窑瓷器相比，这几枚瓷片显得质朴粗陋，简单的装饰技法貌似十分平常。

但正是这些瓷片，将磁州窑观台窑烧造区域的烧造年代由以前认知的五代末、北宋初提前到了唐代。而这些貌不惊人的酱褐色点染，足以改写河北古代陶瓷史。

入选《世界遗产名录》的清东陵，是中国现存规模最大、体系最完整的帝王陵墓建筑群

刘满仓　摄

1. 从陶到瓷的飞跃

磁县冶子村向北30公里，在太行山东麓向河北大平原过渡的同一片平缓台地上，有一个在中国考古界赫赫有名的地方——邯郸武安市磁山镇磁山村。

磁山村村东，有华北地区新石器早期重要文化遗址——磁山文化遗址。磁山文化出土时，曾经创造了11项当时的"世界之最"。这里的考古发现表明，早在七八千年前的新石器时代，人们就已经开始种植谷物、饲养家畜，制作生产、生活用具，进入了最早的文明。

2019年4月5日，磁山文化遗址西北不远处，磁山文化博物馆。

几只质地粗糙、表面已经有些剥落的陶器，被整齐地陈列在博物馆内的显眼位置。这些看来其貌不扬，甚至有些简陋的陶器，是我国现代考古中最早发现的素面夹砂陶。

素面夹砂陶的出土，证明磁山地区是我国迄今已知最早烧制陶器的地区之一——比以人面鱼纹彩陶而闻名的半坡文化，还要早上千年。

以武安磁山为起点，循着河北陶瓷发展的历程，在地图上画一条线，就不难发现，河北陶瓷的主要脉络，始终没有离开过太行山山前平原。

从色彩，到质感，到装饰技法，这片山前平原赋予中国瓷器独特的血脉和底蕴，堪称浓缩了元青花出现以前的"半部中国陶瓷发展史"。

金代磁州窑白地黑花缠枝
牡丹纹花口瓶
河北日报社资料图片

磁山文化博物馆向北200多公里，石家庄，河北博物院。

一只其貌不扬的青绿色瓷尊，静静地躺在"河北商代文明"展厅的角落里。它的测定年代比目前国内发现的年代最早的古瓷窑址——福建泉州苦寨坑原始瓷窑址的年代，只晚了300年左右。

从陶到瓷，仅一字之差，背后却是古代陶瓷烧制工艺划时代的飞跃。除了烧制温度不同之外，陶器和瓷器的烧制原料也大有不同：烧制陶器的原料是遍地可见的普通黏土，而瓷器的烧制却需要一种特殊原料——瓷土。

瓷土，是由云母和长石变质，并导致其中的钠、钾、钙、铁等金属元素不断流失而生成的一种自然资源，这种早期通常发现于山脉与山前平原衔接部的特殊瓷土，是大自然的独特恩赐。

2. 定义中国瓷的底色

在今天的磁县、峰峰矿区一带，就盛产一种比较特殊的瓷土。

和天下闻名的江西景德镇高岭土相比，虽然这种瓷土结构较疏松，颗粒粗，铁、钛等着色杂质含量高，但它却哺育出了河北最早的青瓷窑场——1500多年前的北朝时期，位于磁县的贾璧窑和峰峰矿区的临水窑就已经开始生产瓷器。

它们，也是中国北方最早的青瓷窑场。

青瓷，是瓷器最早呈现给世人的样貌。原始青瓷那种青中透黄的颜色，是瓷土中含铁杂质过高带来的无奈结果。从青瓷到白瓷，是中国古代瓷器烧造的又一次飞跃。

那么，真正洁白如雪的中国瓷器，是在哪里诞生的呢？

北宋定窑白釉刻花龙首净瓶
河北日报社资料图片

1980年6月的一天，"临城县邢瓷研制小组"的几位成员，沿"临祁公路"一路北上，试图破解一个失传已久的千古之谜：中国北方最早烧制白瓷的窑场——唐代邢窑的窑址，到底在哪里。

"临城唐代邢窑遗址被发现以前，根据古代文献记载，陶瓷考古专家们曾在位于临城以南的内丘县找了几十年，却无功而返。因此，对于在临城境内的寻找，大家心中也没底。"近40年过去，作为这趟发现之旅的亲历者之一，邢台市邢窑研究所所长张志忠记忆犹新。

转机出现在1980年10月4日。

当天，研制小组的陈二印和陈月恩一行人在临城县祁村和西双井村发现了三处窑址。更令人兴奋的是，这一次，他们不仅捡到了粗白瓷，还发现了洁白如雪的细白瓷。

这是邢窑考古开始以来，人们第一次发现具有典型唐代邢瓷特征的细白瓷。

"我印象最深的是其中两件典型标本，一件是细白瓷'短流鼓腹执壶'残片，一件是细白瓷'唇沿浅腹璧足碗'残件。这两件标本胎质细密坚硬，白度很高，历经千年仍然焕发着光彩——这与文献中记载的唐代邢瓷'白如雪'的特点十分吻合。"谈起当年的发现，张志忠仍然印象深刻。

经过进一步发掘和相关专家的鉴定，临城发现的瓷窑遗址被认定为"唐代邢窑"。

临城邢窑遗址发现后，内丘县也重新开始了对邢窑遗址的地毯式调查。经过近两年的调查，在内丘方圆120平方公里的区域先后找到了28处古窑址，发现了大量的精细白瓷以及专供宫廷的"盈"字款的唐代邢窑瓷器。到20世纪80年代中后期和90年代，邢台市区和邢台县、隆尧县也相继发现了时代约为北朝时期的邢窑早期窑址。

经过不断的考古发现，今天我们已经确知，唐代邢窑，是一个以内丘为中心、"跨州连郡"的庞大窑区。它在当时的规模和产量，正如唐代李肇在《国史补》中所描述的那样，"天下无贵贱通用之"。

"在中国的陶瓷历史上，从商周以来，一直是青瓷一统天下的局面。正是邢窑的成功兴起，宣告了这种单一格局的结束，并由此开创了中国陶瓷'南青北白'的体系。可以说，邢窑在中国陶瓷史中的地位是划时代的。"中国陶瓷考古研究权威叶喆民生前曾如此评价。

在陶瓷的历史上，无论后来的各种釉色多么绚丽多彩，纯粹的白色却是人们最早的追求。得天独厚的河北山前平原，为中国瓷器提供了一种真正的、无可挑剔的白——邢窑白。

它不仅重新定义了中国瓷的底色，也由此使中国瓷器步入一个全新的境界：人们开始努力打破自然的限制，随心所欲地去追求和探索想要得到的色彩。

3. 尽善尽美的巅峰

如果说邢窑的辉煌带有某种得天独厚的幸运，那么燕赵大地彪炳于中国陶瓷史的另一个名窑，则在天赋资源的基础上，进一步展现了伴生于这片土地上的智慧和灵巧。

沿邢窑遗址向北约200公里，是同样位于太行山东麓的曲阳定窑遗址。

2018年12月22日，曲阳陈氏定窑瓷业有限公司。

庞永辉抓起一团铅灰色的"泥巴"，用力揉动了几下，打开了旁边的拉坯机。

随着拉坯机上的转盘开始快速转动，庞永辉双手捧泥，置于转盘之上，眼看手捏，手随心动。短短十几分钟时间，一团不起眼的坯泥，已经变成一只线条流畅、胎薄如纸的瓶坯。

手到器成、器成泥尽，瓶坯成型后，泥刚好用完，一点儿不剩。而庞永辉除了双手因拉坯沾泥之外，袖口和身上都干干净净。拉坯机的台面和周围也很整洁。

庞永辉，定瓷技艺传承人，在业内被称为"拉坯状元"。

曲阳定窑遗址　　定窑遗址博物馆供图

定窑，是中国历史上贡御时间最长、文献记载最多的窑口，曾以生产洁白素雅的定瓷著称于世。在宋代五大名窑"定、汝、官、哥、钧"中，只有定窑产白瓷，其他四个都属于青瓷。

虽然和邢窑一样属于白瓷，但作为"后来者"的定瓷却并不仅仅是以洁白闻名于世。

和唐代邢窑白瓷相比，定窑在烧制工艺上更进一步，其生产的白瓷素以胎质细腻轻薄、釉色透明温润、烧造工艺优良而著称。对中国瓷器"白如玉、薄如纸、声如磬"的千古赞美，正是始于定瓷。

"薄如纸"，主要靠的就是拉坯。

拉坯成型的瓷胎，在经过几天的自然阴干之后，还将经历上釉烧制前的另一道重要工序，刻花。

庞永辉的同事、61岁的中国陶瓷大师和焕，就是今日定瓷刻花、印花技艺的集大成者。

一把短小锋利的刻刀，一只半湿未干的瓷胎，在她手里，随着刀尖和瓷胎的接触，只见坯土一点点掉落，一道道深浅不一的花纹跃然于瓷胎表面，不过两三分钟，一尊梅瓶的刻花纹饰就已完成。

刻花，是定瓷传统装饰技法之一。

作为宋代五大名窑中唯一一个烧制白瓷的窑口，定窑既不追求华丽的釉色，又改变了邢窑固守素器的传统，它以灵动变化的装饰艺术见长，刀刻、竹划、模印……尽其所能。如今我们在素色陶瓷装饰上能看到的装饰技法，几乎都已被定窑探索到极其成熟的程度。

也正因如此，收藏大家马未都认为，定窑白与邢窑白的区别，"不仅是技术上的革命，而是思想上的飞跃"。

4. 开创性的笔触

得天独厚的定窑在白瓷追求尽善尽美的道路上登峰造极，瓷土杂质含量偏高的磁州窑却在先天资源受限的情况下独辟蹊径。

在今天邯郸峰峰矿区彭城镇滏阳西路上，有一座朱门、灰瓦、青砖的大型建筑——磁州窑盐店遗址博物馆。博物馆内，现保存有元代、明代、民国窑址各一座，老作坊三间。

而在距此几公里外彭城镇富田村的南山坡上，则是磁州窑富田遗址博物馆。遗址内，两座完整的元代馒头窑以及数座明、清、民国时期的馒头窑被保存至今。

在彭城镇，像这样大大小小的磁州窑窑址有数十处，而在地下数米到数十米深处，更是有数以百计的古窑址在沉睡。

磁州窑，中国古代北方最大的民窑体系。它自北朝创烧，历经隋唐，到宋金元时期达到鼎盛，经明清至今，历千年不衰，是我国历史上烧制时间延续最久的窑口之一。

和"天生丽质"的邢窑、定窑瓷器相比，磁州窑的瓷土中含有较多杂质。因此，如何弥补先天不足，就成为古代磁州窑的工匠们努力的方向。

1987年，考古工作者在位于磁县的磁州窑观台窑址第一次发现了点彩装饰技法，在此基础上，人们曾一直认为，磁州窑的毛笔点彩装饰技法最早形成于北宋早期。

"2016年冶子窑唐代地层最新出土的点彩装饰器物标本表明，点彩装饰技法在唐代已非常成熟。窑工们用毛笔工具在器物上，或绘太阳纹、菊花纹、草叶纹，或点绘斑点，从而改变了北朝、隋代以来瓷器的单色釉装饰局面，为后来磁州窑发展形成独特的装饰风格奠定了基础。"磁州窑博物馆馆长赵学锋表示。

到北宋，磁州窑借鉴外地窑口经验，形成了以毛笔书画装饰技法为主流的独特风格——"白地黑花"。

一支毛笔，又一次给中国瓷器带来了全新的境界。

磁州窑毛笔书画装饰技法，在瓷器史上首开书法绘画装饰的先河，彻底打破了南北陶瓷单色釉装饰的局面，不仅在当时引领了新潮，对后来的很多名窑也产生了影响。

"素坯勾勒，笔锋浓淡"，磁州窑这种开创性的装饰技法，让人很容易联想到后世中国瓷器最主流的一种产品——青花瓷。

在中国陶瓷史的研究中，元青花的出现一直被誉为"横空出世"：它没有像其他著名窑口那样，经历一个从幼稚到成熟的发展阶段，一露头角就成熟工整、近乎完美。

"元青花瓷器出现以前的景德镇，是一个生产素白瓷和青白瓷的窑场，未曾烧造过以毛笔为绘制工具的瓷器。近年来有研究人员根据有关文献认为，当时绘制青花瓷器的工匠很可能就是因战乱南迁、具有良好绘画基础的磁州窑工匠。"赵学锋表示。

匀净纯粹的白瓷底色，精美成熟的制作工艺和装饰技法，开创性的毛笔绘制……以邢窑、定窑、磁州窑为代表的河北古代瓷器窑口，不但在燕赵大地落地生根、开花结果，更在之后的千百年里走出了燕赵大地，对中国古代瓷器体系产生了深远影响。

因此可以说，河北太行山前这片神奇的山前平原，也是中国古代瓷器发展孕育的重要渊薮之一。

二、古城荟萃：一条文明发祥的神奇走廊

如今的燕赵大地上，城市星罗棋布，古城名镇不可胜数。

当我们把观察的视角提升到高空，这些古代名城名镇的分布密码就不难破解：海河、滦河两大水系犹如两把巨大的扇子，每条支流就是一根扇骨，每根扇骨都对应一座座城镇或渡口。

在太行山山前平原上，更是形成了一条文明发祥的神奇走廊。

这条神奇的走廊，为今天的人们留下了无数令人惊叹的至宝。

1. 华北最古老的城市

2019年1月5日，小寒。

室外气温-10℃，北京开始进入一年中最冷的日子。

中国国家博物馆南9展厅内却人头攒动，十分热闹。由国家博物馆与河北博物院共同举办的"汉世雄风——纪念满城汉墓考古发掘50周年特展"，吸引了络绎不绝的游客冒着严寒前来参观。

铜朱雀衔环杯、错金铜博山炉、错金银鸟篆纹壶、鎏金银蟠龙纹壶、透雕双龙纹白玉谷纹璧……在151套724件精美的出土文物中，"躺"在展厅正中最显眼位置、毫无争议地吸引着最多目光的，是满城汉墓的主人、中山靖王刘胜的金缕

玉衣——通长1.88米，每件玉片的大小、形状都经过严密设计和精心加工，玉片角上穿孔，以金丝编缀，整件玉衣共用玉片2498片，金丝1100克。

"玉衣又称'玉匣'，是汉代皇帝和高级贵族的葬服，也是汉代最具特色的丧葬用玉。"现场解说员告诉人们，满城汉墓出土的刘胜夫妇的两具金缕玉衣，是我国考古发掘中首次发现的保存完整的玉衣，正是它们为人们揭开了金缕玉衣之谜。

刘胜是汉景帝刘启之子，身历汉景帝、汉武帝两朝。当时，汉朝国力发展到极盛，汉人事死如事生，满城汉墓规模宏大的墓室，极尽奢华的金缕玉衣和鎏金、错金银、镶嵌工艺文物，彰显的正是西汉最强盛时期，河北大地高度发达的物质文明。

汉代的中山国，正处于"纂四通神衢，当天下之蹊"的太行山山前平原，无论是中山靖王墓所在的满城，还是中山国的都城所在地定州，都是建城至今已两千余年的古城。

但它们在太行山山前平原这条走廊上，还远远称不上历史最悠久的城市。

事实上，早在3500年前，在今天的河北邢台，就已出现了最早的城市。

古中山国都城遗址西部王陵区航拍　　张鼎立　摄

郭守敬大街—中兴路口一带，是今天邢台最繁华的市区之一，新中国成立之初，邢台市粮库就建在这里。

很少有人知道，60多年前，正是由于兴建这座粮库，人们才彻底揭开了邢台这座黄河以北第一古城的身世之谜。

"邢台文明的发展史和中华文明是同步的。"邢台历史文化研究带头人翁振军介绍。

邢，一个在甲骨文中就有记载的古老地名。

"公元前17世纪，西方姜姓井族顺河水东移，迁徙到了这里。"翁振军介绍，邢地土肥水丰，百泉竞流，故称"井方"，井族在这里凿井筑邑，后来合"井""邑"二字为一字，就成为"邢"字的起源。

关于邢台建城历史的起点，最早的文献记载定格在了3500年前。《竹书纪年》记载："甲辰九祀，祖乙徙都于邢。"《史记》中，也有"商祖乙迁于邢"的记载。

祖乙是商朝的第十四任君主，也是商朝历史上的三大明君之一。祖乙即位之初，为远避洪水，派人在全国各地选址，最终才决定在水源丰盈、气候宜人的邢地安都，并大兴土木在此建城。这也是邢台辖域有史以来首座见于文献记载的、具有王朝城邑规模的城市。

"邢台历史悠久，但早期相关的文献记载很少。"翁振军说，关于商代都城"邢"是否就在今邢台市，历史上曾一直存在争议。

直到1956年，邢台要在当时的曹演庄一带兴建市粮库。

工地现场发现了大量古物，国家和省联合考古队对此进行了为期一年多的发掘。据参与发掘工作的人员回忆，当时出土完整的或可复原的器物能够装一车皮。

曹演庄遗址包含两个时期的文物堆积。第一层为战国文化层。第二层和第三层为商文化层，从遗址出土文物判断，属商代文化早期，早于殷墟文化，与祖乙迁邢的年代大体相当。

长久埋藏的文物遗存与文献记载相呼应，邢台找到了自己的历史根脉：它不仅是华北地区在历史上形成的第一座城市，也是中国最早的古都之一。

2. 侯仁之的发现

邢台曾经的辉煌，是河北大平原文明发祥的一个缩影。

事实上，从商代到东汉时期，在长达1800余年的岁月里，在如今河北省的范围之内，曾出现过110个方国、王国、诸侯国。商邢都、燕下都、古中山王城、赵邯郸王城、曹魏至北朝时期的邺城……名城荟萃，古都云集。

为什么众多名城、古都在这片土地上密集涌现？

千百年以来，海河水系横切太行山脉后进入华北平原，各支流冲出太行山后，在山前地带形成了一连串冲积扇，这里水土条件适宜，无洪水大浪，成为最早的文明发祥之地。

这些早期人类文明沿着太行山东缘地带集中分布，形成了一条纵贯南北、与太行山平行的特殊走廊。燕下都、灵寿故城、邯郸、邢都、邺城等古都，无一例外都在这条廊道之上。

而这条走廊的南北两个端点，就是安阳和北京。

最早注意到这条神奇走廊的，正是一位出生在河北枣强的历史地理学家。

1949年10月1日，一个三天前才取道香港回到祖国的中年知识分子，兴奋地参加了中华人民共和国开国大典。

他，就是刚刚在英国利物浦大学取得博士学位的侯仁之。

在1949年最新完成的英文博士论文《北平历史地理》中，侯仁之开创性地提出了"古代太行山东麓大道"的概念，指出"那些可以上溯到早期历史阶段的商周两代的县城，无一例外地，它们全部沿着大平原西部边缘地带集中分布……古代大平原上最早兴起的重要城市，都相继在这条大道经过的狭长地带上诞生。在这些重要的城市中，商代后期重要的都城殷、战国时期赵国都城邯郸、周代早期的地方政治中心邢台和定县，以及燕国都城蓟城，尤为著名"。

3. 瑰宝与古都

后来成为中国现代历史地理研究开创者、中科院院士和"中国申遗第一人"的侯仁之，在博士论文中提到的燕国都城蓟城，就位于太行山与燕山交界处的北京房山一带。

因为历史上曾是燕国的都城，北京素有燕京的旧称。但很多人不知道的是，燕国国力鼎盛时期所建的都城燕下都，位于同属于太行山东麓大道上的河北易县。

燕下都遗址，也是我国目前发现的面积最大的战国都城遗址。

走进河北博物院三楼"慷慨悲歌——燕国故事"展厅，有一件青铜展品陈列在进门处最显眼的位置。

这件1966年出土于燕下都遗址的青铜文物，是河北博物院的十大镇馆之宝之一，也是河北省18件国宝级文物之一。它通高74.5厘米，宽36.8厘米，兽首衔环形，兽首上部正中站立凤鸟，两侧盘绕长龙，因此被命名为"透雕龙凤纹铜铺首"，是中国目前所见的最大铜铺首。

透过这个形体巨大、雕饰华美的燕国宫殿门环，燕国曾经的辉煌和发达尽显无遗。

"风萧萧兮易水寒，壮士一去兮不复还。"提起燕国，很多人首先想到的，是燕太子丹送别荆轲的故事。而燕太子丹送别荆轲的地方，就在今燕下都遗址的城门外。

两千多年来，被秦火国摧毁后的燕下都遗址一直静静地躺在易水之畔。直到20世纪30年代，随着人们对燕下都的考古步步深入，一座气势恢宏的战国都城才被逐渐还原。2001年，燕下都遗址发掘入选"中国20世纪100项考古大发现"。

燕下都往南400多公里，邯郸——一座两千多年来未曾改名的城市。

郸，指山的尽头。顾名思义，建城史可以上溯到3000多年前的邯郸，同样是太行山山前平原这条神奇走廊上一个重要的节点。

在今天的邯郸市西南，有一座气势恢宏的文物遗址——战国赵王城遗址。

直到今天，遗址周围还保留着高达数米、蜿蜒起伏的夯土城墙，内部是布局严整、星罗棋布的建筑基台，四周有多处城门遗迹。

"赵王城建于公元前386年赵国迁都邯郸前后，是我国保存最为完好的战国古城址。"邯郸市博物馆原馆长郝良真告诉记者，当时的邯郸城由"赵王城"（宫城）和"大北城"（居民城、郭城）两部分组成，总面积近19平方公里。其中，仅"大北城"的面积就达到15平方公里——这比1970年的邯郸城区面积还大。

更加神奇的是，2000多年过去，如今的邯郸市区范围，几乎和战国时期的邯郸故城基本重合。即便放眼世界，像邯郸这样2000多年主城区未变化过的城市也极为罕见。

战国燕下都透雕龙凤纹铜铺首

河北博物院　供图

2019年1月，就在中山靖王刘胜金缕玉衣和众多珍宝在国家博物馆展出的同时，6集历史纪录片《中山国》在中央电视台第三次播出。

2018年，这部全景式反映古中山国历史的纪录片在中央电视台前两轮连播中，已斩获了超过两亿的收视人次。

但纪录片讲述的这个中山国，与因满城汉墓考古发掘而揭开神秘面纱的汉代中山国，虽然都位于河北这条神奇的太行山山前走廊上，却并不是一回事。

燕赵，河北的别称，因战国时期的燕国和赵国而得名。但在战国时期，在今天石家庄一带的这片土地，曾有80余年的时间，既不属于燕，也不属于赵，而是属于一个名为中山的神秘国度。为了与汉代的中山国相区别，考古学家称之为"古中山国"。

石家庄西北60多公里，古中山灵寿故城遗址。

虽然名为"灵寿故城"，但这座南北长约4.5公里、东西宽约4公里的古城，其主体部分却并不在今天的灵寿县，而是位于紧临灵寿的平山县上三汲乡。

这里，距离海拔1055米的太行山平山段著名山峰天桂山直线距离约50公里，距太行山脚下的西柏坡直线距离约20公里，遗址西北两座从平原上拔地而起的小山头，犹如两扇大门，严密守护着曾有"战国第八强国"之称的古中山国都城，也使其山前平原古城的地理特征尤为凸显。

古中山国考古先后出土文物两万余件，这里面，不仅有河北博物院"十大镇馆之宝"中的三件，还包括中国最早的刻石——守丘刻石，世界最早有方向、有比例的铜版建筑平面图——中山王兆域铜版图，中国出土最早的实物酒等一系列奇丽的瑰宝。

神奇的太行山山前平原走廊，为世人留下的，不仅仅是众多兴亡遗迹和奇珍异宝。

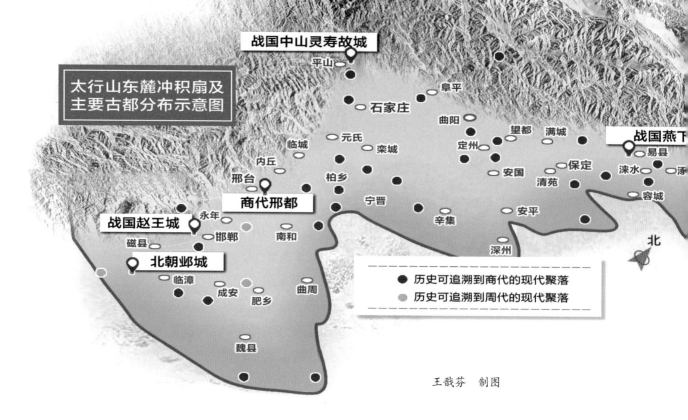

太行山东麓冲积扇及主要古都分布示意图

战国中山灵寿故城
平山

阜平
石家庄
曲阳
望都 满城
战国燕下
临城 元氏 定州 易县
内丘 栾城 涞水
邢台 安国 保定 容城
永年 柏乡 宁晋 清苑
战国赵王城 邯郸 南和 辛集 安平
磁县
北朝邺城 深州
临漳
成安 肥乡 曲周
魏县

北

● 历史可追溯到商代的现代聚落
● 历史可追溯到周代的现代聚落

王戬芬　制图

　　沿这条神奇的走廊一路向南，在今天的临漳县城以西、距离太行山直线距离50公里左右，就是邺城遗址。

　　因铜雀台而为世人所熟知的邺城，曾经是东汉至魏晋南北朝时期的"六朝古都"。

　　如今，从曹魏到北齐的邺城遗址，地面仅遗存铜雀、金凤、冰井三台的夯土台。而它留给后世最大的贡献，则在于它是我国第一座先规划、后建设的都城，并开创了宫城—皇城—都城"中轴线"的城市格局。

　　曹操时代建成的邺都，全城贯穿中轴线、单一宫城居中、园林在宫城后布局，这种模式的都城规划，为以后历代都城所沿袭。隋唐时期的长安、洛阳城，北宋东京汴梁城，元明清时期的北京城，无论细部如何变化，邺城所开创的"中轴线"格局，被传承下来。同时，"邺城模式"，也为古代东亚地区日本、朝鲜半岛的早期都城规划所借鉴。

　　位于河北山前平原最南端的邺城，从时代上讲，也是这条神奇廊道上涌现的最后一座河北古都。

　　东汉之后，随着河北东部广阔冲积平原和海积平原的逐渐出露与成熟，城镇的兴起开始逐渐突破了山前平原的限制，文化特色也变得更加摇曳多姿。

三、河北四宝：平原文化的杰作

河北是文物古迹大省，地上不可移动文物的总量位居全国第三。

众多的文物古迹，形成于不同的历史时期，自然和人文背景各不相同。而当我们去探究广阔的河北大平原上众多文物的深层密码时，就不难发现，在它们千姿百态的呈现形式背后，往往有一种相通的底蕴和内涵——"平原基因"。

"沧州狮子定州塔，正定菩萨赵州桥。"赫赫有名的"河北四宝"，都是河北大平原上最有代表性的千古杰作。

巧合的是，这代表四种完全不同的古代工艺类型并保存至今的人间瑰宝，在拥有共同的平原文化基因的同时，又正好反映出了河北平原各地不同的地域特征。

1. 赵州桥：山前平原孕育的交通要冲

2018年12月20日，赵县赵州桥科技馆。

站在馆内，一座以20∶1的比例还原的赵州桥标准模型和大屏幕上对赵州桥造桥技术的讲解，让游人为之惊叹。

等比例缩小的赵州桥模型、全息影像、考古发掘还原坑……这座面积不大、刚落成不久的展馆，用现代科技手段向游客展示着这座千古名桥的各种细节。

走出赵州桥科技馆，赵辛线和洨河桥交会处上游约100米，就是呈南北方向横跨洨河水面的赵州桥——世界上现存最早、保存最完整的古代单孔敞肩石拱桥。

关于赵州桥在人类桥梁建造史上的历史地位和价值，几乎我们每个人都早已耳熟能详，但大家往往忽略了这背后的一个重要问题：这样一座堪称中国古代桥梁建造史里程碑式的桥梁，为什么会出现在赵县？

这，还要从古代赵县特殊的地理位置说起。

有2500多年历史的赵县，同样位于太行山山前平原那条文明发祥的神奇走廊。千百年来，这条走廊，也一直是沟通南北的重要通道。

公元589年，隋统一中国，结束了中国自西晋末年以来近300年的分裂局面。此时，位于太行山东麓走廊中段的赵州（今赵县），就成为沟通南北交通的重要枢纽。从赵州出发，北上可抵重镇涿郡（今涿州），南下可达东都洛阳，交通十分繁忙。

然而，这个重要的交通枢纽，却被城外的洨河所阻断。

洨河，发源于石家庄西部鹿泉山区，自西向东流经栾城、赵县、宁晋，与沙河交汇后入滏阳河，并最终经子牙河汇入海河。

如今，由于降水量减少，洨河大部分河段常年处于枯水状态。但在1400多年前的隋朝，洨河却以汛期水势浩大而闻名。

当时，赵县一带气候温凉偏干，但夏季暴雨较多，每到汛期，洨河水量很大，河流最宽处达几十米，甚至形成洪涝灾害。

因此，在洨河上修建一座坚固耐用的桥梁，就成为太行山东麓走廊恢复畅通的关键。

隋大业元年（605年），赵州桥开始建设，李春结合当地实际情况，提出了独具匠心的设计方案。

首先，为了跨越宽阔的洨河，桥身必须要长——赵州桥如今实际桥长50.82米。

按照中国古代传统建筑方法，比较长的桥梁往往采用多孔形式，这样每孔的跨度小、坡度平缓，便于修建。但是多孔桥不利于舟船航行，也妨碍洪水宣泄；

赵州桥　　梁子栋　摄

桥墩长期受水流冲击、侵蚀，天长日久容易塌毁。因此，李春在设计大桥的时候，采取了单孔长跨的形式，河心不立桥墩，使石拱跨径长达37米之多。

这是中国桥梁史上的空前创举。

李春还创造性地把以往桥梁建筑中采用的实肩拱改为敞肩拱，即在大拱两端各设两个小拱，以增加泄洪能力，减轻洪水季节由于水量增加而产生的洪水对桥的冲击力。

千年古桥，自此而成，存留至今。

2. 沧州铁狮子：滨海平原的记忆

山前平原多暴雨洪水的特性，孕育出了与埃及金字塔、巴拿马运河等一道跻身世界"十二大国际土木工程历史古迹"之列的赵州桥。赵州桥向东250余公里，在一片比太行山山前平原年轻得多的海积平原上，则催生出了另一件古代工艺精品——沧州铁狮子。

位于今沧州市东南约16公里的沧州铁狮子，身高3.8米，通长6.5米，身躯宽达3.17米，重约30吨。这座铸造于后周广顺三年（953年）的铁狮子，是我国现存年代最久远、体积最庞大、形态最精美的铸铁艺术珍品。

长期以来，关于铁狮子的来源，民间一直流传着多种说法：有人说是后周世宗北伐契丹时，为镇城而铸造；有人认为铁狮位于沧州开元寺前，腹内有经文且背负莲花宝座，所以是文殊菩

沧州铁狮子　　杨朝晖　摄

萨的坐骑……

近几十年来，专家们经过考证，认为镇海的传说，应该更为接近历史真实：古时沧州一带滨海，海水经常泛滥，民不聊生，当地人为清除水患，集资请山东铸造师李云铸铁狮以镇遏海啸水患，并取名"镇海吼"。

人们不禁疑惑：这个号称"镇海吼"的庞然大物，为什么会建在东距海岸线还有百里之遥的地方？

"沧州所处的东部滨海平原，主要由入海河流的三角洲相互堆积而成，形成时间最晚，受海患影响较大。"河北省科学院地理科学研究所学术委员会原主任、研究员吴忱解释。在铁狮子铸造的后周时期，沧州东部的海岸线位置已与今天差别不大，但在当时，海患依然时常困扰着沧州地区的百姓。

据史料记载，唐元和八年（813年），"渤海岸海水大浸至沧州，邑民遇难众多，幸存者远逃他乡谋生"。这里所说的"渤海岸海水大浸至沧州"，就是今天人们所说的海啸。

这次灾难发生100多年后，一座代表了当时铸铁工艺最高水平的铁狮子，出现在沧州旧城之内。如今，海患已经渐渐远离了这片土地，铁狮子却依旧伫立，守望着远方的沧海。

3. 定州塔：中国古代"第一摩天大楼"

一直在这片大平原上默默守望的，还有素有"中华第一塔"之称的定州开元寺塔。

始建于公元1001年的开元寺塔，是中国最高大的砖木结构古塔。其通高83.7米的高度纪录保持了近千年——直到1934年，高83.8米的亚洲第一高楼上海国际饭店落成，才将开元寺塔保持的纪录提高了0.1米。

更加令人意想不到的是，开元寺塔之"高"，正是缘于河北大平原之"平"。

定州，地势平坦，四通八达，"西临云代，东衔沧海，北居幽燕之咽喉，南通中原之肩背"。北宋前期的定州，正处于经济发达、人文荟萃的时期。

据文献记载，北宋初年，定州开元寺僧会能往西天竺（印度）取经，得佛教中传说的舍利子而回。咸平四年（1001年），宋真宗下诏，命在定州开元寺内建塔纪念，到宋仁宗至和二年（1055年）建成此塔。

定州开元寺塔　　赵海江　摄

　　这座因佛教意义出现、耗时半个多世纪建成的高塔，却由于所处的特殊历史时代和特殊的地理位置，很快就被赋予了更多的军事意义。

　　开元寺塔建成之时，正值宋辽对峙时期。当时，定州处于宋军驻守的前沿位置，宋王朝为了防御契丹，常利用此塔瞭望敌情——可以想见，在少有高层建筑的农耕时代，登上相当于今天20多层高楼的开元寺塔，远眺主要以骑兵突进形式来犯的敌情，对无险可凭的定州乃至定州背后的河北大平原，曾有何等重要的意义。

　　开元寺塔，也因此被称为"瞭敌塔"。

4. 正定菩萨：繁盛千年的"图谱证据"

　　如今，河北省现存各类古塔230多座，不仅类型丰富，而且不乏像定州开元寺塔这样具有很高的文物和艺术价值的精品。

　　而要说精美古塔的分布密度，古城正定首屈一指。凌霄塔、须弥塔、华塔、澄灵塔，一个小小的县城，却同时拥有四座被列入全国重点文物保护单位的古塔，这在全国都十分罕见。

但对很多初到正定的外地来客而言，隆兴寺，才是他们乘兴而来的第一站。

比方说，梁思成。

1933年4月16日，天将傍晚，经过近8个小时的颠簸和不断缓行、临时停靠，由前门西站发车的平汉列车，终于在正定火车站停了下来。一个走路有点跛脚的年轻知识分子，带着一个学生和一个随从，下了车。

一下车，他们就雇了人力车，"直接向东门内的大佛寺去"。

这是梁思成第一次正定之旅的开端。

正定隆兴寺，原名龙兴寺，俗称"大佛寺"。这一俗称，正是取自寺内的大悲阁内的千手千眼铜菩萨像。

这尊佛像，曾让见多识广的梁思成都惊叹不已。在那个相关资讯和信息尚不发达的年代，梁思成只能凭着印象推测——"这大概是中国最大的铜佛像"。

而在今天，我们已经确知，这尊菩萨像，就是世界上现存最高大的千手千眼铜菩萨像。

2019年5月3日，正定隆兴寺内游人如织。

大悲阁内，高22米的千手千眼铜菩萨像，引起了一拨又一拨游客的围观和惊叹。

在这片土地上伫立了千年的这尊铜菩萨像，已经是世界上最古老的同类造像，但，对古城正定而言，它却是"再版"。

宋开宝二年（969年），赵匡胤率二十万大军北伐北汉，出师未捷，不得已退兵驻跸镇州（今正定），听说此地大悲寺内的铜铸千手观音久负盛名，便前往瞻礼。谁知原来的铜佛历经契丹战火和后周世宗毁佛，已经毁损，仅剩一尊泥像，于是赵匡胤下令于城内另选大寺院重铸金身，始建于隋朝的龙兴寺就成为这尊铜铸观音的新址。

人们不禁疑惑，"最初版本"的正定菩萨，究竟是什么样？

2019年1月16日，石家庄。

河北博物院北院区7号、8号展厅，显得比平常热闹很多，《敦煌不再遥远——走进河北》数字化展览在此展出。

这是敦煌石窟展览首次以数字化形式走进河北。

穿过精心布展的7号展厅，进入8号展厅，一幅占据了整面墙壁的巨大壁画赫然呈现在观众眼前——这幅按原比例复制的敦煌莫高窟第61窟西壁上的《五台山图》，显然就是为河北观众"度身定制"的一件特殊展品。

五台山图高3.42米、宽13.45米，这幅巨大的山水人物壁画，将五代时期自镇州（今正定）经五台山至太原的数百里山川、城镇、寺院、桥梁、亭台塔阁、草庐店铺及人物活动场景尽绘其中。壁画右下角的镇州城，四周建有高大的城墙，城正中为衙署，衙署东南方有一座三层方塔，城西的大悲阁也清晰可见——那，正是"初版菩萨"当年所在的位置。

站在壁画前，游客们无不惊叹当时正定的繁华。

这一切，并不仅仅是巧合。

正定，和定州一样，位于太行山山前平原与洪冲积平原衔接的部分。在农耕时代，这里既拥有山前平原土壤肥沃的优点，又拥有洪冲积平原广阔的开发腹地，加上地理位置四通八达，建城2700多年来，一直是华北平原上的重要城市，曾与北京、保定并称"北方三雄镇"。

源远流长的历史，给正定留下了风格独特的名胜古迹，古城内佛刹林立，完整保存的晚唐、五代、宋、金、元、明、清等朝代的古建体系，被誉为"中国古代建筑艺术博物馆"。

文化名人余秋雨在寻访正定古迹后曾这样写道："正定的历史文化积淀具有千古之美，令我震惊，让我找到了中国最兴盛时期带有神秘色彩的文化信号，也找到了中华文明最辉煌时期的图谱和证据。"

正定得到的这一极高评价，也正是河北大平原物华天宝、人杰地灵的最好注脚。

河北自古至今一直具有"东出西联"之利，古丝绸之路与古代海上丝绸之路在这里延伸交会，草原丝路由这里开端。今天，河北是首都北京与华南、华东和东北以及全国各地陆路交通的必经之地，多条重要铁路、高速线路贯穿全省。在河北大地上，各种交通要道、关口通道是如何逐步形成的？它们又给河北带来了什么？请看《大河之北·平原篇》第三单元——通联天下。

（本单元得到河北省文物局的大力支持，特此鸣谢！）

第三单元 通联天下

采访◎《河北日报》记者 王思达 朱艳冰 解丽达 汤润清

执笔◎《河北日报》记者 王思达 王峻峰 王育民 朱艳冰

📖 阅读提示

河北，一直具有"南下北上""东出西联"之利。

独特区位优势和地形特点，让河北大平原长期以来形成了若干重要通道。密集的交通网道，良好的通达性，使这片广阔的平原成为通联天下的重要枢纽。

长期以来，古丝绸之路与古代海上丝绸之路在这里延伸交会。如今的河北，更是首都北京与华南、华东、东北以及全国各地陆路交通的必经之地，多条重要铁路、高铁、高速线路贯穿全省。

河北大地上，各种交通要道、关口通道是如何逐步选定、形成的？它们又为这片土地带来了怎样的积淀和机遇？

石家庄火车站，是国家"四纵四横"快速铁路网的重要铁路枢纽站

赵海江 田 明 摄

一、沟通南北的"国家大道"

1. 河北的"几何中心"

东经116度15分15秒，北纬39度27分07秒。

2019年1月16日，廊坊固安京东智能物流中心智能仓库内。

一台60厘米见方的红色设备，自行驶入一个货架下方，慢慢升起一只圆形托举盘——一个共5层、高近3米满载货物的货架，就这样被平稳地抬起。

这台"人小力大"的红色设备，就是京东前一年最新投入使用的AGV搬运机器人——"地狼"。

接下来，"地狼"托举着整个货架和货架上数百斤的货物，开始按照智能规划的路线，以每秒2米的速度前进，将货物顺利送到相对应的仓库拣货员面前。

从前的"人找货"，变成了"货找人"。

以往，在这里工作的拣货员每天为拣货所奔走的路程，几乎相当于跑半个马拉松。而"地狼"的出现，不但让拣货员的劳动强度大大降低，还使拣货出库的效率翻了一番。

2015年投入使用的固安京东智能物流中心，是京东在华北地区目前最大的物流园区之一，覆盖河北、山东、山西、内蒙古、天津等地，并服务北京南部的部分地区。

京东为何会选择在河北固安这个县域面积和人口数量似乎都不拔尖的县城建立物流中心？

答案在于固安独特的区位和交通优势。

固安位于京、津、保三角腹地，距北京天安门50公里，这个距离甚至比北京延庆、怀柔、平谷、密云、房山、门头沟等六区县更有优势；从固安县城驱车到北京南三环仅需25分钟，到北京首都机场只要40分钟，到天津新港只需2小时左右。

事实上，根据地理学专业测定，河北省的几何中心点在北纬39度29分05秒、东经116度08分16秒。固安京东仓库，恰恰位于河北几何中心点东南十多公里的地方。

如今，固安不但是首都经济及物流区域支撑的重点城市，也是华北物流核心节点的最佳位置之一。

固安的区位和交通优势，是整个河北区位和交通重要性的一个缩影。

几千年来，在中国的版图上，河北大平原一直以其独特而重要的地理位置，扮演着通联天下的重要角色。

2. 延续千年的南北通道

被地理学家们称为"天下之脊"的太行山，是我国地形第二阶梯和第三阶梯的分界线。独特的地理位置和历史渊源，让太行山东麓逐渐出现了一条平行于太行山、南北走向的山前走廊——"太行山东麓大道"。

这条神奇的山前走廊，不仅成为中华文明最早的聚集地之一，同时也形成了古往今来一条极其重要的交通通道。

沿着这条走廊，至晚从春秋战国始，燕地重镇蓟（今北京）与中原古都殷（今安阳）之间，就已形成了一条南北畅通的大道。秦统一六国后，在此基础上又修建了一条驰道——当时的国家级高标准"公路"。

秦驰道的标准究竟高到什么程度呢？

汉代贾山在《至言》中曾这样写道："道广五十步，三丈而树，厚筑其外，隐以金椎，树以青松。"

路面宽阔，路基高厚，又以铁锤夯固，还在道路旁栽种了树木——显然，称其为当时的"高速公路"并不过分。

历经千年盛衰兴亡，这条通道上通行的人、货、交通工具已经发生了天翻地覆的变化，但这条通道本身，却始终担负着通联天下的使命。

2019年1月30日，农历腊月二十五。

春运迎来了节前客流高峰。

上午11时许，石家庄火车站西广场进站口。虽然平均每秒就有两名旅客检票进站，但巨大的客流量，还是让进站口外排起了长队。

作为京广铁路和京广高铁线路上重要的交通枢纽，2019年春运期间，石家庄站全站共发送旅客473.4万人。

而作为京畿重地的河北，2019年春运期间通过铁路、公路、民航发送的旅客总量，更是高达3064万人次。

这一庞大的旅客发送量，还远不是河北春运任务的全部。

　　除省内旅客发送任务外，环京津的地理位置，使得从陆上进出北京的所有旅客、物资，几乎必过河北。数据显示，在2019年的40天春运期间，共有4306万人次进出首都北京。也就是说，春运期间，平均每天都有百万以上人次通过河北各条交通线路进出北京。

无人机拍摄的京张高铁官厅水库特大桥　　邢广利　摄

这些脚步匆匆的旅客恐怕很难想到，他们行经的几条主要交通线路——我国最早的南北铁路大动脉京广铁路、全新的京广高铁以及京港澳高速公路在河北境内的路线，几乎和2000多年前的太行山东麓大道重合。

2019年2月22日，元宵节刚过。

位于沧州市区西北的高新区明珠（国际）商贸城，已从节日的冷清中苏醒。大巴、货车、轿车……偌大的停车场已难觅空位。

这天是商贸城二期早市试营业的首日。

早上8时，整洁宽敞的通道里，前来进货的人拖着载满货物的小拉车、提着挂满衣服的架子进进出出，一派繁荣景象。

这里，是河北确定的北京服装批发市场疏解集中承载地之一，已承接北京服装批发商户1万余户。项目总体建成后可承接商户3万余户，年营业额可达1000亿元。

"沧州交通方便，高铁50分钟到北京，在这儿一年时间，我的老客户一个也没有丢，还增加了不少新客户，销售额一点儿也不比在北京差。"温州商户谢笑微说。在北京打拼了30年的她，上一年刚刚从北京大红门外迁到沧州。

在沧州市区正东20公里，与商贸城遥相呼应的，是京津冀协同发展产业转移投资和体量最大的轻工生产项目——明珠国际服饰产业特色小镇。目前，特色小镇已经签约入驻3200余家服装生产加工企业，近500家企业在标准厂房和过渡厂房正常生产经营。

一个"大卖场"，一个"梦工厂"，二者作为沧州服装商贸承接平台和生产承接平台，将北京服装批发市场和服装加工行业这棵"大树"整体承接。就像商户谢笑微所说的那样，吸引众多商户前来入驻的，不仅仅是当地提供的优惠政策，还有沧州便利的交通条件。

隋唐之后，中国经济重心开始南移，在陆路交通运载能力有限的古代，大运河让河北拥有了除山前大道外第二条沟通南北的"国家大道"。而沧州，就是一座曾因运河而兴起，也曾因运河衰落而一度落寞的城市。

如今，穿沧州而过、连通京津冀与长三角的京沪高铁和京沪高速，让沧州拥有了新的"陆上京杭大运河"。

坐高铁到北京51分钟，到天津22分钟，到济南45分钟；首都机场省际巴士开通北京到沧州线路……这些交通优势，让沧州成为京津冀"一小时经济圈"内，北京疏解服装经营和加工商户落户河北省最多的承接地。

古城沧州，终因新的交通优势，再复兴旺。

3. 未来的"通道网络"

除太行山东麓大道和大运河外，在唐代，在这两条交通要道之间，河北还曾出现过一条从幽州（今北京）到贝州（今河北清河县）的南北大道。这条大道，恰好与今天的京九铁路河北段基本重合。

2019年2月3日晚9时25分，D1643列车开进衡水北站。

在北京工作的衡水人李倩拖着皮箱，赶在腊月二十九晚上回到了家。

5时30分下班后从公司直奔北京西站，晚7时坐上从北京到石家庄的高铁，8时许到达石家庄。经过半个多小时的换乘候车，8时40分坐上开往衡水的石（石家庄）济（济南）客专列车，9时25分到达衡水……李倩的行程虽然略显紧张，但不到两个半小时的总用时，还是让她觉得方便不少。

在石济客专开通前，衡水一直不通高铁，旅客们从北京和衡水之间往返只能乘坐京九铁路上的普通列车，大部分车次都需要三个半小时以上的车程。此外，普通列车经常性的"让路"、晚点等状况，也让赶时间出行的人们苦不堪言。

2017年12月，石济客专衡水北站正式开通运营，让衡水进入了济南和石家庄的一小时交通圈内。

至此，河北平原地区的所有设区市都进入"动车时代"。

同时，石济高铁与津保铁路南北呼应，分别交会于京广、京沪高铁，在京津冀区域内形成了以北京、天津、石家庄、德州为基点的矩形高铁网络。

京广—京九—京沪，从马车、木船到汽车、火车、高铁，历经千年沧桑，河北境内的这三条沟通南北的国家大道，终于闭合为一——纵贯整个河北大平原，一张更为立体、更加通达的南北通道网雏形初现。

未来，京九高铁开通后，极有可能在衡水设站。届时，北京到衡水的往来时间，将缩短至一个多小时。

随着京津冀协同发展交通一体化，以"四纵四横一环"为基础，在中国的胸膛上，在这片坦荡如砥的大平原上，通道将更加密集，覆盖河北省的"六纵、六横、双圈"网络化综合通道布局呼之欲出。

二、东出西联的"咽喉要塞"

1. 井—鹿—石三角:"旱码头"的浮沉

2019年1月13日中午,农历腊月初八。

北京市东城区一栋居民楼内,郑春文一家正在举行家庭聚会。饭桌上,除了各式各样的饭菜,还有一瓶泸州老窖。

这种原产四川、有数百年历史的白酒,一直是郑春文的最爱。

郑春文不知道的是,自2015年以来,包括北京在内的华北市场上的泸州老窖,有许多都是在石家庄鹿泉灌装、储存、转运。

北京往南300多公里,老郑家宴正酣的时候,位于石家庄鹿泉区南部的诚通联众物流园内,一辆辆卡车正不断进出。春节市场的火热需求,使这里比平时更加繁忙。

这些数米长的货车车厢内,满载的正是四川老牌名酒——泸州老窖。

物流园里,1万平方米的仓库里,是一排排长20多米、高近8米的储物钢架。每层储物钢架上,都整齐地放满了整箱泸州老窖。

鹿泉,如今已经是泸州老窖在华北最重要的生产和区域配送中心。大量基酒从四川泸州源源不断运到这里,经过调兑之后,再灌装和储存。

如今,平均每天有8万件泸州老窖从这里生产、储存,随后运往河北以及北京、天津、陕西、山东、河南、辽宁等10个省市。

水泥收益曾占全区财政收入一半以上的鹿泉,为何"改行"做起了仓储物流呢?这,还要从鹿泉独特的区位优势说起。

位于石家庄西部的鹿泉,并不是纯粹的山区。西倚太行山、北邻滹沱河,呈月牙形环抱石家庄城区的鹿泉,西部靠近山脉,东部是肥沃的山前平原,山区、丘陵、平原各占约三分之一。

这样的地理特点,让鹿泉自古就成为连接山区和平原文明的重要枢纽。

"一京(北京)、二卫(天津卫)、三通州,赶不上获鹿(鹿泉原名)旱码头。"作为土生土长的鹿泉人,72岁的鹿泉史志专家韩庆志从小就是听着这句本地俗话长大的。

由于扼守太行山出山要道,鹿泉自古工商业兴旺发达,特别是明清两代,随着晋商在历史上的崛起，这里作为晋商东行的一个必经之地，有"日进斗金的旱码头"之誉，是当时华北最大的商品集散地之一。

"山西、陕西两省的煤炭、铁货、砂货，绥远的牲口、皮毛、驼绒、蘑菇，山东出名的龙口粉丝，保定的布匹、糖类，祁州（今安国）的药材，还有张家口的口碱，京津地区倒运的日用杂货、海味、土特产品……都源源不断地运经本地，并与本地的棉花、小布、石灰、青石等产品进行交换。"说起当年在鹿泉集散的商品，韩庆志至今如数家珍。

当年云集在此的，除了众多的山陕商人以外，还有东北商人、山东商人和时称"高阳帮"的保定商人等等。五方杂处的客商多到什么程度？光茶叶一个月就要喝掉两千斤。

鹿泉"旱码头"的兴盛，持续了数百年。然而，兴起于宋代的鹿泉，还远不是这片土地上最早形成的东出西联商贸枢纽。

在鹿泉以西20公里，更接近太行山的地方，是至今保留着比鹿泉"旱码头"更为古老的出山通道、因太行八陉之一而得名的千年古县——井陉。

2019年4月5日，清明假期，春回大地。

井陉县城向东约2.5公里，关山环立之间的一条古老驿道迎来了众多游客。

这条长约百里的古驿道，就是目前中国仅存的、最古老的古代陆路交通道路实物——秦皇古道。这条古道，也是前面所提到的秦代驰道上控制冀晋两省的咽喉所在。

如今，历经无数车轮碾轧、马蹄踩踏和风雨侵蚀，淡青色的大块铺路方石已经变得光滑如镜。顺着古道上行，两行足足有50厘米深的车辙痕从一处门洞下穿过，深深地镶嵌在基岩路面里。

驿道上，每隔20米左右便砌有一道凸起近30厘米厚的石坎，这一道道石坎是供辎重车上坡时停

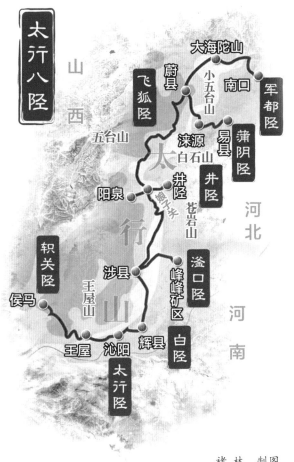

褚 林 制图

位于井陉县的秦皇古道　　霍艳恩　赵海江　摄

歇和沿坡缓慢下滑而设的石坎。可以想见，当年的辎重车通过这段路时有多么艰难、多么危险。

如此险峻难行的道路，是如何成为秦代最重要东出西联通道的呢？这还要从井陉的地理位置和县名由来说起。

所谓"陉"，即山脉断裂之地。

太行八陉，就是这列山脉中被河流切割成的河流谷地，也是古今人类穿越太行山的必经之路。从南至北，它们包括轵关陉、太行陉、白陉、滏口陉、井陉、蒲阴陉、飞狐陉、军都陉。

其中，井陉、蒲阴陉、飞狐陉、滏口陉四陉都位于今天河北境内。

井陉是太行八陉之第五陉，它主要循着自西向东横穿太行山主脉的桃河—冶河及其支流的谷地以及由太行山西流入太原盆地的白马河—潇河的谷地构成。

中国现代地质学的先驱丁文江先生认为，"太行山的路没有哪条有井陉重要，因为它是太行山里唯一可走大车的路"。

事实上，不仅秦始皇在统一六国后的巡游中，曾多次经由这条通道，从那以后直到20世纪初正太铁路通车的两千多年里，这条通道也一直发挥着重要的作用。时至今日，青银高速公路和连接石家庄与太原两大省会城市的307国道，仍然沿用了这条通道的主体线路。

"从太行八陉的位置来看，仅井陉和轵关陉贯穿太行山，连接了太行山东西两侧的华北平原与汾河盆地，其他六陉都是太行山腹地或晋蒙高原与华北平原之间的通道。"河北省科学院地理科学研究所学术委员会原主任、研究员吴忱介绍，古代井陉、飞狐（今涞源）、蒲阴（今顺平）都曾经作为县名，但把"陉"用作县名并传承至今的，唯有井陉一个。

显然，支撑井陉兴盛千年的，不仅仅是通行条件。

井陉西端的太原—晋中盆地，历史上一直以富庶著称。其东端，则直接连接了广阔的华北大平原，特别是最为肥沃繁荣的太行山山前平原。作为连接太原—晋中盆地与华北平原的交通命脉，人员和商贸物流对这条东出西联大通道的重要性不言而喻。

这，也正是其后鹿泉"接棒"井陉成为历史上东出西联要冲的直接原因。

而鹿泉"旱码头"的繁荣一直持续到清末。

1906年，平汉铁路全线通车；次年，正太铁路建成通车。中国第一条南北钢铁大动脉和第一条连通东西的铁路要道，在鹿泉以东15公里的蕞尔小村石家庄形成交会。

从此，东货西运直接通过火车，再不用骆驼、骡马驮运了，也不再需要在鹿泉停驻。井陉—鹿泉历经千百年形成的东出西联的交通重镇地位，迅速让位于"火车拉来的"新兴城市石家庄。

今天，依托石家庄的区位优势，鹿泉境内有京广、石太、石太客运专线等5条铁路、8个高速公路口，并与周边县区国省道两级公路形成了"五纵十三横"的布局，公路密度达到1.6公里/平方公里，位居全国前列。

独特的区位优势和四通八达的路网，让谋求绿色转型的鹿泉重新找回了得天独厚的物流优势。泸州老窖、京东等知名企业近年来纷纷在鹿泉建设物流仓储基地。

2019年3月1日，《中国—智利自贸协定升级议定书》正式生效当天，鹿泉海关便为石家庄达美金迈泵业有限公司出口智利的泵件签发了河北省首份升级版原产地证书。按照相关规定，这批产品凭借这份证书，将在智利享受零关税待遇。

井陉—鹿泉—石家庄，西倚太行的千年商贸枢纽，如今面朝大海，正在寻求更广阔的延伸。

2. 丝绸和瓷器的故乡：两大丝路的产品输出地

坐拥沟通南北的重要通道和东出西联的重要枢纽，独一无二的地理位置和丰饶的物产，使河北在中国古代任何一个历史时期的交通、贸易中，几乎从未缺席。

如今，提起中国古代对外交流贸易，人们总会不由自主地想到陆上丝绸之路和海上丝绸之路。

"从起始城市和途经路线来看，河北似乎与两条丝绸之路都没有交集。但实际上，古代河北却在两条丝绸之路的贸易过程中，都占有重要地位。"河北省政府文史研究馆馆员、河北省政府参事室特约研究员梁勇认为。

丝绸，无疑是古代丝绸之路上最重要的商品。

那么，世界上最古老的丝织品在哪里呢？

中国是世界上最早发明养蚕技术和丝纺织技艺的国家，而河北正是中国最古老的桑蚕养殖技艺和丝纺织技术的发祥地之一——早在距今7000多年前，磁山文化（位于邯郸武安）的先民就已开始使用纺坠。

距今5500多年前，正定南杨庄的先民就制作了陶蚕蛹，使用陶纺轮和骨匕来纺丝。商代之前，河北地区的丝纺织技艺就很先进了。

2019年3月3日，河北博物院三楼"河北商代文明"馆。

"这展板上介绍的不是丝织物吗，怎么展柜里不见丝绸，却放了个青铜器？"站在"最早的平纹绉丝织物"展台旁，游客刘志敏不禁发出这样的疑问。

"您看到的这个敞口细腰的青铜器叫觚，是盛行于商代和西周早期的一种酒器。这件觚出土于石家庄藁城台西商代遗址，这个遗址出土的文物创造了七项世界之最，其中之一就是当时发现的世界上最早的平纹绉丝织物——它刚出土时是附着在这只觚的表面上。"志愿者讲解员解释说，由于不易保存，这块弥足珍贵的縠，一直被保存在河北省文物考古研究院的库房内，极少公开"露面"。

时间倒回1973年春天。

藁城岗上镇台西村东北一块方圆数百米的空地上，河北省文物研究所组成的考古队，正在对台西商代遗址进行发掘。

当发掘第38号墓穴时，考古队员们有了惊人的发现：这是一座很小的奴隶主殉葬墓，墓中出土的铜觚也并非独一无二，但在铜觚表面，竟有多处粘连的丝织品痕迹。经过精确辨认，考古队员们在铜觚表面清理出五种规格的丝织品残片，其中就有一块名片大小的縠。

这块小小的縠，至今仍是世界上出土年代最早的平纹绉丝织物——比著名的马王堆汉墓出土的同类品早了1000多年。

在古代，人们称质地轻薄、表面起皱的平纹丝织物为縠。这种纺织品是将蚕丝纺纱加捻织成后使之缓劲产生皱纹的，即便按现代眼光来看，生产这种丝织品的工艺也比较复杂。

而台西出土的这块3000多年前的縠，经纱投影宽度仅0.8毫米～1.0毫米，纬纱仅0.41毫米，精细程度几乎可以和现代丝织品相比。台西的商代人已经能从事这种织物的生产，河北古代纺织技术之先进可见一斑。

此后的一两千年里，河北都是全国丝纺织业技术最发达、丝纺织品产量最多的地区。

据唐代杜佑的《通典》统计，在古代丝绸之路达到全盛的唐天宝元年，全国10道318郡总计向朝廷贡赋丝织品达到3400多匹——其中河北道常贡丝织品数量就达1765匹，占全国总量的50.9%，居全国之首。

陆上丝绸之路中最令人神往的商品丝绸，河北是主产地之一；海上丝绸之路中最重要的商品瓷器，河北同样是重要的产地之一。

2016年9月14日。

沧州市黄骅东约25公里，羊二庄回族镇海丰镇村和杨庄村之间。

一片南北长30米、东西宽10米的土地上，一群戴着白手套、手持铲子的河北省文物研究所考古工作人员，正在对海丰镇遗址进行首次主动性发掘。

东距渤海十几公里的海丰镇，在金代曾是集水陆交通为一体、以瓷器为主的贸易集散地和重要的运输口岸。20世纪80年代，山东地方史研究所所长朱亚非提出，"北海上丝绸之路"的起点可能在沧州黄骅海丰镇遗址及周边地区。

2014年，吉林大学边疆考古研究中心教授冯恩学对海丰镇遗址资料进行了整理和修复，提出了黄骅海丰镇遗址应为宋金时期"海上丝绸之路"北起始点的观点。

渤海新区黄骅港煤炭港区　　霍艳恩　赵海江　摄

虽然海丰镇遗址是否为"海上丝绸之路"北起始点在学术界尚存争议，但近年来的各种考古新发现，都确实地表明了古代河北在"海上丝绸之路"中的重要性。

河北陶瓷底蕴厚重，为古代"海上丝绸之路"和瓷器之路提供了大量出口瓷器。在今天土耳其、韩国、日本出土的中国古代瓷器中，都能看到磁州窑瓷器的深远影响。而在井陉窑遗址附近的河道内，也发现过大量外运瓷器，这些瓷器的器型、纹饰，与海丰镇古代海港仓储遗址出土的瓷器和海捞瓷器完全一致。

"可以说，河北不仅是中国历史上最辉煌的丝纺织产地，也是中国古代陆上丝绸之路和海上丝绸之路不可或缺的组成部分。"梁勇表示。

3. 中欧班列：东出西联的最新篇章

2019年3月26日，石家庄货运中心正定货场。

货物接收、过磅，吊装至海关监管区，对货物审核、鉴定、装车……经过一系列紧张的准备，一列由石家庄出发的中欧班列缓缓驶出货场。

这列满载着41节集装箱货物的列车，将从满洲里口岸走出国门，途经俄罗斯首都莫斯科，并于14天后到达终点站——白俄罗斯首都明斯克。

中欧班列，是指按照固定车次、线路等条件开行，往来于中国与欧洲及"一带一路"沿线各国的集装箱国际铁路联运班列。从石家庄发出的中欧班列，首次开通于2018年6月2日。

"'石家庄—明斯克'班列开通至今虽不到一年时间，但因为客户需求大，已经由最开始的每月发车2列，迅速增长到了如今常态化的每周一列，而且每趟列车都是满载运行，有时候还要临时加开班次。"负责运营这趟专列的河北泰通物流有限公司总经理张晓梅告诉记者。

张晓梅坦言，石家庄中欧班列的发展速度之快，远远超出了她和公司的预计。这其中的核心原因，就是中欧班列快速高效的运输效率。

晋州市辰泰滤纸有限公司是石家庄开通中欧班列的受益者之一。

"俄罗斯是我们的重要出口国。"该公司国际部总经理李阔告诉记者，以前运输货物是海运加铁路，需要两个月时间才能到达，改用中欧班列后，不仅大量节省了时间，还大大降低了运费。

随着石家庄中欧班列走出去的企业，还有保定的长城汽车。长城汽车旗下的哈弗品牌汽车，2014年打入俄罗斯市场后，销量不断攀升。随着石家庄中欧班列的开通，长城汽车整车和零部件到莫斯科的运输时间缩短至14天。如今，哈弗汽车在俄罗斯经销商达到了10家，两年内将发展到50家，覆盖俄罗斯全境。

据测算，每列从石家庄发出的中欧班列可带来直接经济贡献396.2万元，间接经济贡献581.2万元。

这，只是河北中欧班列快速发展的一个写照。

2016年4月26日，保定到白俄罗斯明斯克的中欧班列首发，这是华北地区第一条直达欧洲的陆运通道。

两年后的2018年4月26日，唐山首列中欧班列由唐山港京唐港区封关始发，途经中国的北京、呼和浩特、包头、哈密等地，并一路向西经哈萨克斯坦、俄罗斯、白俄罗斯、波兰、德国，最终到达比利时安特卫普。

这条全长11000公里的线路，是河北省目前运行距离最长的中欧班列。这条在古代理想状态下也需要数月才能走完的路线，如今通过中欧班列，只需16天即可走完单程，即使和现代海运相比，也可以节约16天～40天时间。

2018年11月28日，河北邯郸发往俄罗斯莫斯科的中欧班列在邯郸货运中心邯郸货场首次开行。

　　……………

随着河北省中欧班列运行的常态化，河北生产的塑料制品、汽车配件、药材、石材、橡胶及其制品、服装、皮革、家具、玻璃制品、日用化工品等产品，正源源不断地通过班列发往"一带一路"沿线国家。同时，俄罗斯的木浆、木材，德国的机械，法国的红酒，荷兰的奶粉等，也通过班列直接运抵河北省。

东出西联之路，正用更新的节奏，向更远的前方延伸。

三、联通天下的冀商梦想

1. 老冀商：依托地利，行走天下

2018年9月26日，上午6时。天蒙蒙亮，初秋的冀东大地刚刚从沉睡中醒来，

2018年6月2日，首趟石家庄至明斯克中欧班列开行　陈建宇　摄

空中俯瞰京港澳高速公路与邢衡、邢汾高速公路互通立交桥

赵海江　田明　摄

郭秀云特意早早起床，匆匆赶到本县政府的大门口。郭秀云此行的目的，是为了和政府门口那块写有"滦县人民政府"的牌子，拍一张合影。

再过两个来小时，这块牌子将被一块崭新的牌子所替代，设县105年的"滦县"也将成为历史。取而代之的，是一个新的名称——"滦州市"。

这一天，经国务院批准，河北省滦县撤县，设立县级滦州市，以原滦县的行政区域为滦州市的行政区域。

对这片土地而言，滦州，是一个亦古亦新的名称。

"自古京东无双地，从来关西第一州。"位于燕山余脉南麓的滦州，凭借昔日的滦河天险，扼华北与东北联系之咽喉，在冷兵器时代，曾是兵家必争之地，素有"滦控缰索，翼蔽畿甸"之称，正是整个冀东地处沟通关内关外要冲的缩影。

在今天的滦州市榛子镇龙湾河上，至今还保留着一座远近闻名的古桥——响水桥。

这座南北长15.6米、东西宽约5.7米的古桥，始建于公元231年的三国时期，比建于隋朝、闻名中外的赵州桥还要早380年，是河北已知始建年代最早的古桥之一。

三国时期，曹操征讨乌桓，却苦于作为咽喉要道的榛子镇一带道路运输不畅，需绕道出征。公元231年，响水桥就是在这样的背景下出现在燕山余脉和渤海湾之间，成为这条重要战略通道上的关键节点。明清时期，这里更被称为"蓟辽咽喉"，承载了大量的军事调动和商旅货物运输任务。

交通要冲之便，也使这片土地上的人们历来有重商的传统。如今，郭秀云的花生生意，向东北最远可以做到辽宁锦州、葫芦岛一带，向西可以辐射到内蒙古，向南则一直扩展到东南亚。而早在100多年前的清朝末期，以滦县、昌黎、乐亭等地商人为代表的冀东"呔儿商"，就曾在关外黑土地上，书写出浓墨重彩的商业传奇。

从今天吉林省长春市，由人民广场方向沿长春大街一直向东，走过亚泰大街，我们就会见到一个十分显眼的路牌，路牌上赫然写着三个字——"乐亭街"。

在这条位于长春市中心区域的小街上，商铺密布，来往的行人熙熙攘攘。这里，正是因当年乐亭籍"呔儿商"聚集而得名。流传至今的街名背后，是"东北三个省，无商不乐亭"的旧日繁华。

据不完全统计，从清朝光绪年间到1931年九一八事变前，冀东商人在东北、华北大中城市和较大县城开设的商店、制造厂达1000余家。除主店外，一般都有分号，少则几处，多者百余处。整个冀东，去东北经商、习商人数达10万之众，形成名扬东北、善于经商的"老呔儿帮"，为清末民初的东北开发做出了不可磨灭的贡献。

"开发东北的'老呔儿帮'，只是近代冀商商帮的一个分支。在近代史上，依托通联天下的地利，河北的商帮一度达到鼎盛，也让河北成为继山西之后著名的行商大省。"冀商文化学者董培升介绍，"它们包括到蒙古经营的'张库帮'，以保定商家经营的专类物产品行销天下的'冀中帮'和经营药材生意的'武安帮'等。这些商帮，曾一度支撑起全国78%的药业贸易和超过90%的皮毛贸易。"

2. 安国药市：高效配置全国资源

通联天下的地理位置，使这片土地上既能做大行商，也能做强坐贾。

唐山西南300多公里，冀中平原。

2019年3月21日，春分。

这个时节，华北平原上的冬小麦已经开始拔节。然而，在安国祁州镇东河村，却是另一番景象。

　　沿着公路穿村而过，路两侧全是一排排两米多高、十几米长的晾晒架，晾晒架上挂满了一串串拳头大小、小灯笼似的"小圆瓜"。

　　这些"小圆瓜"，是一种安国本地的道地药材——瓜蒌。

　　"别看这小小的瓜蒌不起眼，它可全身都是宝，瓜蒌皮是珍贵的中药材，瓜藤可作为化妆品原料，安国本地的'八大祁药'之一花粉，则是瓜蒌根做成的。"东河村党支部书记田杏军介绍。

　　东河村村民种植和加工瓜蒌已经有十几年的经验。

　　"最初，大家就在本地种。很快，本地这些土地产的瓜蒌就不能满足市场需求了。于是大家纷纷走出去，到全国各地去推广瓜蒌种植技术，然后回购到东河村进行加工、销售。"田杏军告诉记者。

晨曦下的北京大兴国际机场。该机场是建设在北京市大兴区与河北省廊坊市广阳区之间的世界级超大型国际航空枢纽，2019年9月25日投入运营　　鞠焕宗　摄

如今，以东河村和附近几个村为核心，安国市从事瓜蒌种植及加工的近千人，每年从全国各地特别是山西、山东、河南、陕西等地采购鲜瓜蒌近万吨，加工瓜蒌产品占全国中药材市场瓜蒌总量的90%以上。

从本地种植全国销售，到全国种植、收购、销售、加工，东河村完成了从药农到药商的身份转变。东河村，这个人口不足1000人的普通村庄，也成为全国瓜蒌的加工集散地，几乎拥有全国瓜蒌市场的定价权。

"草到安国方成药，药经祁州始生香。"东河村瓜蒌正是安国长期以来作为北方药都汇聚天下药材的一个缩影。

史料记载，安国药市最早发端于宋代。"清朝中叶以后，安国药市发展达到巅峰。当时，来安国药市参加交易的商人来自全国各地，东至沿海地区，西至陕甘新疆，南至两广、台湾，北达库伦（今乌兰巴托），范围甚至扩展到日本、朝鲜、俄罗斯、东南亚等国家和地区。"董培升说。

历史上安国药市的繁荣，我们只能从史料记载中了解。改革开放以后安国药业的恢复、发展，我们却可以从亲历者的讲述中得到真切的体验。

"我是土生土长的安国人，从打我记事儿起，家家户户就种药——那时候是生产队种，供销社统一收。我们安国人多少都懂点儿药，对药有感情。"66岁的安国药商石玉彬这样说。

"如今的全部身家，都是从当初一把小小的牛膝籽开始的。"20世纪80年代初，随着政策的放开，石玉彬夫妇开始种药收药。"起初就从本地农民手里买点药材籽儿，转手卖出去。慢慢地，本钱攒起来了，对药材的知识、行情越来越了解，我们就到外省去收购药材，远到湖南、贵州、陕西、广西，产中药的地方都去过。"

正是在众多像石玉彬夫妇这样的安国药商的不断奔走中，安国的药材交易市场逐渐形成，越来越多的外地药商被从全国各地吸引过来，安国药市盛景重现。

繁荣发展的市场，让安国的药材加工技艺日臻精绝，其刀法被称为"药业之冠"。药市的繁荣，也促进了安国本地药材种植业的发展，如今，安国本地种植药材有300多个品种，其中尤以菊花、山药、紫菀、沙参、薏米、芥穗、白芷、花粉等八大品种出类拔萃，被称为"八大祁药"。

在中医药中，有一个说法叫"道地药材"，指经过中医临床长期应用优选出来的，产在特定地域，与其他地区所产同种中药材相比品质和疗效更好、质量稳定、具有较高知名度的中药材。"八大祁药"就是典型的道地药材。

经过长期的种植和中医临床经验，各个中药种植集中区域都拥有了自己的道地药材。然而，随着现代交通的发展和信息交流的便捷，道地药材的种植加工也在发生变化。

2018年11月27日，安国南张村。

深秋时节的到来，天气转冷，安国地产药材的产新工作已基本接近尾期，但对这里的药达白术农民专业合作社来说，却正是秧苗陆续上市的时候。安徽亳州的采购商已经纷纷到来，很多秧苗还没有起挖就已经有了买主。

白术，我国常用大宗中药材，具有补脾健胃、化湿利水、安胎、止汗等功效。

"白术秧生长期喜凉爽气候、能耐寒，怕高温、多湿环境。相较于亳州，安国的气候条件更加适合白术秧苗的生长。所以现在每年春天，都是由咱们安国药农进行白术的育种栽培，到了11月白术秧成形后，再成批运到亳州移栽。"合作社负责人解成良告诉我们，这样种出来的白术不但产量高，而且病虫害少。

传统的亳州道地药材白术，正悄然变身为品质更高的"安国升级版"。

"正是因为具有传统地利、特色产品、核心技术、关键渠道等强大的专业内核，安国药市才能真正做到高效配置全国药材资源，通过洼地效应实现与药材市场的全面互动，真正成为'举步可得天下药'的北方药都。"董培升表示。

3. 清河羊绒：从"买全国，卖全国"到"买天下，卖天下"

2019年2月12日，农历正月初八。

清河县京都羊毛交易中心。

开工鞭炮声刚过，交易中心仓库门口就迎来了运送羊毛的货车。

"这一批羊毛来自土库曼斯坦，大概20吨。"交易中心总经理钟厚俊说，"现在的库房都满了，我得加紧二期库房的建设，争取过了正月十五就能用上。"

钟厚俊是土生土长的清河农民，如今，他在不产一斤羊毛的清河，和20多个国家做着羊毛生意。

几年前，在"一带一路"倡议刚刚提出之时，已经在羊绒行业经营多年的钟厚俊还没想过直接跟外国人打交道。

"那时候，就是看到很多外地客户把羊毛拉到清河后一时找不到下家，只能白天黑夜守着羊毛；而本地不少企业需要原料时，却找不到对路的现货。"钟厚俊从中看到了商机，投资建了一家羊毛货站——京都羊毛交易中心，帮买家卖家撮合交易，牌子很快就打响了。

最早帮钟厚俊推开与外国客商合作之门的，是一位叫艾克的归国华侨。

几年前，艾克在北京外国语大学上学期间偶然碰见了一位哈萨克斯坦的客商。这位客商把优质羊毛运到中国后，却发愁找不到合适的买家。

精通5国语言的艾克帮忙一路打听，最后找到了钟厚俊。钟厚俊很快帮这位客商落实了买家，价格还高于他们的预期。就这样，艾克成了钟厚俊固定的生意伙伴，他不仅给钟厚俊介绍客户，还直接组织货源交给他。

如今，钟厚俊的国外大客户已经发展到十几个，年交易额增加到了2亿元。

在清河，像钟厚俊这样做羊毛交易的货站有10多家，全世界40%的山羊毛、75%的绵羊毛都聚集到这里。可以说，这些货站已经成为世界羊毛交易中心和市场价格行情的"晴雨表"。

清河，一个不养羊的河北平原县城，是如何成为羊绒之都的呢？

40年前，一个偶然的机遇，清河一个叫戴子禄的农民，把羊绒产业引进到清河。"梳绒机一响，黄金万两"，清河人开始走南闯北，将新疆、内蒙古、宁夏等千里之外牧区的羊绒原料拉回清河，分梳出羊绒后又销往全国各地。

到20世纪90年代初，清河的羊绒从业者就达到8万余人。当时，在清河，每4个人当中，就有1个人从事羊绒产业。

研发设计网络化、采购销售智能化、生产管理信息化……进入互联网时代后，清河一步不落地靠着网络实现了羊绒生产方式和销售模式的升级。

"如果不是前些年跟上了互联网这个趟儿，天下羊绒真汇聚到了眼前，我们清河也未必吃得下。"钟厚俊感慨。

如今，随着中欧班列的开通，清河羊绒真正实现了从"买全国，卖全国"到"买天下，卖天下"的再次升级。

"过去，我从俄罗斯买进的羊毛要横穿西伯利亚到满洲里口岸，一个多月才能运到国内，一般都是就地转手。中欧班列开通后，我们进的羊毛可以直接穿过哈萨克斯坦进入新疆霍尔果斯口岸，一条直线到清河，最快用不了10天。"专做俄罗斯羊毛生意的客商刘学良说。

"一带一路"的提出和中欧班列的开通，拉近了清河和中亚羊毛原产国的距离，不仅将进一步巩固清河羊绒的中心地位，也将使清河羊绒在世界羊绒行业有了话语权。

清河羊绒产业的发展，是河北各地现代产业发展的一个缩影。沙河玻璃、高阳毛巾、肃宁裘皮、平乡自行车……一个个"买天下、卖天下"的县级特色产业集群，已经在燕赵大地迅速崛起。以这些产业集群为依托，如今，在海内外创业打拼的河北人已达700多万人，境外投资遍布70多个国家和地区。

依托通联天下的地利之便，历史上以"闯世界"闻名的冀商，正在书写新的篇章。

河北，中国已知最早开始培育和享用良种水果的地方之一，苹果、梨、桃、葡萄、红枣等果品产量和品质长期位居全国前列。深州蜜桃、赵县雪花梨、沧州金丝小枣、黄骅冬枣……古往今来，一大批久负盛誉、驰名中外的名特优果品，印证着河北中国北方"佳果之园"的地位。这片"佳果之园"背后，蕴藏着怎样的大自然密码？请看《大河之北·平原篇》第四单元——佳果之园。

（本单元得到河北省交通运输厅、河北师范大学资源与环境科学学院的大力支持，特此鸣谢！）

第四单元 佳果之园

采访◎《河北日报》记者 王思达 朱艳冰 张岚山

执笔◎《河北日报》记者 王思达 马路 焦磊 曹智

王戬芬 制图

怀来龙眼葡萄
呈紫红色，皮薄且透明，果汁糖分高，浓度大，味美甘甜

满城磨盘柿子
个头硕大，色泽金黄，营养丰富，味甜多汁

深州蜜桃
个头硕大，果型秀美，颜色鲜艳，皮薄肉细，汁甜如蜜

昌黎玫瑰香葡萄
含糖量高，麝香味浓，着色好

黄骅冬枣
皮薄、肉厚、核小，肉质细嫩而酥脆，适合鲜食

晋州鸭梨
果实呈倒卵圆形，皮质如玉，果肉细腻，清香多汁

沧州金丝小枣
外形如珠似玑，入口甜如蜜，干枣剥开时有金黄丝相连

富岗苹果
以富士着色系为主，细脆津纯、清香蜜味、酸甜适口

赵县雪花梨
果形端正，色泽鲜雅，具浅褐色斑点，果肉洁白如玉，有冰糖味和怡人香气

阅读提示

河北，中国已知最早开始培育和享用良种水果的地方之一，果树种植面积和水果总产量长期位居全国前列。

位于北纬36°01'至42°37'之间的燕赵大地，在果树种植方面，有着得天独厚的自然条件：

典型的温带大陆性季风气候，给河北带来了分明的四季变化，天造地设的地理环境，让河北成为国际上公认的北方落叶果树最佳适生区域之一；

历史上古河流长期冲积而成的古河道，在这片肥沃的大平原上纵横交错，形成了神奇的"古河道效应"，为河北的果树生长提供了绝佳的土壤水肥条件。

深州蜜桃、晋州鸭梨、赵县雪花梨、牛奶葡萄、沧州金丝小枣、黄骅冬枣……古往今来，一大批久负盛誉、驰名中外的名特优果品，印证着河北大平原"佳果之园"的地位。

我们带您走近这片"佳果之园"，解开其背后神奇的大自然密码。

一、深州蜜桃：桃中之王的奥秘

2018年9月2日，夏末秋初，正是华北平原收获的季节。

衡水深州穆村乡马庄村，桃农吕全库的果园里香气弥漫。

人们的目光聚集在一把雪亮的水果刀上。

桃树下，一位游客正一手拿着这把水果刀、一手拿着一颗成年人拳头般大小的桃子，小心翼翼地进行着一场"试验"。

瞬间，锋利的刀刃在饱满的桃皮上留下一道口子。随着力量的加大，刀锋快速向下划开细腻的桃肉，桃子一分为二。

鲜甜浓烈的桃香顿时充满了在场所有人的鼻腔，盖过了先前果园里本已弥漫的清甜香气。

"还真是刀切不流汁啊！"看着切开的桃瓣上浓浓的桃汁早已凸出果肉、却毫不外溢，还有那干干净净的刀身，没来得及品尝桃子味道的游客们，已经发出了第一次感叹。

很快，当他们品尝切开的桃子时，纤薄的桃皮、细腻的桃肉、饱满的桃汁和清香的口感在口腔中一起绽放的奇妙口味，毫无悬念地让他们发出了第二次惊叹。

1. 刀切不流汁，口咬顺嘴流

一刀切开、一口咬下，口感绵软、汁水横流……每到夏末秋初，这样的场景，总是一次又一次地出现在深州250平方公里蜜桃核心产区内的一座座果园里，成为许多初次到访者难以忘怀的甜蜜记忆，也成为许多水果老饕岁岁"来朝"的充分理由。

这，就是深州蜜桃的"魔力"。

深州与蜜桃的"缘分"可以追溯到西汉初年——那时，这片土地的正式名称就叫"桃县"。

2000多年来，朝代更迭，地名数变，蜜桃却始终与这方水土延续着古老的约定。

从小在桃园里长大的吕全库，已经有30多年的深州蜜桃种植经验。如今，这

8亩的深州蜜桃种植园，是吕全库一家最大的财富。他总是像夸赞自己的孩子那样，一遍又一遍、不厌其烦地向游客们介绍着深州蜜桃的与众不同：

从形状上看，深州蜜桃个头硕大、果形秀美，顶部有明显的凸尖。这个极其显著的桃尖，是深州蜜桃和其他桃子比起来独一无二的特点，也是从直观上区分深州蜜桃正宗与否的第一要素。

和普通桃子相比，自顶部凸尖至底部的一条极深的桃缝，也是深州蜜桃所特有。这条深凹进去的桃缝，像经过了精确计算一样，将深州蜜桃均匀地分成了对称的两半。

在颜色上，深州蜜桃也显得十分出挑，蜜桃底色为黄白色，向阳面是鲜艳彩霞红。

在吕全库看来，只有这些外形特点全部符合，才称得上是一颗合格的深州蜜桃。

然而，真正使深州蜜桃成为"桃中之王""桃魁"的，不仅是上述"秀外"，更重要的是它口感的"慧中"。

"深州蜜桃'刀切不流汁'的奥秘，在于其果实含糖量极高，果汁极其浓稠。"深州市林业局高级农艺师张士栋表示，深州蜜桃的可溶性固形物含量一般在12%以上，最高可达20%。核心产地经过科学管理的深州蜜桃，含糖量一般在13%以上，达到20%左右的都很常见，最高的甚至会超过测糖仪32%的刻度上限！

这样的水果含糖量是什么概念呢？

要知道一般的桃、梨、葡萄等北方水果含糖量往往只在8%～10%之间，苹果、荔枝等甜味更浓的水果，含糖量也往往只在9%～13%之间，含糖量超过14%的水果，除了柿子，通常就只有南方出产的桂圆、香蕉等等了。

这是名副其实的"蜜"桃。

2. 传说中的佳果

每年8月下旬到9月上旬，这短短的20天时间，是深州蜜桃成熟的时节。

每到这个时节，都会有数万名游客来到深州的蜜桃种植园，一品深州蜜桃的味道。虽然和普通桃子相比，每颗深州蜜桃都称得上"价格不菲"，但人们在采摘品尝之余，几乎都要带走不少，或回家自己享用，或带给亲朋好友。

让这些游客驱车数十公里或数百公里来到深州农村采摘蜜桃的原因，绝不仅仅是体验农家乐趣。更重要的原因是，和其他常见水果不同，几乎在所有城市的超市、农贸市场、水果店，都难以见到深州蜜桃的身影。

很多人对深州蜜桃都是闻名已久，却始终难睹芳容、难尝其味。

这，又是为什么呢？

首先，真正的深州蜜桃产量并不高。

在北方进入盛果期的桃园里，如今市面上常见的"久保"桃，盛果期亩产可达3000公斤，而地道的深州蜜桃每亩只产1000公斤～1500公斤。

深州蜜桃对采光要求很高，桃园里桃树植株的行距和株距通常分别达到6米和8米，枝条要充分展开。收获季节里，其他果园里果实累累的景象在深州蜜桃的核心产地是看不到的。在这里，稀稀落落但仍能把枝头压低的，是一个个经过人工授粉和精心疏花、疏果而得的、单果动辄超过400克的大桃。

此外，为取得最佳的熟果品质，深州蜜桃采摘期很短。深州蜜桃果皮纤薄、口感软滑甜蜜、汁多而浓等在口感方面的独特优点，却让其在储存、运输时十分易坏，很难保持品质。蜜桃装箱后，只能储存一星期左右，入库保存一般也不超过20天。

深州蜜桃还有一个漂亮的小尖，对此，当地人总是自豪地表示，中国传统年画上寿星手里拿的桃，用的就是深州蜜桃的造型。这个特征鲜明的桃尖，熟透时鲜艳欲滴，本是蜜桃的独特之

深州市穆村乡马庄村蜜桃园，刚刚装箱的蜜桃

李晓果 摄

处，可这"形象"上的优势却造成了运输上的劣势——只要桃尖磕破一点皮儿，整个桃就会迅速开始变质。

深州蜜桃的这种娇贵特性，曾使得它的销售方式只能限于现场采摘或者周边销售，成为很多人只听过没吃过的"传说中的珍果"。

如今，随着现代交通和物流业的高速发展，深州蜜桃在保存、销售方面曾经的痛点，已经变成可以克服的高端卖点。

"现在，客户只需网上下单，全国绝大部分大中城市的客户，都能在24小时内收到真正的新鲜深州蜜桃。"深州桃农张登高是当地通过互联网卖桃的代表。几年前，他就已开始在论坛和网站发布自家深州蜜桃的广告信息，招揽全国各地的购买者。

如今，张登高家7亩桃园收获的蜜桃，一半以上会通过快递发往全国。

3. 难以复制的水土条件

如今，在深州蜜桃收获季，仅马庄一个村，每天通过快递发往全国各地的深州蜜桃，可达上千箱。

无远弗届，更多的普通人已经得以享用这种昔日难得一见的"桃中之王"。

但即便如此，深州蜜桃仍是一种难得而相对小众的水果。

这，究竟是因为什么？

每年8月初，已经成形的深州蜜桃进入了生长的关键阶段——果实膨大期。

这段时期，桃树新梢停止生长，蜜桃果实由细胞分裂转变为以细胞体积增大为主。蜜桃体积的迅速增大和糖分的快速积累，将在采摘前的最后一个月内完成。

这也意味着，必须有充足的养分供给果树的需要。

2018年8月1日一早，马庄村果农李大旺扛着铁锹，拎着一个沉甸甸的塑料大桶，走进了自家的桃园。

作为一位有40多年蜜桃种植经验的"老把式"，李大旺对深州蜜桃古法种植的每个细节都早已了然于胸。

时值盛夏，太阳刚一冒头，气温就蹿上了30℃，操着铁锹的李大旺不顾暑热，围着一棵蜜桃树开始挖坑。不一会儿，一个30厘米深、绕树一周的圆形土坑已经挖成。

坑挖好后，李大旺弯腰拎起旁边的大桶。桶里，是他精心调配的肥料：由羊粪和豆粕、麻酱渣三种发酵有机肥和少量磷、钾化肥混合而成。只见他将桶里的肥料均匀地倒进土坑，再把土填好，一棵蜜桃树的追肥就完成了。

这次关键性的追肥，占了蜜桃全年施肥量的40%。李大旺精心选择调配的这种有机肥料，给蜜桃带来了成熟之前最后一次重要的养分补给。

追完肥，果园里弥漫着有些呛鼻的发酵味道，但这种味道里，却蕴含着李大旺对收获的期望。一个多月后的9月上旬，这种味道，将被成熟蜜桃所散发的甜蜜香气所替代。

有机肥，深州蜜桃古法种植的核心要素。一代代桃农们精心的管理呵护，高昂到近乎不计成本的投入，是深州蜜桃品质得以保证的关键因素。

但，这一切，仍不是完全不可模仿和替代的因素。

事实上，深州蜜桃品质最关键、最不可模仿的奥秘，在于核心产区所在的这方水土。

在深州市林业局，有一幅特殊的深州市地图。

在这尺幅不小的地图上，一小片被标红的区域尤为引人注意——在深州市1252平方公里的行政区划里，只有西北部大约250平方公里的地块，才是深州蜜桃的适宜种植区。

2014年10月8日，原国家质检总局正式批准"深州蜜桃"为地理标志保护产品。

地图上的标红区域，正是地理标志保护产品的划定范围：穆村乡、双井开发区、唐奉镇、深州镇、兵曹乡、辰时镇、东安庄乡等7个乡镇现辖行政区域。

更令人吃惊的是，即便在地理标志保护产品的划定范围内，深州蜜桃品质仍有差别。若要获得品质最好的蜜桃，则只能将范围锁定在穆村乡马庄村一带那几百亩堪称精华的土地。

多年来，无数外地果农试图对深州蜜桃进行引进种植，但口感和品质却总是与深州本地蜜桃相差甚远。在深州，甚至流传着"离开马庄几里，蜜桃味道都不一样"的说法。

深州蜜桃地域性极强的秘密，到底是什么呢？

深州市位于暖温带半湿润区，四季分明，大陆季风气候显著。年平均气温12.6℃，全年0℃以上积温4863℃，无霜期200天左右，年平均降水量500毫米，年日照2563小时，光照充足。

在这种气候条件下，旱涝和干热风等危害性天气主要集中在6、7月份。深州蜜桃成熟期晚，在8月底至9月初，避开了不良气候对蜜桃优良品质的影响。

除气候外，更为关键的，是深州蜜桃对土壤水肥条件的"挑剔"。

深州市地处黑龙港流域和滹沱河古河道，是滹沱河古冲积扇的前缘。今天位于蜜桃核心产区的穆村乡正是历史上滹沱河改道的分流点。古滹沱河流经穆村乡一带时，河水改道，泥沙沉积，积累了3米多厚的沙土层，富含丰富的矿物质元素。古河道在漫长的地貌演进过程中，还为这一带埋藏下富含硒、锶等矿物质和微量元素的深层矿泉水，现探明储量达3亿立方米。

由古河道堆积而成的砂质潮土、砂壤质潮土不易积水、通透性好，加上富含的诸多矿物质和养分，特殊的地理构造最适宜桃树生长。相比之下，深州南部区域多是透气性差、保水性好的黏土土壤，就不那么适宜蜜桃的生长了。

正因如此，与许多人"深州遍地是蜜桃"的印象大相径庭的是，在目前深州市约40万亩的果树种植面积中，深州蜜桃核心区种植面积仅5000余亩。

在科学工作者眼中，深州蜜桃的极致美味，正是"古河道效应"的结果。

二、古河道效应：大自然的恩赐

滹沱河冲积留下的古河道，成就了独一无二的深州蜜桃。而古河道赐予河北的，不只有深州蜜桃。

古河道地带地下水丰富，水质好，地势高，多数地带土质疏松，通透性强，保墒性好，能调蓄降水与地表水，且矿物成分较多，土壤条件十分适合农业、林业生产；即便有些地方的古河道积存下的黏土甚至碱质土，也可以为一些特殊的果木提供良好的生长条件。

事实上，如今名声在外的赵县雪花梨、魏县—辛集—晋州—泊头一带的鸭梨、沧州金丝小枣、黄骅冬枣，其主要种植区域，几乎都分布在古河道上。

在相似纬度和光热条件下，河北的平原古河道密度，堪称绝无仅有。

可以说，显著的古河道效应，正是大自然对燕赵大地的特殊恩赐。

1. 赵县雪花梨："占尽地利，更要尊重天时"

2018年8月2日，盛夏时节。石家庄赵县谢庄乡。

这里，是地理标志保护产品"赵县雪花梨"的重要产区。

早晨6时30分，天刚蒙蒙亮，谢庄乡大寺庄果品技术专业合作社理事长赵江辉开始了一天的忙碌。

48岁的赵江辉已经在雪花梨的行当里摸爬滚打了20多年。如今，他还有一个引人注目的身份——赵县梨果产业协会会长。

平日里，赵江辉早晨起床后首先要查看梨树的长势，然后了解各地梨果行情。但今天，他有更重要的事要做。

赵江辉拿着一卷红底白字的条幅，来到村里一处人流密集的路口，在旁人的协助下，将2米长的条幅慢慢展开，挂在墙上。

条幅上，是醒目的七个字："禁止早采雪花梨"。

游客在秦皇岛市山海关区望峪村一家果园内采摘大棚樱桃

杨世尧 摄

果农在井陉县秀林镇的一个果园采摘苹果

陈其保 摄

这个乍看上去没什么特别的条幅，在赵江辉和很多梨农眼里，却关系着赵县雪花梨的命运和前途。

　　"前几年，一些梨农为提前抢占市场，采摘、销售未完全成熟的雪花梨。提前采摘的雪花梨口感、品质等都与成熟的雪花梨相去甚远，导致消费者对赵县雪花梨的认可度下降，雪花梨价格一度大幅下跌，使全县多数梨农和赵县雪花梨的金字招牌蒙受损失。"赵江辉说。

　　为了制止这种现象，2017年，赵县梨果产业协会组织了声势浩大的"雪花梨金字招牌保卫战"，到梨区做"禁止早采雪花梨"宣传，现场讲解雪花梨早采的危害、发放宣传单。一些梨果收购商主动把宣传单贴到自家冷库的门口，梨农们则纷纷自发在村里拉起了"禁止早采雪花梨"的条幅。

　　2018年，距雪花梨完全成熟还有一个多月的时候，赵江辉以赵县梨果产业协会会长的身份，再次带领大家打响了"雪花梨金字招牌保卫战"。

　　雪花梨何以成为赵县的金字招牌？提前采摘的雪花梨和自然成熟的雪花梨，究竟区别有多大呢？

　　赵县雪花梨果肉洁白如玉、似霜如雪，有冰糖味和特殊的怡人香气。贮藏

赵县精园梨果专业合作社的果农在采摘雪花梨　　　刘玉和　摄

后，果皮渐呈金黄色，具有明显的浅褐色斑点，因而获得"雪花梨"的雅称。

河北是全国最大的梨优势产区，全省梨栽培面积近300万亩，面积、产量和出口量长期居全国第一。

在河北8大类300多个品种的梨子中，雪花梨是赵县特有的品种，也是中国最早培育出的优良梨品种之一。早在秦汉时期，赵县雪花梨就被选作贡品进贡朝廷。

赵县雪花梨之所以名扬中外，同样与古河道效应密不可分。

地处冀中平原的赵县，大部分地区位于滹沱河古河道上。在古河道效应影响下，数万年来，赵县形成了表土疏松、透气性良好的粉质沙壤土，这种土壤，最适合种植梨树。独特的土壤条件，加上热量充足、灌溉便利，造就了赵县雪花梨独特的口感和品质。

和一些早熟品种梨不同，赵县雪花梨的成熟期在9月中旬以后。

每年8月开始，地处温带季风气候带的赵县，雨量开始减少，热量依然充足。充分的光合作用带来的糖分积累，是雪花梨好吃的秘密所在。

因此，采摘前的最后一个月，才是雪花梨累积含糖量、增加风味、减少石细胞的关键时期。

"8月份就摘下来的梨硬，含糖量不够，发酸，没什么梨味，里边渣特别多。"赵江辉皱着眉头述说，虽然8月初的雪花梨外形、个头已经和完全成熟的雪花梨区别不大，但口感却大相径庭。

如今，随着宣传力度的加大，"雪花梨不能过早采摘"的理念正在深入人心。2017年8月15日，在宣传的影响下，还有两户梨农，主动将自家提前采摘的数千斤雪花梨自愿销毁。

"占尽地利，更要尊重天时！"尊重自然条件，回到自然规律，重新立起赵县雪花梨的金字招牌，是赵江辉这一代赵县梨农的决心。

2. 晋州鸭梨：走向世界的"百果之宗"

赵江辉所在的赵县谢庄乡东北仅七八公里，就是晋州市孔目庄村。

这里，有一株400多年树龄、两个人才能合抱的"梨树王"。它和村里2000多棵百年树龄的老梨树一道，默默诉说着梨在这片土地上源远流长的历史。

梨，是原产中国的古老果树树种。这种属于蔷薇科苹果亚科的北方常见水果，在古代被称为"百果之宗"。河北，正是这种古老水果的原产地之一，栽培历史悠久。

同样处于滹沱河古河道带的晋州，拥有和赵县一样适合梨树生长的沙壤土，是河北梨的另一个重要产地。但大自然的微妙和神奇，却让与赵县接壤的晋州，孕育出不同于雪花梨的另一种梨——鸭梨。

鸭梨果实呈倒卵圆形，近果柄处有一鸭头状突起，形似鸭头，故而得名。作为公认的鸭梨原产地，具有2000多年鸭梨栽培历史的晋州，被称为"中国鸭梨之乡"。

今天，在现代商业和物流业的帮助下，这种用清香甜蜜滋养了中国人几千年的古老水果，正以前所未有的速度走向世界。

如今，每两个中国出口的鲜梨里，至少有一个来自河北。

2018年9月25日，晋州长城经贸有限公司梨果称重车间。

在一个不断循环运转的履带上，固定着有20多个类似天平的秤盘。一旁，工作人员正快速将刚刚采摘下来的鸭梨一个个放到秤盘上。不断运转的秤盘会自动将鸭梨按重量分成3类，重量过大或过小的鸭梨自动被淘汰。

之后，那些重量合格的鸭梨，会进入下一个车间，经过对外形的严苛挑选和洗净后，优中选优的鸭梨会"穿"上专门订制的"服装"，被装入盒子，准备启程"出国"。

它们的目的地，将遍及北美、欧洲、澳洲和中东等地的20多个国家和地区。很快，在美国纽约超市的货架上，这些对大多数中国北方人来说司空见惯的晋州鸭梨，将被以近8元人民币一个的价格出售。

赋予晋州鸭梨优质口感的，除了得天独厚的古河道效应，近乎严苛的现代标准化生产功不可没。

"果树今年什么时间可能出现什么病害，用什么药，怎么配方，什么时间打药，什么时间浇水，什么时间施什么肥……你看，鸭梨所有的管理步骤，都一目了然。"

在晋州市李家庄村，种了20多年鸭梨的果农李孔东手里拿着一张纸片，边说边比画。这张纸片，就是被果农们称为"方便历"的明白纸——《鸭梨生产标准化流程》。

这份由晋州质监局、晋州林业局共同发布的鸭梨生产标准，总结吸收了鸭梨生产的先进经验和最新研究成果。每年开春，根据天气情况的变化，有关部门和行业协会还会对果农进行特殊指导。

产量和品质的双提升，让很多种了一辈子梨的"老把式"，认识到了科学的力量。

现在，晋州鸭梨的果园全部实行标准化科学管理。对废弃的农药瓶、塑料袋等进行集中回收，严格使用无公害农药，提倡科学施肥、配方施肥。

如今，赵县、晋州、辛集这三个地理位置相近、同处滹沱河古河道带上的地方，梨的出口量，已经占到河北梨出口总量的半壁江山——也就是说，每四个走出国门的中国梨，就有一个来自这里。

3. 沧州小枣：特殊的"蒙金土"

晋州、辛集往东100多公里，是临近渤海的沧县。

这片曾深受盐碱之害的土地，却是我国另一种古老原生果树——枣树的乐土。

金丝小枣，起源于酸枣的一种优质枣。它核小皮薄，果肉丰满，肉质细腻，鲜枣呈鲜红色，肉质清脆，甘甜而略具酸味。掰开半干的金丝小枣，可清晰地看到由果胶质和糖组成的缕缕金丝粘连于果肉之间，拉长数厘米而不断，在阳光照耀下闪闪发光，金丝小枣之名也因此而得。

2018年9月21日，金丝小枣收获的季节。沧县高川乡北马坦村果农张文荣早早来到自己的枣园，开始和雇工们一起打枣。

她拿着手中的细竹竿，游走在树枝和树叶之间，似乎没费多大力气，一颗颗小枣就纷纷散落在地上。张文荣弯下腰，把它们一一拾进筐里。

在生产力高度发达的今天，机械化正以不可逆转的趋势席卷着农业生产。但在小枣种植领域，人工打枣、晾晒却仍然不可取代。

不久之后，这些有着独特风味的金丝小枣，将出现在中国20多个省（市、区）的大型超市和东南亚、韩国、日本等20多个国家和地区。

和近年来异军突起的新疆大枣相比，金丝小枣个头虽小，但肉质细腻、口感独特，在制作醉枣、煲汤等方面有着无法替代的地位。

金丝小枣这种优良品质的秘密，根植于其赖以生存的土壤中。

位于河北省东南部的沧州，东临渤海。历史上，古黄河多次流经这里，并在此改道。受黄河古河道影响，这里形成了大面积河荒地，经世代耕作改良后，形成了土层深厚的中壤质黏潮土。

据《沧州土壤志》记载，在全市耕地中，中壤质黏潮土占80%，而在金丝小枣主产区沧县，几乎全部土壤均属于此类。这种土壤上松下实，具有良好通透性和保水保肥能力，被老百姓称为"蒙金土"。此外，根据测定，土壤中微量元素特别是锌、铁含量高于其他土种，而金丝小枣树冠小、根系浅、养分吸收能力弱，要在短期内制造并积累以糖为主的干物质，需要土壤在养分强度和容量方面给予保证。

更为难得的是，沧县东距渤海数十公里，受此影响，土壤中性偏碱，pH值7.5～8.8。今天的研究表明，这种对传统农业生产并不友好的偏碱性土壤，却可以

泊头市文庙镇枣农在收获小枣　　　牟　宇　摄

2018年10月23日，井陉县柿庄村，农户在晾晒柿子　　　王保龙　摄

有效防止"枣疯病"的出现。

可以说，沧县这种独特的土壤条件，天然就是金丝小枣的生长乐园。

因种植面积广、口感好，20世纪80年代以前，沧州金丝小枣的出口量曾占中国小枣出口的一半以上。虽然一度遭受新疆大枣的冲积而陷入市场低谷，但如今，金丝小枣在沧县仍有50万亩的种植面积。

随着市场认可度的恢复和管理水平的提高，金丝小枣，已经重新成为许多枣农致富的"金饭碗"。

三、既来则安：外来佳果的乐土

地理位置的优越性和土地类型的多样性，让河北不仅拥有梨、桃、枣等许多我国原产果树中的优良品种，也使其成为诸多外来佳果的生长乐园。

1. 北纬40°：葡萄黄金种植带

金秋9月，昌黎的葡萄熟了。

穿梭在昌黎葡萄产区，一股股葡萄特有的香甜味道弥漫在空气中。

葡萄，人类最早培育和享用的水果之一。

它既是优良的鲜食水果，也是酿酒的绝佳原材料。

两千多年前，当张骞从西域为大汉王朝带回这种甘甜多汁的水果时，他多半并不知晓，华夏大地上最适宜种植葡萄的区域究竟在什么地方。

今天，随着科技与经贸的发展，人们已经知道，北纬40°线像一条金线，串起了北半球最好的酿酒葡萄和葡萄酒产区：在西方，这条金线上最璀璨的明珠无疑是旧大陆的法国波尔多和新大陆的美国加州；在东方，则是中国河北的昌黎和怀来。

2018年9月20日，昌黎葡萄种植户陈春山正和雇工们一起，在自家的10亩葡萄园里忙着采收。

54岁的陈春山，种植酿酒葡萄已经20多年。对他来说，种酒葡萄，已经不单是家庭收入的来源，也成为一种生活习惯。即便在农业机械十分普及的今天，葡萄的采摘，仍然完全依赖于人工完成。因此，每年的采摘季节，也是陈春山最忙碌的时候。

只见陈春山手拿一把园艺剪刀，熟练地将一串串葡萄剪下，小心翼翼地放入筐中。之后，这些葡萄还要经过二次分选，只有呈现出浓重蓝紫色的、最成熟饱满的浆果，才有资格成为葡萄酒的酿造原料。整个过程经不得一点儿马虎，因为任何粗心大意造成的葡萄损坏，都会影响葡萄酒的酿造品质。

陈春山家所种的10亩葡萄，是酿酒葡萄中的经典品种：赤霞珠。这种原产于葡萄酒圣地波尔多的酒葡萄，被称为酿造红葡萄酒的品种之王。

赤霞珠最大的特点在于其酚类物质含量丰富。而酚类物质，正是葡萄酒在长时间的酿造和储存过程中，不断产生化学反应、形成独特口感和风味的关键。法国波尔多，正是以其酿造的赤霞珠红葡萄酒，而最早闻名于世界葡萄酒市场。

20世纪70年代，为了酿造中国自己的红葡萄酒，赤霞珠第一次被引入中国。让人没想到的是，作为"舶来品"的赤霞珠，在距离故土1万多公里以外的中国昌黎，居然表现出比在"老家"波尔多更好的适应性。

2018年4月24日，昌黎县泥井镇的果农在管理大棚葡萄　　杨世尧　摄

原来，波尔多气候偏冷，赤霞珠采摘时经常难以达到完全成熟。这使得波尔多地区新出产的赤霞珠红葡萄酒常常涩度较大、口感偏生硬，需要较长时间的陈酿才可以产生柔美、复杂的口感。所以，波尔多地区通常不会单独用赤霞珠来酿酒，而是混合一定比例的美乐、品丽珠等品种以柔化口感，增加酒的平衡度和丰富性。

而在昌黎，因为有着充足的阳光和更为温暖的气候，所培育的赤霞珠可以达到充分的成熟，完全可以单独用来酿酒。

1983年，新中国第一瓶干红葡萄酒——北戴河牌干红葡萄酒在昌黎诞生。这瓶酒，就是由本地种植的赤霞珠酿造而成。

时过境迁。近年来，昌黎葡萄酒在保持了赤霞珠品种优势的同时，又引进了马瑟兰、小味儿多等许多新的酒葡萄品种。如今，几十种不同品类、不同性状的酒葡萄品种，已经在昌黎落地生根。

昌黎向西300多公里，同处北纬40度线上，是河北葡萄酒的另一个黄金产区——张家口怀来。

像昌黎一样，怀来沙城也拥有堪比法国波尔多的葡萄生长条件：四季分明，日照时间长，昼夜温差大，降雨量适中，无霜期长，沙质土壤。

虽然远离大海，但怀来南临军都山，北临燕山，中部是河谷平川，形成了

"两山夹一湖"的独特地貌。群山环抱，桑干河、洋河、永定河横贯其中，十分适合葡萄的生长。强劲的季风不仅吹走了雾霾和霜冻，带来干燥的空气，也让葡萄园更少病虫害之虞。

历史上，这里素有种植葡萄的传统。

在怀来西北不足百里的宣化，人们至今还能看到全世界独一无二的葡萄漏斗架栽培方式：

庞大的枝条从地面向上倾斜，绿色的叶片在空中编织出一个直径10多米的圆圈；在这个葡萄藤交织的圆圈中央，是一个凸起的圆台。葡萄的枝条都从这个圆台向四周蔓延扩展，圆形下面的地面中心有一凸起的圆台，枝条就是由此向周围扩展，像是一个插在地上的漏斗。

2018年4月21日，怀来县蚕房营村果园内开花的杏树、桃树和梨树　　杨世尧　摄

这种传统葡萄园栽培方式，始于1300多年前，在宣化一直沿用至今。而宣化、怀来的鲜食品种白牛奶葡萄和龙眼葡萄，则历来是宫廷贡品，有着"冰糖包""北国明珠"之誉。

葡萄好，酒才好。这是怀来人最喜欢说的一句话。

1979年，新中国第一个按照酒庄模式建造的葡萄酒庄园——长城桑干酒庄，出现在怀来桑干河、洋河交汇处的左岸。新中国第一瓶干白葡萄酒、第一瓶传统法起泡葡萄酒，也在那一年诞生于此。

如今，怀来葡萄种植面积已达25.1万亩，葡萄年产量15.6万吨，葡萄产业总产值25.9亿元。其中，10万亩酿酒葡萄和十几个各具特色的酒庄，彰显着怀来在中国葡萄酒产业里举足轻重的地位。

2018年7月5日，怀来长城桑干酒庄地下酒窖。

数以千计的橡木桶，整齐地摆放在这个占地5600多平方米的地下"红酒王国"里。陈酿葡萄酒产生的混合香气，几乎将整个地窖包围。在这里，各类已经在发酵罐中发酵完成的葡萄酒，被灌入225升容积的标准波尔多橡木桶，进行长达数月到数年不等的陈放。

在与橡木桶的亲密接触中，在各种奇妙的化学反应中，在得天独厚的中国河北，葡萄，这种来自遥远西方的美妙果实，以及它们精华的化身——葡萄酒，找到了自己最好的家园。

2. 从石榴到草莓：对外来佳果展现出最大限度的友好

怀来向南400多公里，石家庄元氏县，一种同样由张骞通西域带回来的甜美水果，也在燕赵大地上找到了适宜自己生长的乐土。

9月，元氏时家庄的石榴红了。

时家庄村，位于元氏县西北部半山区，是元氏石榴种植面积最大的村。这里种植的石榴，被称作"满天红"。

石榴，原产巴尔干半岛至伊朗及其邻近地区，喜暖向阳、耐寒耐旱，也耐瘠薄。传入中国两千多年来，石榴不仅早已遍及全国各地，更以"榴开百子，多子多福"的寓意，深深融入中国传统文化。

如此常见的水果，出众的素质又如何表现呢？

完全成熟的元氏"满天红"石榴，几乎个个都有成年人的拳头那么大，大的甚至能达到0.75公斤～1.25公斤。剥开一个石榴，里面的石榴籽就像一颗颗晶莹剔透的红宝石，不仅汁多味甜，清醇爽口，而且粒大核软，口感极佳。

原来，石榴虽然适应性很强，却仍以在类似原产地的、排水良好的夹沙土中栽培为最宜。土壤中所含植物营养元素，也是决定石榴品质的一个重要因素。元氏时家庄一带，属于黑云斜长片麻岩地质，土壤环境适宜，其中的锌、钾、镁等元素的含量也比较高。

独特的土壤，加上特殊的气候、日照、温差条件，造就了元氏石榴的"色味双绝"。出类拔萃的果品品质，上千年的种植历史和8万亩的华北地区最大种植面积，让元氏当之无愧地获得了"中国石榴之乡"的美誉。

无论是落户千年，还是初来乍到，只要生长温度适宜，河北这片丰饶的土地，总能对外来佳果展现出最大限度的友好。

元氏东北方向，200公里开外，太行山东麓，保定满城。

最让满城广为人知的，可能要数那座隐藏在陵山上的汉墓。但很少有人知道，满城一地出产的一种水果，种植面积一度在全国占20%以上。

这，就是草莓。

草莓，原产南美，我国真正引进和人工种植时间不过100多年。在中国北方，草莓走入寻常百姓家，正是从满城引种草莓开始的。

草莓喜温凉气候，宜生长于肥沃、疏松中性或微酸性土壤中，需要土壤既含有足够的水分，又不能涝，对土壤通透性要求很高。

满城地处温带半干旱、半湿润季风气候带，四季分明，光照充足，雨热同期，土质多为壤土和沙壤土，非常适合草莓的生长。这种对草莓展现出的环境友好性，同样来自古河道效应。

1985年开始，满城开始积极引进国内外100多个新品种试验栽培，适宜的土壤、气候条件使草莓产业在这里迅速找到了最佳的"打开方式"，在草莓尚未完全普及的二十世纪八九十年代，满城草莓种植面积长期占全国草莓总面积的10%左右，甚至一度达到20%。

如今，草莓像适应性极强的石榴一样，已经在我国几乎所有省份实现了成功种植。原产于中国河北的梨、枣、板栗等燕赵佳果，也已遍及中国甚至世界各地。

2019年1月23日，滦南县益硕生态农业有限公司的员工在收获草莓　　　牟 宇 摄

这一切，让拥有神奇的古河道效应和良好气候条件的河北，无愧"佳果之园"的称号。

河北大平原，是中国古代农耕文明诞生发展的重要区域。这片土地如今在用什么样的物产诠释肥沃和丰饶的不同侧面？在这片多情的土地上，孕育了怎样独具特色的美食和风情，悄然滋养我们的舌尖和心田？在这片英雄的土地上，又留下了哪些红色的轨迹，引领我们一路奔向前方？请看《大河之北·平原篇》第五单元——一方水土。

（本单元得到河北省林业和草原局的大力支持，特此鸣谢！）

采访◎《河北日报》记者 王思达 朱艳冰 张近情 汤润清 解丽达 王雅楠 王育民 刘禹彤

执笔◎《河北日报》记者 王思达

阅读提示

在中国古代农耕文明诞生发展的历史上，河北大平原有着独特的历史地位，作为我国重要的农业大省和粮棉主产区，河北部分区域是世界上最适宜冬小麦生长的地方之一。

经过亿万年自然孕育和人工改造，这片土地如今用哪些物产诠释着它的肥沃和丰饶？在这片多情的土地上，孕育出了什么样独具特色的美食和风情，悄然滋养着我们的舌尖和心田？这片英雄的土地上，又留下了什么样的红色轨迹，引领我们一路向前？

麦收时节，磁县西陈村，联合收割机正在收割小麦　　田瑞夫　摄

一、沃野的不同侧面

1. 强筋小麦的黄金种植区

2019年5月31日，石家庄市藁城区廉州镇系井村。

村口路旁的一处粮仓里，村民高俊义和几个伙伴正围坐在一起打扑克。

还有不到一周，冀中南地区的小麦就将开镰收割。作为一名长期专职从事粮食购销行业的粮商，高俊义深知，接下来一个月，将是他一年中最繁忙的时段。这时节说是打扑克，其实是要趁小麦开镰前最后的闲暇，给大家开个小会，商量接下来的工作安排。

没说两句，高俊义的手机响了，是他多年的老客户——甘肃红太阳面粉厂打来的电话。

"3000吨？没问题！"

放下手机，高俊义不无得意地指了指外面的麦田，"咱们系井村这一片收的强筋麦，从来没愁过市场，每斤比普通小麦还贵1毛左右。从去年开始，麦子还在地里，大客户就纷纷打电话来订了。"

系井强筋麦为什么这样抢手？

面筋，小麦中的胶体混合蛋白质，是面的精华，主要由醇溶蛋白和谷蛋白组成。醇溶蛋白和谷蛋白在面粉加水制成面团后，可形成结实且有弹性的海绵状网络结构，其他成分则藏于网络结构的骨架中，使面筋具有膨胀性、延伸性和弹性。

强筋小麦，顾名思义，就是面筋含量高的小麦。由于面粉蛋白含量高、面筋强度高、延伸性好，最适于生产面包、汉堡、饺子、拉面等。

然而，在很长一段时间里，国内优质强

筋小麦的种植面积和产量都远远不能满足市场需要，需要大量进口。

这一状况的改变，始于我国第一个代替进口的优质强筋麦品种藁优8901的出现。

和系井村隔路相望的，是藁城区农业科学研究所，藁优8901就诞生在这个毫不起眼的县（区）级农科所。

"藁优8901来自一个梦想。"藁城农科所副所长杨海川给我们讲了这样一个故事：改革开放之初，藁城农科所老所长李振桥到北京参加培训。培训之余，李振桥向专家提出了这样一个问题，国外小麦育种技术已经相当成熟，高产、耐旱、抗病虫害、抗倒伏、节水等问题都基本解决之后，人家进一步的方向又是什么？

专家想了想说，那就是强筋。

这个回答，让李振桥眼前一亮。

"改革开放以后，生活水平提高这么快，我们藁城的小麦种植条件又这么好，直奔强筋这个研究方向可行不可行？"李振桥的这个想法得到了专家的认可。

"藁城的条件"到底好在哪呢？

位于太行山东麓、河北省中南部的藁城，属太行山山前洪积平原。千万年来，历史上的滹沱河、磁河、槐河等河流的改道和变迁，塑造了藁城典型的山前平原地貌，也给藁城带来了深厚、肥沃的土壤——相较于更靠东部的河流冲积平原和滨海平原，河流裹挟着泥沙出山之后首先堆积而成的山前平原，土壤更为肥沃。

良好的自然条件，让处于黄淮海地区优势小麦产区的藁城，早在20世纪80年代初即实现了旱涝保收、高产稳产。

怀揣"强筋"梦想，李振桥回到藁城。

经过几年艰苦努力，在和藁城农科所一路之隔的系井村，藁优8901被培育成功。

从系井到藁城，从藁城到邢台、邯郸，再到河南、山东，由于实现了小麦高产与优质的结合，藁优8901成为国内第一个大面积推广、并被面粉企业大量使用的国产强筋麦品种。

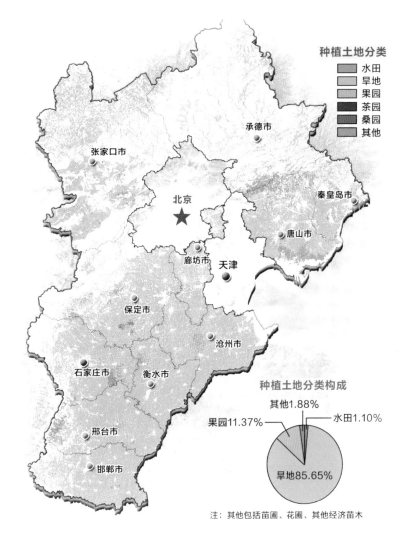

种植土地分类

- 水田
- 旱地
- 果园
- 茶园
- 桑园
- 其他

种植土地分类构成

其他1.88%
果园11.37%
水田1.10%
旱地85.65%

注：其他包括苗圃、花圃、其他经济苗木

褚 林 制图

藁城，也由此成为中国国产强筋麦的发源地。

藁优8901的诞生不是偶然，它离不开藁城农科所工作人员的创新和钻研，更离不开这方水土。

事实上，以藁城为代表的广大冀中南平原，是公认的最适宜强筋麦生长的区域。

"众所周知，黄淮海地区为我国优势小麦产区。这一地理概念区域十分广大，包括北京、河北、河南、山东以及江苏、安徽的淮北地区。其中，河北从保定往南到石家庄、邢台、邯郸的太行山山前平原地带，是最适合强筋小麦生长的种植区。"

河北省现代农业产业技术体系小麦产业创新团队首席专家曹刚介绍，这一区域土层深厚肥沃，温度适宜，常年降水500毫米～600毫米，其中小麦生育期间降水150毫米～200毫米，抽穗至成熟期降水50毫米左右。"尤其是小麦生育后期干旱少雨，有利于籽粒蛋白质积累和面筋的形成。"

和同为我国重要小麦产区的河南、山东相比，冀中南地区纬度更高，平均气温更低。正是这一点儿普通人看来微不足道的温差，却可以让河北的强筋麦积累更多蛋白质，品质更好。

此外，河北降水略少，也减少了病虫害的发生概率。若从冀中平原再往北，则气温过低，产量又会受到影响。

毫不夸张地说，在强筋小麦生产方面，位于北纬36°至38°之间的河北山前平原，优势得天独厚。

"看，这是藁优5766，那边是藁优2018，它们的麦粒大小不一样。"站在村头田地旁，杨海川如数家珍，"这两个品种达到了郑州商品交易所强筋麦一等标准，在吸水率、拉伸面积、稳定时间等反映强筋小麦品质的主要性能指标上，藁优5766和藁优2018已经可以媲美甚至优于进口的小麦。"

如今，最早把"强筋"梦想播种在这片土地上的李振桥已经去世，带领团队接力研发的杨海川也早生华发，而他们培育的强筋小麦早已"遍地开花"：在藁优8901之后，藁城农科所又陆续育出了藁优9415、藁优2018、藁优5766等优良强筋麦品种，在全国小麦主产区大面积推广。

现在，小小的系井村已经是农业农村部确定的"国家优质粮食示范基地"，全村5000多亩耕地实现了优质强筋麦种植率100%。为了拓宽粮食流通渠道，系井村还投资建成了占地100多亩的粮食交易市场。像高俊义一样常年从事粮食购销的村民，还有几十户。

截至2019年，藁城已经实现了强筋小麦种植面积43万亩，占小麦种植总面积的87%。在这一区域种植的各种优质强筋小麦，也获得了国家地理标志商标——"藁城藁优麦"。

藁城强筋麦产区的成功，是河北省小麦产业转型的一个缩影。根据《河北省强筋小麦产业提质增效实施方案（2018—2020年）》要求，到2020年，建成以冀中南为核心的强筋小麦生产核心区，种植面积达到400万亩，产量达到160万吨，良种良法覆盖率达到95%。

2. "玉菜"的奥秘

　　冀中南太行山山前平原那片丰饶的水土，是优质强筋麦生长的天堂。而冀东地区的燕山山前平原上，也用独有的物产，讲述着自己的肥沃。

　　藁城东北400多公里，燕山南麓。

　　2018年12月20日，唐山市玉田县彩亭桥镇。

　　三辆17米长的厢式冷藏货车排着队从黑猫王农民专业合作社驶出。

　　三辆货车车厢里满载的，是40吨精装玉田包尖白菜。它们的目的地，是2000公里以外的香港。

　　3天后，这些来自千里之外的玉田白菜，将到达香港最大的连锁超市之一——百佳超市的仓库。2019年新年前，每棵白菜都将以50港元左右的价格，被摆上百佳超市的货架。

　　"这已是香港百佳超市连续第3年从我们合作社订购包尖白菜了。今年合作社种植了800亩精品包尖白菜，目前产出的48万棵精品菜已被预订一空。"应接不暇的新订单，已经成了黑猫王农民专业合作社理事长张金齐"幸福的烦恼"。

　　作为北方冬季常见蔬菜之一的白菜，为什么成了客商们争相抢购的"香饽饽"？

　　带着疑问，记者跟随张金齐来到合作社的包装车间：一排排翠绿的白菜整齐地排列在生产线上，工人娴熟地为它们打上包装，戴上红花，以便随时装车。

　　"你看，菜梢紧密地抱在一起，上尖下圆，体态修长，这才是标准的玉田包尖白菜。"张金齐随手拿起一棵白菜，上下打量着。

　　和人们印象中粗放、"不修边幅"的普通大白菜相比，玉田包尖白菜确实与众不同：其叶球直筒、拧抱紧实，顶部稍尖，菜体呈圆锥状，故得名"玉田包尖"。

　　此外，玉田包尖白菜具有耐贮藏、不易抽薹、高品质特点。做馅，清鲜宜人；熘炒，不乱汤；菜心生食，甜脆鲜嫩，清心爽口。上乘的品质和独特的风味，让玉田包尖白菜享有"玉菜"之美誉。

　　包尖白菜的独特品质和风味，和玉田独特的自然地理条件密不可分。

玉田地处燕山南麓，渤海之滨，属北温带大陆性季风气候。独特的地理条件、清澈的水系、肥沃的土壤和适宜的气候成就了玉田包尖白菜上乘的品质。

　　"白菜的生长，首要考虑土壤和温度。"张金齐告诉记者，白菜是浅根系蔬菜，以肥沃而物理性状良好的壤土、沙壤土最适宜生长，玉田中部的山麓洪积平原，正是白菜生长的"最爱"。

　　此外，白菜是半耐寒蔬菜，喜冷凉气候。生长期间的适温在10～22℃之间，在适宜的温度范围内，较大的昼夜温差有利于大白菜正常生长，这恰与玉田的气候吻合。

　　得天独厚的自然条件，让玉田成为白菜生长的"天堂"，10万亩的白菜种植面积在全国也名列前茅。其中的1.5万亩包尖白菜，更是玉田独有。

　　自清代以来，包尖白菜繁衍至今，却只在玉田这块土地上方能保持其独特品质。周边省市曾多次引进试种，却因各种原因未获成功。

2018年11月2日，玉田县唐自头镇燕山口村农民在田间收获白菜　　　刘满仓　摄

"在包尖白菜种植区域内，奥陶纪水系和雾迷山地层水系两条地下矿泉水系穿境而过，地下水中偏硅酸和锶的含量达到国家饮用矿泉水标准，水质优良。"张金齐自豪地说，包尖白菜区别于普通白菜最大的原因，在这两条地下矿泉水系。

即便在玉田县内，包尖白菜的产地范围也仅限于玉田镇、虹桥镇、杨家套乡、亮甲店镇、彩亭桥镇、郭家屯乡等6个乡镇。这些地方无一例外，全部位于地下矿泉水系附近。

2004年10月，天津市质量监督检验站曾专门对玉田包尖白菜进行了一次检测，其主要营养成分指标是：粗纤维 0.76%，维生素 C 213mg／kg，可溶性总糖3.18%，粗蛋白0.555%，铁、钙、磷等矿物质含量也高于其他白菜品种。

这一检测结果，又从侧面证明了两条矿泉水系对包尖白菜品质的重要影响。

如今，玉田包尖白菜已经成功入选国家地理标志保护产品。

3. "瘠薄"中的"富饶"

2018年8月5日，立秋前夕，冀东平原的暑热还未消退。

滦州市滦州镇杨家院村村西一片耕地上，一垄垄绿油油的花生苗长势喜人。

此时，花生苗的植株高度已经达到30厘米左右，而与植株紧紧相连、埋藏于土地之下的部分，就是它的果实，中国北方最重要的油料作物——花生。

再过一个月左右的时间，滦州的花生就将颗粒饱满，迎来收获。

"这是河北省农林科学院粮油作物研究所选育的花生新品种冀花11号，这是冀花13号，这是冀花16号。这边是开封农林科学研究院选育的花生新品种开农301号，2017年通过的农业农村部非主要农作物品种登记。这一排是青岛农业大学育成的花生新品种宇花31号，今年才刚刚通过农业农村部非主要农作物品种登记……"

在外人看来，即便仔细观察，这一垄垄花生苗似乎也没什么不同。但这片花生地的主人、滦州百信花生种植专业合作社负责人郭秀云，却对田间的每个品种如数家珍。

和司空见惯的普通花生不同，这些最新选育的花生品种，有一个共同的名字——高油酸花生。

"顾名思义，高油酸花生，就是油酸含量远高于普通品种的花生。油酸属于单不饱和脂肪酸，对人体健康很重要，可调节人体生理机能，促进生长发育，降低患心血管疾病的概率。"郭秀云介绍。

　　此外，油酸还是一种比较稳定的物质，无须氢化也可以长久保存。高油酸食用油从生产到销售液状稳定性比普通油品提高10～15倍，可以延长食用油的保质期和货架期。

　　优良的品种特性，让高油酸花生成为未来花生种植的主要发展方向。

　　"目前，我们合作社不但承担着省农业农村厅高油酸花生的试验任务，还承担着农业农村部全国高油酸花生品种的试验。我们脚下的这几百亩试验田里，种植着30多个来自全国不同育种单位的高油酸花生品种。除品种试验外，我们还承担着花生全程机械化试验、可降解地膜试验、生物农药试验、生态防控技术试验……"郭秀云颇感自豪。

　　事实上，近年来新选育并通过品种登记的全国高油酸花生品种，几乎都在郭秀云脚下的这片试验田里生长过。

　　这片试验田究竟有何与众不同之处？

　　滦州，地处冀东地区，燕山南麓、滦河西畔。全县地势北高南低，西北、东北为低山丘陵；中部、南部为滦河冲积平原，地势平坦开阔。

　　"复杂多样的地貌类型，造就了滦州比较多样的农业种植类型。长期以来，在北部低山丘陵地区，滦州以玉米、杂粮、果树种植为主，而在中南部广大的滦河冲积平原上，则以种植花生、小麦为主。"滦州市农牧局副主任科员张建华介绍。

　　和人们印象中深厚、肥沃的冲积平原不同，滦州中南部的这片平原，在传统意义上讲，却难称肥沃。

　　"滦州的平原主要由滦河冲积而成。发源于坝上高原、流经燕山山地进入平原的滦河受气候影响，径流年际变化较大，输沙量也大。监测数据显示，滦河流出燕山，至滦州一带含沙量为4.76公斤/立方米。"张建华说。

　　河流和气候的塑造，让位于滦河西岸的滦州平原地区，逐渐形成了以沙质土壤为主的土壤类型。在滦州80多万亩耕地面积中，连片沙地就有40万亩，占全县耕地的近一半。

"沙质土壤保水蓄水力弱、抗旱力差、养分含量少、保肥力差、土温变化快，不利于小麦、玉米等农作物的生长，甚至可以用贫瘠来形容。"张建华表示。

　　很长时间以来，为了提高这片土地的小麦、玉米产量，滦州农民进行了多种尝试和努力，也取得了一定效果。但和一些天生沃土的平原种植区相比，产量仍有差距。

　　但在不断尝试中，他们找到了这片土地隐藏于"瘠薄"中的"富饶"——花生种植。

　　和大部分农作物不同，花生的有用部分主要是埋藏于地下的果实。因此，它对于种植土壤的需求也与众不同：土层有一定厚度，不能过干或过湿，透水透气性好，必须要利于通风和根系的发育。

　　土层深厚但土质疏松、透水透气性好的滦州平原沙质土壤，正具有这种优势。

　　除土壤类型适合外，滦州的气候条件也和花生生长的需求"不谋而合"：生长期气候温暖，降水适中；晴天较多，光照充足；昼夜温差大，有利于有机物积累……

　　得天独厚的自然禀赋，让滦州花生的种植面积迅速扩大。

　　现在，滦州花生常年播种面积达25万亩，以果白、果大、粒饱、色鲜、味美等优点蜚声国内外市场。

　　2014年12月1日，原国家质检总局批准对"滦县花生"实施地理标志产品保护。产地范围包括小马庄镇、茨榆坨镇、古马镇、滦州镇、雷庄镇、东安各庄镇、油榨镇共7个镇现辖行政区域。

　　"近年来，我们合作社尝试在不改变土地承包关系及土地用途的基础上，通过农民购买合作社全程服务的方法，实现了规模化、集约化种田，有效破解了土地经营散、农技推广难、种粮效益低等难题，走出了一条分户承包与现代农业有效对接的规模经营之路。"郭秀云说。

　　如今，百信合作社已托管土地13万亩，土地入股2万多亩，花生每亩实现增产100公斤以上。在整个滦州，已累计推广冀花16号、冀花11号等高油酸花生成熟品种5万亩。

二、水土的独特孕育

1. "驴火"传奇

2019年4月24日，河间高玛纳驴肉火烧店。

高玛纳火烧第三代传承人孙恩佑正在"打火烧"。

揉好的面拉成长条，涂上油，从左右两侧向中间折叠数次。再将叠好的长方形面饼放到平底锅里烙——温度不能太高。

待火烧表层布满金黄色、芝麻粒大小的碎花，马上将它转入特制的炉灶中，使其接触更高的温度，却不接触明火。

在炉灶高温的奇妙作用下，烧饼鼓胀成圆球、内里分层，呈现出金黄斑纹的外皮。

时间是保证驴肉火烧口感的重要一环。

孙恩佑告诉我们，为保证极致的酥脆口感，制作完成、填好驴肉和焖子的火烧，最好在8~10秒钟之内，就端到食客面前。

趁热咬上一口，火烧的酥脆可口，驴肉的肥而不腻，在口腔中一起绽放——这份满足，正是保定、河间等地区很多人对家乡最深刻的眷恋和记忆。

河间驴肉火烧　　陈腾飞　摄

驴肉肉质松软，口感细腻，又不似羊肉腥膻，且因富含谷氨酸而鲜美可口，素有"天上龙肉，地下驴肉"的美誉。

河北大平原，作为我国小麦主产区，各种面食历来是特色乡土饮食的重头。而驴肉火烧，毫无疑问是近年来叫得最响的河北小吃。

在驴肉火烧最为流行的保定和河间地区，许多人的一天都是从一个驴肉火烧开始的。这种被简称为"驴火"的小吃，早已风风火火地覆盖了河北之外很多城市的街头巷尾。

保定驴肉火烧　　王思达　摄

火遍大江南北的"驴火"，是如何出现的呢？

2019年4月25日。

河间朴康源驴肉制品有限公司参观走廊。

透过明亮的玻璃，标准驴肉煮制加工车间内，自动化分割、包装、灭菌车间，排酸库、冷冻冷藏库清晰可见。

在这里，买回来的活驴要首先经过一段时间育肥。电击屠宰后，驴胴体还要经过48小时以上的低温排酸，将肉中的乳酸充分分解为二氧化碳、水和酒精。排酸完成后，驴肉要经过分割、腌制、煮制，并在出锅后迅速冷却降温，以缩短细菌滋生的时间。随后，熟驴肉被分割计量，经过真空包装、灭菌，以延长保质期。

从屠宰到出厂，一份好的熟驴肉需要10多个加工环节。

"我们是用河间驴肉的古老配方，加上驴肉加工流水线先进的现代工艺设备，打造河间驴肉知名品牌，带动河间驴肉产业做大做强。"企业负责人李宝宗告诉记者。

据不完全统计，如今，全国各地的驴火店数量已经超过1万家。如此数量庞大的市场，需要像朴康源这样的专业驴肉加工企业的支撑。

大多数人并不了解，驴作为一种食物来源进行专门养殖，距今不过30多年时间。

"驴在全世界的分布范围十分广泛，以亚洲最多，约占全世界的近一半。因驴畏严寒，所以其分布的地理界线主要在秦岭淮河以北、内蒙古以南的地区。地处温带的华北平原，比较适合驴的生长。"李宝宗说。

由于我国幅员辽阔，各地自然环境差异巨大，在长期自然选择和人工养殖过程中，逐渐形成了形体外貌和生产性能不同的驴：在太行山前的保定冀中平原一带，多为体形较小的太行驴；而在距海岸线更近的河间一带，则多为体形较大的渤海驴。

"驴以前是生产工具，我们打火烧的也是碰上本地淘汰下来的役使驴，才能一展身手。"孙恩佑说，直到改革开放之后，"驴火"产业才迎来了春天。

当时，随着耕作和运输方式的升级换代，作为农业生产工具的驴开始逐渐被机械替代。在河间米各庄，出现了一个专业的驴市。孙恩佑说，那个时候，宰驴、煮肉、打火烧都是驴火商户自己承办，活驴也是来自当地村镇的自产自销。

差不多在同一时间，保定地区的驴火生意也开始兴旺。和河间一样，保定驴火的驴肉来源，也来自当地自产自销——保定驴火和河间驴火分别用太行驴和渤海驴的说法，自此流传开来。

但事实上，这种情况持续时间并不长久。

20世纪90年代中后期，随着农机升级换代完成，本地驴由此在保定和河间逐渐绝迹。而驴肉火烧作为新兴的特色小吃，在两地却越来越受欢迎——旺盛的需求和紧缺的驴肉，让驴火生意催生出新的产业和分工。东北、内蒙古等地的专业养驴场和保定、河间一带的专业屠宰场开始出现，驴肉火烧在肉方面的来源差异逐渐消失。

虽然驴肉来源已经无甚差别，保定和河间驴肉火烧在烹调上，却大有不同。

正宗的保定驴肉制作工艺，要到位于太行山山前地区的徐水漕河镇去寻找。据《徐水县新志》记载，漕河驴肉制作工艺始于宋代，历经元明清，技艺日臻成熟。1996年，"漕河"二字已经成为驴肉食品的注册商标。

以漕河为代表的保定派驴肉是经过20多种调料卤制而成的，而且煮肉的汤底从来不换，只加水续料，故称老汤。

大火攻，小火焖，共20多道工序和近20个小时的烹制，才能使老汤的滋味完全浸入驴肉。

热腾腾的驴肉剁得碎碎的，夹进刚出炉的火烧里，再浇上一勺煮肉的高汤汁——热火烧加上热驴肉，温度隔着粗纸传入手心，一阵驴肉的香气从手中缓缓升起。

与"保定派"的卤制不同，正宗河间驴肉采用的是酱制。

先把驴肉中的血水泡净，配备20余种调料进行煮制，煮一个半小时到两个小时之后关火。然后将驴肉浸泡在汤汁中，与汤汁一起放凉。

将放凉后的驴肉捞起，切成片状，夹在刚出锅的火烧中。热火烧夹凉驴肉，河间人吃的就是这个外热内爽。

驴肉的不同做法，造就了两地驴火的不同风味。但从观感上讲，两地驴火更大的区别来自火烧：和开头提到的河间长方形火烧不同，保定是圆形火烧。

在粽子、豆腐脑都要争一个甜咸的网络时代，在"驴火爱好者"中，关于保定驴火和河间驴火哪个正宗的争论从来没有停止过。但事实上，这两个流派的驴火，都是当地水土所孕育出的家乡味道，是河北美食的典型代表。

如今，随着现代交通和物流产业的迅速发展，驴火不再局限于华北平原这片水土，开始向更远的地方传播。

2019年5月8日，上海静安区延长中路。

在这个位于上海市中心区域的商业街上，有一家门面不大的小饭店——三套桌椅、狭窄的过道和一个透明的操作间，就是这家小店的全部。

虽然不大，但每到饭点，这家小店总能坐满，更多没有座位的顾客会选择打包带走。

这家店有个有趣的名字——驴公驴婆。顾名思义，这是一家以驴肉火烧为主要卖点的饭店。

火烧店老板告诉记者，店里的一些食客是北方人，专门来这里是为了尝尝"家乡的味道"。更多食客是南方人甚至上海本地人，他们中的一些人曾在河北吃过驴肉火烧。还有一些食客，只是机缘巧合下的一次偶然尝试，就爱上了驴肉火烧的味道。

从雪花牛肉到波士顿龙虾，从秃黄油拌饭到溏心鲍鱼……作为中国的国际化大都市，上海的各种高端美食数不胜数，但这并不妨碍越来越多的驴肉火烧店在上海落地生根。

如今，整个上海已经有超过100家驴肉火烧店；在北京，驴肉火烧店更是超过1400家；在全国范围内，这个数量则是1万家以上……

"驴火"，河北大平原这片水土滋养出的独特美食，正在火遍全中国。

2. 风筝"曼舞"

2018年5月11日。

廊坊市中心南20公里，安次区第什里村。

一场春雨刚过，微风习习，村东的一片广场上空，一场别开生面的风筝比赛正在进行。

腾挪翻转的滚地龙风筝、形态逼真的软体风筝、惟妙惟肖的软板硬板串类风筝、长达千米的串类最长风筝、精彩激烈的打斗风筝……湛蓝广阔的天空被各种风筝装饰得五彩缤纷。

　　与精彩的风筝表演相伴的，还有围观的数千名游客此起彼伏的惊叹和喝彩声。

　　这里，是中国廊坊·第什里风筝节暨全国风筝锦标赛（北方赛区）的比赛现场，也是第什里连续第四年成功举办风筝节和风筝锦标赛。

　　有2000多年历史的放风筝，是中国平原地区从古代延续至今的民间娱乐健身活动之一。

　　第什里风筝起源于明朝永乐年间，兴起于清朝乾隆年间。由于独特的地理位置和悠久的历史传承，直到今天，第什里村的民间风筝艺人们，仍然保留着200多种宫廷风筝画谱，几十种风筝口诀和70多种扎糊口诀。

　　在这片土地上，风筝技艺和风筝文化，至今仍保持了一种活态传承：每到微风和煦的春日，在河北大平原城乡各地，随处可见随风起舞的风筝。

廊坊安次区第什里村，第什里风筝节上，天空中放飞的各种风筝　　第什里风筝小镇　供图

而在河北中南部的一片土地上，放风筝，还被人们以另外一种艺术形式演绎。

2019年5月14日，河北艺术职业学院。

主教学楼一间排练室内，一群洋溢着青春气息的女生，正随着音乐的节奏、手持扇花认真进行着舞蹈排练。

"这里注意一下，头要再歪一点儿，腰要拧得自然，随时注意'三道弯儿'。"排练间隙，河北艺术职业学院舞蹈系主任金暄一边耐心指导，一边亲自做着示范。

这是学院2018级舞蹈表演专业女班的学生，正在排练河北民间舞蹈沧州落子的代表作品《放风筝》。

舞如其名，《放风筝》表现的是一群年轻姑娘迎着春风踏青放风筝的情景。屈膝、拧腰、腆腮组成的"三道弯"的舞姿和变幻的扇花造型，是这个舞蹈独具风韵的奥秘所在。

"《放风筝》取材于河北民间舞沧州落子，虽然这个舞蹈历史悠久，但因为这个舞蹈展现的是年轻姑娘的青春活力，舞姿优美动人，所以这些'00后'的孩子们都挺愿意学。"金暄告诉记者。

河北复杂多样的地貌类型和各地不同的风俗文化，孕育出了种类多样、绚丽多姿的民间舞蹈。据中国舞蹈家协会河北分会的调查统计，河北民间歌舞多达146种，这使河北享有"北方汉族民间歌舞之乡"的美誉。

沧州落子，正是其中的典型代表。

位于沧州市正南20多公里、黑龙港流域的南皮县，是沧州落子的发源地。史料记载，早在清雍正年间（约1730年），南皮就有落子说唱现象的存在。

而沧州落子最初的形成原因，竟是历史上当地恶劣的自然条件带给百姓的一段苦难记忆。

南皮，位于黑龙港地区腹地，西依千年流淌的大运河。

长期的旱涝、盐碱，曾让这里的人们饱受磨难。历史上，灾年难以单纯靠种地为生的一些南皮人，只能外出讨饭、卖艺。

落子的雏形，就是在这一过程中形成的一种说唱表演手段。

"最初的落子仅为男、女二人表演，到后来又逐渐发展为多人表演。传统落子，女的脚踩寸跷（又名踩寸子），手持花扇或小竹板，男的手打霸王鞭。"生于南皮、长于南皮的沧州落子国家级代表性传承人张洪通告诉记者。

经过几代民间艺术家的传承、创新、发展，沧州落子形成了以鞭、板、扇为主要道具，节奏明快、舞姿多样、线条优美的独特舞蹈韵味。

说起沧州落子是怎样从河北众多民间舞蹈中脱颖而出、成为代表性舞种的，不能不提到一个人，他就是河北已故著名民间舞蹈家周树棠。

"周树棠生于南皮农村，从小在'落子坊'学艺，经过四十多年磨炼，自成落子舞的一个艺术流派。"张洪通介绍，周树棠生前从各民族民间舞中，记下许多舞蹈语汇和舞姿动律，并融入落子舞当中，进而加工整理出二十多套扇子花和板舞动作组合，在继承和发展沧州落子方面做出了突出贡献。

1956年，南皮举办了第一次全县民间文艺汇演，由周树棠领衔出演的沧州落子，以出色的表演赢得了满堂喝彩。他也由此被前来观摩演出的河北省艺术学校（河北艺术职业学院前身）发现，成为该校专职舞蹈老师。

几年后，周树棠根据传统民歌《放风筝》，改编出了沧州落子的经典舞蹈——《放风筝》。

"周老师特别强调三道弯儿，讲究曲线美，我至今还记得他对落子中腆腮这个动作要领的描述：屈膝拧腰、腆腮错肩、含胸拔背、颠脚夹裆、一蹬一颤。"69岁的张洪通回忆，"编创《放风筝》时，周树棠已经40岁，如果不是亲眼所见，人们很难想象，一个中年男人，跳起舞来居然把少女们青春年少的美，展现得那么淋漓尽致。"

为反映不同地域、不同文化的独特风情，各地民间舞往往会特别强调某个身体部位的表现力。

金暄介绍，同样基于中国民间舞"三道弯儿"的技术要领，云南孔雀舞会强调颈部的韵味，江南采茶舞强调腰部的扭动，而安徽花鼓灯的舞姿则以扭、倾、拧的体态贯穿其间。

和以上这些舞种不同，以《放风筝》为代表的沧州落子主要强调腮——正是腆腮错肩的特殊身法，含蓄又鲜明地表现了舞中人青涩娇羞的青春感。

"民间艺人生动地把这种感觉概括为'酸'。时至今日，我们在教学排练中还会专门让学生体会、表现这种'酸'。"金暄告诉记者。

周树棠，正是因为能将沧州落子中的这股"酸"劲儿展现得淋漓尽致，得到了"大酸梨"的美誉。

1981年，周树棠因病去世。但经他继承、创新的沧州落子，却薪火相传，进而走出河北、走出国门。

1989年，由河北省歌舞剧院舞蹈演员表演的《放风筝》，在加拿大第23届素里舞蹈节国际民间舞蹈比赛中获全场总冠军。如今，《放风筝》已经成为该剧院"压箱底"的保留节目。

2008年，沧州落子入选国家级非物质文化遗产名录。

时至今日，在中国舞蹈教育的最高学府北京舞蹈学院，沧州落子是唯一一个入选学校经典教学剧目库的河北民间舞。

三、热土的红色基因

2019年3月28日，平山西柏坡。

"壮丽70年·奋斗新时代"大型主题采访活动在这里启动。来自中央和地方新闻单位的300多名编辑记者，来到这里寻根探源。

他们中的一大半，是从首都北京乘坐高铁而来。

从北京到石家庄，搭乘"复兴号"高铁，行程仅需67分钟。出站后换乘汽车，只需约40分钟，一行人就抵达了滹沱河北岸的西柏坡。

时钟回拨到70年前。

1949年3月23日，中共中央从西柏坡起程"进京赶考"，先坐汽车再乘火车，走了将近两天：由于道路崎岖难行，车队第一晚没能按计划赶到保定，只得宿营唐县城北4公里的淑闾村，毛泽东同志就睡在用门板搭的简易床上……

两趟旅程用时的巨大差异，折射着新中国70年沧桑巨变。

70年来，新中国发生了天翻地覆的变化。如今，西柏坡和赶考精神，也已成为河北红色文化的代表符号。

但西柏坡和赶考精神，还不是河北红色文化的全部。自中国共产党诞生之日起，燕赵大地就被深深地植入了红色基因。

2019年3月22日在河北省石家庄市平山县航拍的西柏坡。三面环山、一面环水的西柏坡村,位于太行山山前丘陵和平原的过渡地带　　蒲东峰　摄

北京以东150多公里，中车唐山机车车辆有限公司（以下简称唐车）。

这里，曾是制造中国第一台蒸汽机车的国内首家铁路机车修车厂，如今以制造领跑"中国速度"的"复兴号"动车组，而闻名于世。

在今天唐车的生活小区内，有一尊显眼的白色半身雕像。

雕像的主人公，是一位在京奉铁路唐山制造厂（唐车前身）工作过的中共早期党员——邓培。

时间倒回到100年前。

1919年五四运动前后，河北的产业工人已有大约20万人，占全国产业工人总数的十分之一。这时，中国共产党的主要创始人之一、唐山乐亭人李大钊已经开始关注故乡的这股工人力量。

1920年1月后，在李大钊提出的"把知识阶级与劳工阶级打成一气"的思想主张影响下，北京各大高校师生陆续到唐山等地进行社会调查。在这个过程中，

2019年6月12日，李大钊故乡——乐亭县大黑坨村航拍　　刘江涛　摄

北京"马克思学说研究会"成员、北京大学在校生罗章龙结识了京奉路唐山制造厂工人领袖——邓培。

会面后仅1个月，邓培就加入了北京"马克思学说研究会"，后又加入北京共产主义小组。1921年秋，经中共北京区委批准，邓培加入中国共产党，成为中共河北省第一名工人党员。

"1922年春，邓培又在唐山发展阮章、许作彬、田玉珍等6人入党，建立了唐山地方委员会，邓培为书记。"研究邓培50余年的唐山历史学者王士立介绍。

中共唐山地委，由此成为河北最早建立的党的地方委员会。

唐山往南300多公里，冀中平原腹地，衡水市安平县的一个普通村庄——台城村。

巍然耸立于乡村农舍之间的，是一处典雅庄重的平顶式建筑——全国第一个农村党支部纪念馆。

1923年8月，刚刚经李大钊介绍加入中国共产党不久的衡水安平人弓仲韬，在安平台城村，带领两名刚刚入党的农民党员，建立了全国第一个农村党支部——"中共安平县台城特别支部"。

从城市到农村，此后的短短几年时间，河北党组织由点、线，向面迅速发展，党组织遍及全省主要市县。

到1927年4月大革命失败前夕，在河北已建立的中共组织有唐山、天津、乐亭、张家口、正定、保定、饶阳、顺德（邢台）8个地方执行委员会，察哈尔、热河两个特别区工作委员会，一个津南特别委员会，以及县委10个、支部143个，党员人数达2000多人。

从河北第一个工人党员，到全国第一个农村党支部，再到1931年保定阜平建立的中国北方第一个红色政权——中华苏维埃阜平县政府……红色的种子在这里不断生根、发芽、破土，共产党人用信仰和理想，在这片土地上绘出了最早的一批红色轨迹。

2019年5月20日，邢台南宫。

初夏的冀南烈士陵园松柏苍郁，草木葱茏。这里，是河北省建园最早、占地面积最大、埋葬烈士较多的陵园之一。

在这里展陈的一份电报，见证了河北平原游击战争的开端和发展。

"根据抗战以来的经验，在目前全国坚持抗战与正面深入群众工作两个条件之下，在河北、山东平原地区广大地发展抗日游击战争，坚持平原地区的游击战，也是可能的……"读罢原文，冀南烈士陵园宣教科科长师淑华指着展壁上这份泛黄的电报纸说，"想了解平原抗战历史，一定要先了解'4·21'电报"。

　　这份电报是1938年4月21日毛泽东、张闻天、刘少奇发给刘伯承、徐向前、邓小平的。师淑华说："这意味着党中央正式明确了平原抗战战略，河北平原的经验推动了这一战略的发展。"

　　从这份电报开始，大平原上，青纱帐里，地道战、地雷战、破袭战、反"扫荡"风起云涌，八路军、武工队、雁翎队、儿童团英雄辈出，《小兵张嘎》《风云初记》《平原枪声》《敌后武工队》《烈火金钢》《野火春风斗古城》传奇至今流传……在这片"自古多慷慨悲歌之士"的热土上，在中国共产党的坚强领导下，抗日军民用鲜血和生命、用勇气和智慧，绘出了不屈不挠的红色激流。

　　1949年3月5日，西柏坡。

中共河北省委党史研究室　供图

中国共产党七届二中全会，在一间没有录音设施也没有扩音设备的简朴会议室里召开。

"夺取全国胜利，这只是万里长征走完了第一步。"

"务必使同志们继续地保持谦虚、谨慎、不骄、不躁的作风，务必使同志们继续地保持艰苦奋斗的作风。"

毛泽东同志的谆谆告诫穿越历史。

在此之前，作为中央人民政府雏形的华北人民政府在这片土地上成立，中国人民银行在这片土地上挂牌并发行了第一套人民币，《人民日报》在这片土地上创刊，新中国的财政、金融、新闻、教育、文化等事业从这里起步、发展……

在此前后，随着解放战争形势的迅速发展，中央根据革命形势需要做出重大战略决策，大批河北干部背上行装，如同源源不断的新鲜血液输向南方新解放区……

2013年7月11日。

习近平总书记来到河北调研指导党的群众路线教育实践活动，在西柏坡，他告诫全党牢记"两个务必"，指出党面临的"赶考"远未结束。

红色的火种最早在这里播撒，"两个务必""赶考精神"在这里诞生，新中国从这里走来……红色基因已经在这片土地上深深融入人们的血脉，引领着他们奔向未来。

河北山地分为横纵两支：燕山呈东西走向，分布在河北的北部；太行山呈南北走向，分布在西部。这两条山脉在河北交会，支撑起河北山地高原的骨架，也构成了河北最重要的山地景观。巍峨的太行山和燕山对河北大地意味着什么？坝上高原又是怎样形成的？它们的存在，对整个河北甚至中国的地理构架有什么意义？请看《大河之北·山地高原篇》第一单元——燕赵脊梁。

（本单元得到河北省委党史研究室的大力支持，特此鸣谢！）

雾灵山秋色　　　谢敏金　供图

河北自然地理解读

山地高原篇

大河之北

06-03-0004-003

扫码看视频　　扫码听书

执笔◎《河北日报》记者 董立龙 朱艳冰

采访◎《河北日报》记者 董立龙 朱艳冰 王雪威 李建成 庞超

📖 阅读提示

河北是山地大省，山地面积超过平原。

河北的山地分为横纵两支：太行山纵贯于西，燕山横亘于北，两山相连，撑起了全省地形的"骨架"。

而只占全省面积8.5%的高原，则创造了迥异于全省大部分地区的坝上风情。

太行山、燕山相连形成的弧形山脉，孕育了远古生命，栖居了多样化的生物群落，还为京津冀三地提供了独特的生态屏障。

与此同时，农牧交错的过渡性地理特征，也使河北成为历代兵家必争之地。正因如此，长城把最精华的一段建在了河北。

一、山地大省

1. 三山交会，撑起河北高度

2018年7月26日，小五台山。

"东台2882"——历经数小时攀登，山脊绵延到了一个不再升高的地方，一块石碑出现了。石碑上原有的字迹已模糊不清，今人用红漆在上面书写的这几个字格外显眼。

海拔2882米。这，就是河北的最高峰了！

这一天，我们有幸随同小五台山国家级自然保护区的巡山队伍登临这里。

极目四望，山峰连绵不断。近处的山，森林已止步于海拔2000米左右，亚高山草甸为海拔2000米以上的山体铺了一层毛茸茸的地毯；而远山，则像水墨画般层层叠叠、愈远愈淡……

这里也是整个京津冀区域的制高点。

站在山顶，背北面南，以大约120度角平伸出双臂，怀抱中仿佛恰好揽起华北最富饶肥沃的那片土地——只不过，真正将这片土地揽入怀抱的，却是太行山、燕山两大山脉。

崇山峻岭间蜿蜒起伏的金山岭长城　　师友瑞　摄

在古老的地质年代，剧烈的地球板块运动中，今天河北版图上，古老的大地"耸了耸肩"，燕山开始横亘东西；"挺了挺背"，太行山开始纵贯南北。两山"怀抱"处，形成了被称为"北京湾""河北湾"的广阔平原。

但是，河北最高峰为什么会出现在张家口南部？

河北师范大学资源与环境科学学院原院长王卫教授介绍，小五台山及其周边的山地，实际上是太行山与阴山—燕山交会之处，一般将这里称为山结地带。

正因为这个"结"，这里高峰林立。

虽然河北没有地理学分类意义上的高山（海拔3500米以上），但仅仅这一带，海拔2000米以上的高中山就有17座之多，河北十大高峰中前六座都在这里。

"山结地带的意义，绝不仅仅是海拔高！"王卫打开一幅河北地图。在历史上，以燕山及其西延的山结地带为界，这片土地曾分属察哈尔、热河和河北三

小五台山美景。如今河北最高山小五台山的5个台顶，是距今5400多万年前的新生代始新世中期造山运动中留下的夷平　　李占峰　摄

省。后来，历经多次行政区划调整，才有了今天河北的版图。

在很多野外徒步爱好者心中，小五台山是京津冀区域内的一处圣地。

2019年5月5日，蔚县。

巡山归来，河北省森林公安局小五台山分局负责人高文江终于能喘上一口气了：五一放假四天，辖区未发生一起火情，也没让一个驴友闯入。

过去的四天四夜，高文江带领民警在辖区七八个山口连续守护的正是小五台山国家级自然保护区——河北最高峰所在地。

"和山西五台山一样，小五台也有5个台面，以往驴友常走的路线有北台东台连穿、五台连穿等。"在北京经营一家登山俱乐部的刘东曾是这里的常客，他说，这里拥有北京周边最艰难的登山路线，是登山专业练习首选的起步区。

山高路险，一次攀登往往需要两到三日，夜晚驴友们就带着帐篷在山上宿营。然而山顶可宿营的平地实在是少，一些驴友挥锹挖开了亚高山草甸……

"那些草甸非常脆弱，历经千百年才能形成的这些植被，一经破坏，可能再也无法恢复原样了。"高文江说，"海拔2100米以上，适合莎草科植物生长的时间非常短暂，每年大概只有4个月。"

为更好地保护辖区内生物多样性，维护森林生态系统平衡，避免对重点保护物种栖息地的干扰和破坏，使保护区内生物得到更好的休养生息，小五台山从2017年1月起，开始全面封山。

2. 太行绵延，横向更显壮美

2019年5月2日，灵寿县漫山花溪谷景区。

早上8时30分，景区大门刚一打开，游客便蜂拥而入。

因为一条路的开通，让太行深处的这条山谷与周边城市的距离普遍缩短1小时以上。

来自北京、天津的游客多了，石家庄的游客更是数不胜数……当天，景区接待人数达到了1.5万人。

"打破了我们投运5年来的纪录！"景区负责人苏瑞平介绍，虽然还不到暑期旅游旺季，但日常游客数量还是显著增长了30%左右。

带来这一改变的，正是那条备受关注的太行山高速。

它北起北京门头沟，南接河南林州，第一次将被河谷切断的太行山从北到南紧紧串联在一起。在河北境内，它穿越张家口、保定等5市，连接起了53个4A级及以上景区。

驱车沿着这条全长651公里的高速行驶，一路上，风光无限。甚至不用进景区，就可以领略沿途的山峡溪谷，可以遥望山顶的风化奇石，可以感受气候分界线的云蒸雾霭，还可以沉醉于中南太行的红色砂岩……

八百里太行，在整个中国版图中，始终都是一种独特的存在。

它以小五台山为主峰，自东北而西南贯穿于中国大地的腹心，上接燕山，下衔秦岭，是黄土高原和华北平原的地理分界，也是中国第二阶梯向第三阶梯的天然一跃。也正因为如此，它成为中国地形二、三阶梯的分界之地。

对于华北平原而言，太行山不仅是一道屏障，它还是这片沃土的物质来源。发源或流经其中的河流，横切山脉，裹挟着泥沙冲出山口，冲积而成了河北大平原中最早形成的部分——太行山山前平原。因此，太行山或可称为这片平原的"母地"。

"由山脊线到华北平原，太行山自身也呈现为台阶状：中山、低山、丘陵、台地依次分布，落差明显，井然有序。"河北省科学院地理科学研究所原所长李庆辰的视角独特，他说，和从山西方向上看到的那些500米高的丘陵不同，太行山把多彩的一面留给了河北。

一路走来，太行山最独特的景观，要数分布在中南段的嶂石岩地貌。尤其是赞皇县嶂石岩景区，六七百米高的一道长墙，南北向伸展约20公里，就像太行山的缩影。

"八百里太行山，不以山峰的高耸取胜，而是以崖壁横向展开、绵延不断的气势撼人心魄。因此，欣赏太行山，视角不是从上到下，或从下到上，而是从右到左或从左到右。"李庆辰说，正是嶂石岩地貌这一深藏于太行山中的地质宝库，从景观美学上给人们提供了欣赏太行山壮美的新视角。

但长墙，也曾意味着阻隔。

出行难，是太行山在中国传统文化视野中留给人们的第一印象。这份艰难，从写下《愚公移山》的列子所生活的那个年代起，就一直被用文字记载到今天。

太行山里的人们，似乎骨子里都根植着一种开山破壁的天性，并在太行山的悬崖峭壁上留下了足以印证的奇迹。

2018年5月25日，涉县后池村。

村民刘虎全瘫痪在床已近两年，话也不能说，但听到老伴跟记者聊起村外那条路，激动得大哭起来。

村外那条6米宽、4公里长的通山道路，是在没有外力支援的情况下，村民自发于2015年12月始建的，而刘虎全是带头者之一。修路中，因为劳累，刘虎全突发脑出血病倒了。

村里耕地三分之二在山上，过去因为山路狭窄坑洼，很多土地都撂了荒。而今，新路开阔平坦，让那些已列入中国重要农业文化遗产的梯田重新焕发生机，变身为一座座花卉园、采摘园。

3. 燕山广袤，深藏岁月沧桑

2019年4月21日上午，滦平。

第七届金山岭长城马拉松鸣枪开跑，来自45个国家和地区的2000多名选手争相跑上山间公路，开始登临金山岭长城。

"万里长城，金山独秀。"在滦平与北京密云交界处，抗倭名将戚继光等人沿着燕山山脊，于400多年前打造了堪称整个长城修建史上最精华的一段。

这段长城依山凭险，起伏跌宕于峰岭之间，形势极为雄奇，全长仅10.5公里，却密集地设置了2座烽火台、67座各式敌楼。

长城，本是古代中原王朝用于防御北方游牧民族侵袭的一道军事防御工程。在明代，河北长城更是承担着保卫京城的任务。因此，万里长城中建筑规格最高、样式最丰富的那段，就建在了燕山山脊那条坚硬的石英岩脉之上。

横亘河北北部的燕山本身，扮演着和长

河北省地质博物馆内的沙盘，展示了河北省的山地高原地貌

史晟全 摄

城一样的角色。南侧的中原王朝和北方的游牧势力不断在这里碰撞和交流。

然而，在中原视角的传统文化语境中，燕山远没有太行山那样为人们所熟悉。甚至直至今天，关于燕山的范围也存在多种界定。

"狭义的燕山，在北纬41°的滦平—承德—平泉一线以南，而广义上的燕山山脉，还包括了此线以北、连接着坝上高原的冀北山地。"李庆辰介绍说，"广义的燕山，实际上还包含着大马群山、七老图山、努鲁儿虎山等。"

和太行山不同，燕山展现出了极其复杂的一面：山连着山、山套着山，即便有盆地、谷地，大多很狭窄。

"燕山的最主要特征，实际上是有山无脉。"李庆辰解释道，燕山的地质构造线是东西向的，但山体却呈现为一座座独立的山峰，而没有一列山呈现出连贯的东西走向。

在这背后，凸显的正是古老燕山所经历的沧桑岁月。

距今约2.1亿年至6500万年间，我们脚下的地壳因为受到挤压，褶皱隆起，成为绵亘的山脉，我国地质学先驱翁文灏将其命名为燕山运动。而作为其典型代表，燕山充满褶皱的肌体，就发育于彼时。

然而，我们今天所见到的燕山，已远非当年面貌。在地质运动伟力面前，燕山坚硬的山体就像孩子手中的橡皮泥一样——亿万年间的地壳变迁、降水和河流的强烈切割，已经使燕山的古老容颜面目全非、支离破碎。

燕山的这种复杂性，使得承德地区的通达性，显著异于同处河北北部的张家口。进入现代社会之前，从燕山的任何一个山口进入，走上几天，前面依然是山。

由此，平原人士进入燕山后常会被路所困扰。

春秋时，齐桓公春天进山北伐山戎，冬季返回时却迷了路，最后只好放出一匹老马来寻找归途——"老马识途"的故事背后，折射的正是燕山"有山无脉"、地形复杂的特征。

但就是这片山地，而今却在地图上被标成了颇为显眼的绿色。

生态良好，是燕山的另一项主要特征。

2019年6月3日，国家天文台兴隆观测站。

入夜，那台有效口径4米的光谱巡天望远镜又开始工作了。它像一位宇宙巡

位于滦平县内燕山中的一处小型瀑布　　纪正权　摄

警，时刻捕捉着太空中各种天体的一举一动。

　　观测站主任姜晓军研究员介绍，这台以郭守敬命名的望远镜，可以同时观测4000颗天体，正式投入使用的前6年，已经捕获近千万条高质量恒星光谱，是此前全球所有已知光谱巡天项目获得光谱数据总和的2倍。

　　"观测站站址，首先需要位于晴天数较多的干燥地区，大气稳定且透明度好，满足天文观测条件。在获得必要后勤保障的前提下还要尽量远离城市，以避开城市的灯光污染。"姜晓军说。

　　观测站所在地兴隆，清朝时曾被设为清东陵生态屏障的"后龙风水禁地"，禁止人员进入。300多年的蓄养，加上今人的努力，使得兴隆县森林覆盖率已达71.2%，还连续五年被评为"中国百佳深呼吸小城"。

　　生态良好，使得这里每年平均有240～260个夜晚适合光谱观测，其中还有100～120个夜晚适合测光观测。

由此，这里成了新中国成立后，我国第一个以科学方式选定和建立的天体物理观测台站——20世纪60年代，在我国著名天文学家程茂兰先生的带领下，选址组几经对比，历时8年踏勘，终于为观测站选定了现址。

其实，何止兴隆，燕山腹地，从塞罕坝到雾灵山，从东猴顶到辽河源，无处不生机盎然，郁郁葱葱。

2019年5月14日，丰宁满族自治县永利村北。

灰窑子沟的尽头，一座水库库盆已蔚然成形。120米高的大坝，使这处天然库盆全面封闭。在海拔1500多米的这里，未来将形成约3平方公里的水面。

这就是丰宁抽水蓄能电站的上水库。

"上水库就像一块巨大的蓄电池。"国网新源丰宁抽水蓄能电站有限公司副总经理马雨峰介绍，和常规水电站不同，这里需要建设海拔落差达425米的两座水库。其中，把水从下水库抽入上水库时需要消耗电能，而上水库放水时则会产生电能。

可再生能源发电的不稳定性会对电网造成冲击，而河北省北部的风光电装机已近2000万千瓦。这座电站的独到之处在于，要和新能源发电形成联动，根据电网需求，实时储能，确保电网平稳运行。

这是一个谋划了17年、工期约需10年的大项目。滦河左岸，建设者们已经建起了上下两座水库，中间的山体里，一座大型地下发电厂房也在快速推进之中。

"我们的项目，动态投资约200亿元、装机规模为360万千瓦，项目将在2022年～2024年陆续投产运行。"马雨峰说，届时，燕山深处将诞生一座世界上规模最大的抽水蓄能电站。电站的年发电量，完全可替代一座大型火电厂。同时，每年还可以节约原煤消耗48万吨，减排二氧化碳114万吨。

二、坝上高原

1. "河北屋脊"

2019年5月10日，张石高速张北段。

耳边突然静了下来。

呼呼的风声、车轮碾压路面的嘈杂声，瞬间消失！

同行的省地矿局第三地质大队副总工程师谷振飞打开手持GPS，屏幕上显示，此处海拔已达1483米。

在短短十几分钟之内，海拔由几百米迅速攀升到这个高度，为应对气压的变化，耳膜开始自我调整，暂时屏蔽掉了外部的气流和声音。

坝上高原用这样一种特殊的方式昭示来客：这里是一片不容"低估"的土地。

"坝上高原是地壳整体抬升的结果，是'河北屋脊'。"谷振飞在坝上从事地质工作多年，熟悉这里的每寸土地。"如果不走高速，选择其他线路上坝，远远就能看见一道横亘东西的山脉，如同巍然耸立的大坝。"

正因为这种独特的地貌景观，内蒙古高原伸入河北版图的这部分，才有了一个形象的称谓——坝上高原。塞罕坝、宜肯坝、雪花坝、豪松坝……则是高原南缘那些可供上下的条条坝口。

"我们河北人常说'坝上六县'，实际上，这6县也并非全在坝上，坝上也并非只有6个县。"谷振飞把地质图推到了我们面前，指着上面那片泛黄的区域说。

原来，坝上高原作为内蒙古高原向河北的过渡地带，不仅包括张家口、承德两市北部，还包括内蒙古自治区锡林郭勒盟和赤峰市的南部地区。

而河北的"坝上六县"中，只有张北、康保、沽源3县全部位于坝上，尚义、丰宁、围场3县只有部分在高原上。此外，坝上高原在河北境内还分布着塞北、察北、御道口牧场3个作为市级派出机构的管理区。

在很多人眼中，这里是一片充满吸引力的土地——特殊的地形和气候因素相互叠加，使得地区差异性被放大。坝上，迥异于河北大多数人所熟悉的环境。

"坝上高原，就是一片整体抬高了的平原，同平原一样，它的基本特征是平坦、开阔。"张家口文化学者刘振瑛则给出了另一视角的解读，他说，这种地貌养成了一种独特的开放气息。

"草原为游牧民提供了一条完全不同的路：一条由无数道路组成的无限伸展的路。"在历史研究者的视野中，坝上高原不仅是内蒙古高原的一部分，更是横跨大陆北端的欧亚温带大草原的一部分。生活于其上的那些古代马背民族，逐水

白草洼国家森林公园的秋景　　　纪正权　摄

草而居，每一次大规模的东西迁移或者南下，都在改变着世界的格局，同时也客观地促进了贸易的开展、文明的交流。

2019年5月13日，张家口。

俄罗斯科学院学者维克多莉亚再次来访，同行的还有一个纪录片摄制组。

400年前，俄罗斯以伊凡·佩特林为正使、遣往中国的第一个使团，曾驻足张家口数日。400年后，维克多莉亚和摄制组要用镜头追寻这段往事。

"那是两国间的第一次外交接触，可以想见，他们走过的那条路曾是何等艰难！"刘振瑛接待了来访者，他从事张库大道研究多年，深知这条商道背后的意义。

"过去研究中国对外贸易，视线多集中在丝绸之路和海上丝绸之路，实际上，经坝上高原到俄罗斯的茶叶之路，也曾创造了辉煌。"刘振瑛说，张库大道贸易高峰时运往俄罗斯的茶叶每年达12万箱，而张家口的年进出口贸易额也曾高达1.5亿两白银。

1907年，人类历史上第一次跨大洲的汽车拉力赛在北京和巴黎之间举行。举办者选择了经张家口至俄罗斯恰克图再西行的路线。10年后，张家口至库伦（今乌兰巴托）的公路修通，汽车运输开始改变坝上高原的物流生态。

"等你们的张库大道历史博物馆建好后，我还会再来参观的。"维克多莉亚这样与刘振瑛告别。这片高原、这条古商道，对她和像她一样的国外研究者同样充满了诱惑。

2. 黄金牧场

2019年4月20日，张家口市塞北管理区。

紫榆农业发展有限公司的基地上，开犁了！

一辆辆大型机械驶过之后，这片2700多亩的土地上，种下了一颗颗籽粒饱满的玉米种子。

公司总经理薛立君带队在这里试验两年后，终于掌握了能让玉米成熟后再收割的品种和技术。而在此之前，因为无霜期短，种下的玉米，需要赶在被霜冻死之前收割青贮，根本成熟不了。

"我们的青饲全株玉米，同普通青贮饲料相比，干物质和淀粉均能提高30%以上，营养价值更高。"薛立君所追求的，是要为管理区内的大规模现代化牧场提供更好的饲草。

围场坝上草原　师友瑞　摄

这也是塞北管理区的追求。

"得奶源者得天下"，告别老农垦模式，而今的塞北管理区已初步形成了包含饲草种植、饲料加工、奶牛现代化养殖、粪污沼气发电、高端奶加工、兽药生产、包装配套、粪污资源化利用、工农业观光游等在内的新型产业链条，开始向国家示范牧场和草原公园全面转型。蒙牛高端产品特仑苏，有一部分就产自这里。

"老农垦可以转型，但坝上高原的首要特征不会变。"作为地貌学者，河北省科学院地理科学研究所学术委员会原主任、研究员吴忱对坝上草原做出了这样的解读，"在这个高原上，缓缓起伏的沙地、宽广平坦的草滩，绝非农作物的粮仓，而是牛羊成群的牧场。这是坝上高原的第一个特征。"

坝上的行政区划，有着和生产建设兵团类似的建制：河北省农垦系统曾在水草最丰美的地方先后部署了察北牧场、塞北牧场、御道口牧场等机构，专营牧业。其中，塞北管理区的前身塞北牧场，地处沽源县以北、北纬41°左右。在这里，闪电河滋润下的金莲川草原自古水草丰美，被国际公认为黄金奶源带。

然而，"风吹草低见牛羊"的前提，得有水。坝上的地形和气候恰好提供了这样的支撑。

"坝上高原地形奇特，显著特征是北低南高，高点多在南缘的坝头。"谷振飞说，正是因为这一特征，坝上形成了"水倒流"的奇景——高原上的河流不是向东南，而是大多向西北流去。

以沽源县的高山堡—平定堡—常铁炉一线的南北向缓丘为界，坝上高原还显著地被分成了东部的外流区和西部的内流区。

在内流区，河流的尾闾形成了湖淖，星罗棋布，构成了高原上特有的滩湖景观。而在外流区域，水量相较更多。

坝缘，正是创造高原独特特征的根源所在。

坝上的水源，主要集中在坝头。东南季风越过燕山、小五台山之后，在坝头的二次爬坡过程中，形成了较丰富的降雨。而坝头所处的深大断裂带中也有丰富的含水层。

2019年5月11日，丰宁东猴顶。草色浸染，滩涂泛绿。

海拔2293米的东猴顶，为河北省第七高峰。登高远眺，坝上坝下风光迥异。

"正是这个区域，使丰宁与京津两大直辖市紧紧相连。"丰宁千松坝林场副场长何树臣说，这种关联度，不能单纯看地域上接壤与否，更重要的，其实体现在河流的流域上——以沿坝山峰为分水岭，滦河水系发源于岭北，滋润津唐；潮白河水系发源于岭南，直供北京。

也正因如此，这一区域堪称京津"三江源"或"京津唐第一水塔"。

在坝上高原，因为水流对高原的侵蚀不同，也使得高原呈现出"波状""山垄"两种迥然不同的景观。

2018年6月9日，张北县馒头营乡。

元中都国家考古遗址公园挂牌活动正在举行，河北省文研所研究员张春长又一次故地重游。

20年前，他作为元中都考古发掘的执行领队，首次走进这里时，就曾惊叹"海拔1500米的高原上，竟然还有一个别样的神奇世界"。他曾用文字这样描述："绿丘浑圆，旷野明丽，天穹海水般澄净，却又触手可及，仿佛站上屋顶就能扯下一团白云。水流梳顺了溪边青草、浪花叮咚；空气溜出花丛，沁人心脾……"

这描绘的，其实就是典型的波状高原。

滩梁相间、此起彼伏形如波浪的这片土地，不仅让张春长陶醉，也吸引元朝这个草原帝国把一座都城建设于此。1307年5月，元武宗海山继位仅十天，就下诏在此建都。次年8月落成，与大都（今北京）、上都（今内蒙古正蓝旗）并列三都之一。

考古发掘和论证的过程，某种意义上就是对当年元中都选址、建设历程的还原。

"元中都，昙花一现便淡出了人们的视野，却为元代城市保留下了一个活化石。"张春长说，它在研究元代都城建设理念、城市制度、建筑特征以及雕塑工艺方面的标本作用，无可替代。

3. 塞上风情

坝上气候的一大特征，就是风大。

"写到草原的时候，就一定有风。"著名诗人郁葱在描述坝上的文字中写

道，"风吹来草香和花香，吹来自身的淡淡的绿色……"而在坝上人的口中，这风，远没那么美好："坝上一场风，从春吹到冬，吹出山药蛋，刮出犁底层。"

大风往往伴随着严寒。坝上的老房子普遍建得又矮又小，还要在里面用细黄土、外面用粗碱土，抹上一层又一层，为的就是防止透风。

而今，以风电为代表，坝上人对于大风，已经从过去的被动防护，转向了主动利用。

2019年6月8日，张北。

登上那座20米高的3层建筑，眼前出现了一个不一样的坝上：草原辽阔如绿色海洋，而丘陵正是那起伏的波浪，遍布其间的风机，叶片在迎风飞旋。

这就是风电观景塔，张北风电主题公园的核心建筑，坝上高原发展新能源旅游的重点项目之一。

久居繁华都市的北京游客郭立明，早已被这里的风光深深感染，他说："一见到这样的风景，恨不得立刻把心抓出，在草原上放飞！"

从建设风电场，到发展新能源旅游，坝上人对于大风的利用又上了一个台阶。

坝上在变，从衣食住行到生产方式都在变。过去人们都说"坝上有三宝，山药（即土豆）、莜面、大皮袄"，而今大皮袄已很少见，土豆的种植却有了新发展。

2018年9月20日，察北管理区宇宙营村外的田地上，又一个收获季已经到来。

河北的山地，形同屏障，东南暖湿季风在此迎坡化雨，滋润大地的同时，也极易形成云海景观　　张希军　摄

一辆大型机械驶过，黑土地上浮现出一窝窝"金蛋蛋"。一群妇女紧跟其后，将其拾到袋里，装到车上。

它们经加工后，会出现在麦当劳等知名快餐店，或者成为超市里面的袋装薯片。

没错，这就是坝上地区盛产的土豆。

2015年起，土豆被我国纳入主粮。而在坝上，它早就成了主粮。

"山药鱼儿""山药饼子""山药傀儡""黑山药鱼子""玻璃饺子""耙搂柴"……在坝上，单独使用土豆或配上莜面制成的食品多种多样。

"中国虽是全球马铃薯产量最大的国家，但麦当劳最初在中国根本没有合适的原料，直到2018年中国仍要进口18万吨薯条来满足市场需求。"在河北坝上农科所做了7年马铃薯科研的王登社发现这一问题后，转身下海，而今他创办的雪川集团已经建起了一整套马铃薯产业体系。

"我们和200多个合作社、种植户签订了订单回收合同，有1000多个贫困家庭因此获得了稳定的收入。"王登社眼中，昔日坝上人赖以果腹的"土蛋蛋"已经变成了真正的"金蛋蛋"。

坝上自然条件恶劣，每一位拓荒者都能写一本传奇。

"提起个拉骆驼，三星照路坡，蓝天当被盖，沙地做被窝，吃的是莜面蘸盐水……提起拉骆驼，实在好恓惶。"2019年2月8日，北京民俗博物馆。一阵苍凉的唱腔，一下子就把观众的思绪带进了那个空旷苍茫的坝上。

这就是康保二人台，首批国家级非物质文化遗产之一。

"猛一听，有点儿秦腔和晋剧的意思，细辨又和二者相差甚远。"这是河南省作协副主席乔叶第一次听到时的感受。而后，这一艺术形态竟促使她联想到了《诗经》，她说，"风雅颂"中的"风"，也是从民间采集上来的土风歌谣。

康保二人台，是伴着坝上草原由游牧转向农耕的步伐而形成的。清朝中期，允许对坝上区域进行垦殖。最初的拓荒者被称为"雁行人"，他们像大雁一样秋去春来——春天上坝，搭起窝棚，种植庄稼，秋收过后再返回家乡。

200多年以来，来自晋、陕、冀、鲁等地的一代代拓荒者，和边关徭役的军卒，跑草原做生意的旅蒙商，修庙筑城的泥瓦工，擀毡缝皮的皮毛匠以及乞讨的谋生者等汇聚到了草原之上。

他们带来了各地的习俗，也带来了各地的戏剧、民歌等民间艺术，每逢冬闲寂寞，人们围坐一起自娱自乐，相互唱作，逐渐融汇成了康保二人台这一集说唱、歌舞、表演于一体的新艺术形式。

"从小爱看二人台，赤犊犊看到头发白。"康保二人台研究者白秀毫不掩饰自己对这一艺术形式的喜爱，"它是非遗中少有的、一种活态的艺术形式，坝上的田间地头、大宅小院、婚丧嫁娶，它无处不在。"

据介绍，鼎盛时期，康保几乎村村有剧团，演员上千人。而今，活跃的民间艺术团仍有六七十个。当地的专业剧团正在不断打造精品，还把这项草根艺术唱到了法国、荷兰等国际舞台。

三、天然屏障

1. 生命家园

2019年5月30日，阳原泥河湾。

须发皆白的中国科学院院古脊椎动物与古人类研究所退休研究员卫奇，又走进了那片层层叠叠、颜色各异的湖积台地中。

"找到猿人化石只是时间问题。"距首次走进这里48年过去了，卫奇已不再直接参与考古发掘，但他仍然对这里充满信心。

卫奇的信心，来自石器等出土遗存的直接证明，更来自学界对泥河湾盆地古地理环境研究的进展。

　　"和现在不同，百万年前，泥河湾是另一幅图景。"卫奇说，那时，这里是一个面积达9000多平方公里的巨大湖泊，烟波浩渺。大湖四面环山，岸上气候温暖潮湿，草木丛生，野生动物种类众多，可谓古动植物和远古人类繁衍生息的天堂。

　　太行山、燕山两山"厂"字形耸峙，形同屏障，来自东南海洋的暖湿夏季季风在此迎坡化雨，滋润大地，使得屏障之下的这方厚土草木旺盛，生生不息。而泥河湾，正是这份优越生存环境的代表。

　　河北这片神奇的土地，不仅自百万年前就成为古人类繁衍生息的场所，至今仍是南、北方动植物在自然分布中交互选择的区域。

　　河北夏季高温多雨，冬季寒冷但冻结时间不长，且南北差异较大，也为南北方耐湿动物沿季风分布区相互渗透提供了空间。

　　"古人类也好，普通动物也好，在一个区域能否存活，取决于其能否过冬，进一步讲，取决于其能否抵抗冬天的极端温度。"李庆辰说，河北两山一高原的特殊地貌景观，为生命繁衍提供了一道屏障。

　　而这道屏障，于今还有着更丰富的内涵。

　　2019年6月4日，丰宁小坝子。

　　头道泉子村外的荒野中，丰宁千松坝林场小坝子林区"林长"张广岭带着十五六个造林工人开始清理地表。

　　这片1000多亩的土地上，土质较好的地方，准备先栽下360亩油松。剩下的面积，准备栽植樟子松——同油松相比，樟子松更耐旱。

　　张广岭的脚下，是一个出了名的风沙带。

　　2000年春天，华北等地连续发生了十余次扬沙和沙尘暴天气，首都北京也被劈头盖脸地刮了个措手不及。

　　"从卫星地图上看，之所以会出现这种情况，关键是拱卫京津的绿色屏障，在小坝子这一带开了口子，风沙由此南下。"作为一名造林护林人，何树臣多年来一直在对冀北山地和坝上高原的地理状况进行研究。

　　他注意到，这道绿色屏障的作用已经越来越得到重视。

2019年5月，国家发改委、国家林草局出台方案，将支持张承坝上地区在2022年之前造林209万亩。

在京津冀协同发展中，张承两市的发展方向更加明确："首都水源涵养功能区""生态环境支撑区""可再生能源示范区""国家生态文明先行示范区""国家可持续发展议程创新示范区"……

新的发展定位不断加持，但焦点只有一个：未来发展，要像对待生命一样对待这片绿色。

2. 长城博物馆

2019年2月25日，张家口。

打开手机，摄影师武殿森发现自己在怀来南部庙港村东拍的几张照片，经新华社新媒体刊发后，已经刷了屏。

照片上，那道近乎乳白色的长城，在雪后的山岭上蜿蜒了3000多米。每一块石料都砌得格外工整。

"知道吗？这是长城修建中，为了保证工程质量而先行打造的一段'样板'。"武殿森在朋友圈中解释道，正因如此，这段长城也被称为"样边"。

河北的长城，如此多姿多彩！

中国长城学会常务副会长、著名长城专家董耀会归纳出了几项河北长城之"最"：建筑类型最多，建筑质量最好，建筑造型最美，建筑材料最丰富……

"中国修建长城与地理环境有关。"董耀会介绍，"中国所处的地理空间，东、南、西三面都有难以逾越的自然屏障，唯独北方，虽有荒漠，却与广袤草原相连，不时受到游牧民族的威胁。"

历史学家黄仁宇也发现，十五英寸（381毫米）等雨线从中国东北伸向西南，当中一段与长城大致吻合。他说，这条线的两侧，农民和牧人间的斗争记录绵延了2600多年。其中最具规律性的是，"气候不利时，马背上的剽窃者就不由自主地袭取种田人，后者通常有半年的积蓄"。而中原力量有时也全面出击，施展报复。

黄仁宇在《中国大历史》中描述的这一段长城，基本上都在河北。

"长城分布的地带，是游牧民族和农耕民族为了求生存、求发展而不断争夺的地带。"河北省文物研究所原所长郑绍宗曾对省内长城做过系统调查,他把这一带称为长城地带。

河北,正处于农耕经济与游牧经济的过渡地带。从战国至明,各个朝代的长城在河北都有遗存。由此,河北也就成了中国历代长城的大博物馆。

长城,远不止一条。河北境内,秦始皇长城和明长城相距最远处,南北相隔达数百公里。

前者主要在燕、赵北长城基础上修建,分布于坝缘山地一带,而后者,基本与燕山走向吻合。

中国历代长城的总长度是21196.18公里,河北拥有2557.9公里。历史上,除了辽、元、清等王朝未修或很少修筑长城之外,历代统治者都在修长城。不同历史时期,长城的选址也不同。

中国最古老的长城,本是春秋战国之际,中原各国间修筑的用以相互防御的"院墙"。由此,燕、赵两国各修了南北两道长城。河北最南的长城,就是漳河北岸一带残存的赵国南长城遗址。至于中山国长城,则分布在涞源、顺平等地的太行山间。

这一时代,常被看作中国长城建设的"前传"。而河北更多的长城,则分布在燕山及其以北。

2019年4月10日上午,隆化县汤头沟镇水泉村。

"汉长城—水泉烽火台"——当天,村西山顶上新立起的这块汉白玉文物保护碑,引得看热闹的村民张大了嘴:"咦!这个土包子竟然是长城!"

村民口中的"土包子",黄土夯就,虽经2000多年风雨,雄伟依旧:残高4米,底径10米有余。站在这里,举目四望,远方山川河谷尽收眼底。

"一般人印象中,长城都是青砖砌成的'豪华版'。"带队立碑的隆化民族博物馆馆长王晓强告诉村民,"实际上,在河北绵延200公里的西汉列燧长城,原来就是一道土墙,每隔1500米左右会建一座烽火台。"

不过,雄伟的长城,抵得住烽烟战火,却难耐风吹雨打。

沽源县糜地沟村东,一道残高0.5米~1米的土墙匍匐在原野上。

没人会想到,这就是少数民族入主中原后修建的第一条长城。东胡原是燕国修建长城的防御对象,但由东胡后人的一支融合而来的鲜卑人入主中原建立北魏之后，为了对抗草原上的柔然人，修筑了这条长城。

女真人入主中原建立金之后，也修筑了一条由墙体和壕堑共同组成的长城——金界壕。其位置多在更北的草原之上，如河北省最北的康保等地。

不过，在河北最引人瞩目的还是明长城。

从入海长城老龙头，到跨河长城九门口，再到水下长城喜峰口以及山海关"天下第一关"、板厂峪的"倒挂长城"、白羊峪的大理石长城……河北的明长城，几乎处处都是壮丽的景观。

长城把最美的一段留在了河北。

在这背后，是因为明朝灭元后，为护卫京师，拿出重金将京畿长城打造成了"奢华的世界级城墙景观"。

但长城绝不只是一道墙。

在长城地带，碰撞与交流并存的生活，历史上曾是一种常态。

2019年2月19日，正月十五，蔚县上苏庄。

嘈杂的人群安静下来，大家盯着灯山楼上的两位老艺人。老艺人郭建明端

蔚县民俗、国家级非物质文化遗产打树花　　武殿森　摄

着烛火，小心翼翼地一盏盏点燃架子上摆放好的油灯：一盏灯明了，两盏灯明了……几百盏油灯全明了，闪烁的火苗在暗夜中拼成了四个大字：五谷丰登。

蔚县是一个"盛产"庄堡的地方，"有村就有堡，见堡则是村"。

这些古堡，是与长城相伴生的，是长城地带以堡垒守护家园的建筑标本。

出于防御的需要，庄堡大都不设北门。但上苏庄不同，不仅开设了北门，还在两侧建有东笔西砚、一尖一平两个夯土包石的墙体。

这一建筑形式，传达出了独特的理念：这座庄堡，是开放的。

打开地图，5公里之外，就是赫赫有名的太行八陉之一——飞狐陉。这条南北向切断山岭的峡谷，最窄处只有一米，自古以来，即为交通要道。

长城内外的居民之间，不只有碰撞，还有交流和融合。而太行八陉以及燕山诸口，就是联系和沟通的孔道。

恰是因为这样的交流和融合，让蔚县成为长城地带多元文化汇聚的一个缩影。这里不仅有"八百庄堡"，还有数不胜数的古戏楼、风情各异的古建筑，仅全国重点文物保护单位就有21处……

"从农耕和游牧民族碰撞与融合的意义上说，长城承载着中国人独特的情感、独特的心理追求，那就是对和平的渴望。"董耀会说，在这一点上，长城绝非单纯的军事防御设施，它更是和平的象征。

3. 红色摇篮

2019年5月，老英雄张富清的事迹传遍全国。习近平总书记称赞他60多年深藏功名，一辈子坚守初心、不改本色，事迹感人。

张富清是原西北野战军359旅718团战士，这支部队曾有过另外一个光辉的名字：平山团。

这是整个抗战中，全国唯一由一县组建整团并直接编入八路军主力的部队，也是一支曾被聂荣臻誉为"太行山上铁的子弟兵"的部队。

"短短一个月零三天，全县有1700名青壮年赶来参军，其中1500多人组成了平山团。"平山县有关史志中记下了这样的数字。其后，为补充频繁战斗造成的人员折损，平山人民还在极短时间内再次大规模补充兵员，先后输送战士达3858名。

历史铭记的，不仅平山和平山团。

巍巍太行，莽莽燕山，是抗战烽火中一直挺立的脊梁。

若干年后，易县教场村村民陈汉文依然记得那声炮响。

1939年11月7日那天，1500多名日军已经在黄土岭附近那条长二三里、宽100多米的峡谷中被围困了大半天。

门外的枪炮声一直在响，陈汉文一家四代18口人被赶到屋里大炕上，关了起来——这座山坡上的独院成了日军的指挥所。

"炮响后，那个穿黄大衣、挎着大洋刀的日本军官就捂着肚子倒了下去，那条狼狗也被炸裂了肚子……"当年10岁的陈汉文，成了最接近现场的见证者。炮声中，日军"名将之花"阿部规秀凋谢在太行山上。

阿部规秀，是日军中一名擅长运用"新战术"的"俊才"和"山地战"专家。但他至死也没有想到，自己在山地战中遭遇了真正的对手。

因人员、装备都相差悬殊，早在1937年8月，中共中央政治局洛川会议，即明确八路军要实行军事战略转变，确立了独立自主的山地游击战争等军事战略方针。

中国军事科学院原军史所抗战组组长岳思平评价说："雁宿崖、黄土岭战斗，就是八路军敌后作战的典型代表。这组战斗的胜利绝非偶然，而是正确运用了游击战战术的结果。"

太行山复杂的地形，为八路军开展游击战争提供了天然掩护。由于敌后游击战争的广泛开展，八路军在华北地区抗击和牵制了日军13.5个师团约30万人的兵力，焦头烂额的日寇终于认识到，他们已经陷入了游击战争的汪洋大海中。

至迟自宋代起，就已经有人称呼太行山"号为天下脊"，清初地理学家顾祖禹更是直言"太行为天下之脊"。

"自古以来，太行山就因其直插中原之势，而在政治军事格局中占有重要位置。这一重要位置，当然会被古人视为'天下之脊'。"河北省政府文史研究馆馆员、河北省政府参事室特约研究员梁勇解读认为，太行山区人民英勇抗战，更是把源于自然地理特征的这种象征性意义进一步放大，巍巍太行已经成为整个中华民族的脊梁。

脊梁，意味着即便忍受沉重，却依然要坚挺。

2019年4月4日，易县狼牙山景区。

鞠躬、敬礼、献上白花……又一批中小学生在老师的带领下，前来祭奠革命先烈。

山脚下的北娄山革命烈士陵园安静肃穆，山顶的"狼牙山五勇士纪念塔"却如同一把利刃，直刺苍穹。

"眼前这座纪念塔，建于1986年，已经是第三代了。"景区负责人武森宝介绍，"纪念塔始建于1942年，最初叫'三烈士纪念塔'，1943年日军'扫荡'中被击毁；1959年易县重修时更为现名，但在20世纪60年代遭到毁坏。"

无论"三烈士纪念塔"还是"五勇士纪念塔"，它所传递的精神都可以浓缩成四个字：不畏牺牲。

如今，春夏之交的狼牙山山上山下，处处是花海。几十年过去之后，五壮士的英勇卓绝，依然吸引着无数游人走进这里，景仰先烈，继往开来。

大美河北，美在山岳。河北的山地，贡献了11处国家地质公园、11个国家级自然保护区、9家国家重点风景名胜区、6个国家5A级旅游景区，还分布着3项5处世界文化遗产。在这背后，究竟是哪些因素成就了河北兼具历史文化、艺术观赏、科学考察等价值的山岳奇观、人文胜景？请看《大河之北·山地高原篇》第二单元——山地大观。

（本单元得到河北省地矿局、河北师范大学资源与环境科学学院、河北省科学院地理科学研究所等单位，以及安云峰、贾瑞婷、吴素琴、邓秀军、韩春明、陈云霞、陈志国、王英军等同志的大力支持，特此鸣谢！）

采访◎《河北日报》记者 董立龙　朱艳冰　李建成

通讯员 安云峰　贾瑞婷　周治国

执笔◎《河北日报》记者 董立龙

📖 阅读提示

大美河北，美在山岳。

河北的山地，贡献了几十处国家级乃至世界级的地质公园、自然保护区、重点风景名胜区等。其背后的主要支撑要素，在于地貌资源丰富。

嶂石岩地貌、丹霞地貌、喀斯特地貌、花岗岩地貌、玄武岩地貌等类型齐全。

地壳运动的内部力量和水、风等外部力量共同作用，还为河北塑造了火山、熔岩台地、嶂谷、峡谷、天生桥等形态各异的地貌奇观。

碣石山、古北岳、苍岩山……悠久历史文化的加持，也使河北一些自然景观变身人文胜境，声名远播。

河北山地中的国家地质公园分布示意图

承德丹霞地貌国家地质公园

承德市

迁安国家地质公园

兴隆

兴隆国家地质公园

迁安市

秦皇岛市

秦皇岛柳工国家地质公园

涞源白石山国家地质公园（房山世界地质公园）

涞源

涞水

涞水野三坡国家地质公园（房山世界地质公园）

阜平

阜平天生桥国家地质公园

赞皇嶂石岩国家地质公园

赞皇

临城

临城国家地质公园

邢台峡谷群国家地质公园

邢台县

武安市

武安国家地质公园

刘欣瑜　制图

一、奇景背后的地质差异

1. 丹崖赤壁

在赞皇县嶂石岩纸糊套景区，最为知名的便是嶂石岩地貌的标志性景观——赤壁丹崖。

这面横亘眼前的红色崖壁已矗立千万年，"丹崖翠壁相辉映，纵有王维画不如"的风光，曾引发无数赞叹。

然而在过去，却没人能破译赤壁丹崖背后隐藏的密码，甚至1988年景区建成开放后，这处风景胜地依然鲜为人知。

直至河北省地理学家郭康的到来。

1992年，郭康在《地理学报》上发表了自己的考察和研究成果，第一次把"嶂石岩地貌"这一概念推向学界。

如今，嶂石岩地貌已与张家界地貌、丹霞地貌并称三大景观砂岩地貌类型。

三大景观砂岩地貌中，河北有其二。

从嶂石岩向北数百公里之外的赤城县，也有一道红色长墙。当地称其为四十里长嵯，属于丹霞地貌。

一南一北两道丹崖赤壁，看着相似，实则迥异。

对比之下，嶂石岩的落差更高，从底栈到顶栈，三段崖壁足有六七百米；而四十里长嵯，落差只一两百米，却是一道崖壁直上直下。

从天空俯视，赞皇县一带的嶂石岩地貌蜿蜒曲折，连接在一起的，足有几十公里。其实，在太行山脉中，北起井陉的苍岩山、南迄涉县的冀豫交界，这种地貌断断续续在多处出现。

这种曲折蜿蜒，造就了弧度较大的三面环山谷地，学界称其为"Ω"形嶂谷。其中最典型的就是嶂石岩景区内直径90米的回音谷，它被誉为"全国最大的天然回音壁"，还于1997年被列入吉尼斯世界纪录。

而四十里长嵯，从空中看却表现得简单明快，约20公里长的崖壁近乎直线般，纵贯于赤城县后城镇北部的山谷中。

在赤城之外，丹霞地貌还跳跃性地出现在丰宁喇嘛山、滦平碧霞山以及承德市周边等燕山腹地，因而成为燕山主要地貌特征之一。

嶂石岩的风光，最好清早去拍。晨光下，崖壁的色彩由深到浅不断变幻，先是绚烂的红，而后变成鲜亮的黄，最后逐渐恢复成普通日光下的灰。而四十里长嵯正相反，当夕阳洒落崖壁之上，余晖将那份红激发得无比壮美。

嶂石岩的崖壁，棱角分明；而四十里长嵯，却已被风雨磨平。构成二者的岩石，看似相同，为什么会有如此差异？

郭康生前曾对丹霞地貌和嶂石岩地貌做过对比研究，他发现二者虽然都属于沉积岩中的砂岩，但在岩性软硬上却存在显著区别：丹霞地貌岩性较软，无论是陡壁、峰柱还是洞穴的轮廓线，都呈现出平滑、圆润的边界；而嶂石岩地貌，岩性刚硬，每种造型，都保留着锋利的棱角。

这样的差异，正是让嶂石岩成为一种独立地貌的根基。在郭康等人的努力下，中国地貌景观分类中，终于有了以河北地名来命名的一种。

而丹霞地貌在河北呈现的特殊色彩，也使承德一带自古以来就有了"紫塞"的别称。

丹霞地貌中岩性之"软"，还成就了承德丹霞十二名胜：磬锤峰、双塔山、元宝山、鸡冠山、僧冠峰、蛤蟆石……大自然的鬼斧神工，让那些砂砾岩山体幻化出了多姿多彩的形态。

其中，最具代表性的就是磬锤峰了。

位于承德市双滦区的双塔山，也属丹霞地貌中的奇特景观　　　　双滦区委宣传部　供图

武烈河东岸，海拔500多米的低山上，高高耸立着一根上粗下细的峰体。峰柱形似棒槌，高38.29米。

郦道元在《水经注》中称它为"石挺"，当地居民称其为棒槌山。

"磬锤峰所在的山体有四条沟谷，沟谷中的流水会向源头方向不断侵蚀，山体随之出现崩塌，剥落的碎块被洪水冲走，日久天长，最后只留下孤峰一座。而孤峰的根部，易受风蚀，所以最终形成了目前的奇异景观。"承德热河地质博物馆馆长孟祥辉说，承德盆地内，群峰回合，清流萦绕，加之磬锤峰这样的奇异景观，才吸引了清朝把避暑山庄建设于此。

2. 岩溶洞穴

2019年6月15日，临城国家地质公园崆山白云洞。

"天堂厅"内，一位游客发出疑问："咦，谁往钟乳石上横插了一根树枝？"

"它看起来的确像树枝，但却不是人为的。"导游将手电光聚焦于那段"树枝"上，"这实际上是一处毛细水沉积景观，是白云洞的七大奇迹之一。"

当富含二氧化碳的水和存在裂隙的可溶性岩石相遇，这些水，就成了喀斯特地貌中富有创意的建筑师。

白云洞内，五腿神鹿、玉簪对净瓶、委曲求全、阴差阳错等形态各异的景观，集中体现了重力对水的影响：水滴滴落之后，形成了向上生长的石笋、倒挂空中的钟乳石，或者二者连接而成的石柱。而水流沿洞壁或坡面流动时，则会形成石幔、石帘、石瀑布等。

然而，并非所有的水都会往低处流。

当洞内湿度饱和，又未形成水流或水滴时，湿漉漉的洞顶、洞壁与洞底，就会成为水凭借毛细作用进行扩张的地盘。它们顺着细微孔隙上升，或倾斜渗透，向各个方向浸润。

中国国土资源作家协会副主席、中国地质科学院高级工程师郭友钊称溶洞的水"具有双重性格"：宏观上对重力作用俯首称臣，微观下毛细管作用加强。

也恰是这样的水，塑造了白云洞内"横天一枝"这样的非重力景观，使得崆山白云洞在全世界的喀斯特地貌中都成了"一个罕见的例外"。

这样的"节外生枝"，某种程度上还暗合着白云洞自身发展和被发现的历程。

白云洞的喀斯特地貌发育于距今5.13亿年～4.9亿年间形成的鲕状灰岩地层中，洞穴形成至少已有数十万年。其间，喀斯特景观就在封闭的空间中一点儿一点儿地塑造着。

直到1988年7月18日几位村民前来开山凿石，才打破了它们的宁静。

村民的钢钎掉进了一条裂缝，寻找中，他们以为碰到了洞穴宝库，悄悄从家里拿来手电筒、蜡烛、绳索和用来标记路线的粉笔，怀着神秘、惊恐却又满怀希望的心情钻入山"腹"之中，对这个幽深洞穴探索了十几个小时……

也许，每个神秘洞穴的发现都有过类似的故事。

500多公里之外，兴隆国家地质公园内的溶洞，也是当地三个村民在2003年追赶猎物时误打误撞发现的。

然而，比故事更吸引人的，却是兴隆溶洞内的喀斯特景观：其外表不同于一般溶洞中水垢质的岩溶面貌，而是如同玉石般的晶莹剔透；而且这样的景观，不是一处两处，而是大面积发育，以至于人们称它为"燕山水晶宫"。

不仅如此，这里还有长度位居世界第四的石吊管、体量位居世界第一的联体盾帐等。专家考证认为，这里至少有石吊球、双色瀑等8处景观称得上"世界级"。

兴隆县旅游文化和广电局局长张晓莎为家乡拥有这样的地质奇观而自豪，她说，溶洞虽然发现于2003年，但其本身却发育于距今14亿年～10亿年间形成的中元古界雾迷山组岩层中。

更不可思议的是，这处出现在古老岩层中的景观，竟然还在发育之中。

"地质景观的发育，也像人一样，有着幼年、壮年再到老年的发育历程。"河北省科学院地理科学研究所原所长李庆辰介绍，"对比之下，太行山中的喀斯特地貌，多是停止了发育的。而在兴隆溶洞，你所看到的景观，恰是正在生长着的，就像一群活蹦乱跳的孩子！"

3. 峰林岩柱

2018年6月29日，涞源县白石山。

摆渡车司机李师傅拐了95道弯，用13公里的路程，将一车游客从海拔1200米处载到了海拔1850米。

只有到达这个高度，才能欣赏到白石山的峰林景观——它们扎堆儿般地出现在山脊之上，大多直上直下，如同刀削斧劈。

"大自然的神功伟力，将白石山雕琢成一件精美艺术品。"涞源县白石山景区管委会主任刘春阳总结了白石山峰林的奇特之处：峰多、壁峭、形异、势险。

据他介绍，这些峰林，原本处于距今14亿年～10亿年间沉积的白云岩岩层中，但地壳运动让岩层变得不再铁板一块，而是沿构造裂隙形成如刀劈般悬崖岩壁和巨大菱形石柱，但石柱并不分离。

而此处峰林，竟然还是我国唯一一处由大理岩形成的峰林地貌。

"白石山，并不全是白石，而是一种双层结构，存在着上白下红两种颜色。"刘春阳介绍，距今1.35亿年前，岩浆侵入到白云岩的底部，顶举和烘烤之下，白云岩变成了白色大理岩，而岩浆本身冷凝后则形成了肉红色的花岗岩，成为稳固的山体底座。

正是因为这样特殊的地质结构，才奠定了白石山峰林的基础，最终让白石山成了北京房山世界地质公园的一部分。

在白石山，花岗岩成了甘当基座的托举者。而在燕山东段，花岗岩则直接站到了山脊之上，成就了另一种独特景观。

2019年6月22日，青龙祖山。

一组参天巨石，静静地伫立在通往主峰天女峰的山脊上。

这是几尊长得像人形的石头，人们称其为将军石。

"它们只是燕山山脉中花岗岩地貌的一个典型代表。"李庆辰说，1亿多年前的燕山造山运动时，侵入的岩浆冷凝为花岗岩，经过抬升、断裂、风化、剥蚀等地质作用，最终形成了将军石这样的奇特景观。

花岗岩，为大自然的鬼斧神工提供了丰富的原料。因此，祖山上的象形石，随处可见。也正因为花岗岩地貌的奇特，祖山还被誉为"塞北小黄山"。

"花岗岩造型地貌本来不足为奇，但像老岭那样能将其成群成组地呈现，且个性彰显，实属罕见。"李庆辰等人自20世纪末就开始关注这些花岗岩。他仍然习惯性地称呼祖山的原名"老岭"。

不过，在河北的峰林岩柱地貌中，最令人称奇的，恐怕要数玄武岩石柱了。

2019年5月11日，张北县大圪垯村北。

一处低缓山坡上，布满了高低错落的石柱。石柱露出地面不高，截面多为六角形，像人工雕凿出来的一样工整。

面对这样的场景，如果不是专家在一旁解释，真会让人以为进入了一个神秘处所。

然而，这些石柱，所经历的岁月，远远超越人类诞生的历史。

"这个石柱群诞生于2500多万年前，是岩浆向地面溢流过程中在均匀冷却及缓慢收缩的条件下生成的。"河北省地矿局地质三队副总工程师谷振飞说。

1公里外，环状山丘的另一侧，一处已停采的石料厂内，黑色的玄武岩石柱以一种更加令人震撼的姿态出现了。

几百米宽的采石剖面上，密密麻麻地布满了二三十米高的石柱。这些石柱，不是常见的直上直下，而是带有近"S"形的弧度。

谷振飞介绍，玄武岩石柱并不少见，但"S"形石柱全世界分布稀少，其具体成因目前尚属未解之谜。

"我们建议停止采石，把它作为地质遗迹保护起来。"谷振飞等人的建议得到了当地政府的响应，而今，这里已经成为张北汉诺坝省级地质公园景点之一。

主要由浅灰色巨厚层燧石结晶白云岩构成的狼牙山峰丛地貌，奇峰林立，峥嵘险峻

陈晓东　摄

二、塑造地貌的"雕刻家"

1. 火山遗迹

2019年2月，电影《流浪地球》开始热映。

科幻作家刘慈欣的同名原作，也备受关注。作品中描述的为地球在浩渺宇宙中开启"流浪之旅"提供动力的便是"地球发动机"。

而书中主人公首次近距离见到的"地球发动机"，竟然就在石家庄附近的太行山出口处：那座被称为"上帝的喷灯"的高山，"赫然耸立，占据了半个天空"，站在它巨大的阴影中，还能"感受着它通过大地传来的震动"。

这俨然是一座人工造就的火山！

也许是某种巧合，作家刘慈欣生活的阳泉，和石家庄之间真的存在着一座火山。

赤城冰山梁上的残山地貌景观
杨世尧 摄

2019年6月7日，井陉。

站在天长古镇外的绵河滩地上，向西南望去，那赫然耸立的，不正是一座火山锥吗？远望去，其外形还颇有点儿日本富士山的感觉。

这就是雪花山——20世纪初期中国近代地质学刚刚勃兴之际，就进入众多研究者视野的一座地质名山。

沿着山路攀登，路两旁不时可见暗灰色、带气孔的玄武岩。这些玄武岩，在中国一度被命名为"雪花岩"。

1913年，我国最早的地质研究机构——中央地质调查所成立后，所长丁文江带人沿正太路（今石太铁路）沿线开展地质矿产调查，并首次用中文发表了地质报告。

"黄土之间有古火山流出之石，欧名为Basalt，日人译为玄武岩，玄武臆为日本地名，不适于吾国之用，今拟改译为雪花岩。"丁文江在报告中解释其原因，"盖文江始见之于井陉县西南之雪花山故名"。

然而，这座最早进入地质学研究视野的火山，并不高大。专业软件显示其海拔只有417米。

这座火山，还一度被视为第四纪（约260万年前至今）火山。但后来的岩石测年显示，它应属第三纪（距今6500万年～260万年）。第三纪时，整个河北大地上的火山活动都很剧烈。其中最典型的就是出现在坝上高原的火山了。

2019年5月11日，张北县十字街村北，原野缓缓凸起，几个紧邻的山包围拢在一起。

"你看，这就是坝上保存最完好的火山口了！"越接近自己的研究对象，谷振飞越显得兴奋，他打开卫星地图软件，屏幕上，我们所接近的这几个山包竟然围拢成一个明显的环状。

但环状还有缺口，如同一个木桶的短板。谷振飞说，地质学上把这称为"椅状构造"，熔岩会顺着其中的缺口处流出。

进入环丘，里面阳光和煦、绿草茵茵。一位村民，正在放牧牛群。借助一处关停采石场开采过的剖面，我们有幸看到了火山口内部的构造——砖红色、棕红色火山碎屑、熔渣、火山弹，杂乱无章地堆叠成一面没有任何层序的墙体。

这里的岩石大都布满了气孔，随手拾起一块，它远没有所预想的那么重。原来，这就是因质量轻而能浮于水的浮石。

实际上，这片高原上的火山远不止一座。

尚义、张北至康保一带，都存在火山群。数十个火山口遗迹散布在数百平方公里的波状高原上，高空鸟瞰，如同白色花朵点缀在碧绿海洋之中。

地质专家介绍，现代版图上的河北大地，火山作用曾经非常强烈，分布范围也广，是我国火山岩最发育的地区之一，出露总面积达2.5万平方公里。

这些火山，还塑造了多样化的熔岩景观。

在围场—丰宁一带十余处火山锥组的火山群体，峰峦叠嶂，参差错落。在张北—尚义一带，火山喷发的熔岩，为高原盖上了厚厚的被子，成为熔岩台地。

"这件'熔岩被'有12层之多，因为从3000万年前开始到1000万年前结束，这里曾断续出现了12次火山喷发活动。"谷振飞介绍，每次从地球深部喷涌而出的岩浆冷凝后成为玄武岩，前期在底部多冷却为黑色、墨绿色的致密块状岩石；而顶部处于喷发末期，由于遇空气氧化且岩浆中水汽快速逃逸，多形成红色气孔状岩石，从而形成了"红顶绿底"的特征。

张尚线大河乡段。又一台风电机组被大型吊车竖了起来。重达数吨的风电机组，就矗立在玄武岩上。

正在指挥施工的周凯告诉我们，风机的具体选址，要绕开那些红色岩石，选择灰绿色的岩石，因为后者更致密，更结实。

谷振飞为我们解读了在这背后的"玄机"——玄武岩中致密者压缩强度很大，可高达300兆帕，甚至更高，因为抗压性强、压碎值低、抗腐蚀性强、沥青黏附性优，所以是国际认可的建设铁路、公路、机场跑道最好的基石。

2. 水流如刀

大自然是位雕塑家，地壳运动和岩浆活动是塑胎的过程，而水流则是他手中的刻刀。

南北走向的太行山，就被他雕刻出了无数东西向的沟谷。由此，多峡谷，就成为太行山的一个主要特征。

太行八陉自不必言。在邢台市，还分布着一片被誉为"太行奇峡"的峡谷群。

自邢台市向西70公里处，18平方公里的范围内，分布着24条峡谷，其中长度超过千米的就有8条。

"这片峡谷群有三奇：一奇谷低狭深；二奇峡岸壁立；三奇成群出现。"李庆辰介绍，峡谷群发育于红色石英砂岩地层中，在新构造运动中山体抬升，由流水下切冲蚀作用而形成。

峡谷群因为具有狭长、陡峻、深幽、赤红、集群五大特点，2017年获批成为河北第11个国家地质公园。

八百里太行中，堪称奇观的峡谷还有很多。

2018年6月8日，涞水野三坡百里峡，我们走进了这条被称为"天下第一峡"的所在。

一进峡谷，立刻感觉两侧山峰"挤压"而来。两边的冲天绝壁，直上直下，谷壁与谷底近乎垂直，如刀削斧劈一般，真的是"双崖依天立，万仞从地劈"。

"这不同于你平常所见到的峡谷，它被称为嶂谷，其特征就是深度大于宽度，两壁更加笔直，底部沉积物较少。"野三坡景区管委会副主任孟祥君介绍，其中的代表性景点"一线天"，上百米深的嶂谷中，最窄处仅有0.83米。

"一线天"景观并不罕见，但百里峡的神奇在于，嶂谷形态贯穿始终，一路走来，都是窄涧幽谷、天光一线。全长52.5公里的峡谷，称得上"百里一线天"。

如此狭窄的嶂谷是怎样形成的呢？

"地壳运动、外力风化，特别是间歇性山区洪水的冲蚀，是形成百里峡的直接原因。"孟祥君介绍，普通人走进百里峡，看到的是峡谷、岩石，还有根据象形命名的景点，而地质学家走进峡谷，看到的到处都是水的痕迹。

构成百里峡的岩石，主要是距今12亿年前生成的雾迷山组燧石条带白云岩。那时候，野三坡一带正处于海滨地带，海水搬运来的碳酸盐开始沉积，成为岩石。

景区内的指示牌非常贴心，一路走，一路把海水沉积的痕迹指给游人看：岩石上保存着海浪作用留下的遗迹——"波痕"、潮汐作用形成的"羽状交错层理"以及当时在海滨生活的原始藻类所形成的叠层石……

在地质专家看来，这组白云岩，坚硬，却又脆弱。

距今2.5亿年以来，剧烈的地质运动中，百里峡一带的这组岩层，产生了很多巨大而直立的裂隙。这些裂隙彼此交错，近乎"格子状"，成为山体的"软肋"——最易被水流侵蚀剥落的地方。

后来，海拔1180米的望京陀不断隆起，雪水、雨水以及间歇性山洪顺其北坡急剧而下，不断冲蚀，最终形成了今天所见到的三条嶂谷。

实际上，百里峡中，不仅有发育成熟的嶂谷，还有着嶂谷的雏形，更在"老虎嘴""抻牛湖"等景点处保留了地壳抬升和水流冲刷的痕迹。

百里峡的神奇，吸引了很多地质学人前来研究。中国地质大学地质公园（地质遗迹）调查评价研究中心教授宋志敏等人通过深入调查后，称这里是华北峡谷珍品。

凭借这份神奇，2006年，野三坡也成为北京房山世界地质公园的重要组成部分。

百里峡内，窄涧幽谷，天光一线　　周治国　供图

3. 天成异景

2019年6月17日，阜平天生桥国家地质公园。

那道112米高的悬崖之上，耸立着一座天然形成的桥梁。

桥梁南北走向，长27米，宽、高均为13米。桥上，行人可以自由行走；桥下，清流淙淙。桥的两侧，一边是水落冲蚀而成的石潭，另一边则是万丈深渊。

然而，自2012年以来，游客们大多只能从桥上通过，已不能到桥下近距离感受其独特了。

"那年初春，上边的冰瀑融化之后，冰块掉落砸坏了原来设置的防护栏杆，出于安全考虑，我们撤掉了可以到桥下参观的铁梯。"景区负责人张伟介绍。

巧合的是，挡住游人脚步的，竟然也曾塑造了这一奇特景观。

"阜平天生桥，是由瀑流冲蚀而成的。"张伟带我们参观了公园内的地质陈列室。陈列室内，地质学家们绘就的一张示意图形象地再现了天生桥形成的过程：

山体抬升过程中，形成许多台阶状悬崖，天生桥所处位置即为"台阶"之一。它由两组岩层构成，上层是坚硬的伟晶岩，下层是极易风化且充满"X"形裂隙的黑云母斜长片麻岩。

瀑流从上面的"台阶"顺崖壁倾泻而下，有时还会裹挟着冰块，使那些裂隙不断扩大。如此长期不断冲刷之下，下层岩石最终出现崩塌，形成桥洞，而伟晶岩则保留下来，形成了桥面。

"雨水多的时候，奔腾的水流，呼啸着从桥洞中飞泻而下，形成百米瀑布，那气势更壮观、更磅礴！"张伟用描述弥补着我们的缺憾。

不过，仅仅这石桥，就足够令人震撼了，正如古人所说"地临空阔天成险，水到回旋石作梁"。

并非所有天生桥都是水流冲蚀而成。

"河北有多处天生桥，虽然造型相似，但组成的岩石和形成的动力并不相同。"河北省科学院地理科学研究所学术委员会原主任、研究员吴忱曾对河北省天生桥地貌资源做过系统研究。

他打开了一本尚未出版的专著初稿，对照着其上的图片，一处一处给我们解读：

北戴河天生桥发育在花岗岩中，由海水淘蚀形成；

蔚县飞狐峪内的峰柱　　　陈晓东　摄

天生桥瀑布群中的一个　　　张　伟　供图

青龙祖山和丰宁窟窿山天生桥发育在花岗岩中，承德天桥山、赤城雕鄂等地的天生桥发育在砂砾岩中，均由风蚀形成；

蔚县飞狐峪、易县南天门、平山天桂山、鹿泉天门洞、涞水野三坡等地的天生桥发育在可溶性岩石中，由河水或地下水溶蚀形成；

河北井陉东元庄天生桥发育在黄土中，由地下水潜蚀形成……

这些天生桥，有的屹立在高山之巅，有的镶嵌在山体腰部，有的旁立于河谷两侧。它们的形态，有如长虹当空，或似峰头嵌日，还有的就像天门大开……形态各异，无不令人称奇。

让吴忧最感兴趣的是丰宁窟窿山的天生桥。

桥高22米，宽24米，一个宽2米的桥墩，将桥洞一分为二。吴忧说，这种由两个连在一起的拱形桥组成的天生桥地貌，实属国内罕见。

实际上，在燕山深处，如隆化郭家屯、围场道坝子等地，并未成为景区的天生桥还有很多。当地居民大多称之为"窟窿山"，而且往往流传着"二郎神担山赶太阳"的传说。

传说中，天上曾有12个太阳，晒得江海干涸、大地龟裂、寸草不生。二郎神受命来捉拿这些太阳。他用扁担挑起两座大山担在肩上，捉住一个太阳，就用大山把它压住……"窟窿"就是扁担穿过的孔。

传说终归是传说，但却显示出在自然奇观面前人们的丰富想象力。

在阜平，一个为天生桥而设计的新方案业已形成。

"我们正在设计一个可拆卸的楼梯，可以根据山上的瀑流情况进行调整，既能让游客从桥下近距离感受天生桥奇特景观，又能避免遭遇危险。"张伟发出邀请，欢迎游客在景区提升改造完成后再次到访。

三、峰峦中的人文气韵

1. 沧海碣石

2019年6月22日，昌黎。不用特意寻找，远远地就能看到那座巍峨的山峰。蓝天映衬之下，白石绿树相间的山体格外显眼。

这，就是碣石山。

至迟在2400多年前，它就写进了《禹贡》这部我国最早的地理名著。

总共只有1100多字的《禹贡》，提供了认识碣石山的两个视角：一是东北"鸟夷"部族向中原进贡的视角；一是自统治中枢向东北开拓道路的视角。

《禹贡》描述的那个时代，九州贡道以水道为主，陆路为辅。居住在东北的"鸟夷"部族，带着贡品"皮服"，驾船沿渤海岸线向南而行，右手侧接近作为航标的碣石山后，就能拐入黄河，逆河而上（《禹贡》原文为"鸟夷皮服，夹右碣石入于河"）。

以这种自海向陆的视角来看，碣石山就是一座远古航标。

地理学家对古河道、古海平面的考证也发现，古时的碣石山距海更近、距"河"（专指黄河）也不远。

吴忱介绍，商周时海水伸进陆地3公里～5公里，当时的碣石山距海边只有5公里～7.5公里。而当时的黄河也从今河南修武一带开始，沿太行山山前洪积扇前缘与平原中部湖泊、沼泽地西缘的低洼地北流，最终在天津以南曲流入海。

这样的考证，为碣石山成为远古航标理清了外部条件。而碣石山自身，也具备成为远古航标的地理特征。

唐代经学家孔颖达描述："远望其山，穹隆似冢，有石特出山顶，其形如柱。"寥寥数语，却形神兼备。其情其景，时至今日，仍然存在。碣石山的柱状山顶，更像一座灯塔。

昌黎县文联原主席董宝瑞考证，近现代以来，冀东渔民出海打鱼，仍常以碣石山为航海标志。

而另一种视角则自西向东。

《禹贡》中写道："导……太行、恒山至于碣石，入于海。"

由于对"导"字的理解不同，释义也有异。但无论是单纯介绍太行山（当时主要指今太行山脉南段）、恒山（今阜平一带的古北岳）山脉的地理走向，还是专门记载华夏先民一路沿着太行山、恒山的山前平原开拓道路，最终所指向的，都是到达碣石山后，才能进入大海。

两种视角，一个焦点。

碣石山在《禹贡》成书之时（或云西周、或云战国）即为名山。以至于爱才如命并带领燕国进入战国七雄的燕昭王，要为投奔而来的邹衍，专门建造一座以"碣石"命名的宫殿。

及至后世，这一声名显赫的海滨低山，仍然不断吸引帝王前来。

秦始皇是在即位32年的时候来的。统一六国后，他已经连续数年到东方沿海、江淮流域以及北方边境巡游，所到之处，无不刻石宣示自己的功德。

在这里，他也例行"刻碣石门"，记录下自己"堕坏城郭，决通川防，夷去险阻"的事迹。同时，他还派燕人卢生寻求羡门、高誓等仙人的踪迹，又派韩终、侯公、石生寻找仙人不死之药。

20世纪80年代中期，考古工作者在河北省北戴河海滨金沙嘴以及40公里之外的辽宁绥中万家镇海边，分别发掘出了秦代行宫遗址，为《史记》中上述有关记载提供了佐证。

据统计，自秦始皇之后的860年间，专程登临碣石山，或在此留下行迹的帝王级人物，就有八九个之多。其中，让碣石山在历史上更加声名显赫的，是东汉末年著名政治家、诗人曹操。

公元207年（建安十二年）的秋天，在西拉木伦河畔剿灭乌桓之后，从辽西经喜峰口返程的路上，52岁的曹操专门向东，登临碣石，"以观沧海"。

"东临碣石，以观沧海。水何澹澹，山岛竦峙。树木丛生，百草丰茂。秋风萧瑟，洪波涌起……"作为组诗《步出夏门行》的一章，这篇《观沧海》已传诵千年。

海拔只有659.1米的碣石山，攀爬起来绝非易事。其山腰部位，是由大面积花岗岩构成的绝壁。其柱状山顶，岩壁更是直上直下。古人形容其"万仞绝壁，形如瓮鼓，鼇沫溅溜，神娲难炼，鬼斧莫凿"。

这样的山势，必然使曹操忆起刚刚经历过的不平常征程。

北征乌桓出发前，僚属对于南征还是北伐争论不休。七月启程时，又逢暴雨，傍海道路难行，甚于南方水乡。找到向导从喜峰口进入燕山腹地后，更加"道绝不通"，只得"堑山埋谷五百余里"，西行至白檀（今滦平），而后折东，经过平冈（今平泉），才最终抵达乌桓总部。

但登顶之后，极目远望，沧海浩瀚无际，纳百川，汇江河，一碧万顷、水天一线，不禁心旷神怡，感慨万千。面对此情此景，曹操用饱满的文字折射出一

碣石山上远眺，远处可隐约见海　　董立龙　摄

种不一样的内心境界——"神龟虽寿，犹有竟时；腾蛇乘雾，终为土灰。老骥伏枥，志在千里；烈士暮年，壮心不已……"

往事越千年。1954年8月10日，秦皇岛地区再次普降暴雨。

"大雨落幽燕，白浪滔天，秦皇岛外打鱼船……"正在北戴河开会的毛泽东，欣然提笔，抚今追昔，创作了《浪淘沙·北戴河》。他写道："往事越千年，魏武挥鞭，东临碣石有遗篇。萧瑟秋风今又是，换了人间。"

2. 迷踪古岳

2019年6月30日，邯郸学院退休副教授段峰云，再次踏上了返乡之路。300多公里之外，那座山峰，始终令这位86岁的高龄老人魂牵梦萦。

那座山，阜平人、涞源人称神仙山，唐县人称大茂山。实际上，它的正名曾叫恒山，同样是一座自《禹贡》时代起就不断载入史籍的名山。

段峰云从小在山脚下长大，二十四五岁才离开家乡外出求学。但直到76岁，他才知道家乡这座默默无闻的山峰，竟然就是大名鼎鼎的古北岳。

不仅生活在当下的段峰云，即便在宋朝，曾任职定州的韩琦也记载道："天下之岳五，独北之常方，人自为大茂山，而岳名不著。"

河北多山，却少名山。唯一列入五岳的恒山，为什么还失去了呢？

就此问题，自20世纪80年代以来，从学界到民间，已经进行了几十年的艰苦求证。

恒山之"恒"，古人取名也常用。但皇帝叫了这个名字，恒山只好被迫改名了。汉代有位皇帝叫刘恒，唐代有位皇帝叫李恒，宋代有位皇帝叫赵恒……于是，恒山不得不三次改名常山。

"即便在汉唐盛世，称呼恒山也为皇帝所忌讳，对平民来说可能就意味着危险，所以，智慧的选择就是不叫它恒山。"段峰云分析，这可能是恒山淡出人们记忆的一个重要因素。

而恒山所处位置，也常使其处于战争前沿。

例如，韩琦写下上述文字时，恒山正处于宋辽对峙的前线。如此区位，极大地影响着北岳祭祀。

作为国家祭祀北岳地点的北岳庙（祠），本在阜平县台峪乡路途村北的千亩台上。因边境战争压力，五代时从恒山脚下移到了曲阳城范围内。而今，曲阳北岳庙，依旧巍峨壮观。

2019年6月18日，阜平县台峪乡千亩台，我们走进了古北岳最初的祭祀地点。

北岳神被唐玄宗封为安王，那座由此得名的安王庙建筑已然无存，但抬头北望，连绵的山脉中脱颖而出、赫然耸立的正是古北岳。

而脚下这片台地，正是望岳而祭的一处好场所：面积约千亩的台地上，地面平阔，东南西三面虽有低山环绕，但北望高峰却无遮无拦。台峪河和井沟河从东西两侧流过，下切台地形成陡坎，让这里成为近乎船形的一块独立的地理构造。

让这样一处大自然的神奇创造最终淡出国家祭祀典礼的，是一场历经167年的朝堂争论。

1493年，明孝宗收到一份奏折。兵部尚书马文升上"请厘正祀典疏"，提出改祀北岳于山西浑源。

事实上，在他上疏前，认为恒山在浑源的说法于浑源民间已流传很久。

研究者分析认为，在其背后，有着三种力量的推动：

其一，浑源恒山在五代、北宋时战争影响较小，有些原在北岳恒山的寺观，因战乱迁徙到此后，佛、道人士仍自称恒山某某寺、观，为民间附会提供了可能。

其二，浑源的地方政客、文人，自明清之际，在多部方志中增添了对北岳恒山的记载。

其三，在遭受连年侵扰、战事不利的情况下，大同的地方军事将领向北岳恒山神祈求保护的愿望强烈，不断参与浑源恒山的形象塑造。

由此，改祀之事，自1493年起的167年间，先后被发起六次。即便明清朝代更替，这种主张依旧。1660年，刑科都给事中粘本盛再次上疏，旧事重提。

"我朝统一华夏，版图益越前代，不祀浑源而祀曲阳，似为未协。"粘本盛奏折中的话，一语击中了一个新王朝入主中原后，急于塑造自身地位的深层心理需求。于是，22岁的顺治帝提笔批示："准奏。"

从此，北岳彻底离开了河北人的视野。

直到2009年1月，国家住建部、国家文物局等部门，再次就"五岳联合申遗"举行专家论证会。会上，有专家指出，应将河北境内的古北岳纳入五岳联合申遗范畴，否则五岳的历史文化将不完整。

当年6月13日，河北省政府在曲阳县举行了古北岳申报世界自然与文化遗产启动仪式。至此，古北岳终于回归官方语境。

古北岳一带，一直流传着飞来之石的传说。安王庙和曲阳北岳庙的选址，都和飞来之石有关。

巧合的是，2017年出版的《中国区域地质志·河北志》中披露，在古北岳区域，已先后发现9座飞来峰。

但它们不是飞来的，而是地壳变迁中，一些山体脱离原位，被推移到了数百米乃至更远的距离之外，遭遇剥蚀后形成的新山峰。

3. 绝壁宫殿

当地时间2019年5月21日晚，法国南部城市戛纳美丽的海滩上，戛纳电影节"海滩放映"环节，重映了一部武侠动作电影《卧虎藏龙》。

影片末尾，章子怡扮演的玉娇龙纵身一跃，从横跨在两座山崖间的桥上跳入万丈深渊……画面中，她身后是古色古香的楼殿，眼前是虚无缥缈的云雾。

这部电影首映于2000年，是迄今为止华语电影历史上唯一一部荣获奥斯卡金像奖最佳外语片的影片。

许多人可能并不知道，章子怡纵身跳下的那座桥梁，就在省会西南50公里外的井陉县苍岩山内。

2019年6月29日，我们走进了这处国家重点风景名胜区。

两座巨人般的摩天断崖比肩而立，断崖顶端一座拱桥凌空横跨，势若长虹，桥上竟托着一座楼阁。而一条石阶小径从夹壁间凌虚垂下，如天梯般引领游客迈向那座空中楼阁。

这座横跨崖壁间的建筑，就是位列我国三大悬空寺之一的桥楼殿。其桥长15米、宽9米，建造年代不晚于明朝万历年间。

它与周围环境互为映衬，断崖、拱桥、佛殿浑然一体。正如古人所云："千丈虹桥望入微，天光云影共楼飞。"

"殿内载满游客时，大殿和游客重量合计会超过35吨。"景区内一位导游介绍，这座横向跨度极大的空中建筑，之所以能支撑起这份重量，是因为其建筑形式与赵州桥类似，运用了大小不同的365块方形青石，未按常规互相咬合，而是选择横排竖行设计了拱券。

大自然并非总是尽善尽美。桥楼殿两侧的断崖，即是一种天生的缺陷。但中国传统文化中认为，人的"至诚"可以"格天"，换言之，自然的缺陷可以通过人工补足。而章子怡扮演的玉娇龙纵身一跃之前，让她触动最深的四个字，也是"心诚则灵"。

"殿前无灯凭月照，山门不锁待云封。"——桥楼殿山门上的对联，凸显着古代建筑设计者将天趣与人巧相结合，进而达到完美境地的初衷。

在河北山地间，巧借地势，依山造型，已经成为很多优秀传统建筑的一种传承。

苍岩山桥楼殿　　赵云亭　摄

在涉县凤凰山，一座飞檐翘角、气势恢宏的楼阁，正悬挂在那面陡直得近似屏风的峭壁之上。

然而，爬上那面形似裙摆的山坡之后，才发现楼阁实际上建筑于两级峭壁间一处狭窄平台上。楼阁底层是在一座洞窟之外扩建的两进拜殿，其上三层木质阁楼也并未与崖壁相互倚靠。

这就是被称为华夏祖庙的娲皇宫了。

它是一座用铁链拴在崖壁上的楼阁。楼阁高23米，建筑者在其后的崖壁上凿刻了8个"拴马鼻"，通过铁链牢牢拴住了楼阁的支柱。

"过去楼阁上人一多，就会前后微微摆动，这些铁链就会拉紧，起到保护作用。"景区工作人员介绍，楼阁因此也被称之为"活楼""吊庙"。而今，楼阁加固之后，这些已经失去作用的铁链仍然会引发赞叹。

娲皇宫不仅以依傍悬崖的结构而令人称奇，其整体布局、选址也是依山就势，巧借天然，堪称"天造地设之境"。

人类对美有着共通的认知。河北山地间，那些道法自然、天人合一的建筑，也在感动着世界。

桥楼殿继打动著名华裔导演李安之后，这座绝无仅有的建筑数年后还打动了美国导演罗布·科恩。

他执导的好莱坞系列电影《木乃伊》第三部《龙帝之墓》，开场不到5分钟，便先后出现桥楼殿两个镜头：李连杰扮演的皇帝，派手下大将寻找长生不老之药，寻到了苍岩山，抬眼看到桥楼殿……

山不在高，有仙则名。但传说之外，仙又何在？

在河北，伟大的古代建筑设计者们，用自己的智慧，将人文和自然之美融为一体，营造出清幽高雅、引人神往的"仙境"。

位于南太行中皇山上的涉县娲皇宫

田 明 赵海江 摄

岩石，自然界最普通的一种存在，却是打开我们脚下大地认知之门的那把钥匙。以河北地名命名的种种岩层，像一本本史书，记载着燕赵大地山海变迁的往事。以热河生物群为代表，封印在岩石中的那些生命，定格了亿万年来河北大地上曾经的生机勃勃。以三大岩类出露齐全，中国北方各时代地层发育完好而著称的柳江盆地，而今已成"哺育地学人才的摇篮"。在科学面前，每块岩石都有故事。读懂它们，对我们今天的生活相当重要。

请看《大河之北·山地高原篇》第三单元——岩石诉说。

（本单元得到河北省地矿局、河北省科学院地理科学研究所等单位以及吕力、丰春雷等同志的大力支持，特此鸣谢！）

第三单元 岩石诉说

采访◎《河北日报》记者 董立龙 朱艳冰 庞 超 宋柏松

执笔◎《河北日报》记者 董立龙 朱艳冰

通讯员 安云峰 贾瑞婷 全 辉 徐宁国

📖 阅读提示

岩石，自然界最普通的一种存在，却是打开我们脚下大地认知之门的那把钥匙。

曹庄岩组、迁西岩群、阜平岩群……以河北境内地名命名的种种岩层，像一本本史书，记载着燕赵大地山海变迁的往事。

狼鳍鱼、丰宁原羽鸟、华美金凤鸟……以热河生物群为代表，封印在岩石中的那些生命，定格了亿万年来河北大地上曾经的生机勃勃。

"四次为海，四次为山；弹丸之地，五代同堂"……从95年前开始吸引北京师范大学师生前来实习并走出3位院士的秦皇岛柳江盆地，而今已成"哺育地学人才的摇篮"。

在科学面前，每块岩石都有自己的故事。读懂它们，对我们今天的生活相当重要——

山体抬升，流水切割，是地貌景观形成中的两种代表性因素。图为拒马河畔野三坡　　周治国　供图

一、记载山海变迁最古老的往事

1. 一块石头的多个"年龄"

2018年6月11日，迁安市黄柏峪。

河北省地矿局地质二队总工办主任张东坡从座位底下一把抄起地质锤，跳下刚停稳的汽车。

家住此地的村民都知道这里出产铁矿石。而张东坡前来寻找的，却是中国最古老的岩石之一。

这些岩石，被命名为曹庄岩组。因为其最早发现在迁安市曹庄子、黄柏峪、杏山一带，目前只分布在不超过1平方公里的范围内。

然而作为冀东这片古老岩石中的一部分，曹庄岩组曾被划入由原河北地质局第二区域地质测量大队于1974年命名的迁西群，而被淹没在一个更年轻的岩群之中。

确认曹庄岩组更为古老这一点，自20世纪70年代以来经历了一个复杂的过程。

冀东这片古老变质岩引发关注之后，研究者纷至沓来。国内外学者的实地考察和深入研究，为确认曹庄岩组的年龄积累了众多的同位素测年资料。

20世纪80年代，研究者们首先得出了这一岩组中火山成因的斜长角闪岩的年龄，三组独立进行的研究，结果均指向距今35亿年左右。

1994年，我国地质同位素年代学家刘敦一等对黄柏峪一带的铬云母石英岩中的碎屑锆石进行测年，获得的测年数据反映本区存在38亿年的花岗质到中酸性长英质岩石。

2000年以后，研究者们又取得了多个测年数据，这些数据均处于距今38.90亿年~29.36亿年之间。

地球形成于距今46亿年前，即使35亿年这个年龄，也已经足以使曹庄岩组成为中国最古老的岩石之一。但为什么同是这一岩组，却能获得如此不同的测年数据呢？

1小时之前，黄柏峪以北，50公里之外的迁西太平寨。

集镇中央一座小山上，伫立着一块写有"岩石鼻祖"字样的石碑。

小山名为南太平山，海拔只有175米，与其说它是一座山峰，不如说它更像是一块巨石。

就是这块巨石，一度被认为是最古老的岩石之一。石碑上同时记载，这块岩石形成距今已有36.7亿年之久。

明明曹庄岩组更古老，为什么这里却出现了"岩石鼻祖"？

疑问接二连三，张东坡却指引我们仔细观察眼前这块巨石。

这块巨石，就像一个果子面包，颜色较浅的岩石中，夹杂着"水果块"一样的暗色岩块。张东坡指着这些被包裹进来的岩石"夹心"介绍："从暗色包体迈向浅色侵入体——一步可能跨越上亿年或几亿年！"

原来，早期地球岩浆活动剧烈，本就不很发育的早期地壳，经剥蚀后会成为形成岩石的物源区，被从地球深处涌来的岩浆（侵入体）裹挟着，像熬皮冻一样，经过慢慢冷却以及无数次的地壳运动之后，最后抬升至地表，成为我们眼前的这块岩石。

至今，这块巨石上，研究者采集标本留下的孔洞，仍清晰可见。钻孔主要集中于暗色包体上，36.7亿年这一数据，似乎就来自这里。但显然，在这块岩石上，包体结晶的年龄和整块岩石形成的年龄并不一样。资料显示，太平寨这块巨石应该属于新太古代（距今28亿年～25亿年间）形成的片麻岩。

在黄柏峪，张东坡介绍，和太平寨那块巨石的形成过程类似，曹庄岩组岩石的形成，也经历

小五台山中的峰林地貌　　　李盼威　摄

了物源区岩石剥蚀搬运、沉积成岩、变形褶皱以及被岩浆裹挟的漫长过程。它和零星分布在新太古代的片麻岩中的包体一样，只是体积大小不同。

经历如此复杂的变迁之后，曹庄岩组岩石的测年数据中包含多个年龄信息就不难理解了。不过，这些年龄信息，只是其物源区岩石的年龄，曹庄岩组最终形成的时代要晚一些。

"根据最新的高精度同位素测年结果分析，38.90亿年～29.36亿年应为曹庄岩组物源区被剥蚀岩石的年龄信息。"2017年出版的《中国区域地质志·河北志》中给出了结论，结合区域地质情况推断，曹庄岩组的形成时代应在29.36亿年～28亿年之间，主体属于中太古代（距今32亿年～28亿年间）晚期。

张东坡发现了要采集的标本，他抡起地质锤，从那片颜色墨绿的岩体上敲下了一块。

"曹庄岩组形成于中太古代晚期，表明了冀东是地球最初形成的微陆块之一。"张东坡告诉我们，地球表面最初陆块可能很少，那时岩浆活动剧烈，原始地壳形成于距今46亿年左右。经过数亿年的变迁之后，微陆块开始增多。这样的微陆块，在河北，还出现在阜平、怀安等地。它们形成于距今约38亿年～25亿年间。

2. 石头的年龄"会说话"

鉴定树木的年龄看年轮，鉴定骡、马的年龄看牙齿。鉴定岩石的年龄，该用什么呢？

2018年7月2日，廊坊。

河北区域地质调查院实验室。

实验测试工程师姜艳双正在进行一项极为精细的工作：她小心翼翼地把一粒粒锆石，用镊子转移到载玻片上。载玻片上涂有用树脂制成的合成胶。

她需要让锆石在胶带上整齐、均匀地排列好，还要让最好的晶体面朝上，以便于下一步操作。

而镊子中的这些锆石晶体，直径最大的也只有25微米——1毫米的1／40。

正因如此，姜艳双所做的一切，都要借助电子显微镜完成：她在操作时手不能有一丝抖动，连呼吸也必须均匀。稍有不慎，手下的样品就会被自己的鼻息吹走。

这仅仅是利用锆石铀—铅法为岩石测定年龄过程中的一个环节。在此之前还要进行选矿：对岩石进行破碎，然后挑选出这些锆石颗粒——数公斤的岩石标本，往往只能选出几克。因为选矿的步骤做得精细，行业内都说"选矿非廊坊这家实验室莫属"。

姜艳双操作的步骤叫作制靶。其后，锆石经过抛光，进入照相环节。250倍的电子显微镜下，锆石自身的条带纹理能够清晰显示，通过对表面以及深层结构照相之后，优选出可以进一步打点测年的锆石。

随后，靶样会被放到特定的设备内，用激光打到锆石环带上，高温激发出气体，仪器能对其中的铀、铅比例进行测定。

"岩浆凝固为岩石时，其中的锆石在结晶时铅元素会被析出，而铀元素会被保留，并且铀的半衰期不受其他因素影响。"实验室主任班长勇介绍起了利用锆石铀—铅法为岩石测年龄的背后原理。

他说，只要锆石晶体没有被二次熔化，其中的元素没有和外界发生交换，那么晶体中的铅元素可以认为全部是铀衰变而来的。因此通过测量铅、铀的比例，借助以时间为变量的函数来计算，就能知道铀元素发生衰变经历的时间，进而也就知道了岩石形成的年龄。

这就是目前精准测定岩石年龄的方法之一。

而在这个实验室，测年只是职能之一。送到这里的岩石，还可以进行硬度、矿物成分、化学成分、含水率、孔隙等多项分析。

"岩石由矿物组成，通过对矿物特征的分析，可以尝试还原岩石形成的环境。"班长勇介绍。

以曹庄岩组为例，虽然原始的岩层在地质运动中已经分崩离析，但通过对矿物进行化学分析，可以发现，其原岩以海相碎屑岩夹火山岩、硅铁质岩、碳酸盐岩为特征。

《中国区域地质志·河北志》中介绍，曹庄岩组尽管出露面积小，但岩石类型多样，其常见岩石类型有十几种之多。但如此之多的岩石，却展现出了指向一致的特征：作为一种古老的变质表壳岩，曹庄岩组形成于相对稳定的浅水环境。

电子显微镜下，可以发现某些岩石中含有大量浑圆状、次浑圆状碎屑锆石，这表明它们经历了较长时间的搬运和相互撞击。结合多种因素，研究者最终判定，目前分布于山体之上的曹庄岩组，原本形成于近陆的浅水海盆中。

燕赵大地山海变迁的轨迹，原来就藏在一块块岩石之中。

如果把地球46亿年的历史浓缩为1天，那么整个人类诞生以来的历史，只是这24小时中的最后1秒。

人类要想认识古老的地球，脚下的岩石就是那个最重要的窗口。

区域地质调查院实验室的走廊里，堆满了一箱箱、一垛垛的矿石标本。实验室有来自全国的2000多个客户，其中既有高校、科研院所，也有建材企业和大型工程项目的建设方。

过去，像岩石测年这样复杂的测试，需要送到国外去做；而今，这项技术我们自己已经完全掌握。

2018年6月，唐曹铁路通车。这条铁路规划设计期间，沿线的一些岩石标本，就曾被送到了这里。实验室要做的，是通过破解石头背后的信息，为这条铁路以及更多的重大工程寻找一个稳定、安全的地基。

同样在做基础工作的，还有很多地质人。

在今天的河北省地质博物馆三楼地质矿产厅，挂着一张最新的全省地质图。

五彩斑斓的图块、密密麻麻的字母组合、标注山峰高度的数字、标示断层的线条、表示火山口的符号……挤满了图上的山地高原区域。

"这张图，猛一看，复杂得不能再复杂。但要知道，它上面的每一个色块，都是地质人用脚踏勘出来的。"讲解员王敏介绍，京津冀地区是我国开展地质调查较早的地区之一，至今已有140多年的历史。

19世纪后半叶的外国专家庞培利、李希霍芬，20世纪初的章鸿钊、丁文江等国内学者，分别成为其中的先行者。但那时多为孤立的路线地质调查，或者是对矿产及外围的调查。甚至，很多显著的地质名词都是由外国学者命名的。

直到新中国成立之后，中国地质人才像过筛子一样，用无数次系统的地质调查，踏遍了我们脚下这片土地，弄清了其中的诸多奥秘。

这是一个与脚下岩石对话的过程。山川大地上的每一条断裂、每一个褶皱、每一项构造……都是他们需要解读的语言。正是由于一代又一代地质人的解读，我们的地质图上，比例尺越来越大，信息越来越精细。

这些地质图，也是后续在这片土地上展开很多工作的开端：普查找矿、国土规划、工程建设、科学研究等每一个领域，都要以其为原点。

也正是在这样的一次次调查中，河北不仅成为中国地质学发源地之一，曹庄、迁西等一个个普通河北地名也成为地质学上的专用术语。

燕山山脉，缥缈众峰　　纪正权　摄

二、探索生命与自然关系的钥匙

1. 热河生物群：世界级古生物化石宝库

2019年3月，国际知名专业杂志《科学》上发表了一项"令人震惊的科学发现"：一个距今5.18亿年的"寒武纪特异埋藏软躯体化石库"，出现于湖北宜昌，并被命名为清江生物群。

消息传出，不仅引发业界的关注，也在普通人的朋友圈里刷了屏。

实际上，在我们的身边，也有一座一直吸引着古生物学界关注、蕴藏和地位不输清江生物群的"世界级古生物化石宝库"，这就是冀北的热河生物群。

中国古生物学研究，在国际上引发关注的主要集中于两个地质时代：一是对早寒武纪脊索动物起源的探索，一是对白垩纪鸟类起源和恐龙时代哺乳类动物的研究。清江生物群，关注的是前者；而热河生物群，正是聚焦于后者。

据不完全统计，在冀北发现的热河生物群动物化石已达110属405种，另有植物化石51属93种、微体化石103属298种，还有部分遗迹化石（如恐龙足迹）。

但热河生物群引人关注的，绝不仅仅是化石种类的丰富。

2018年9月30日，丰宁古生物化石博物馆。

展馆正中，一块灰黑色的泥岩上，一只扬着长尾巴的远古生物，吸引了参观者的注意。

"这就是我们的镇馆之宝，华美金凤鸟！"馆长王朝林语气自豪地介绍，这块化石就产自丰宁西土窑，中国地质科学院研究员季强研究认为，这是世界上最原始的鸟类化石。研究成果发表后，2006年的世界古生物大会，还把丰宁选作了分会场。

化石上，这只鸟从头到尾长约50厘米，其中尾巴长27厘米。它的羽毛痕迹清晰，头颅侧面轮廓呈三角形，吻较短，上下颌各发育18颗光滑的牙齿。最神奇的是，它的体内还有12枚卵形物。

尽管其后的研究进一步证实，华美金凤鸟实际上是恐龙中的一种——伤齿龙类，但这块化石还是拥有巨大价值，它为伤齿龙类恐龙长有羽毛提供了首个证据。

热河生物群实际上已经"百鸟争鸣"。在丰宁四岔口—外沟门一带，已经先

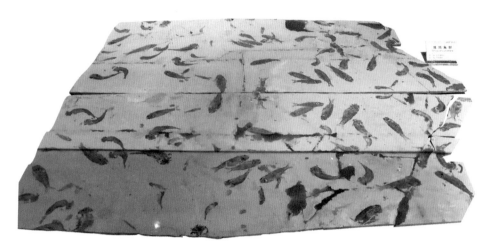

承德热河地质博物馆内展示的狼鳍鱼，是热河生物群中的代表性古生物　　　董立龙　摄

后发现并正式定名的，就有河北细弱鸟、丰宁原羽鸟、始孔子鸟、冀北滦河鸟等多个种属。这些鸟类化石保存完整度很高，其中很多连绒毛状的细微羽支都非常清晰。

鸟类化石只是冀北热河生物群的新成员之一。毕竟，冀北是我国中生代（距今2.52亿年～6600万年间）陆相火山—沉积地层最为发育和典型的地区之一。

2018年10月14日，丰宁满族自治县四岔口乡芥菜沟。

一块青色的石板被剖开的瞬间，一条小鱼赫然出现。担任领队的临沂大学教授、古生物学研究专家张福成指着小鱼说："这就是狼鳍鱼，热河生物群的代表性动物之一！"

而这，远不是他的目标。他的目标，还埋藏在几十米之下的山体里。

2017年10月，丰宁古生物化石博物馆工作人员在那里巡查时，发现了部分裸露的恐龙化石。2018年8月，自然资源部同意对其进行抢救性发掘，张福成受邀领衔挖掘工作。

张福成对这片山地并不陌生，他在中国科学院古脊椎动物与古人类研究所工作时，曾在这里挖掘出很多鸟类化石。不过，这一次要挖掘的，却是一具此前极少见的大型恐龙化石。

国内一些权威的古生物专家实地考察后初步判定：这具恐龙骨骼化石，疑似新属种，将填补距今1.3亿年的地层中此前尚未发现恐龙化石的空白。同时根据已出露部分推断，这一新发现可能会改写世界古脊椎动物进化史。

早白垩纪出现的热河生物群，前后存续了4500万年，其间，平均每一百万年冀北大地就会沉积72.5米。而其中距今1.3亿年的大北沟组地层，与其上的义县组、九佛堂组正是这些沉积的结果。

沉积在其中的生命，亿万年后重新进入人们视野的，首先是些一度被作为观赏石的鱼类、昆虫类、贝类化石。直到1928年，在北京大学任教的美国古生物学家葛利普，才首次将其命名为热河动物群。1962年，我国古生物学家顾知微进一步将这一化石群命名为热河生物群。

其后的研究显示，这座宝库的大门仅仅打开了一角，新的发现就不断涌现。

丰宁古生物化石博物馆内，王朝林收藏了上万块各类化石。他希望建设一个更大的博物馆，能让这些远古生命，在更大的空间里展现出精美一面。

2017年11月，丰宁启动了古生物化石保护区建设。在化石产地四岔口乡，一个大型化石储藏室和一个化石出土地层剖面保护棚先后动工；在县城，一个精品化石展馆的建设也提上了日程。按照规划，该县还将投入4.2亿元，建设一座古生物化石地质公园。目前，这个省内独一无二的地质类公园正在筹备之中。

河北区域地质调查院古生物专家康子林，人虽然退休了，但视线却从没有离开过这片神奇的山地。他参与了河北省组织开展的化石资源调查和全省化石资源保护规划的制定。

调查发现，分布在冀北山地间的20多个大小不等的盆地，几乎每一个都有化石发现，迄今发现的化石点已达100多处。康子林介绍，2015年制定的河北省化石资源保护规划，从中划定了28个重点保护区。

"通过保护和研究这些化石，可以还原出古生物的形态特征、生活习性、时空分布规律，进而推断出生物进化的方向。"康子林说，研究者已经在《自然》《科学》等国际顶级期刊发表了三四十篇有关热河生物群的论文，这些研究成果正在共同解答着人们对于自身以及脚下大地产生的无尽疑问。

2. 介形虫：小化石与大发现

头高7.5米、背高4.2米、体长20余米……就在张福成和王朝林抢救挖掘热河生物群恐龙化石的同时，丰宁西南500公里之外，石家庄，河北地质大学地球科学博物馆四楼展厅内，已经矗立着一具"不寻常华北龙"的巨大恐龙化石骨架，默默地向世人展示恐龙这种史前巨兽庞大的体形。

这具不寻常华北龙，发掘于河北省阳原与山西天镇交界处。

它的发现，填补了我国白垩纪晚期（距今9900万年～6500万年间）完整蜥脚类恐龙骨架的空白，是目前我国乃至亚洲发现的最大、保存最完整的晚白垩纪蜥脚类恐龙化石。

奇妙的是，全程参与了对这具庞然大物的发现、挖掘、修复和研究的河北地质大学退休教授、古生物学家庞其清，其专业研究领域，却是需要借助显微镜才能完成的介形虫等微体化石。

2018年6月21日，河北地质大学家属院。

庞其清教授的家，有一间屋被辟成了小型实验室。这位80岁的老人仍然整天把头深埋进显微镜，在一堆岩石碎屑中寻找一种微小的"精灵"。

庞其清要找的就是介形虫的化石。

介形虫，直径仅为0.5毫米～1毫米大小，是一种广泛生活在各种水域中的甲壳纲生物，从4.85亿年前一直生存到现在。

板厂峪石简峡，古火山口处岩浆形成的原生节理，刀砍斧剁一般挺拔险峻　　路大宽　供图

在冀北热河生物群中，介形虫化石非常丰富，庞其清将其分为5个生物带。

介形虫这种小生命，一个显著特点就是"宅"。种类不同，栖息地也不同，它们固定地生存在一个区域，从不到处漂泊：深海种类绝不到浅海处栖居，在浅海生活的也不会到深海去遨游。

介形虫的这一习性，让它们成为海洋和湖泊的测深仪。而介形虫化石，也成为地质工作者寻找石油的重要依据。

"统计化石中不同介形虫的比例，可以判断出古水动力的性质，寻找到河口三角洲和近岸浅水区，也就能找出石油生成和聚集的有利地带。"庞其清这样介绍自己穷尽一生钻研的"冷门学问"。

2019年2月25日，中海油对外宣布，发现一处地质储量上千亿立方米的油气田，这是渤海湾盆地50年以来最大的油气发现。

也许我们永远无法说清，渤海湾大油气田发现的背后，小小的介形虫化石研究到底能做出多少贡献，又有多少像庞其清一样的科技工作者，踏遍青山，皓首实验，在不同领域不同层面，为此付出了多少辛劳与智慧。

但，小小的介形虫化石和庞大的恐龙化石告诉我们，科学离我们从不遥远，正是从这些默默无闻的基础研究开始，科学的力量最终改变了我们的生活。

3. 泥河湾：寻找古生物发展与地质环境变化的关联

"老实说，我们需要直接的证据来证明，当最后的三趾马经常来喝泥河湾湖水的时候，中国就有了人类。"

1924年，一个法国人走进泥河湾，而后写下了这样的文字。

他就是有"北京猿人之父"之称的古生物学家德日进。虽然当年他和桑志华、巴尔博在泥河湾进行的这次短暂地质考察，并未发现任何人类活动遗迹，却由此把泥河湾这个张家口阳原蕞尔小村的名字带进了地质科学殿堂，使它成为中国北方第四纪早更新世地质学、哺乳动物学和旧石器考古学的代名词。

"32亿年前，细菌出现；5亿多年前，以三叶虫为代表的脊索动物爆发；1亿多年前，恐龙时代，鸟类和哺乳动物出现……自生命诞生以来，地球已经发生了5次物种大灭绝、大更替。"

跨专业的团队正在丰宁四岔口的化石点上采样，以进行岩石理化分析　　董立龙　摄

　　已经在泥河湾常住几十年的中科院古脊椎动物与古人类研究所退休研究员卫奇告诉我们，就像德日进试图在泥河湾搞清古人类出现与三趾马消失的关系一样，研究者视野的一次次回溯，终极目标不仅仅是要回答人类"我是谁，从哪里来"的原初之问，更是希望找到古生物发展与地质环境变化的关联，进而搞清楚第六次物种灭绝及其更替是否已经开始——这，可以说关乎我们每一个人的生存。

　　从德日进等人进入泥河湾开始科考至今的95年间，先后有20多个国家和地区的专家、学者来此进行考古发掘和研究。迄今，他们在东西长82公里、南北宽27公里的区域内，已经发现了含有旧石器时代早期人类文化遗存的遗址80多处。

　　同热河生物群不同，距今200万年之内出现的泥河湾动物群中，"统治者"已经是数量达上百种之多的哺乳动物。其中，既有上一个地质年代残存下来的三趾马、乳齿象、蹄兔和古麟等，又有第四纪（约260万年前至今）开始出现的草原猛犸象、三门马、纳玛象等，化石地点遍布泥河湾盆地。

　　但研究者最关注的却是人类的化石。

　　78岁的卫奇告诉我们，他有一个梦想：发现"泥河湾猿人"化石和200万年前的石器，为探索东方早期人类找到最直接的证据。

"我国发现的60多处距今100万年以上的早期人类文化遗存中，泥河湾遗址群就占大约50处。"卫奇说，泥河湾出土的数万件动物化石和各种石器，构建了华北地区完整的古文化剖面，记录了从旧石器时代至新石器时代发展演变的全过程，但寻踪东方远古人类化石的探索仍然在路上。

三、地质人探秘地球的"图谱"

1. "朝圣"柳江盆地——"哺育地学人才的摇篮"

　　2018年10月30日，柳江地学博物馆。

　　当年，最后一批前来野外实习的大学生离开，博物馆发出闭馆公告。

　　这一年，全国共有80所高等院校的1.5万名地学相关专业学生前来博物馆所在的柳江盆地进行野外实习。

　　这样的实习，90多年前就已经开始了。

　　1923年，北京大学地质系青年教师孙云铸带领5名学生，在此开创了柳江盆地地质实习的先河。

　　那一年，孙云铸28岁，他的学生24岁～26岁。后来，师生6人中，有一位为保护化石资源在云南被土匪杀害，有3位在新中国成立后先后成为中科院学部委员和院士。

　　近1个世纪过去了，无数的地学相关专业学子走进这里，又从这里走向国家科研和建设的各条战线。在他们心中，柳江盆地早已成为一个"圣地"，成为"地质教育第二课堂""哺育地学人才的摇篮"。

　　柳江盆地中那些岩石，也成了地学相关专业学子学习解读脚下大地的无字天书。

　　柳江为什么有这么巨大而持久的魅力？

　　2018年6月13日，柳江盆地亮甲山。

　　"如同研究大熊猫要去四川一样，研究北方地层，一定要来柳江。"柳江地学博物馆负责人路大宽介绍，柳江盆地的最大特点，就是地质、地貌类型小而全。

路大宽带我们仰望面前几十米高的断崖——这种灰白色的岩壁，本可以成为制造水泥的最好原料。

15年前，当这里的采石场被叫停之后，被现代机械劈开的断崖，就成了地学人野外实习绝佳的活教材。

因为这里连续沉积了3组岩石地层。

中间一层的亮甲山组，就得名于此地。在中国近代地质学的创建时期，我国首批地质工作者中的两位——叶良辅、刘季辰为其创立了名称，迄今已整整100年。1959年，全国第一届地层会议将其确定为华北及东北南部地区奥陶系基本地层单位之一。

这组堪称柳江盆地名片的岩层，主要是"中厚层豹皮灰岩与虫孔灰岩互相交错的岩层"，并夹有"砾屑灰岩"，其中还含有"古杯类、头足类、腹足类及藻类化石"。

最下层为灰色的砾屑灰岩，夹杂着黄绿色页岩。这是1922年美国地质学家葛利普根据唐山开平冶里村命名的地层—— 冶里组。

最上面为马家沟组，为白云质灰岩和白云岩。

这些普通人听上去艰深拗口的专业术语，却是每一个地学相关专业的学子必须掌握的基础知识。

在柳江盆地的野外实习，就是要让这些抽象的术语、复杂的概念，变成鲜活的存在、形象的记忆。

柳江盆地地质、地貌特征极其丰富。在这里的实习，地质专业通常安排一个月，而地理专业至少会安排一星期。

路大宽介绍，柳江盆地总面积240平方公里，三大岩类出露齐全，中国北方各时代地层发育完好，地层单位划分标志清楚，化石丰富多彩。2002年以来，这里已先后被批准为国家地质公园和国家级自然保护区。

为了让普通人也能对自己生存的地球有所了解，博物馆还通过声光电等各种方式，努力把这些难懂的知识，直观地展示出来。

同一天，盆地东部，张崖子西山陡坎处。

东北大学秦皇岛分校退休教授吉羊驻足一处山崖前，正在为20多位小学教师进行讲解。

为推动更多中小学生参与亲近大自然的研学活动，当天他邀请了秦皇岛市海港区的20多名小学教师，走进柳江盆地实地体验。

　　"四次为海，四次为山；弹丸之地，五代同堂……"吉羊一直致力于柳江盆地的研究和保护，他用通俗的语言概括出了柳江盆地的特点。

　　"上面是盆地内最古老的沉积岩，形成于距今9.3亿年前；下面是变质花岗岩，形成于距今25亿年前，也是盆地内最古老的岩石。"吉羊正前方的崖壁和下层的岩石显示出了截然不同的颜色。他说，这种构造，显示出这里曾经历了一次古老的海陆升降。"山卧海之下，海跃山之巅，山海隔一线，十六亿年弹指间。"

　　原来，25亿年前的新太古代末期，此处造山成陆，此后经历了约16亿年的风化剥蚀，导致漫长时间内的地质变化没有留下任何记录。直到9.3亿年前的新元古代，这里地壳开始下降，成为海洋，才形成了上面的沉积岩。

　　听了吉羊的解读，一位小学老师感慨："眼前的崖壁恍然成为一道屏幕，正在上演着沧海桑田的变迁。"

　　类似张崖子这样的陡坎、崖壁，正是专业人士所关心的。

　　地层经过亿万年的地质运动，早已不再是沉积时的水平状态，倾斜的地层总会在某个地方出露，这就是露头；有些时候还会以山崖等形式表现为一幅幅剖面。

　　"追露头、跑剖面"正是地学专业人士在野外最主要的工作。因为只要找到这些，他们要想对脚下大地进行解读时，就不用再千辛万苦地把岩芯从地底下取上来了。

　　而柳江盆地，就以集中而丰富的露头和剖面，为解读华北陆块25亿年以来的地质演化提供了一个窗口。难怪吉羊说，读懂了柳江盆地，就读懂了地质科学的精华，读懂了我们身边山山水水的来龙去脉。

2. 寻找雾迷山组——为未来清洁能源提供巨大想象空间

2018年"五一"小长假。

保定涞水，野三坡百里峡景区。

河北省地矿局水文三队正高级工程师李郡利用休息日，专程来到了这里。

一进入峡谷，这位年届不惑的女地热专家就盯着两侧的岩石开始观察、寻找。

　　显然，这不是一位只为游山玩水而来的普通游客。

　　她此行的目的是在被称为雾迷山组的地层中，寻找一种火成岩与围岩的侵入接触关系——140多公里之外，雄安新区那眼编号D16的钻井，在地下2600米处，也遇到了同样的地质结构。

　　距今大约12亿年前，野三坡一带是一片平缓的海岸，没有汹涌的波浪，潮水带来的大量碳酸盐矿物不断沉积。这种沉积一直持续了大约1.5亿年，让更大范围内的大地披上了一层岩石"被子"。

　　学生时代，李郡就把这些熟记于心了。但作为一名地质工作者，光知道这些还远远不够，她希望对岩石和地层有更直观的认知。

　　D16井的钻探原本按计划进展着，但提取出来的岩芯，却突然出现了岩性明显不同的侵入体。李郡要弄个明白。

　　作为河北省在雄安新区地热资源勘查项目的技术负责人，李郡的工作就是要了解清楚那片土地之下究竟蕴藏着什么。

金秋时节，位于平山县境内的太行山层林尽染，秋色绚烂，犹如一幅色彩斑斓的美丽画卷

陈其宝　摄

地下埋藏的地层，在地上也会有。井下提取的岩芯有限，但野三坡却给地质人提供了另外一个观察窗口。

无暇对沿途的一线天、金线悬针等景观顾及太多，李郡把大部分注意力都集中到了寻找那种岩石侵入体上。

"找到了！"

终于，崖壁上一条具有斑状结构的岩石，吸引了李郡的目光。那是一层比周围白云岩岩体年轻很多的闪长玢岩——大约6500万年前，灼热的岩浆顺着12亿年前形成的雾迷山组白云岩的岩层涌入，在距离地表较浅的地方冷却凝固成形。

李郡兴奋起来："D16井打出了同样的闪长玢岩岩体，意味着那里曾经也发生过同样的岩浆侵入现象！"

2019年3月7日，安新县端村镇马村西。

D35井的钻探现场，传来一片欢呼。

从地下3850米岩层中抽上来的地热水喷涌而出，流量达到了每小时170立方米，井口水汽混合物的温度达到了108.9摄氏度。

新区的地热资源，分属牛驼镇、容城、高阳等三块地热田，但地下究竟有多少地热资源，埋藏深度是多少，该如何利用等问题，尚需进一步查明。而D35井的发现，恰恰为秉承生态优先、绿色发展理念的新区建设提供了清洁能源的巨大想象空间。

李郡悬了几个月的那颗心终于掉下来。

按她最初预判，这口井会在地下3100米钻遇储藏地热资源的岩层——雾迷山组。

"雄安新区地下的地热资源，主要储藏在两个岩层内，一是新近系馆陶组，另一个就是蓟县系雾迷山组。"李郡表示，整个项目，布设了30多眼钻井，已经开工的有十几眼，实际上每一眼都是在寻找这两个岩层。其中，雾迷山组所蕴藏的地热，开发利用中对环境更为友好。

作为房山世界地质公园的一部分，野三坡一带出露有上千米厚的雾迷山组岩层。但在D35井所处的位置，直到地下3200米仍然没有踪影。

地下的情况，远比预判的要复杂。几十公里外的另一眼井，在地下2600米处，就打到了时代更为久远的太古界片麻岩上，成为一座空井。李郡在焦急中翻资料、查地层、找业内权威人士探讨……

钻井一直向地层深处延伸。

终于，在3600米处提取上来的岩屑，在泥岩中出现了少许风化的白云岩屑。3634.5米处，地下的"迷雾"最终散去，雾迷山组出现了！

3个月后，雄安新区首份地热资源的勘查评价报告出炉。

勘查评价结果显示，容东片区深部水热型地热资源赋存条件较好，年可采量折合标准煤3.71万吨，供暖总能力约300万平方米。同时，容东片区普遍适宜浅层地热能的开发利用，公共建筑、大型商业建筑和小型单体建筑均可积极推广应用地源热泵供暖或制冷。

心里的石头落地了，李郡忽然想起，该回位于衡水的家里去看看孩子了，因为自己爱人也是地质人，也常年在野外。

位于张北县的玄武岩石柱　　武殿森　摄

在这片土地上，与岩石、地层忘我对话的，远远不止李郡一个。

规划、建设雄安新区，地质要先行。2017年4月，河北省地矿局迅速派出十一支地质队开进雄安新区，从陆地到水面，在这片土地上竖起了100多台首尾相望的钻机，1000多名地质人纷纷从全省各地不同岗位转赴这个新战场。

"这场史无前例的大会战，是在为新区的规划、建设打基础。"省地矿局雄安办事处总工王永波介绍，雄安新区的规划、建设，需要通过详尽的工程地质勘察搞清地质条件，消除各种地质隐患。

他的办公室里，挂着几幅地图。地图上布满了密密麻麻的圆点。每个圆点就是一个钻孔，每两个钻孔间相距1公里……

上千名地质人利用两个月时间，就这样把新区的土地勘查了一遍。5个月后，他们的辛苦最终凝结为报告上的六个字："地层基本稳定。"

如今，雄安新区已经从顶层设计阶段转向实质性建设阶段，众多建设项目即将启动。王永波和他的同事又开始了地质先行的"三期会战"，在那些即将率先开工的区域，他们打下的钻孔正在加密，从间距1公里变为500米。

一方水土养一方人，巍巍太行、莽莽燕山以及辽阔的坝上高原，以怎样的独特资源哺育了河北人？生活在这片土地上的人们，在接受大自然的馈赠中，从茹毛饮血、靠山吃山，到能源革命、绿色发展，其生存方式又经历了怎样的发展，创造了哪些灿烂的文化？请看《大河之北·山地高原篇》第四单元——自然馈赠。

（本单元得到河北省地矿局、河北地质大学等单位的大力支持，特此鸣谢！）

采访◎《河北日报》记者 董立龙 王雪威

执笔◎《河北日报》记者 董立龙

通讯员 贾瑞婷 王世禄 郭英琨 冯英华 刘称心

📖 阅读提示

岩石、空气、水，地球表面的三个基本圈层，构成了生命赖以生存的基本环境。

巍巍太行，莽莽燕山，以及辽阔的坝上高原，除了煤铁矿藏，还为我们带来了哪些独特资源？

从原始人打制磨制的石器，到精美的曲阳石雕和易砚，自古至今，人类在这片山川大地上与石头结下了怎样的情缘？

宣化战国红玛瑙、万全大麻坪橄榄石，大自然凝结在岩石上的色彩和纹理，又赋予我们怎样的宝玉石文化？

地热梯级利用、氢能示范应用，绿色发展理念下，河北大地又给当前的能源革命提供了怎样的自然基础？

雨后白石山，大自然鬼斧神工和独特气候叠加而成的独特景观

李占峰 摄

一、石器之用，折射文明进程

1. 泥河湾石器里的远古信息

2018年夏，阳原县东谷坨村，一个瓜果飘香的小院里。

阳原县观赏石协会秘书长张亚峰从包里掏出了几块石头，递到了考古学家卫奇的面前："您给看看，这是不是原始人的石器？"

"嗯——每块都有从多个角度打制的痕迹。"卫奇拿起放大镜，翻转着石块说，"这件是石核，这件是从石核上打下来的石片，这两件有进一步加工痕迹的，修理出边刃的这件是刮削器，带尖角的这是尖状器……不过，石器脱离了地层，科学价值就降低了，个人收藏可能还有些价值。"

2012年起，一种被称为泥河玉的玉髓质岩石，在阳原一带成为收藏界的热门。

实际上，400年前，出产自该县石宝庄一带的这种玛瑙，就已被写入地方志，今人所获，多是在当年的废土层中重新搜寻而得。

而面前这几块，因品相不好，被一位"石农"半卖半送给了张亚峰。他感觉捡到了"漏"："谁会想到，这些竟然是远古人类打造出来的石器！"

人类自700万年前由猿进化而来，历经数百万年的摸索，学会了制作和使用石头工具——人类也恰因这种创造性思维而彻底与动物揖别。

他们用大块的石头去砸小块的，或者用小块的去撞击大块的，打制出来的石片，用来当刀；剩下的石核，用来做锤……

在泥河湾，出土的石器数以万计。这些原始人手中的工具，承载着他们的生存信息。

在今天的阳原泥河湾博物馆内，再现了这样一个场景：一头大象陷入了泥潭，几个原始人正手持长木和巨石，对它发起攻击……

"这就是早期人类使用石器猎捕大象的景象。"讲解员介绍，这一景象是根据马圈沟遗址的遗存而复原的。

当年的发掘中，一件燧石刮削器恰巧置于一条大象肋骨之上。

主持发掘的专家猜想，这头年老体弱的大象来湖边喝水，不慎陷入泥潭，恰好被一群原始人看到，他们搬来石头，捡来棍棒，连砸带刺，将大象捕杀。之后，又在现场打制石器，剥皮割肉，敲骨吸髓……讲解员说："当时人类的力量还很弱小，打不过大象和鬣狗，像这样的盛宴，百年不遇。"

马圈沟遗址出土的石器，将泥河湾远古人类活动的历史推进到接近200万年，为东方人类从这里走来提供了进一步的支撑。

远古人类制作石器，为了生存。而后人通过研究，还把其视作雕塑艺术的肇始。

"艺术之始，雕塑为先。"著名建筑历史学家梁思成在《中国雕塑史》中写道："先民穴居之时，必先凿石为器，以谋生存，其后既有居室，乃做绘事，故雕塑之术，实始于石器时代，艺术之最古者也。"

人类，很早就对大自然赐予的石头开始雕凿。而其后的历史长河中，这种原初的技艺，不断得到提升，把大自然原始的馈赠雕凿得出神入化。

在河北，以曲阳石雕和易砚为代表，人类对于石材的物理加工和利用不断达到新高点，从制作石器到雕刻佛像、砚台的变迁，折射着人类从茹毛饮血不断走向文明的进程。

2. 曲阳石雕的千载传承

2019年4月18日，曲阳县黄山。

雕刻家刘红立，正在山前石料厂那一大片横躺竖卧的石材中，左挑右选。

刘红立这次寻找石料，是要为庆祝新中国成立70周年的创作做准备。

围绕历史发展的重要节点，曲阳的石雕艺人曾经创造出许多不朽的作品。

这其中，最具代表性的，要数人民英雄纪念碑。

20世纪50年代初，来自曲阳的上百名石雕艺人来到北京，历时数载雕出了碑身下部装饰的全部8组汉白玉浮雕。

这8组10幅浮雕，均高2米、总长40.68米，每幅浮雕设计20个左右的人物，人物形态各异，造型生动。

"曲阳这些民间艺人是国家的宝贝，要把他们留下来！"纪念碑建成后，在周恩来总理的关怀下，这些曲阳石雕艺人留在了北京，并以他们为骨干，成立了一家建筑艺术雕刻厂，承担了众多国内外雕刻艺术工程。

曲阳石雕由此走向世界。

曲阳石雕作品　　董立龙　摄

2018年8月27日，我们走进了曲阳石雕的发源地——黄山。

这座小山海拔只有302米高，却以丰富的白色石材，成就了一代又一代曲阳石雕艺人。《曲阳县志》记载："黄山自古出白石，可为碑志诸物，故环山诸村多石工。"

这些白色大理石，原本为普通石灰岩，在地壳变迁中被岩浆挤压和烘烤，重新结晶后变得洁白晶莹，坚韧细腻，成为建筑界所崇奉的汉白玉。

刘红立就出生在山脚下的南故张村，16岁时拜民间艺人王同锁为师，学习石雕。

王同锁是曲阳县第一雕刻厂创始人之一，他的叔叔王二生、舅舅刘作梅，都参与过人民英雄纪念碑的雕刻。再往上数，刘作梅的师傅是清末民初开创了仿古石雕的杨春元，而杨春元则是先后主持建造了元上都、元大都宫殿及城郭的一代"哲匠"杨琼的后人……

正是一代又一代的言传身教，让曲阳石雕这项古老技艺得以流传千载。

研究者追溯发现，曲阳石雕最早兴起于汉。满城汉墓出土的5尊汉白玉男女俑以及曲阳北岳庙内的石虎，就是其中代表。不过，初始阶段的这些作品，大多"依石拟型""古拙简约"。

1954年，曲阳修德寺遗址出土了2000余件白石造像。其中，271件刻有年款，时间跨度自北魏至唐，前后历时230年。故宫博物院原副院长杨伯达据此论断："曲阳是我国北方佛教白石造像的发源地及雕造中心。"

那时正值5世纪、6世纪之交，中国雕塑艺术迎来一个高峰：大同云岗、洛阳龙门、甘肃敦煌……我国广阔地域上，留下了众多摩崖石窟。邯郸峰峰的响堂山石窟，也始凿于彼时。

这个阶段工匠塑造出来的佛像，代表了当时中国雕塑艺术的最高水平，至今仍是驰名世界的艺术宝库。

曲阳白石，被细分为很多种类。但无论在哪个时代，最好的石材，总是用来承载人们对历史的铭记、对信仰的追求。

学艺数年后，刘红立获得了中央工艺美院（今清华大学美术学院）的进修机会。系统专业的学习，让他增加了对西方绘画艺术和雕塑美学的认知，他融汇中西，发明了石材嫁接工艺。

中国工艺美术大师，国内工艺美术界的最高荣誉。2018年6月9日，第七届中国工艺美术大师名单公布，刘红立名列其中。

而今，曲阳黄山露天开采的矿山已经关闭，山前堆放的石材来自五湖四海。不过，黄山脚下孕育出的曲阳石雕艺人，凭着高超技艺，早已习惯驾驭不同的材质，创作不同主题。

颜色各异，场面蔚为壮观的石材间，刘红立一路走来，他要寻找的是已经少有的黄山白石的存货。他的头脑中，只有那种晶莹剔透的白，才能配得上高水平的工艺，承载起对历史最高规格的铭记。

3. 易砚的材质与功能

2019年3月27日，易县，易水砚非物质文化遗产传承基地。工作台前，几位艺人一字排开，双手紧握住刻刀前段，肩窝顶住长长的刀柄，刀刃划过石材，一层岩屑泛起……一刀接着一刀，原本其貌不扬的石材，逐渐露出了精美的新容颜。

这是一场"力"与"美"的转化。"易砚之所以为易砚，不仅仅因为砚石产自易县，更重要的是，它是易县的制砚艺人们一刀一刀刻出来的。"国家级非物质文化遗产传承人邹洪利正在现场指导。如今，这位中国制砚艺术大师的弟子中，已有30多人成为河北工艺美术大师。

在砚台市场出现石材浪费、工艺粗制滥造，甚至一些厂家开始采用电脑工艺进行雕刻的今天，邹洪利一直坚持每块砚台都要人工雕刻。他说："一方砚台，不仅凝结着大地变迁的天然馈赠，更凝结着一代又一代制砚工匠们传承下来的工艺和智慧。"

邹洪利身上，有一种很多河北匠人共有的品质：无论传承，还是创新，他都希望把大自然的那份馈赠做得尽善尽美、物尽其用。

易县制砚的石材，主要有两种：一是产自黄龙岗的紫翠石，紫红色质地，局部会有浅色的圆形斑点；一是产于西峪山的玉黛石，绿、灰、白、紫等颜色均匀分布形成纹理。

两种岩石均属泥质沉积岩，分别形成于距今5亿多年前的寒武纪和震旦纪。对于地球用5亿多年沉积所赋予的这份独特馈赠，这片土地上的人们，用手中的刀凿，赋予了其灿烂的生命。

易县制砚的源头，最初多认为在唐朝，但迄今并未发现直接的史料记载和实物。不过，史籍记载，易县人奚超、奚廷珪父子二人在当时就以制墨而闻名。

　　2006年，为建设南水北调中线工程而进行的一项考古发掘中，在易县塘湖镇北邓家林东汉墓葬区发掘出的两块石板，则将易砚的历史推进到了东汉。

　　两块石板，均长14厘米有余，宽7厘米左右，厚不及1厘米。最神奇的是，石板中部微凹，四周还残留有墨色痕迹。

　　另有一块研石，方底，圆纽，条纹与当地出产的玉黛石条纹一致。

　　专家鉴定，这是迄今发现年代最早的易砚，也让易砚成为我国目前出土的具有明确纪年、明确石种的古老砚种之一。

　　而今，展示在易县博物馆中的这两件文物让人们刷新着对于砚的认识：最早的砚台没有砚池，只是一块平板；磨墨也要使用专门的研石。

　　"其实最早的砚，就是写成'研'的。"邹洪利认为："砚台的发展历史显示，所有的砚台，无论是把它当作艺术品，还是当作商品，都一定要与时代接轨，与同时代人的鉴赏水平相结合，不然就会没有生命力。"

　　基于这样的认知，他一边在执着坚守，另一边却又不断突破。他为易砚赋予了新的生命形态：保留砚台的形式，增加精美的装饰，除用作私人空间的摆件外，还放大易砚的体量，让其成为公共空间陈设雕塑的一种。

　　这样的探索，一起步就遭到了一些人的质疑：把砚台做成雕塑，失去了实用功能，那还能叫砚台吗？

　　邹洪利深知，伴随着钢笔、圆珠笔等硬笔的出现，书写工具发生了革命性变化，除了部分书画界人士，砚台早已不再是每位读书人的必需品。

　　时代在发展，易砚也需要新的生存空间。

　　2019年3月5日，北京，人民大会堂南厅。

　　一块长2.8米、宽2.2米，重约4吨的巨大砚台前，几位来自河北的全国人大代表、政协委员纷纷驻足……

　　全国人大代表、河北易水砚有限公司工艺设计师张淑芬介绍，这块砚台名为"归砚"，是1997年为迎接香港回归而做，它的制作完成并为人民大会堂所收藏，代表着易砚发展开启了一个新阶段。

二、奇石宝玉，美自何来

1. 解玉砂：可以治玉的他山之石

2018年12月28日，北京，国家博物馆。

"汉世雄风——纪念满城汉墓考古发掘50周年特展"开幕。其中，中国发现的第一件完整金缕玉衣尤其引人关注。

玉衣出土自西汉中山靖王刘胜墓中，全长1.88米，由2498片玉片、1100克金丝连缀而成。出土时，曾引发举世轰动。

距今2100多年以前，刘胜生活的那个时代，倡导"君子比德于玉"，礼仪玉、装饰玉兴盛，具有神秘色彩的丧葬玉也在发展。由此，和田玉、蓝田玉、独山玉等玉石得到大量开采。

相比之下，河北在历史上却乏"玉"可陈。

"其实河北也有和田玉的成矿条件。"河北省地矿局退休高级工程师吕士英介绍，和田玉一名并不具备产地意义，任何地方产的透闪石玉都可以称为和田玉或软玉。

据他介绍，河北省平泉小寺沟矽卡岩分布区、怀来辛坊一带的花岗闪长岩分布区、邢台卫鲁蓝晶石矿区等，都是软玉成矿条件较好的成矿远景区。

"河北的宝玉石找矿工作起步晚，工作还不系统，所以尚未发现像和田玉那样温润细腻的玉石。"这位85岁的老人，在退休后，利用地质资料，先后编写了《宝玉石矿床地质》《河北宝玉石矿床》两部近百万字的著作，而今已成宝玉石专业人士的手头必备资料。

"他山之石，可以攻玉。"吕士英介绍，河北虽然缺少较出名的玉石，但却拥有治玉不可缺的解玉砂（古人有时也写作解玉沙）。

从新石器时代开始，中国就出现了数量众多、制作精良的玉器。但如何才能把坚硬的玉石变成精美的玉器呢？

邢台县皇寺镇卫鲁矿区曾经盛产一种特殊的晶体。

这种晶体呈红褐色，体积微小，就产自村旁山上的片麻岩中。

这就是解玉砂。普通人很难想到，正是凭借这些微小的晶体，才制作出了那么多精美的玉器。

河北宝玉石及主要矿产资源分布示意图

1 康保肉石	5 承德大庙式铁矿	11 阜平雪浪石
2 万全大麻坪橄榄石	6 冀东鞍山式铁矿	12 邢台石榴子石
3 宣化战国红玛瑙	7 开滦煤田	13 隆尧透明石膏
4 张家口宣龙式铁矿	8 牛驼镇地热田	14 冀南邯邢式铁矿
	9 易县易砚	15 涉县符山石
	10 曲阳汉白玉石雕	16 峰峰煤田

孙涛　制图

玉，是磨出来的。春秋战国时期记述官营手工业各工种规范和制造工艺的文献《考工记》，将玉雕一类的工种列为"刮摩之工"。

以解玉砂加水，置于玉料和磨具之间，无论多么坚硬的玉料都会发生改变，而解玉砂不会损耗——古人聪明地利用解玉砂和玉石之间的硬度差，创造出了令人炫目的玉器。学界甚至认为历史上存在一个玉器时代。

而河北，自古就产解玉砂。明代宋应星在《天工开物》中写道："中国解玉沙，出顺天玉田与真定邢台两邑。"因为邢台出产的解玉砂比较知名，所以解玉砂一度被称为邢砂。

邢砂历史悠久，宋代史籍中记载更多。其中，《元丰九域志》载，邢台每年要向皇室进贡的东西，除了绢、瓷器之外，还有"解玉砂一百斤"。

但解玉砂究竟是一种什么物质？

直至民国年间，中国地质学先驱章鸿钊才解开了谜团。他在著作《石雅》中写道："解玉沙者何？治玉之沙也。今都市所常用者有二：一曰红沙，其色赤褐。出直隶邢台县，验之即石榴子石也，玉人常用以治玉。二曰紫沙，亦称紫口沙，其色青暗，出直隶灵寿县与平山县，验之即刚玉也。"

石榴子石和刚玉，本属宝石中的一种，后者还细分为蓝宝石、红宝石两种。但用来磨玉的则是其中晶体较小、品相较差者。

直到20世纪50年代之前，我国玉雕行还在依赖这种大自然的天然馈赠。而今，随着科技的进步，解玉砂大多已经被人工合成的磨料所取代。

但回望历史，我们会发现，大自然有着何其"公平"的一面：河北缺少美玉，就用解玉砂来补齐。

2. 雪浪石：一代文豪数赞其美的白脉黑石

大自然的馈赠，哪怕是粗糙的石头，也总能赢得"拥趸"——苏轼就是其中之一。

1093年的金秋十月，58岁的苏轼到定州任职。工作之余，他无意间得到一块能与生命对话的白脉黑石。

石上的纹理，如同当时两位知名画家"所画的石间奔流，尽水之变"，苏轼情不自禁惊叹其美，称其为雪浪石，并写下多篇文字进行赞美。他还弄了块曲阳白石凿成大盆来盛放雪浪石，并把摆放的屋子命名为雪浪斋。

"承平百年烽燧冷，此物僵卧枯榆根。画师争摹雪浪势，天工不见雷斧痕。离堆四面绕江水，坐无蜀士谁与论……"900多年之后，雪浪斋早已无存，而在定州城东一所医院的庭院内，那块雪浪石，远离喧嚣，依然矗立。

苏轼任职定州，时间只有半年多。他所发现并命名的雪浪石，却如他的文字一样，历时千年仍然吸引着人们的目光。

"雪浪石的基质，实际上是灰黑色、黑色的片麻岩，其中分布着长石、石英组成的白色条带以及这些矿物颗粒形成的云雾状斑点。"吕士英介绍，没想到20多亿年前太古代形成的这种深变质岩，竟然能以其流畅的线条纹理、肃穆古朴的花纹，触动一代文豪的内心。

而今，以图纹为显著特征的雪浪石，经过苏轼诗文的"加持"之后，已经成为观赏石界的历史名石。曲阳、灵寿、阜平等地多有开采，而它们的身影也出现在很多城市的公共空间内。

河北的观赏石，不只雪浪石。

康保县奇石藏家武玉章在一次外出寻石时，竟然发现了一块独特的肉石：不仅层次分明，有着天然形成的"肉皮""肥肉""瘦肉"，甚至连毛孔都清晰可见。

消息传出后，奇石藏家们一致认为，这块石头可以与台北故宫的镇馆之宝观赏石"东坡肉"相媲美。2014年，这块石头被带到了台北，与台北故宫的那一块"认了亲"。

"能在康保的大草原上发现肉石，纯粹是上天的赐予！"年过古稀的武玉章，原是县办美术厂的职工，兴趣爱好广泛，还搞起了奇石收藏。

出产肉石的那个小山包，他和同为奇石藏家的杨德森已经不止一次走过。那一次，走到那里时突然下起了雨。雨水冲刷之下，地面上白色的石头，突然变得猪肉块一样，二人如获至宝。

其后，那块不到1平方公里的土地上，捡石人纷至沓来。

"全国观赏石资源几百个品种中，河北占了50余种。"河北省观赏石协会副会长刘长跃，原是省科学院的高级工程师，退休后，他参加了全省观赏石资源调查，还打造了观赏石展馆。

说起河北的奇石，刘长跃如数家珍。他说，河北也是观赏石资源大省，除

宣化飞狐艺术馆展示的
一件玛瑙制品

张岩 摄

怀来县金星石工艺品

杨世尧 摄

了雪浪石、康保肉石，还有遵化的千层石、漳河的古陶石、沙河的波痕石、滹沱河的龟裂纹石、桑干河的桑干石、滦河的林景石、唐河的唐河彩玉……

刘长跃原本出生在磬石之乡安徽灵璧，但他喜欢上观赏石，却是在他干了一辈子工作的河北。

"花能解语还多事，石不能言最可人。"石头上，那些大自然天造地设间赋予的形状、颜色、条纹，如同施了魔法，让爱好者欲罢不能。

3. 宝玉石：地火凝结的美

2019年5月8日，张家口。

打开一个标本袋，河北省地矿局地质三队退休工程师郑金利小心翼翼地倒出几颗翠绿色的透明石块。石块不大，但光照下格外耀眼。

这就是橄榄石，河北唯一曾大规模对外出口的宝石。

"这种宝石，1959年搞普查时就发现了，当时被列为耐火材料和镁肥，结果储量偏少，且不好选矿，所以一直没开发。"郑金利回忆，直到1979年，通过进一步的鉴定和工艺加工后，这种宝石才重新被"发现"，并一举把中国拉入了宝石级橄榄石主产国之一。

橄榄石的产地，在万全大麻坪，最繁盛时有加工摊点223家。其中最大的一粒，重达236.5克拉，被当时的国家冶金部门命名为"华北之星"，并加以收藏。

大麻坪出产的橄榄石，工艺性能良好，成

品耀眼夺目，磨制后可以制成项链、戒指、胸针、耳坠等，北京一家首饰公司每年收走的橄榄石高达20万粒，产品一度出口韩、日等国。

目前大麻坪的橄榄石矿已经闭矿。不过，依靠3处尚未开采矿点超过1545吨的橄榄石资源储量，全国宝石矿藏资源储量表上，河北依然位列第一位。

2019年5月9日，崇礼接沙坝。

一面岩壁上，沙粒状的橄榄石聚成一团一团，以"夹心"的形式被包在暗黑色玄武岩中。阳光照射下，沙粒熠熠生辉——难怪它被称为"太阳的宝石"！

然而，它们却来自比地壳更深的地幔，是火山运动给河北带来的一种精美赏赐。

几十公里之外，宣化西部山地中，也蕴藏着一种同样来自火山的赏赐。

黄褐色的粗面岩岩壁上，一些大小不等的浑圆状石块，镶嵌在空洞之中。剖开这些石块，有实心的，也有空心的；有的长满水晶，形成晶洞；有的填满玉髓，色彩斑斓。

后一种，就是玛瑙，一种自新石器时代起就用作饰品的玉石——那时，古人就把它磨成珠，穿成链，还常配以水晶、绿松石。

宣化玛瑙，历史也很悠久。明代《天工开物》记载："今京师货者，多是大同蔚州（当时蔚县归大同管辖）九空山、宣府四角山所产。"

"这是一处很有开发前景的矿产地，已勘查的21平方公里范围内，有玛瑙矿石资源量13万吨。"河北省地矿局地质三队高级工程师徐文华自2015年起先后两次带队对宣化玛瑙进行地质勘查，她发现，宣化玛瑙分布面积约有58平方公里。

河北地质大学宝石学院院长王礼胜也在关注宣化玛瑙，他的描述中，这种玉石诞生于中侏罗纪。

当时，岩浆在宣化滴水崖一带大面积喷溢，当岩浆喷溢到地面时，压力降低，其中的气体开始膨胀并逃逸，在熔岩顶部形成了许多大小不等的空洞。

随后，一些富含二氧化硅的高温水溶液开始渗入进来，随着温度、压力的下降，这些含硅热液在空洞中快速结晶，成长为玛瑙或水晶。

作为国人开发最早的玉石之一，玛瑙曾有过很多好听的名字：赤玉、丹琼、瑶珠、珣玗琪……而按照现代分类，宣化玛瑙则属于缟玛瑙——得名于其纹理如同缟带一样。

电子显微镜下观察，这些纹理，由一层层的晶体构成。原来，上述含硅热液在空洞中结晶的过程发生了很多次，每一次，空洞中的晶体就生长一层，最终层与层之间形成了丰富的纹理。也正是这些纹理，成就了宣化玛瑙的独特之美。

宣化玛瑙多为红色和黄色，这一特征，契合了"玛瑙无红一世穷""红为贵、黄为尊"等收藏界对优质玛瑙的评价标准。

同时，因为其形、色与出土的春秋战国时期的红缟玛瑙相似，收藏界还进一步把它称为战国红玛瑙。

徐文华等人用电子探针对宣化玛瑙的成分进行扫描，揭开了其色彩斑斓的面纱：扫描结果显示，铁元素是红、黄、粉等颜色的主要决定因素，而锰元素则决定了其呈现黑、蓝、灰等色彩。

中国地质大学珠宝学院的研究者孟国强等人，还尝试对宣化玛瑙进行加热。他们发现，当加热到200℃之后，玛瑙中的黄色会变成红色，而加热到400℃后，黄色全部消失。原来，其中的黄色主要由针铁矿形成，红色由赤铁矿主导。加热时，针铁矿失水会变成赤铁矿，所以黄色会消失。

他们还发现，加热时，玛瑙透明度会下降，表面会变干涩——这意味着，如果把地壳中玛瑙形成的过程比作一次熔炼，那么大自然赋予宣化玛瑙的这份美，其火候把握得是何等恰到好处！

"玛瑙的美，纯粹是大自然的赐予，那些看着不起眼的原石，每一刀切下去，都会别有乾坤！"宣化飞狐艺术馆负责人丁岩，被这种美所吸引，从繁华的南国都市深圳，跑到塞外小城宣化，在热闹的青泉战国红玛瑙交易市场内，建起了一处幽静的艺术馆，专事精品玛瑙的收藏、展示。

三、矿藏开发的前世今生

1. 铁矿与钢铁之路

2019年4月18日，宣化。

河钢集团宣钢公司和泰山集团达成合作协议，一个冰雪项目即将展开。

河钢宣钢的前身是创办于1919年的龙烟铁矿，企业发展至今正好100年。按照河北省部署，张家口市的钢铁产能限期全部退出，河钢宣钢作为百年钢企也将完成历史使命。

"龙烟铁矿矿层之厚，矿质之佳，亦足为世界太古纪以后水成铁矿中之罕见者。"1914年，北洋政府农商部矿政司顾问安特生等人在宣化、赤城一带勘查时，发现了宣龙式赤铁矿床。我国近代最早的铁矿应运而生。新中国成立后，作为第一批恢复生产的大型冶金企业，宣钢一度成为华北地区最大的地下黑色冶金矿山和生铁基地。

不独宣化，河北蕴藏丰富的铁矿，决定着当地经济发展和走向。

"河北的铁矿资源丰富，储量大，从北向南均有分布，共有铁矿产地400多处。截至2015年底，全省铁矿保有资源储量93.06亿吨，占全国总储量的近11%，居全国第三位。"河北省地矿局地质矿产处处长赵国通介绍。

山海变迁让河北孕育出了四种各具特点的铁矿矿藏：主要分布在冀东的鞍山式铁矿，虽属贫矿，但储量最多，且易于开采；分布于冀南的邯邢式铁矿，储量大、品位高，含铁量甚至可达40%～50%；分布在承德市的大庙式铁矿是我国北方最重要的岩浆型铁矿，且富含钒钛；分布在张家口市的宣龙式铁矿，则以含有因沉积作用而形成的鲕状、肾状赤铁矿石而闻名。

2019年6月7日无人机拍摄的治理中的武安市西寺庄乡一座矿山　　　王　晓　摄

更奇妙的是，河北的铁矿资源，旁边还多有大煤田出产供冶炼用的焦煤，再加上便利的交通线路，这种铁、煤、路相伴而"生"的组合"天赋"，催生了河北钢铁产业的大规模崛起。

其实，这份资源禀赋，也让河北人在历史上很早就掌握了冶炼技术。

春秋战国时的邯郸富商郭纵，就因"以铁冶成业，与王者埒富"，而被写入了《史记·货殖列传》。

而今，在武安市矿山村仍然残存有一座宋代炼铁炉。

以其为原点，以3公里为半径，新中国成立之后，一度建有1家煤矿、4家铁矿等5家国有大型企业。如果我们将时间坐标回调到1078年的宋朝，残炉周边30公里内，一南一北，朝廷分别设置了两座冶铁机构——其总产量占当时全国的四分之三以上。

明朝时，河北冶铁重镇从冀南转移到冀东。史书记载，明弘治年间，遵化有官办炼铁炉25座，铸造炉50多座，冶铁工人2500多名，冶铁生产已具相当规模。

2016年6月以来，河北省委、省政府连续出台文件，要求河钢宣钢现有钢铁产能全部退出张家口地区，向唐山沿海地区转移。目前，保定、廊坊两地已按照要求，先后整体关停4家钢铁企业，合计退出的炼钢、炼铁产能均超过千万吨。

河北钢铁产业的一举一动，都会引来无数目光。产业转移，是经济社会发展到一定阶段的必然选择。

2019年6月26日，曹妃甸。

我国实施城市钢铁企业搬迁的第一个项目——首钢京唐公司迎来了一期工程全面竣工投产9周年的日子。

临海靠港，是当前处于国际先进水平的大型钢铁企业的共同选择。作为首钢搬迁调整和转型发展的重要载体，首钢京唐公司已成为完全按照循环经济理念设计建设，具有国际先进水平的千万吨级大型钢铁企业。

钢企搬迁，一方面为了改善大气环境、化解过剩产能，另一方面产业发展至今，也到了告别靠山吃山老路的时候，需要从降低矿石、焦炭等大宗原料的物流成本出发，向着全球资源配置迈出新的一步。

几十公里之外，乐亭经济开发区。另一个大型钢铁基地正在紧张施工。这里承载和实施的，正是河钢产业升级和宣钢产能转移项目。

2019年初，唐山正式启动主城区周边13家城市钢厂退城搬迁。这些企业要迁往乐亭、丰南等沿海区域。因钢而兴的唐山，推动钢企向海发展，正在打造一条新的沿海精品钢铁产业带。

2. 岩石的温度

　　2019年6月28日，唐山市海港经济开发区。

　　大清河盐场旁那个钻探现场，传来了一片欢呼声：钻机在地下3965米深处钻获了温度为150℃的干热岩。

　　以往，出现在这片土地上的钻孔，多是为了寻找油气资源；而这次，河北省煤田地质局地质二队的钻井，揭开了一个大型地热能源储备宝库。

　　"这是目前京津冀地区钻获埋藏最浅的干热岩资源，它的发现，意味着我国中东部地区干热岩勘查实现了重大突破。"中国工程院院士武强评价说。

　　然而，干热岩究竟是什么？

　　"简单说，就是地球深处不含水、汽的一种致密性热岩体。"中国地质科学院研究员王贵玲介绍，干热岩上所赋存的那些热量，被誉为"来自地球母亲的温暖"，是一种国际公认的清洁能源。

　　据他保守估计，地下埋深在3公里～10公里之间的干热岩所蕴含的能量，相当于全球所有石油、天然气和煤炭蕴藏能量的30倍。

　　然而，因技术和手段所限，并不是所有的干热岩资源都能得到利用。目前，能被人类所用的干热岩资源，多埋藏较浅、温度较高，尤其需要具有可开发的经济价值。

　　因为干热岩资源的开发，需要通过深井将高压水注入地下3000米～6000米深的岩层中，然后再通过另一口深井，将渗入岩层缝隙、吸收了热能的高温水、汽提取到地面，才能用于供暖、发电等。

但为什么本次勘探的钻井，能钻获到埋藏最浅的干热岩呢？

"我们勘探的马头营凸起区，实际上是一座地下潜山。"河北省煤田地质局地质二队负责人介绍。

正是这种潜伏在地下的山体，以一种神奇的构造，在距离地面更近的地方，奉献了京津冀地区钻获的埋藏最浅的干热岩。

经初步评估，马头营凸起区这座潜山，在地下4000米以浅，干热岩远景资源量可折合成标准煤约28亿吨。同时根据初步预测，在地下5000米以浅，干热岩地热远景资源量可折合成标准煤约228亿吨。

莽莽苍苍的河北山地，不仅风光秀美，而且蕴藏着众多的宝藏。图为燕山深处

纪正权　摄

寻找可再生能源，发起能源供给革命，正是河北省煤田地质局及其下属地质队伍转型发展的新使命。

　　回首历史，这些队伍自建局以来，已经完成各类钻探7000余公里，累计探获煤炭资源量有610亿吨。

　　然而，传统能源再丰富，也有枯竭时。

　　煤田地质人，对能源革命的探索，也在悄然从供给端向消费端拓展，开始探索更加清洁低碳、安全高效的综合利用方式。

　　2018年10月9日，献县梅庄洼农场。

　　京津冀首个地热资源梯级综合利用科研基地在这里初步建成。

　　从地下4000米抽取的地热水，首先进入发电机组，而后才通过管道进入附近的3万多平方米建筑，用于供暖。密麻麻的管道间，那几组发电机组，像集装箱一样，方方正正，毫不起眼。

　　但这样的利用方式，已经多了一级。

　　作为京津冀地区的首个地热梯级综合利用科研基地，这个项目的投运，改变了过去单纯用地热供暖的开发方式，形成了"一次取水、多次利用"的地热水梯级利用新模式。

　　"将宝贵的地热水从地下抽上来后，简单地使用一次就回灌回去，这是巨大的浪费。"省煤田地质局地质科技处处长李学文说，梯级利用，为的就是要实现地热资源效益最大化。

　　如今，基地两级地热能综合利用率已达75.8%，达到了国际先进水平。

　　但李学文等人的探索并未止步，他们目前已经启动了地热水供暖后的第三级利用——利用供暖后温度仍有50多摄氏度的温水，建设地热生态园，开展特色农业开发。

3. 氢能畅想

　　2019年7月12日，张家口。

　　入夜，朝阳东大街上，那座加氢站灯火通明，一辆辆公交车驶了进来，很快又驶了出去，写有"氢能驱动未来"的车身侧影，不时闪过人们的眼前。

　　这就是加氢10分钟可以续航350公里的氢燃料电池公交车。

汽车问世以来，曾依靠煤气、汽油、柴油、天然气以及电力等驱动。而今，业界认为汽车行驶已经有了"终极新能源动力解决方案"。

这就是氢能源。

氢能源汽车，公认的优势是有排放、无污染，"吃"的是氢，"拉"的是水——在大气污染带来重重困扰的背景下，氢能源让人们看到了一个美好的能源应用新场景。

一个月前，北京。

张家口市对外发布了《氢能张家口建设规划（2019～2035）》，其中提出，张家口市要将氢能产业发展成为重要支柱产业，并在2021年建成国内氢能一流城市。

发布会现场，联合国开发计划署驻华副代表戴文德将一块写有"促进中国燃料电池汽车商业化发展项目示范城市"的牌匾授予了张家口市。

这个称号，是全球环境基金会、联合国开发计划署和科技部联合授予的，此前已有6座城市获得。但后来者张家口，要做领跑者。

地处涞源县的一处长城　　李占峰　摄

不过问题是，张家口靠什么才能走在前列？

张家口面临的第一个问题，就是氢从何来。不同于煤炭、石油，氢和电一样，属二次能源。

当下的规模化制氢，主要有天然气制氢、煤制氢、甲醇制氢和电解水制氢等方式，其工艺成熟度及成本各有优劣，但总体而言，成本都高于发电。

而张家口的选择，是零碳制氢、化电为氢。

张家口可再生能源丰富，截至2018年底总装机已达1345万千瓦，可以为零碳制氢提供丰富的电力来源。

当地为推动可再生能源电力就地消纳应用，还首创了"政府+电网+发电企业+用户侧"的四方协作机制。作为应用方式之一，电解水制氢也已纳入其中，享受优惠后，电价会低至每度0.36元左右，成本优势明显。

张家口，是全国唯一的可再生能源示范区，政策与市场空间优势叠加，对很多氢能源相关企业充满诱惑。

而今，张家口市的氢能源全产业链格局正在逐渐形成，制氢产业已初具规模，海珀尔、河北建投风电制氢等项目已陆续投产或开工建设。同时，以亿华通公司为龙头，还初步形成了制氢、加氢、氢燃料电池发动机、氢燃料电池等产业链。

此外，曾让电动汽车遭遇尴尬、无法启动的寒冷气候，在张家口竟然也成为一项优势。

学界研究发现，在温暖的南方，纯电动汽车的锂离子电池比较适应；而在张家口等北方地区，氢燃料电池相比而言更具优势。

上一个冬季，宇通10米燃料电池公交车项目经理王越一直奔波在张家口和黑龙江省黑河市之间，开展氢燃料电池客车高寒试验。他说："相对于黑河的高寒气候环境，张家口较大的温差能够为试验数据的完整性提供有意义的参考价值。"

能否在低温环境下实现冷启动，只是氢能源汽车所面临众多考验中的一项。张家口需要更多技术支撑。

中科院院士、清华大学学术委员会副主任欧阳明高从事氢能燃料电池研究近20年，2019年2月由他出任理事长的张家口氢能与可再生能源研究院正式成立。

"可再生能源和氢能的研发、应用，不应局限于国内，必须以全球视野来考虑。"欧阳明高表示，张家口提供了一个非常好的测试、研究、制定国家标准的基地，京张高铁开通后，将会促进北京，甚至全球与氢能相关的科技资源集中到这里；而2022年北京冬奥会，更为树立张家口氢能与可再生能源品牌提供了一个绝佳机会。

张家口的规划则树立了更宏伟的目标：到2035年，张家口将建成世界知名的氢能技术研发中心，氢能及相关产业累计产值将达到1700亿元，最终建成国际知名的氢能之都。

独特的气候地理条件，让河北的经济与产出也与众不同。

夏日炎炎，河北的燕山—太行山一线，却随着海拔、纬度的升高而呈现出一处处"清凉世界"，形成了大范围的天然避暑带。

平均气温低于4℃的冷凉气候，也让某些作物在河北北部找到了繁衍生息的土壤，并由此催生了口蘑、莜麦、马铃薯等诸多名产。

每秒4米~5米的年平均风速以及丰富的日照资源，让河北人追风逐光，可再生能源开发蒸蒸日上。由此带来的充足能源保障和冷凉气候叠加，更吸引众多大数据企业上坝，开启河北大智移云产业新篇章。

请看《大河之北·山地高原篇》第五单元——冷凉资源。

（本单元得到了河北省地矿局、河北地质大学等单位的大力支持，特此鸣谢！）

第五单元 冷凉资源

采访◎《河北日报》记者 董立龙 郭峰
执笔◎《河北日报》记者 董立龙
通讯员 王英军 朱灵 张树军 郑恒利

河北地理的全地形性，使得这片土地上，天生便有清凉爽快的天然避暑带和生长期短、物产独特、品质不易退化的冷凉农业带。

夏日炎炎，河北的燕山—太行山一线，随着海拔、纬度升高而呈现出一处处"清凉世界"。

平均气温低于4℃的冷凉气候，也让一些农作物在河北北部找到了繁衍生息之地，并由此催生了口蘑、莜麦、马铃薯等诸多名产。

每秒4米～5米的年平均风速以及丰富的日照资源，让河北人追风逐光，可再生能源开发蒸蒸日上。由此带来的充足能源保障和冷凉气候叠加，更吸引众多大数据企业入冀，开启河北大智移云产业新篇章。

刘欣瑜 制图

一、天然避暑带

1. 园林避暑的古代典范

2019年7月11日，避暑山庄。

游人自天南海北而来。他们穿过大门，穿过宫门，来瞧瞧这座皇家园林究竟有什么不一样。

作为中国现存占地面积最大的古代帝王宫苑——避暑山庄，当然不一样。

"别的园林……有的也会堆几座小山来装点一下，哪有像这儿的，硬是圈进莽莽苍苍一大片真正的山岭来消遣。"当代文化学者余秋雨笔下，一语点破了山庄的玄机。

山庄的气度和从容，没谁能比：层层叠叠的宫殿只占前面一小半，后面更加开阔的，是湖区、平原和山区。其中，山区占了整个山庄面积的八成左右。而这种东南多水、西北多山的格局，恰是中国自然地貌的缩影。

正是这份山水，塑造了山庄的"无暑清凉"。

1983年，避暑山庄肇建280周年时，北京大学刘继韩等学者通过对观测资料对比分析，认为避暑山庄确有明显的避暑效应。这种效应，不仅体现在同北京的对比上，还体现在同承德市区的对比上。其中，山庄内的烟雨楼比闹市区的气温平均低1.4℃。

他们在研究中还发现，山庄初建时，水面比现代更大，植被也更繁茂：山岭上森林生长良好，可以狩猎；河流里水量稳定而充沛，可以行舟。而水体和植被是夏季降温的重要因素，因此他们推断，当时山庄的降温效应比现代更好。

也正是这份山水，吸引康熙和乾隆祖孙接力建起了一座世界闻名的皇家园林。

"康熙是清朝入关后的第二个皇帝，他8岁继位，24岁时开始出关，实际上一直在寻找一个可以避暑、理政的地方。"承德市博物馆馆长、研究员孙继新研究山庄历史已有多年，他认为促使清朝帝王在口外建设离宫的主要因素有二：一是当时京城的天花流行；二是处理和蒙古各部关系的需要。

顺治时，摄政王多尔衮就曾提议："京城建都年久，地污水咸。春秋冬三季，犹可居止，夏日溽暑难堪，拟建小城一座，以便往来避暑。"

清初，来自塞外的统治者，入主京城后，一遇炎炎夏日，就迫切想逃离这苦热，何况还有疾病蔓延。

而营建园林，恰是中国古人避暑度假的主要方式之一。

汉武帝的甘泉宫、唐太宗的九成宫皆为其中代表。到辽、金、元三代，多在燕山及其以北建设避暑宫苑，张北元中都、崇礼金代太子城等就是其中代表。

1702年，康熙带着工部和钦天监的官员，又一次前往热河考察。他已经十分满意这里的"山爽朝来，水风微度"，于是欣然落笔："今从臣工之请，宜于热河肇基行宫……"

作为山庄的前身，热河行宫一起步，就注定要成为中国园林史上一座辉煌的里程碑。

康熙亲手规划设计的避暑山庄，更是广泛采用借景、集景等方式，将山庄外的磬锤峰、僧冠峰等峰岭，甚至远在江南的西湖苏堤、嘉兴烟雨楼等建筑造型，都纳入山庄的景观之中。

"避暑临溪坐，树密易寻凉。"孙继新还注意到，当时的工匠还通过对地形、水流、植被、建筑、铺装等进行处理，来营建山庄舒适的气候环境。

正是这样的匠心独具，使得山庄不断被后人誉为"中国古典园林艺术的杰作""中国古典园林之最高范例"。

而今，游览山庄，即便不用去看那些仿自江南园林的建筑，单是听听"烟波致爽""芝径云堤""万壑松风""曲水荷香""水流云在"等这些景观的名字，就足以让人心清气爽。

然而，这些景观背后，康熙奉行的建设原则却是"茅茨土阶，不彩不画"。

到了财力充裕的乾隆年间，山庄的营建又持续了几十年，但康熙定下的原则，一直未被突破。

如今，在承德市中心、武烈河两岸狭长的谷地上，密集分布的避暑山庄以及周围寺庙，作为清代前、中期皇帝夏季避暑和处理政务的场所，总面积达564万平方米，共有建筑120余组。

1994年，这组皇家标准的塞外避暑园林，作为文化遗产列入了世界遗产名录。

2. 海拔千米以上的清凉世界

2019年7月4日，平山县驼梁自然保护区。

深山宜避暑，追凉山岭中。两个多小时的车程，便已将笼罩省会的38℃高温甩到了130多公里之外。

进入7月以来，持续的高温让气象部门连续发出橙色、红色预警信号。当天14时，省会周边，正定的气温达到了38.8℃，藁城达到了38.7℃，双双挤进了全国高温前十名榜单。

与之形成鲜明对比的是，一进驼梁景区，便顿觉清凉。等到山顶，凉意更浓。

"海拔平均每升高100米，气温要下降约0.6℃。这是人类在所生活的对流层大气圈内，气温随海拔升高而呈现出的规律性变化。"河北省科学院地理科学研究所原所长李庆辰介绍。

根据这一原理，通常情况下，从海拔100米以下的平原地区升高到800米以上的山地时，气温就会下降5℃左右，基本就能感受到类似室内空调开到26℃左右的效果。

也恰是这种规律性变化，让河北的燕山—太行山一线，呈现出了夏季凉爽的气候特征。专业研究表明，河北山区7月平均气温在17～24℃之间，属于典型的避暑旅游气候之一，因而形成了大范围的天然避暑带。

这一天然避暑带，自古就为人所识。

驼梁东北500多公里外，雾灵山。

上山的路旁，矗立着一块白色花岗岩巨石。巨石高28.4米，宽30.8米，已被风雨磨去了棱角，但其上雕刻的"雾灵山清凉界"六个隶体大字却格外显眼。

巨石位于海拔1000米左右，从这里往上，会越走越凉。

这块巨石素有"京东第一巨碑"之称，是雾灵山最值得一看的人文景点。六个大字据传为明代开国勋臣刘基所题，两旁的小字刻着众多曾到过此地的明朝官吏的名号以及诗赋。那些热热闹闹的文字显示，至迟在1635年，这里就已经是避暑胜地了。

雾灵山地形地貌的复杂性，决定了其气候的多样性。

这里素有"三里不同天，一山有三季"之称，"山下桃花山上雪""山下

承德雾灵山云海　　　谢敏金　供图

阴雨连绵，山上阳光明媚"的景象时常出现，人们还称它为华北"热海"里的凉岛。

而这里的诸多自然景观中，最壮阔的莫过于云海了。

来自东南的暖湿气流爬坡上升过程中，伴随气温下降，冷凝成雾，形成了变幻莫测、波澜壮阔的云海景观：

无风时，云海出奇地平静；风势稍大，立刻波涛汹涌……站在顶峰远眺，山峦在云海中时隐时现，似真似幻，宛若海中岛屿；洁白云雾随风飘荡，行迹神奇缥缈，恰如人间仙境。

类似的景观，不只雾灵山有。太行山—燕山一线的很多高中山都有，涞源白石山、滦平白草洼也存在这种气象奇观。

暖湿空气还会遇冷而形成降雨，雨水滋润之下，林木茂盛，溪瀑飞流，还进一步为驼梁、雾灵山等河北山地增加了避暑要素。

如此怡人的气候和优美的环境，自然充满魅力。湖南卫视热播综艺节目《向往的生活》第一季的取景地，就选在了雾灵山北麓山脚下的一个小村。

3. 消夏的多元选择

2018年7月16日，石家庄。

打开电脑，在省会一所中学任教的刘丹，开始谋划自己的度假之旅。一学期的劳累结束之后，她想带女儿找个地方放松下。入伏以来，省会已经逐渐开启"桑拿模式"。

"咦，未来15天的预报里，竟然只有两天最高温达到了28℃。"她的视线被一个叫沽源的地方牢牢吸引。

几年前刘丹曾随一支文学创作团队去那里采风——那里真的有风，即便太阳晒着，一起风也立马凉爽。她向女儿描述说："那种凉爽，是一种夏季在石家庄永远感受不到的爽。"

在专家看来，凉和爽，是两种体表感受。

前者只要气温低即可，而后者，则是适宜的气温、气压、湿度对身体感觉综合作用的结果。气候要素对人体的生理影响，不仅仅表现在体感温度和热量交换方面，湿度和气压与人体感受也关系密切。

沽源之所以成为避暑之地，就是多种因素叠加的结果。

沽源海拔在1400米以上，从平原上坝，气温会随海拔升高而下降。这里的年平均气温只有1.6℃，夏季日均气温为5～19℃。

沽源地处北纬41度，从河北省南部向北至此，气温也会随纬度的增加而递减。以全省平均递减率而言，7月份纬度每增加1度——大致自南向北行驶110公里，气温平均会下降0.27℃。

研究表明，最适合人类生存的大气压范围是750百帕～950百帕。而沽源所在的坝上高原年均气压值为880百帕，正处于人体舒适区范围。

学界认为，作为旅游避暑胜地，需要能够提供舒适的避暑气候供给，夏季最高温度应在26℃以下。如果与周边中心城市存在10～12℃的温差，则是避暑旅游地形成的最佳气候条件。

河北地形独特，从坝上高原到冀北山地，从太行山—燕山一线到渤海之滨，避暑胜地也表现出了多样性。

2019年7月2日，北戴河机场。

一架由俄罗斯伊尔库茨克飞来的航班，引发媒体关注——载有84名俄罗斯游客的这趟航班，标志着2019年秦皇岛至俄罗斯3座城市的国际旅游包机航线正式开通。

明明是纬度越高气温越低，为什么俄罗斯人还要来北戴河旅游度假？

原来，长期生活在冷凉气候之下的那些人，看重的是北戴河的碧海黄沙，以及相较而言更为舒适温暖的气候。

北戴河沙软潮平，即便炎炎夏季，也气候宜人。但很多人可能并不清楚，这一避暑胜地，早就被人所关注并进行了开发。

1890年，津榆铁路英籍总工程师金达，发现了北戴河的蓝天碧海。

而后，英国传教士甘林在这里买下了约400亩土地，建起了第一幢别墅。别墅建成时，津榆铁路已通车，甘林遍邀友人前来庆祝。经此口口相传，北戴河自此闻名京津，各国传教士纷纷前来购地建屋。

1898年，清政府决定开辟北戴河海滨为避暑区，"准中外人士杂居"。

中国第一块由国家确定的旅游避暑胜地自此诞生。

而今，当年建设的那些老别墅，依然是北戴河一道风景。据1948年的统计，这里尚存别墅719栋。而北戴河本身，也与美国的戴维营、俄罗斯的索契一起，被并称为世界三大"夏都"。

二、冷凉物产区

1. 口蘑得名地

2019年7月9日，张家口市沙岭子镇，河北北方学院南校区。

口蘑专家忻龙祚的实验室，坐落在校园西南部的农场中。那间装有防盗门的小屋里，只摆着几个冰箱。然而，冰箱内恒温保存的菌种，正是忻龙祚眼中的宝贝。

因为，它们就是菇中珍品——口蘑，坝上这片土地贡献的一种令人吃过之后就念念不忘的菌类。

曾经有一次，作家汪曾祺自张家口返京探亲，在行囊中专门背了一大朵蘑菇。回到家，他用这朵晾干的口蘑做了一大碗汤，全家人喝了，都说比鸡汤还鲜。

对于汪曾祺而言，那种鲜，也许太深刻，以至于竟然被他写进了好几篇文字之中。

在民间传说中，口蘑之鲜美，更是神乎其神。据传，一艘货船沿运河南下，水面本来风平浪静，但船体却出现了异常颠簸。船老大仔细观察后发现，是大批鱼群在向船只追逐、冲撞……他们开始查找原因，发现货物中只多出了一包口蘑，而且味道浓郁。他们试着把口蘑撒入河中，鱼群竟然都去争抢，船体才恢复了平静。

"传说固然夸张，但口蘑在一干一湿过程中，内含的氨基酸分解、挥发出的香味的确会更浓。"忻龙祚从事口蘑研究22年，他熟悉这种天赐美味的很多习性。

作为陆路枢纽，张家口是包括口蘑在内的很多山货的集散地。早在康熙年间这里就有30多家口蘑加工作坊，其分号遍布全国——口蘑也即由此得名。

不过，口蘑并非单指一种蘑菇，而是十几种蘑菇的统称。其主要品种包括蒙古口蘑（俗名白蘑）、大白桩菇（俗名青腿子）、香杏口蘑、褐口蘑、草原黑蘑等。

2001年，在忻龙祚等众多专家推敲之下，行业标准出台，口蘑才有了明确的内涵：产自我国蒙古高原（包括坝上高原）的可食用草腐蘑菇生态群。

"草腐蘑菇，就是以吸收草本植物茎叶等腐烂后的腐殖质作为主要营养来源的菌类。"忻龙祚介绍，海拔较高的坝上草原，为口蘑提供了一个绝佳的生长环境，这里不仅有针茅科草本植物腐烂后形成的较肥沃的栗钙土，还有着以无霜期短、雨水稀少、干旱寒冷为特征的气候条件。

忻龙祚的实验室中，一个学生正在进行口蘑菌种选育试验。

菌种播下后，她开始调控温度，以观察菌丝萌发情况。她首先选择了18℃，而后逐渐升温到 20℃、22℃、24℃……结果时间过去了很久，菌种竟纹丝未动。陷入困境时，忻龙祚给出了建议："你反过来试试，把温度往低调一下！"

结果，菌丝萌发了，并在14℃时表现出了最好的生长状态——经过反复试验，他们得出了结论，这就是最适宜口蘑生长的温度。显然，口蘑的菌种，在土壤中潜伏越冬时，已经"练"就了对抗干旱和寒冷的能力。

有经验的坝上人都知道，采菇的最好季节在立秋后。那时候，才能采到口蘑中品质最好的白蘑。

"它肉质洁白致密，肥嫩细腻，独特之处在于菌盖并不浑圆，常带有缺口，菌柄也多不居中。"忻龙祚指着实验室内的标本介绍。

而草原黑蘑则是口蘑中最常见者，菌盖白色，菌褶生长中会发生由粉而黑的变化。其价格相对便宜，味道却很浓郁。老北京的一些涮羊肉锅子、浇豆腐脑的卤子，所放的都是这种，有时甚至只是碎了的蘑菇渣。

在采菇人眼中，长蘑菇的地方，草也不一样。最神奇的是，有些口蘑还会呈圆圈状生长。这些圆圈大小不一，形状也未必规则，但圈中的草常比外边的长势更茂盛，颜色也更深。

这就是"蘑菇圈"了。

人们对其成因产生了许多推测。其中，最流行的一种，认为蘑菇圈的形成与草原上的蒙古包有关系。《察哈尔通志》写道："包中多有余之弃骨、肉汁、腥膻等物，既包他往，其地即生蘑菇故为圆形。"

"蘑菇圈的形成，实际上是口蘑的孢子散落到草地上，萌发成菌丝后不断向四周生长、蔓延的结果。"忻龙祚介绍，作为一种生物，口蘑的菌丝体也会不断向四周扩张来追逐营养成分。

这种扩张的结果，会在入秋后钻出地面长成圈状群生的蘑菇。同时，自身代谢的产物，也会促进圈内草类的生长，使其更显茂盛。

然而，口蘑却不是一种易于驯化的物种。

"超市里不是有人工栽培的口蘑在出售吗？"

"那只是引自国外的双孢菇，草腐菌中的另一种，和口蘑长得比较像而已。"

忻龙祚是河北省食用菌产业体系双孢菇岗位专家，据他介绍，双孢菇目前栽培较多，与此相反，20世纪80年代以来，国内外虽然均出现了对口蘑成功驯化的消息。但这些突破还远未达到可以进行大规模栽培的程度。

"尤其是蒙古口蘑、大白桩菇，在人工培养条件下菌丝能成活，但子实体却不易形成。" 1997年，忻龙祚与原张家口地区坝上农科所研究员田绍义，成功实现了褐口蘑的人工驯化栽培，这才第一次实现了口蘑中单个品种的规模化栽培。

而今，他正在组建团队，用更加系统科学的方式，向更多口蘑品种的人工驯化发起挑战，并已取得阶段性成果。

他说："从产业可持续发展的角度出发，河北食用菌产业发展的方向，不应该是目前已出现产能饱和并要消耗大量木材资源的木腐菌，而应该支持和发展可消耗大量秸秆的草腐菌。"

接受完采访，忻龙祚急匆匆赶去坝上，他发明的那种可以把秸秆转化为草腐菌栽培基质的新型机械，正在一家致力于规模化栽培口蘑的公司内等待投入使用。

2. 种薯的"味道"

"每天一早蹚着露水，掐两丛马铃薯的花，两把叶子，插在玻璃杯里，对着它一笔一笔地画……"

59年前的那个夏秋之交，作家汪曾祺被派往沽源给马铃薯画图谱，那份图谱后来没了，但坝上的马铃薯却越种越兴盛。

而今，汪曾祺待过的那个马铃薯研究站周边，几百平方公里范围内，白色的、紫色的马铃薯花已经"泛滥"成了海洋。

马铃薯，这种原产自南美洲的作物，明朝万历年间传入中国，1902年进入张家口地区，而今已在坝上高原深深扎下了根。

　　"马铃薯在中国表现出了极为广泛的适应性，北起黑龙江南迄海南岛，哪儿都能种，但并非所有地方长出来的马铃薯，都适合作为种薯。"张家口市农科院原副院长杨才介绍，马铃薯性喜冷凉，不耐高温。

　　这不仅因为马铃薯原产地是海拔3800多米的高原，更因为高温会激活附着在它身上的"魔鬼"——马铃薯病毒，导致马铃薯出现退化：叶片卷曲、花叶皱缩、植株变矮、薯块变小……各种异常之下，产量也会逐年下降，甚至收不回种子。

塞北管理区的胡萝卜进入收获季
武殿森　摄

　　马铃薯病毒，至今无药可除。但专家们发现，在高海拔、高纬度的冷凉地区，退化的程度要轻一些。

　　中国近现代植物病理学家林传光曾在试验中发现，同样的薯种、同样的技术条件下，在张北高原的种植，一直保持稳定高产，只有个别植株出现花叶皱缩；而在北京平原的种植，第二代就出现了严重退化，产量下降了2/3；在海拔居中的张家口市附近，经过两三代后也出现了完全退化。

　　"这也就意味着坝上高原应该在马铃薯产业发展中发挥更重要的作用。"杨才介绍，科技工作者自20世纪50年代就在坝上开始了马铃薯育种工作，其中培育脱毒种薯，就是重要研究方向之一。

　　原张家口地区坝上农科所在1978年率先取得了突破。他们培育了一种名叫"虎头"的种薯，不仅能抗病毒，还能抗晚疫病，抗旱性强，产量也高，与当时推广的品种相比能增产33%～107%。1983年，河北、山西、内蒙古三地栽培面积即达150万亩，还获得了原农牧渔业部技术改进一等奖和国家科学技术进步三等奖。

几十年过去之后，河北省的脱毒种薯研究不断取得进展。2019年6月13日，农业农村部公布了第二批国家区域性良种繁育基地名单。至此，河北省张家口市和围场满族蒙古族自治县先后被确定为马铃薯良种繁育基地。

也正因为有如此背景，汪曾祺才有机会在沽源"吃过几十种不同样的马铃薯"。那时，正值"三年困难时期"，画完了的薯块，他就放到牛粪火里烤熟、吃掉。

他还在文中品评道："以'男爵'为最大，大的一个可达两斤；以'紫土豆'味道最佳，皮色深紫，薯肉黄如蒸栗，味道也似蒸栗；有一种马铃薯可当水果生吃，很甜，只是太小，比鸡蛋大不了多少。"

50多年过去之后，作家笔下的那些品种已经被更换了好几代。但坝上人依然记得那个餐桌上"土豆当家"的时代："那时，一般家里，吃饭就一道菜，要么是土豆熬大菜，要么是粉条熬大菜，来客人了，才会加个炒土豆丝。"

过去，坝上人的餐桌很少能见到绿色。而今，拉菜的卡车，汇入旅游者的车流，让坝上的公路，一进入七月就开始拥堵。

平原区域的蔬菜供应进入了淡季，而坝上的蔬菜刚好收获。生活在冷凉地区的人们，利用气候上的反差，打开了一条独特的市场之路。

而在找到这条路之前，坝上人经历了吃菜难。如同粮食有粗粮、细粮之分一样，他们创造了"细菜"一词，来代表西芹、甘蓝等当时坝上不出产的蔬菜，以区别马铃薯、白菜等大路菜。

在尚义，一个叫潘永和的农民率先站了出来，他拿出准备盖房子用的2000元钱，种了2.5亩西芹、西红柿、甘蓝。在县科委的指导下，他种的菜，头一年就纯收入7000元。

那是1992年，张家口市已经开始推动错季蔬菜产业，但主要还是在坝下山区扩展。

不过，"细菜上坝"已成大势，种菜的高收益，更是如同燎原之火，撩动了无数坝上人的心。他们打起了机井、流转来土地，把坝上的冷凉气候变成了一个大产业。张家口也由此成为全国五大错季蔬菜基地之一。

3. 莜麦故乡

7月的坝上高原，大地铺了一条又一条花色毛巾，看上去养眼而又舒心。

黄色的是油菜花，浅蓝色的是胡麻花，白色的是马铃薯花。同时，必有一块纯纯的绿色，属于莜麦。

跟外来户马铃薯不一样，这里是莜麦的故乡。

"国内外学界公认，莜麦起源于中国。"杨才年近古稀，仍然停不下为莜麦奔忙的脚步，他说："我是吃莜面长大的！"

莜面以耐饥饿而闻名，当地人说"三十里莜面四十里糕"——吃了莜面，步行三十里也不会饿。

莜面，是坝上人的主食，他们也常拿来待客。

莜面有一种特殊的香味，做莜面拿手的农村女性能做出三十多种花样，她们还会用羊肉口蘑做出特别可口的蘸莜面的汤汁……很多外地人吃了莜面，都会终生难忘。

坝上人更是离不开莜面，外出打工也要背上点儿，甚至传说还要包上点儿家乡的土，蒸莜面时放进水里——他们说，离开了家乡的水土，莜面就蒸不熟了。

杨才的研究破解了这一"魔咒"——他发现莜面能否蒸熟，决定性因素在气压。过去，走出产区的莜面蒸不熟，实则大多是蒸过了头儿。因为，在海拔1400米以上的坝上，蒸莜面需要8分钟；海拔七八百米的坝下蒸6分钟即可，而到了海拔更低的上海、海南等地，只需4分钟。

然而，莜面好吃，却不高产。曾经，一亩莜麦只产75公斤。

杨才是1973年开始接触莜麦研究的，他决心改变这一古老作物品质差、产量低的状况。

田地里的莜麦，一片片的，梳洗过一般干净。正是在众多科研工作者的不懈努力之下，莜麦的面纱逐渐揭开。

有人说莜麦看起来和小麦相似，但实则迥异：小麦的穗直挺着，而它的穗则向一侧下垂；气温上升到30℃，小麦啥事没有，它却会被烤伤，不再灌浆结籽。

一句话，这种学名裸燕麦的古老作物，喜冷凉、耐干旱，适合种植在海拔1000米以上的高寒地区。过去坝上人种莜麦，都是"干寄籽"——把种子播在没有水分的土壤里，如同"寄存"一样等雨来。

莜麦在国外还有个"堂兄弟"——皮燕麦,常用来加工麦片。二者同属燕麦这个大家族。

20世纪70年代,一位美国诺贝尔奖获得者选育的春小麦品种"墨麦"进入中国,在张家口市的推广面积一度达到100多万亩,甚至搞莜麦研究的科技人员也被派去做推广。

那时,杨才偷偷地把莜麦种植的试验田放到了田地中间,被"墨麦"重重包围着。

燕麦收割后的大地,摄于沽源县　　孙慧军　摄

很快他培育出了"578"莜麦新品种,初步改变莜麦低产的状况。随后育成的"品字号系列",可适应坝上高原的各种土地:无霜期最短的坝头、中北部的二阴滩地以及贫瘠的坡梁地……因为适应性强,一时间,这些品种遍及了整个华北产区。杨才还因此获得了国家科技进步二等奖、河北省省长特别奖。

而"墨麦"蒸出馒头来发黏,不好吃,慢慢地被淘汰了。

几十年过去之后,杨才已选育了40多个燕麦品种,为河北及全国燕麦产区更换品种5～8次,燕麦单产最高时也达到了400公斤。

然而,新问题又来了:燕麦"腿短",产区内它是主要粮食作物,但却很难走出产区。

1981年起,中国农业科学院作物品种资源研究所研究员陆大彪,联手北京18家医院开展的燕麦降脂协作研究,经过历时5年反复试验,最终认定燕麦具有降低血清胆固醇、甘油三酯和β—脂蛋白的作用。

这为燕麦从产区走向全国,从原来单一的产区主粮变为功能性食品作物奠定了基础。

"燕麦的根本出路,在于产业化。"杨才着手推动燕麦走向全国。

对于燕麦产品的开发,除了莜面传统食品、燕麦片之外,他还创出了"裸燕麦米加工技术"——把燕麦加工成燕麦米,用来替代进口的皮燕麦加工麦片,或者用来与大米、大豆等粮食配伍煮粥、打浆。

而今,燕麦方便面、燕麦饮品,甚至以燕麦食品为主打的连锁餐饮企业已经遍布全国。市场打开了,杨才重又回到田间,推动冀北百万亩有机无公害燕麦种植带尽快建成。

三、产业新"风口"

1. 可再生能源开发"追风逐光"

2019年5月10日，张北。

车辆从省道张尚线左转，驶向国家风光储输示范电站，就驶进了一片太阳能板汇成的海洋：阳光下的那些光伏发电组件，蓝汪汪一片，一眼望不到边。

站在电站观景台远眺，近处是成片的光伏组件，远处山梁上座座高大风机迎风而立。尽管5月的塞外尚存一丝寒意，但工作人员介绍，电站带来的减排效益，相当于种下了59万棵树。

原来，这座电站自建成起，每天都能发出300万度清洁电能。这意味着，每过24小时，就能节省1200吨标准煤，减少2991吨二氧化碳排放——要知道，一棵壮年树每天只能吸收5公斤二氧化碳。

带来如此效益的，正是电站对张北地区独特气候资源的利用。

张北高原年均风速每秒可达4米~5米之间，是河北省平均风速最大的地区。具体到张北，10米高空年平均风速为每秒6.2米以上，70米高空年平均风速达到每

塞坝上高原上，成片的向日葵和座座风机相映成趣　　武殿森　摄

秒8米。同时这里还是全省年日照时数最多的地区，可达2800小时～3063小时。

风大、日头足，却曾经是坝上人生产生活中的一大困扰。

而今，坝上人御风而行，把"西北风"变成了新饭碗。

国家风光储输示范电站的风电场内，伫立着各种类型的风机。

其中，最引人关注的就是那种5兆瓦永磁直驱型风机了，光叶片长度就有20层楼高，整套设备总重743吨。它要转起来，扫过空中形成的圆形截面，直径能达128米。转一圈，就能产生5.5度电。

几十公里之外，长城风电场，1996年建设的张家口首座风电场，24台风机装机容量仅有7.5兆瓦，只比上述那一台风机高2.5兆瓦——但恰恰因为有了这样开拓性的探索，河北的山地、高原才成了一座新磁场，吸引各种资本前来追风逐光。

10年后的2006年，张家口市坝上地区被列为全国首个百万千瓦级风电示范基地。又过了一个10年，张家口的可再生能源装机已经超过千万千瓦，这里还成了国家唯一一个可再生能源示范区。

草原天路沿线的风力发电机　　张树军　摄

不独张家口，整个河北的山地高原区域，风能、太阳能产业都发展得风生水起。截至2018年，河北全省的可再生能源装机已经超过了2000万千瓦。

然而，风能、太阳能的一大先天缺陷，决定了行业发展起步时要面临世界性难题：风能、太阳能具有波动性、间歇性、随机性等特征，其能量转化也会随着天气变化而呈现出不规律的特点，并入电网后，对电网稳定运行存在着冲击。

"我们的破解之道，是采用了全球首创的风光储输联合发电技术路线，开启了储能规模化应用先河，为世界范围内解决新能源大规模并网问题，提供了良好示范。"国网冀北电力风光储公司综合部副主任梁立新说。

同一般的风电场、光电场不同，国家风光储输示范电站内，用6座厂房装配了30多万节储能电池。这些电池多种多样：磷酸铁锂电池、超级电容、液流电池、铅酸电池、钛酸锂电池……这里已成目前全球电池种类最多的大规模化学储能电站。

当风能、太阳能发出的电流超过电网需求时，电能就会被储存在这些电池之中；当风能、太阳能不能满足电网所需时，这些电池会迅速释放电能，保证上网电流平缓运行。

最令人觉得不可思议的，这里竟然还有很多从电动汽车上替换下来的电池！

"这些退役电池，虽然不适合电动汽车继续使用，但经过比对挑选，用于工程化系统级联平台上，完全可以再次深度应用。"梁立新介绍，他们已经就此打造了电动汽车和储能产业电池梯级利用的全新应用模式和技术规范。

古老的中国有个夸父逐日的故事，今天的追风逐日，需要的是对核心技术的把握，是对大自然规律的尊重和认识。国家风光储输示范工程，秉持的正是这样的原则。这项工程还于2016年12月，获得了中国工业领域最高奖项——中国工业大奖。

2. 大数据产业聚集地

2018年"双十一"前夕，一部短视频走红网络。

视频中有这样一个地方，运维人员需要长时间面对机器，以至"把机器都当成了媳妇"；备下了42台柴油发电机，还把设备浸泡在一种比茅台贵的冷却液里；在特殊的日子，连警车消防车都会在门外随时待命……

这个地方，就是位于张北云计算产业基地的阿里巴巴集团张北数据中心。视

怀来县桑园镇寺湾村的光伏发电　　孙慧军　摄

频中，这个保障全球参与天猫双十一"剁手"的基础平台第一次向外界曝光。

"从数据中心开建起，行业内就有人来问我们，为什么要把这么大集群的一个数据中心建在张北？"这是参与数据中心建设的一位工程师遇到的问题，也是很多人都在关注的。

业内人士都知道，集结大量服务器的数据中心，最怕两件事：一是没电，二是太热。数据中心遭遇停电，会使创造了现代便利生活的各种网络服务停滞，其灾难性令人不敢想象。而数据中心汇集的大量服务器，工作时会散发出很多热量，过热会导致设备性能下降，甚至会缩短使用寿命。

基于此，如果说给大数据中心选址是门学问，那么首先考虑的，就是要为这两个问题求解。

2016年，张北庙滩，拔地而起的两座世界级绿色数据中心，让人们感觉好像发现了新大陆：原来，这片高原，竟然蕴藏着破解难题的天然力量。

张北的大风之下，这里年平均温度只有2.6℃，冬季最冷时会达到-38℃。

"大自然为我们提供了完美的自然冷源，我们所需要做的，只是最大限度地利用自然冷却。"阿里巴巴集团参与张北数据中心建设的专家表示，张北不仅风力强劲，而且空气清新，采用新风自然冷却是绝佳选择，当清洁的自然冷风通过风阀引入数据中心，在机房内流动，自然就能实现给服务器降温。

　　与此同时，吸引这些行业巨头入驻张北的，还有这里充足的可再生资源。

　　张北的风，就是一种取之不尽的能源，目前风电装机已达233万千瓦。同时，这里海拔高、云量少，太阳能蕴藏丰富。

　　张北云计算产业基地项目办公室工作人员介绍，这意味着在张北建设数据中心，可以充分利用本地清洁能源。

　　而今，阿里巴巴集团张北数据中心已经建成了全球互联网行业最大的浸没式液冷服务机群和风冷服务机群。在这里，全年约350天可利用水侧自然冷却，约320天可利用新风自然冷却，制冷能耗降低59%。

张北县阿里巴巴云计算数据中心　　　新华社记者　杨世尧　摄

170公里之外，官厅湖畔，秦淮大数据产业基地同样已经"枝繁叶茂"。

践行京津冀协同发展战略，秦淮数据2017年落户这里后，发展势头迅猛。过去3个月内，秦淮数据先是获得贝恩资本5.7亿美元投资，创下中国数据中心行业历史上单笔融资额的新纪录；而后在2019年数据云（Datacloud）全球奖项评选中，一举斩获全球超大规模创新奖。

和阿里在张北自建自营的数据中心不同，秦淮数据则在扮演信息基础设施生态圈的"开发运营商"角色，开发数据存储空间供其他企业使用，目前已有字节跳动等知名企业入驻。

"怀来的独特优势，是距离北京更近，不仅可以使数据传输真正实现零延时，而且便于吸引人才汇聚。"河北沙城经济开发区招商局局长张红岩介绍，京张高铁2019年年底通车后，怀来和北京的同城效应凸显，将会进一步吸引大智移云企业入驻，怀来也将为京津冀大数据综合试验区增加一个新的节点。

这个节点之内，产业链条正在延伸。

2019年3月，知名电气设备制造企业施耐德电气与秦淮数据签约，计划展开多重合作。而此前，腾讯已与怀来签署协议，宣布将投资300亿元建设腾讯华北信息技术产业总部基地。

互联网是人类社会新的基础设施，在张北，大风成为计算能力，正在驱动互联网奔腾；在怀来，区位渐成新的云端，正在吸引各方企业汇聚，进而支撑大智移云产业不断升级。

从这个节点向外延伸，张北、怀来、廊坊、承德……河北省的大数据产业已经风生水起。

崇礼，一个曾经名不见经传的贫困小县，已经和冬奥会这一全球冬季体育盛事在一起紧紧捆绑了4年，在这背后，究竟有着怎样的机缘巧合？

以奥运场馆为龙头，各种基础设施建设突飞猛进。在这背后，又需要破解哪些地质难题？从滑雪到冰球，从专业训练到3亿人上冰雪，冰雪运动全面普及的背后，又该顺应哪些自然规律？

请看《大河之北·山地高原篇》第六单元——冰雪奇缘。

第六单元 冰雪奇缘

采访 ◎ 《河北日报》记者 董立龙 刘嘉雄 王雪威
执笔 ◎ 《河北日报》记者 董立龙
通讯员 谷建辉 靳磊 祝培文 孙静

📖 阅读提示

崇礼，一个曾经名不见经传的小县，因为和冬奥会这一全球冬季体育盛事相关联而备受关注。在这背后，究竟有着怎样的机缘巧合？

以奥运场馆为龙头，各种基础设施建设突飞猛进。在这背后，需要破解哪些地质难题？从滑雪到滑冰，从专业训练到3亿人上冰雪，冰雪运动全面普及的背后，又该把握哪些自然规律？

崇礼万龙滑雪场，"沸腾"的雪山　　耿俊　摄

一、崇礼的自然禀赋

1. 绝佳的地形

2019年5月29日，"雪如意"亮相了。

当天的中央电视台新闻中，北京冬奥会国家跳台滑雪中心的效果图出现在画面上。从外观上看，它就如同一件巨大的玉如意，被斜置在山坡之上。

这就是中国首座符合国际标准的跳台滑雪场地，人们形象地称其为"雪如意"。

"这处选址，就像是崇礼送给跳台滑雪的一个礼物。"北京冬奥会张家口赛区设计总负责人、清华大学建筑学院副院长张利介绍，当初选址时，在古杨树村北找到的这个山谷，自然落差130多米，正适合用作赛道。它两边耸起的山脊，还恰好能把跳台滑雪项目最怕的风给挡住。

北京冬奥会的雪上项目，多在崇礼举办。"雪如意"所在的古杨树村，还建有国家冬季两项中心、国家越野滑雪中心。而向北数公里外的云顶滑雪公园，则是自由式滑雪、单板滑雪的赛场。

从一个默默无闻的小县，一跃成为冬奥会诸多雪上项目比赛的举办地，人们为什么会选择崇礼？

专家眼中，一个重要的基础因素就在于，崇礼所处的区位赋予了其丰富的山形地貌。

崇礼位于内蒙古高原向华北平原过渡地带、阴山和燕山山脉交会处，境内80%为山地，全域海拔居于814米～2174米之间，地势起伏连绵，坡度陡缓适中。多方专家评估认定，这里适宜开展滑雪旅游的可利用面积600多平方公里。

如此绝佳的地形，当然要配上巧妙的设计。

张利团队紧扣跳台滑雪赛道剖面的曲线特征，在流线型赛道的顶端增加了一个中部镂空的圆形建筑，把整个场地打造成了传统饰物——如意的形状。这既能满足比赛的要求，又融入了中国文化元素，还增加了一个在顶部观赛的独特视角。

这样的设计，也使"雪如意"，成为张家口赛区冬奥会场馆群建设中工程量最大、技术难度最高的竞赛场馆——在坡度达到37度的狭小谷地间组织施工，光物料运输，都非常困难。

"你看，这两座蓝色动力塔吊，为的就是能吊起重型构件；这5座几十米高的黄色钢架，是用作临时支撑的，因为顶部跨度79米的圆形钢结构建筑有近半是悬挑出来的。"施工单位中铁建工集团项目部工程技术负责人林博闻介绍，他们已经创造性地采取了很多办法，来解决施工难题。

迎难而上，不断进取，恰好是对冰雪运动精神的深层折射，更是对崇礼滑雪拓荒历程的忠实写照。

将时光倒回23年前的那个冬日，第一位到崇礼建设滑雪场的北京投资者郭敬，面对的困扰更是数不胜数：没有造雪设施，没有接待用房，没有索道，甚至通往外界连条像样的道路都没有。

郭敬没有退却，因为他的好友、中国第一位全国滑雪冠军单兆鉴告诉他，这里的山形地貌、气候条件、天然降雪状况等，"都十分适合搞滑雪"。

10多年后，这个对崇礼发展冰雪运动优势条件的初步判断，以更加系统的方式写进了申办冬奥会的报告中——崇礼丰富山形地貌所造成的独特"小气候"，也在进一步的研究中逐步明了："冬季降雪早，存雪期长；积雪厚，降水量大；温度、风速适宜；空气质量优良……"

正是这些，留住了郭敬。

1997年初，崇礼第一家滑雪场——塞北滑雪场正式开业。由此开始，崇礼优越的自然条件，像"磁场"一样吸引着五湖四海的投资者。

2003年，好利来集团创始人罗力选择在红花梁北坡开建万龙滑雪场；2005年，一家意大利公司开始在喜鹊梁建设国内首家外资滑雪场；2008年，马来西亚卓越集团则选择红花梁南坡，建设了密苑云顶乐园……

崇礼的山，成为这些投资者最为关注的要素之一。因为，滑雪场建设，在山地的坡向、坡度、垂直落差、空间体量等方面都有着特殊的要求。

"就全国的资源来看，崇礼的山不是最高，雪不是最大，但是从经济地理的角度考量，崇礼在自然资源条件以及市场、周边交通方式上表现出来的综合优势，决定让太舞滑雪小镇选择落户这里。"太舞集团董事长齐宏，是位毕业于北京大学经济地理专业的博士。他发现，过去，历届冬奥会的举办地都集中在北纬41度附近，而崇礼也恰好位于这一"黄金滑雪地带"上。

而今，"黄金滑雪地带"的经济价值尽显，在各方的不懈努力下，崇礼已经涌现出了一个高端滑雪场集群，万龙、太舞、云顶、富龙等四家滑雪场，全部入选"2018年全国滑雪场十强"。

2. 冬季降水中心

"2018年的第一场雪，比以往时候来得更早一些。"

这不是改编的歌词，而是大自然创造的事实。

2018年9月28日，正当华北平原上的人们计划"十一"出行度假的时候，崇礼下雪了。飘飘洒洒的雪花，落在红叶上，落在尚未衰败的野花上，落在那一条条雪道上。

这场雪，用无声的姿态，向世界昭示：崇礼多雪。

迄今为止，前23届冬奥会的举办地，都是海洋性气候。而2022年冬奥会，却首次选在了一个以大陆性气候为显著特征的地区。很多国外专家曾疑虑：北京申办冬奥会，雪从何来？

答案并不复杂，就隐藏在内蒙古高原向华北平原过渡的这片山地间。

气象数据显示，崇礼每年从10月初开始降雪，存雪期长达150天；全域年均降水量为465.2毫米，其中冬奥赛区则在650毫米以上；积雪深度甚至会超过1米。

"严格来说，崇礼属于冀西北地区的冬季降水中心，其降水量是张家口市全域最大的。"张家口市气象台台长郭宏介绍，独特的地形，决定了崇礼拥有充裕的冰雪资源。

摊开地形图可以发现，阴山余脉大马群山向西南伸出的座座山梁，将崇礼的版图分隔成了三条大沟。不过，与全省的地貌版图相反，崇礼的地势，东南高、西北低。

"这就意味着冬季来自西北方向的冷空气，进入崇礼后，会不断遭遇山势阻挡，气流遇到山谷会加速下

银河滑雪场

长城岭滑雪场

富龙滑雪场

万龙滑雪场

密苑云顶乐园

太舞滑雪小镇

多乐美地滑雪场

国家体育休闲综合示范区

崇礼滑雪场分布示意图

孙涛 制图

沉，遇到山坡会减速爬升。"郭宏从山地气象学的角度阐释了崇礼多雪的背后因素，他说："气流在不断下沉、爬升的波状起伏中，历经多次减速之后，最终冷空气在崇礼东南部区域滞留，并与来自东南方向的水汽汇合，从而形成了多发性的降水。"

也恰是这样的因素，让崇礼东南部区域一进冬季，就成为"雪国"。

当初郭敬在崇礼首建塞北滑雪场，使用的正是天然雪。

那时候，他在喜鹊梁北坡开辟出了一条山道，请单兆鉴作指导，以三五角钱一袋的价格雇农民背雪上山，再用铁锹把松散的积雪拍实，生生靠天然雪铺成了一条300米长的雪道。

但后来的滑雪场，投资动辄数以亿计，就不能再靠天吃饭了，纷纷用天然雪

打基础、用人工雪作补充。

2018年10月25日晚，密苑云顶乐园。按下按钮，"曼陀罗"雪道旁的几十台雪炮同时启动。轰鸣声中，它们喷云吐雾，将雪道、山岭以及树木全部融进一幅水墨画之中。

就在这种"渲染"中，来自大自然的水，完成了生命形态的嬗变。

它们通过地下管道进入雪炮，经过空压机的加压、雾化，从炮口的喷嘴喷射而出。雪炮后部的风扇，则接力将其吹向空中。迎面而来的低于−5℃的低温，使这些微小的水滴迅速凝结为冰晶，飘落向大地。

"为了能准时开业，云顶的30多条雪道，40万平方米的雪场，主要靠人工造雪。"密苑云顶乐园公共关系部总监赵琼介绍，相比之下，人工雪更利于标准化

张家口市崇礼区云顶滑雪场　　杨世尧　摄

雪道的铺设。在云顶，一条雪道，从山脚到山腰，再到山顶，雪的厚度分别为35厘米、45厘米、55厘米，弯道处还会有进一步的细化标准。这样做，就是为了顺应坡度需要，让雪道滑行更顺畅，并防止危险发生。

"45厘米的雪道，并非把雪堆到45厘米厚就可以了，而是要像修路一样，用压雪车压上几十遍之后，把雪夯实，让雪变硬。"赵琼透露，他们有时还需要用大针管，向雪道中适当部位注水，使雪道产生临界于雪与冰之间的小冰渣。

这一来自国外专业人士的经验，已被多次世界级赛事所检验：既能保证选手在比赛中出速度，也能保证电视转播中画面效果更好看。

北京冬奥会时，自由式滑雪、单板滑雪两个大项20个小项的比赛，已确定在密苑云顶乐园举办。而今，专门开辟出的云顶滑雪公园内，由原有雪道改造的6条专业赛道，工程已近尾声。

"本着绿色办奥的理念，我们正着手从可持续的角度做好各方面准备。"赵琼介绍，其中围绕造雪的水源，就有多重保障：

雪道上预设的一条条混凝土管沟，把春季融化的雪水，引入云顶酒店底下那座容量90万立方米的空间进行存储，以便冬季循环利用；雪场间的一条山谷，自上而下建设了3座塘坝，可集纳30万立方米的山泉水；而自60公里外的云州水库铺设过来的引水管道，也在此设置了出口……

不只云顶，整个崇礼都在行动。

2018年，这里实施了历史上规模最大、标准最高、效果最好的造林工程，新增造林41.97万亩。同时，还持续关闭退出露天矿山，推进生态修复，治理水土流失面积20平方公里。

伴随生态好转和调查的精细化，崇礼2018年的新版水资源调查与评价报告显示，全区地下水可开采量达到了20世纪80年代的6倍。

3. 离北京越来越近

2019年7月8日，延崇高速砖楼特大桥建设现场。

一座座混凝土桥墩之上，那些钢铁构件正在距地面近百米的空中，一点点地向两端"生长"。

中铁大桥局延崇高速钢桥3标段的项目副经理陈程介绍，未来人们驾车只需几分钟，就能跨过这两道总宽度1000多米的山谷。

延崇高速和兴延高速连接而成的京礼高速，正在拉近着崇礼和北京的距离。

通过这条高速，从崇礼太子城区域到线路终点北京西北六环的距离仅为120多公里——同目前现有的240公里的线路相比，整整缩短了一半。

崇礼之所以能够吸引众多投资者前来建设滑雪场，除了自身的自然资源优势之外，一个重要的因素就是在区位上毗邻北京。

"国际上知名的滑雪胜地，都要依托一个人口超过2000万的大城市。"赵琼介绍，雪场投运的2012年，北京人均可支配收入接近8000美金，并成为全国滑雪文化渗透率最高的一个城市，与这样一个拥有庞大消费群体的大城市毗邻，使崇礼滑雪的长远发展多了有力的支撑。

然而，建设一条更加便捷的滑雪之路，北京的雪友们已经盼了很多年。他们还记得，去崇礼滑雪的路，曾经显得那么漫长：有人中午从北京出发，夜深了才能抵达雪场；有人看着山沟里的窄窄水泥路，以为走错了地方……

为了使京张之间形成快速通道，近几年两地间实施了一批重大交通工程。

京礼高速将为自驾游客提供最便捷的通道；京张高铁及崇礼铁路的建设，则会为崇礼带来更大的发展机遇；张家口宁远机场的改扩建，也为更远途游客的到来，做好了准备。

然而，将滑雪之路距离不断拉近的背后，建设者却要对京张两地之间重峦叠嶂所带来的重重险阻不断克服。

位于宣化和崇礼交界处的崇礼铁路正盘台隧道，就是其中最具代表性的一段。

"我干了14年隧道施工，也没遇到过这么难的！"中铁隧道局项目部副经理黄伟说，他们在这里遭遇的，是2亿年前形成的火山岩——漫长的地质构造过程中，这些岩石被反复挤压、风化、侵蚀、水溶，已变得极其破碎，施工难度极大，风险极高。

然而，相比于复杂的地质，突涌水则是更大的"拦路虎"。

其中一个斜井的涌水，每小时达7800立方米，一个多小时就淹没了300多米正洞和400多米斜井。由于涌水，隧道正洞10个工作面中6个被迫停工。

用大马力水泵持续抽水、用混凝土封堵涌水岩层、从两侧开辟支洞绕开富水带继续施工……建设者想尽一切办法来应对。

全长12.974公里的这条隧道，占崇礼铁路全长的近1/4，未来高铁通过这里时只需3分钟。建设者却为此鏖战了26个月，工作面最多时达到38个，施工人员超过3000人。

复杂地质条件带来的艰难险阻，给建设者们带来考验，也在激发着他们拿出前所未有的智慧。

2019年7月31日，延崇高速金家庄特长螺旋隧道全长4104米的右洞只剩下了最后40米，而全长4228米的左洞也将很快贯通。

在赤城和崇礼交界的这处山体中，延崇高速用4公里多长的线路，构造了一个半径为860米的螺旋。

"采用螺旋布线的方式开凿隧道，能够完美地解决线路爬升问题，缓解了坡度的陡峭，避免了直上直下可能带来的隐患，还能避开不良地质地段。"四川路桥集团延崇高速主体10标段项目部副经理文展介绍。

原来，延崇高速一路向北，海拔也在一路攀升。怀来盆地的海拔只有500多米，而太子城区域海拔已经攀升到1500米。具体到金家庄特长螺旋隧道这个节点，从入口到出口，海拔需要提升80多米。

采用特长螺旋隧道的解决方案，彰显了中国建设者的智慧。2018年4月，吉尼斯世界纪录总部派来的专家现场考察之后，正式认证这条隧道为"在建世界最长高速公路螺旋隧道"。

2019年6月12日，北京。

北京北站外，京张高铁清华园隧道进口，几十个镜头对准了黄色铺轨机牵引的那组钢轨。

这是整条京张高铁即将铺设的最后一组钢轨。

上午10时许，这组钢轨在接轨点精准落位，京张高铁全线铺轨完成。

至此，距京张高铁开通运行又近了一步。

按照计划，新雪季到来后，人们就可以乘坐高铁前往崇礼的冰雪世界,开启一趟轻盈的冰雪之旅——行程将不超过50分钟。

高铁的开通，意味着京张之间的地缘优势，终于变成了交通优势。它不仅可以使北京有更多的人群走进崇礼，还会通过更大的路网，辐射整个京津冀区域，甚至更远的河南、山东等地；不仅会吸引高收入群体，也会让更多的普通阶层有机会走上冰雪。

二、体验运动与激情

1. 精细化气象保障

滑雪很难吗？

中央电视台英语频道主持人郑峻峰在《滑雪在中国》一书中曾讲过这样一段亲身经历：

崇礼一家滑雪场内，压雪机正在工作　　　　刘禹平　摄

当他第一次站到雪道的坡顶时，刚想问下怎么滑，结果冷不丁被人在背后狠狠推了一把，从坡上冲了下去——事后才知道，是同行的朋友在恶作剧，想看他摔个"狗啃雪"。

慌乱中，郑峻峰把两腿撑开，把脚下的双板撇成八字形，结果，未到坡底之前就稳稳地停了下来。

"一种喜悦油然而生，我居然能停下来！"郑峻峰后来回忆道，"原来滑雪没有那么可怕，还挺好玩的。"

滑雪本是一项极限运动，为什么有人能无师自"通"？

"山地滑雪，实际上是一项依靠重力进行的体育项目。"郝世花滑雪学校校长郝世花介绍，当滑雪者处在山坡上，虽然有地面阻挡，不至于垂直下落，但仍有一部分重力能够推着他向山下运动。

这就是滑雪运动背后的原理，山地的高差赋予了人们向下滑降的动能。

如同一个被放到山坡顶部的球，在重力作用下总会向坡底自然滚落。这一自然滚落的路线，在滑雪课程中，被命名为"滚落线"——专业教练总会提到这个词语，因为滑雪运动，需要的就是找准这条线，在其两侧做摆动滑行。

滑雪，是一项容易让人上瘾的运动。

很多人刚开始学会滑雪的前几年，都有过狂热到可以不吃不喝滑一天的经历。

一位雪友描述，一进入雪季，每天想的说的干的，都和滑雪有关；即便是−30℃泼水成冰、顶着八九级大风还照样滑得倍儿开心……出了雪季，就一天一天数着，盼望下一个雪季的到来，实在忍不住了，就到处寻觅四季滑雪场，滑两圈解解馋。

"在雪上，特别是在松软的粉状雪上的飘浮感，下降过程中的失重感和高速滑行的刺激感，都会让大脑分泌多巴胺，产生妙不可言的感受。"作为滑雪运动的一位资深爱好者和研究者，郑峻峰说。

滑雪的分类有很多。其中，和大众滑雪的自由飞翔不同，竞技滑雪，尤其是滑雪赛事，对于气候条件有着特殊的要求。

"气温低于−20℃，就不适合进行比赛了；而大风则是影响跳台滑雪、空中技巧等项目的重要因素。"张家口市气象局业务科技处处长樊武介绍，低温、大风、降雪、低能见度、过强的太阳辐照度等不利气象因素，都可能影响运动员发挥。

2018年初的平昌冬奥会上，就曾有17项比赛因天气原因进行了调整。显然，从某种意义上说，世界级滑雪赛事还需要"看天吃饭"。

"北京冬奥会举办时，我们需要提供更为精细、准确的气象观测、预报信息。"樊武介绍，截至2018年底，张家口赛区已基本建成了精细化的三维立体观测网。

他说，以国家冬季两项中心的赛场区域为例，已经在5个关键地点建立了气象站，正在对空气的温湿度、雪面温度、风向、风速、能见度等15项数据进行实时监测。

如此精细化的气象保障之下，越来越多的国际滑雪赛事选择在崇礼举办。2017年~2018年雪季，当地就成功承办了13项国际雪联顶级滑雪赛事。

2019年2月24日下午，国际雪联单板滑雪平行项目世界杯崇礼站赛场。

冲过终点的中国选手宫乃莹疑惑地大声朝观众席呼喊："我赢了吗？"

就在刚刚结束的平行回转项目决赛中，她以0.35秒的优势战胜了瑞士选手佐格，取得了中国在单板滑雪平行回转世界杯上的首枚金牌。

比赛中，宫乃莹和对手一路紧咬，胜负直到最后3个旗门才见分晓。很多人可能并不知晓，宫乃莹脚下的赛道，在这个赛季之前刚完成不久，同时也是2022年冬奥会自由式滑雪与单板滑雪比赛的共用场地。

2. 3亿人上冰雪

2018年12月22日，沽源青年湖。

时隔24年后，巩俊林又一次站到了冰面上。当天启动的2018年张家口市速度滑冰积分赛，让这位曾经的速滑专业运动员，有了再试身手的机会。

蓝天的映衬下，湖上的冰面格外洁净。这片广阔的冰面，巩俊林曾经非常熟悉，从9岁~18岁的每个冬季，她都是在这片冰面上度过的——她9岁时被招入张北县体校，10岁进入省队，练习的项目正是速度滑冰。

那时，河北的冰雪运动主要集中于张家口，以张家口业余体校速滑队为班底成立了河北省速滑队，驻训地点就在这片湖面。

这支队伍，培养出了冰雪运动健将7人，国家一级运动员28人，还代表河北参加了第三至第七届全国冬运会。

冰雪之上，精彩不断上演

潘卫民　摄

　　转眼间，巩俊林告别冰面已经20多年了——因为种种因素，1995年省速滑队解散，河北也一度有26年告别了全国冬运会。但退役后，巩俊林每次见到冰，心里都痒痒，就像个孩子似的，总要上去踩几脚。

　　从沽源的青年湖到张北的东洋河，再到尚义的鸳鸯湖、康保的康巴淖尔……坝上湖淖众多，在寒冷气候下形成的一块块冰面，曾经让无数的孩子从中找到了快乐，成为孩子们嬉戏的乐园。

　　然而，并非所有的地方，都具备开展冰雪运动的天然条件。

　　这种差异，甚至在保定、石家庄这两座距离100多公里的城市之间也存在。20世纪90年代，保定的高校多开设有滑冰课，而石家庄的大学生，只能望洋兴叹。

　　在两座城市之间，实际上横亘着一条等温线：这条线，从定州一直向东延伸至黄骅，以其为界，南北两侧的气温有着较大差异。每年1月，北侧区域的平均气温会下降到−4℃以下，而南侧则要高上2℃。

　　"相比之下，我是幸运的，不仅出生于坝上高原，而且从小就受到了专业训练。"即便多年不再进行专业练习，42岁的巩俊林仍旧在本次积分赛康保站的比赛中获得了第三名的好成绩。任职于张家口市体育总会的她，组织和带动了一批人走上冰雪。

　　20多年之后，当又一代孩童起步向冰雪寻找乐趣时，他们面前的冰雪世界已经更加多元，冰雪设施也更加完善。

　　2018年12月7日，崇礼多乐美地滑雪场。

　　崇礼区西湾子小学一年级学生郑伊繁，第一次站到了雪道上。7岁的她穿上厚厚的滑雪服，蹬着两条长长的雪板，在教练指导下，动作有模有样。

　　在雪道上完成了一次成功的滑行之后，郑伊繁带着满脸的惊喜，扑进带队老师的怀里："老师，我能滑了！"

雪道上，她的小伙伴们，每一张小脸上，都同样绽放着笑容。

"我们已经将滑雪课程从城区学校推广到所有乡镇，让所有中小学生都有机会走上冰雪。"带队的崇礼区教育局工作人员高世爱说。

3亿人上冰雪，正在这样的努力中逐步实现。没人敢说这些孩子们当中会走出几个世界冠军，但我们敢肯定，爱上冰雪运动，他们的未来一定会更健康、更快乐。

"站在新的起点上发展冰雪运动，首先要解决培训行业体系不完善、等级鉴定标准不统一、认证体系标准不高、师资配备参差不齐等问题。"张家口市体育局副局长甄桂峰介绍，该市87家机构于日前成立了雪上运动培训联盟，为的就是要让冰雪运动发展得更加规范。此外，联盟2019年的具体工作计划之一，还要带动全市40万青少年上冰雪。

3. 户外运动新玩法

2019年7月18日，太舞滑雪小镇。

500多米的海拔落差、超过30度的坡度、20多处拐弯……来自内蒙古自治区赤峰市的张弦语，紧握住山地车车把，从这条2.1公里长的赛道顶端一头冲了下去。

"这条赛道感觉真棒！"一阵风驰电掣之后，这位即将升入高三的中学生，稳稳地将车停在赛道终点。他说，自己原来的练习场地，只是城市周边的山里，根本没法和这里比。

这就是山地自行车速降，一种悄然兴起的山地运动新玩法。

冰雪是崇礼的优势，但没有冰雪的另外三季怎么办？这样的问题，考验着当地的每一家雪场。

"太舞是国内首个四季全运营的滑雪小镇，我们发现了以自行车为代表的夏季户外运动和滑雪产业之间的联系。"太舞集团市场中心总经理聂宁宁说，冬季热爱滑雪的雪友和夏季户外运动的爱好者，有着高度的重合性。

于是，滑雪场优美的环境、丰富的地形，作为资源得到了再利用。尤其是，这里可以提供的基础设施，是其他很多户外运动场地打造不起的。

在太舞，张弦语驶过的赛道，就处于两条雪道之间的桦林中。供滑雪使用的一些基础设施，也与山地自行车速降实现了共享。

另一位来自北京的车友也感受到了基础设施完善带来的便利，他说："我们在北京周边练速降，只能自己把山地车推上去，耗时费力，或者雇辆卡车拉上去，不像这里，坐缆车几分钟就能到山顶。"

为了让独特的山地资源得到更多利用，崇礼也告别了传统的矿业经济，关闭了露天矿山，转而大力推动山地户外运动的开展。

2019年7月14日10时，北京跑友杨学文冲过了第三届崇礼168国际超级越野赛的终点。他用时41小时47分钟，跑完了总长167.1公里的赛道。

近两天两夜的持续奔跑中，跑友们需要穿越的路段各种各样，碎石的、泥土的、陡坡上的、丛林中的……"低头一顿猛爬以为到了山顶，结果眼前又是一座大山"。

但就是这项行进过程如同受虐一般的赛事，却吸引了全国4500名选手参与。

为了兼顾不同水平的选手，本次比赛分为了30.3公里、72.5公里、102.9公里、167.1公里四个组别。其中，最虐人的167.1公里组别中，有51%的选手完成了比赛。

"'被关'（未按时到达指定站点）或退赛不丢人，敢站在起点就很了不起。"杨学文是第一次正式参赛，在受伤的情况下坚持完成了比赛。他赛后在微信公号写下的这句话，引发了很多跑友的共鸣。

随着大健康时代的到来，户外赛事正在成为推介户外生活方式的敲门砖，引领很多人从"整天瘫"到"打卡跑"，越来越多的人还选择周末到山间水岸、阡陌田园享受运动所带来的积极能量。

而崇礼的山川，伴随着基础设施、接待能力的提升以及冬奥红利的加持，更是吸引了许多赛事落户这里，以至于整个张家口都成为一座"活力之城"。

2019年7月6日，一场名为"越山向海人车接力中国赛"的赛事在崇礼重燃战火。

这场路线长达185公里的特殊接力赛中，每个参赛团队都由5名选手和1部车辆组成——当1名选手奔跑时，其他4名选手要乘车赶往下一个接力站点等候。

同风靡全国的马拉松相比，这样的赛事，对跑者的身体和心理素质都提出了更高的要求。

作为引入中国后率先从张家口起步的这项赛事，2019年已经是第三届了。360支参赛队，1800名选手从起点太舞滑雪小镇出发，驰骋于草原天路，穿越了乡间小道，昼夜奔跑，马不停蹄地奔向位于张北的终点塞那都跑马场。

热切的市场需求之下，崇礼从2018年起将单纯的户外赛事扩展为户外运动节，不断解锁山地运动新玩法：以突破系列障碍为特征的斯巴达勇士赛、与山地自行车速降原理类同的山地卡丁车赛、赛道充满环形起伏和弯墙的泵道（Pump Track）自行车赛……

而且，这样的赛事，还被逐渐传播向更广阔的区域：其中的"越山向海人车接力赛"，2019年从塞外山城拓展到海南、香港、澳门和台湾，从山到海、从北到南，真正实现"越山向海"。

三、冰雪带来的财富

1. 热闹的冬季

2019年3月9日晚，崇礼富龙滑雪场。

伴随着又一场滑雪比赛的结束，第十八届中国崇礼国际滑雪节也落下了帷幕。

在过去的101天内，国际雪联自由式滑雪世界杯、首届京津冀冰球邀请赛等冰雪体育赛事先后展开，群众性冰雪活动以及传统民俗文化活动轮番上演……曾经困扰当地人的冰雪，如今早已变成了一种宝贵的发展资源。

"你听说过'白灾'吗？"一位当地干部介绍，过去，在张家口，尤其坝上地区，暴风雪来临时，人出不了门，饲养的牛羊也会被冻死，山川大地上所覆盖的厚厚积雪，就成了一种灾难。

这种状况直至20世纪八九十年代依然存在。而今，对恶劣天气的准确预报及提前应对，对冰雪资源的科学开发，使得"冰天雪地也成了金山银山"。

2018年～2019年雪季，崇礼的雪场，总共卖出了106.6万张雪票，但游客总人数却达到了286万人——这意味着当有人在雪道上激情驰骋时，也有另外一些人乐于置身崇礼银装素裹的群山，观赏高端冰雪赛事的速度与激情。

"在冰雪产业发展中，我们发现了一条规律：每张雪票背后的游客，远不止一个人。一个人来滑雪，身后总会有家人、朋友陪伴。"崇礼区委书记王彪参与了冬奥会从申办到筹办的全过程，他对冰雪产业发展有着深刻的观察和思考。

　　已经举办了23届的冬奥会，举办城市都是在著名的度假胜地。唯独2022年这一届，举办地之一选在了一个贫困地区。王彪说，这意味着，我们必须通过筹办冬奥会带动各方面建设，努力交出冬奥会筹办和本地发展两份优异答卷。

　　找准定位，用冰雪旅游替代过去的矿产经济，崇礼已经走上了"建成滑雪旅游胜地"的绿色发展道路。

　　举办节庆活动，已经成为冰雪旅游业者屡试不爽的营销手段。

　　时过一年半，聂宁宁仍然记得举办2017年酷雪音乐节时的那个夜晚。

　　"尽管那天是-20℃的低温，依然浇不灭音乐发烧友的热情。"聂宁宁介绍，"观众近万人的盛况，让小镇所有部门都高速运转。"这是中国首个冰雪主

坝上地区，夕阳下的雪景　　　周津龙　摄

题摇滚派对，演出期间，众多一线摇滚歌手和乐队轮番登台，演出还在北京、河北、黑龙江等多家卫视的跨年晚会上播出。

这样的盛况，何止在崇礼。

张家口地区自古即被视为苦寒之地，但如今，"冷冷清清"的冬天已经成为过去。张北冰雪嘉年华、尚义鸳鸯湖冰雪文化节、万全杏花沟冰雪狂欢节、赤城冰雪温泉嘉年华、怀来冰瀑节……上一个春节，张家口市推出了21项激情快乐的冰雪主题活动，将地方民俗与冰雪元素有机融合，打造出了一个红红火火的冰雪旅游旺季。

而崇礼本身，伴随着雪场持续扩建升级，基础设施的不断完善，冰雪旅游的影响力也在不断扩大。2019年初，美国《纽约时报》的评选中，崇礼成为2019年52个全球最值得前往的旅游目的地之一。

2. 装备制造的突破

2019年7月22日，宣化。

5辆重型卡车陆续驶出了宏达冶金机械有限公司的厂区，驶往2022年北京冬奥会延庆赛区高山滑雪场。

卡车满载的，是一种安全网杆。雪道旁，每隔二三十米就会设置一座，挂上防撞网，构成滑雪场中重要的防护设施。

这种钢铁杆架，是按照中标这项工程的意大利一家公司的设计要求而生产的，每套重1.5吨。

"意大利公司通过代理商在中国委托了两家企业来生产，我们负责其中的80%。"宏达冶金机械有限公司总经理张长生介绍，当天是这种产品首次向赛区供货。

但这，并不是宏达公司供应冬奥赛区的唯一产品。

2017年，延庆赛区的造雪设备采购中，宏达公司就成为最"抢手"的合作对象，世界著名造雪机制造厂商苏法格、天冰、迪马克等公司纷纷主动联系宏达公司，希望能用他们产的造雪机与宏达公司生产的设备，配套参加采购招标。

宏达公司成为焦点的产品，是一种塔式造雪机旋转支架。

这种支架的发明，使造雪机由固定于一点，变成了可以在直径16米的圆形范

寒冬里，学生们在承德冰上训练中心练习速度滑冰　　　王立群　摄

围内移动，不仅能够解决造雪机射程范围小的弊端，使造雪范围扩大到80米，还能克服山高坡陡，造雪时机械不便在坡面移动的弱点。

"我们是在2015年4月开始研发的，没想到一下子就填补了这个领域的空白。"张长生介绍，这一产品，不仅全面供应崇礼区域的雪场，还走出国门，进入了以制造业闻名的日本。尤其在2018年3月的招标中，和意大利天冰造雪机制造公司共同打入了2022年北京冬奥会延庆赛区。

然而，张长生眼中，该公司的核心产品，则是与北京起重运输机械设计研究院有限公司合作生产的脱挂索道。

"索道，是滑雪场以及一些山地景区建设中的重要交通设施。我们负责生产的脱挂索道，每小时可运送3000人次，每年可生产20多条索道。"张长生从事机械加工已有40多年，身上有着老一代工匠艺人的影子。

"中国造的冰雪装备能够登上冬奥会的舞台，我已经感到无比自豪。"张长生说，这靠的是每天进步一点点的积累。

现代冰雪运动在中国起步较晚，冰雪装备产业的起步更晚。但因为冬奥，这一产业逐渐上路了。

经过近两年的攻关，河钢宣化工程机械公司自主研发的中国首台压雪机已经下线，并在崇礼的滑雪场成功试运行。

这一产品的研制成功，打破了国外在压雪机领域的技术和价格垄断，填补了国内同类产品空白。

与此同时，张家口市正推动建设高新区和宣化区两个冰雪运动装备产业园。入驻的企业包括全球造雪行业的领军企业意大利天冰、全球知名滑雪鞋类品牌Alpina、安全客运索道生产及服务商BMF、知名滑雪服饰品牌Tenson、国际滑雪及户外运动品牌Bloom、索道及雪场魔毯世界级制造商MND等多个明星冰雪企业。

3. 小镇拥抱世界

2019年7月18日，崇礼。

"这是太子城高铁站，外来游客汇集的枢纽，一出站就能看到冬奥颁奖广场……"

"这是文创商街，旁边是精品民宿，这里每栋建筑的屋顶都匠心独具，就像天空飘舞的雪花，缓落于山谷，成簇成团……"

"这些凸显中国北方山地风格的建筑，每一栋都出自大师手笔，鸟巢的设计者李兴钢等十几位大师参与了小镇的设计……"

站在观景台上，遥望眼前的建设工地，听完建设方中赫太舞公司高级品牌经理于博的这些介绍之后，那位前来考察的国际奥委会颁奖仪式专家伸出大拇指，说了句不太标准的汉语："倍儿棒！"

这就是建设中的太子城冰雪小镇。

太子城，本是崇礼一个村庄的名字。群山环绕中，村庄所处的三岔谷地，是崇礼区少有的一处宽敞所在。

2018年初，作为河北省重点建设项目，太子城冰雪小镇面向社会进行投资建设单位的招标，要在这里打造一个国际化的四季度假小镇：赛时要担负起冬奥配套保障的基本功能，赛后还要探索冰雪产业的可持续发展。

巧合的是，这片土地上，竟然还承载着800多年前遗留下的一笔丰厚文化遗产：一位金代皇帝，曾数次前往这里的泰和宫驻夏避暑。

历史的尘埃，掩埋了那座行宫的遗址，徒留下了关于太子的种种传说。而今，这笔遗产经考古发掘重现天日，一座考古遗址公园的建设即将启动。

"让现代建筑与自然山水、历史文化交相辉映"，是太子城冰雪小镇规划设计所秉持的准绳，也是崇礼区域城镇建设的升级选择。

因为，这些如同珠链般撒落在山谷间的小镇，不仅沉淀着厚重的历史，更承载着区域发展的明天。

2019年7月14日，崇礼太舞冰雪小镇。

夜幕降临，悦耳的音乐开始响起，法国音乐人张思安和他的乐队，用节奏和激情点燃了这座小镇。

不到现场，很难相信，大马群山深处的山野中，竟然还有这样一处童话世界般的存在。

现代人的生活方式在慢慢改变，久居水泥森林之后，需要在山里找到一个休息放松的居所。当然，亲近自然的同时，也不希望抛掉城市生活的丰富和便捷。聂宁宁介绍，着眼于满足这样的需求，崇礼的冰雪小镇，要带来的不只是冬季滑雪、夏季户外的运动项目，更是一种全新的山地度假生活方式。

也许很少有人还会记得，2010年时，十几公里之外的崇礼城区，还在满街跑猪。

时光荏苒，崇礼早已日新月异。

"早些年，外地人来崇礼连个像样的酒店都找不到；现在，世界前沿品牌的酒店已经纷纷入驻。"王彪介绍，历届冬奥会的赛事保障中，酒店床位都是个世界性难题。但在崇礼，这个问题已经迎刃而解。

崇礼的飞速发展中，人群的结构也在发生变化。

外出工作的年轻人在不断回归，以北京市民为主的外来人口，也开始在这里季节性定居。

2019年1月15日，早上8点，当第一缕阳光洒向雪场时，67岁的滑雪发烧友桑建中站到了雪道上。他游刃有余地穿梭"走刃"，疾驰而下，动作充满节奏感。

桑建中是2005年首次来崇礼滑雪的。从那时起，他就喜欢上了这里。2009年在这里买房定居，每年在此生活六七个月，夏天骑行、冬季滑雪，已经从一位北京市民变身为一位新崇礼人。

过去崇礼只有崇礼话这一种语言，而今雪场周边，很多村里人都能说普通话。

"现在，在崇礼被使用的语言正在越来越丰富！"牛犇就职于云顶滑雪场时，曾负责接待了国际奥委会许多前来考察的要员。

他注意到，原来要找个翻译，只能去北京，而现在的崇礼，各个语种的人才都能找到，面向不同人群的语言学校也越开越多，很多滑雪教练还考取了世界各国的教练资格证。2018年6月，自己的表妹填报高考志愿，他给出了学习西班牙语的建议。

2018年12月6日，崇礼万龙滑雪场。

正在举办的冬季运动旅游论坛上，北欧冰雪大国芬兰"反客为主"，发出邀请："希望中国人能前往美丽的芬兰，一睹冬季壮观的雪国美景，享受冰雪运动的乐趣。"

瑞典舍夫德市、法国尚贝里市……因为冬奥，张家口市友好城市的"朋友圈"正在不断扩大，最新一位，就是芬兰"冬季运动之都"拉赫蒂。而崇礼也从过去的籍籍无名，成了全球冬季运动版图上一个新地标，逐步成为一个国际知名的冰雪运动和冰雪旅游胜地。

如果说平原是河北大地的"胸膛"，山地高原挺起燕赵"脊梁"，那么森林草原则是平原与山地的"发肤"。河北是人类活动最早的地区之一，森林与草原，既是人们赖以生存的资源宝库，亦是野生动物重要的生存空间。在河北，塞罕坝以其壮美重生，生动诠释了生态文明建设的全新理念。而一代又一代河北人，用日益先进的科技力量，依托矢志不渝的"愚公精神"，不仅在弥补千百年来的生态欠账，更在积极探索人类与森林草原共生共存之道，奔向绿色梦想。请看《大河之北·森林草原篇》第一单元——绿地重生。

（本单元得到了刘永刚、李国华、张慧颖等同志的大力支持，特此鸣谢！）

塞罕坝七星湖   赵海 田明 摄

河北自然地理解读

森林草原篇

大河之北

采访◎《河北日报》记者　袁伟华　李建成　陈宝云

执笔◎《河北日报》记者　袁伟华

📖 阅读提示

塞罕坝，地处内蒙古高原到华北山地过渡地带。

特殊地理位置以及气候条件哺育了这里历史上的"林如瀚海马如豆"。但其后的过度攫取，也曾导致这里"飞鸟无栖树，黄沙遮天日"。

如今，这里是"水的源头、云的故乡、花的世界、林的海洋"。这片120万亩的世界最大人工林海，阻挡着风沙南侵，成为京津地区的生态屏障。其建设者们获得代表联合国环境领域最高荣誉的"地球卫士奖"。

这片森林的消失和重生背后，究竟隐藏着怎样的自然密码？

夏日塞罕坝　　陈晓东　摄

一、森林的回归

1. 消失的天然名苑

塞罕坝的名字，是蒙古族与汉族两个民族语言的结合，意为"美丽的高岭"。

历史上这个"美丽的高岭"有多美？

或许，我们可以从承德避暑山庄的澹泊敬诚殿，窥见一斑。

澹泊敬诚殿，俗称楠木殿，作为整个避暑山庄的主殿，却并无雕梁画栋的金碧辉煌，而是完全保留了金丝楠木的本色。这种低调的奢华在中国古代宫殿建筑中独树一帜。

鲜为人知的是，300多年前这座大殿始建之时，采用的却是松木结构，其所用木材大多来自向北100多公里以外的围场、丰宁坝上地区。

坝上地区在商周时称为"鬼方"。春秋战国时期，东北地区的东胡游牧部落扩张至此。史书记载，当时紧邻塞罕坝的丰宁坝上有"巨松如云"，古称"豪松坝"。

当时，这里的森林植被与东北大小兴安岭相近，生长着以落叶松为主兼有云杉、白桦、白杨、蒙古栎等针阔混交林。

直至1019年辽圣宗颁布"驰采木之禁"的命令时，承德坝上原始森林尚未破坏，森林覆盖率在70%以上。当时的塞罕坝，是一处水草丰美、森林茂密、禽兽繁集的天然名苑，在辽、金时期称作"千里松林"，曾为皇帝狩猎之所。

公元1681年，清朝康熙帝在平定了"三藩之乱"后，巡幸塞外，更是看中了这块"南拱京师，北控漠北，山川险峻，里程适中"的漠南蒙古游牧地，决定以喀喇沁、敖汉、翁牛特等部"敬献牧场，肇开灵圃，岁行秋狝"的名义，设置"木兰围场"。

今天的塞罕坝，处于木兰围场的核心区域内。选定此地作为皇家猎场，既是看中了当时的自然地理条件，又客观上对林木资源进行了保护。

彼时的塞罕坝景色如何？

清光绪年间《围场厅志》记载："落叶松万株成林，望之如一线，游骑蚁行，寸人豆马，不足拟之。"时人诗句"木兰草最肥，饲马不用豆"，勾画出了木兰围场草肥林茂的自然环境。

在清朝鼎盛时期，这里是一片美丽的后花园，一座声名显赫的皇家猎苑。然而，此后的百年间，这座"美丽的高岭"却逐渐黯然失色。

为了修建圆明园和承德避暑山庄，仅乾隆三十三年至三十九年（1768～1774）的7年间，清政府就从围场砍伐古松34万株。

鸦片战争前后清政府的统治逐步衰落，"木兰围场"于同治年间开围放垦之后，清政府大量招户采伐树木，林木资源一次次遭受掠夺。

1932年，日本侵略者侵占承德，又对这里的森林资源进行了洗劫……

塞罕坝的天然林遭受重创，森林资源越来越少。来自西伯利亚的寒风长驱直入，推动流沙不断南移。

到新中国成立之初，"美丽的高岭"已经退化为高原荒丘——"飞鸟无栖树，黄沙遮天日"。

从地理位置上看，塞罕坝地处内蒙古高原浑善达克沙地南缘，而浑善达克沙地与北京的直线距离只有180公里。浑善达克沙地的海拔高度1400米左右，北京的海拔为43.71米。

如此一来，浑善达克沙地犹如高悬在华北平原之上的一个大沙堆，风沙扑来，就像一个人站在高处向下扬沙子。

有历史气象资料表明：20世纪50年代，北京年平均沙尘天数56.2天。

老舍先生曾在《北京的风》中描写："寒风，卷着黄沙，鬼哭神嚎地吹来，天昏地昏，日月无光……桌上、炕上，落满了腥臭的灰土，连正在熬开了的豆汁，也中间翻着白浪，而锅边上是黑黑的一圈。"

为了改善生态环境，新中国成立初期掀起了一场国有林场建设的高潮。当时河北省开始在各地兴办国营林场，承德地区行政公署和围场组建的林场最多。那时候，现在属于塞罕坝机械林场范围内的阴河林场、大唤起林场先后开始起步。

对于重要沙源坝上地区，当时的国家林业部一直在筹划在河北的张家口或承德地区建设一个百万亩规模的防护和用材基地。

这个大型林场落在哪里，经过了一番论证。

1961年，10月的塞罕坝，寒风吼叫，大雪漫舞。

时任林业部国营林场管理局副局长刘琨，率队策马行走在冰天雪地的坝上。刘琨一行，正是为给林场选址。那时候，浑善达克沙地南缘的大面积沙丘上，除了阴坡、水泡子和湿地边缘有零星的天然次生林外，不少地方已成了白沙裸露的荒漠。

整整在荒原上跋涉三天后，刘琨他们终于在康熙点将台的石崖下，发现了天然落叶松的残根。

有残根？这个线索让刘琨顿时喜出望外，决定继续寻找。最后，竟然在荒漠的红松洼一带，发现了一棵粗壮挺拔的落叶松——这就是后来被称为"一棵松"的塞罕坝功勋树。

刘琨认为，这棵松树当时少说有150多年树龄，它是历史的见证，活的标本，证明塞罕坝上可以长出参天大树。

"当时国家林业部最终决定在塞罕坝建设大型机械林场，主要有几个方面的原因。"河北省林科院党委书记王玉忠说。

塞罕坝独特的地理位置和气候条件，无疑是首选要素。

从地形图上看，塞罕坝属于坝头地区，东南来的湿润气流，在这里二次爬坡，形成一个相对多雨带。从气候水文条件上看，塞罕坝地区年降水量490毫米，属寒温带半干旱—半湿润季风气候区。其所处区域地形又较为平坦，有利于大气降水的蓄积，所以地下水补给充沛。

从土壤条件来看，塞罕坝地区的土壤大体分为6大类：棕壤、灰色森林土、草甸土、风沙土、沼泽土及黑土。其中，灰色森林土占比较大。

灰色森林土是温带森林草原土壤植被下形成的土壤，通体质地较轻，一般为沙质壤土到黏壤土，属于森林土壤向草原土壤过渡类型。

这类土壤有机质含量较高，可混生落叶阔叶林和落叶松、云杉等针叶林。

古文献记载、天然落叶松残根和"一棵松"的发现，为塞罕坝可以种树提供了证据。自然地理条件和现实优势，让塞罕坝最终成为大型林场的选址地。

1962年2月14日，当时的国家林业部塞罕坝机械林场正式组建。

塞罕坝的重生，由此开始。

2. 当树苗遭遇高寒

2018年7月，塞罕坝东部的红松洼国家级自然保护区。

典型的"五花草甸"之上，一棵20多米高的大树从绿色地平线上兀自拔地而

20世纪80年代，塞罕坝上"一棵松"

河北日报社资料图片

起，格外引人注目。

这就是当年被刘琨拥抱的"一棵松"。

如今，"一棵松"树身被无数路过的人自发用石块围了起来。树干上缠满的红丝带，则寄托着当地人和游客们各自的期盼。

"一棵松"不仅给了塞罕坝人能在荒原上种活树的信心，还为当时在塞罕坝究竟应该种什么树提供了科学依据。

作为森林—草原交错带，塞罕坝本身也可视为生态交错带。这里的植被原始群落主要以落叶针叶林、常绿针叶林、针阔混交林、阔叶林和灌丛植物为主。其中，塞罕坝原始落叶针叶林为华北落叶松林，也是这一区域原始森林的建群种。

其实，在塞罕坝七星湖北边，就有一片天然次生的华北落叶松和云杉的混交林，这正说明了人工种植本地的乡土树种更容易存活，这也是塞罕坝当地植被的顶级群落，也就是最稳定的群落。

塞罕坝机械林场的最初的建设者们，最终选定了三个主要树种：华北落叶松、云杉和樟子松。

塞罕坝机械林场总场林业科科长李永东介绍说，当时选择这些树种，首先要解决的是"有没有"的问题，何况，"用材基地"还是当时塞罕坝机械林场的一个主要职能。为了筛选出"活、快、好、高"的树种，起初林场工人选择了多个树种在实验林里种植、研究，经历了许多次失败。

2018年8月，塞罕坝千层板林场苗圃5区。

30厘米高的幼苗透着嫩黄色，圆润喜人。技术员高平边检查每一株樟子松的长势，边给工人讲解育苗技术要点。如今这里苗圃育苗成活率达到95%以上。

为提高育苗质量，林场配备了专门的喷灌、晒水池、起苗机械及种子加工、精选、检验等设备。如今，林场苗圃每年可产云杉、樟子松等良种壮苗600余万株，除满足本场造林需求外，还远销北京、内蒙古、山东等地。

　　塞罕坝人对树苗有特殊的感情。塞罕坝最初的建设者们，面临的首要难题，就是如何让树苗在高寒地区扎根。

　　20世纪60年代，确定了树种的塞罕坝第一代建设者们，面临的是怎样一个立地条件呢？

　　塞罕坝除了寒冷，还有风沙，有句谚语称，"一年一场风，年始到年终"。

　　当时天气能冷到什么程度？雪深没腰，所有的道路都被大雪覆盖。用林场老职工的话说，大雪被风一刮，屋内就是一层冰，就是"抱着火炉子"都不会有热的感觉。晚上睡觉要戴上皮帽子，早上起来，眉毛、帽子和被子上会落下一层霜，铺的毡子全冻在了炕上，想卷起来得用铁锹慢慢地铲。

　　建场初期，林场的树苗都是从外地引进的。1962年，林场种植了1000亩树苗，到了秋天，发现成活率不足5%。1963年春，塞罕坝又种植1240亩树苗，此次成活率比上一年略高，但也不足8%。

　　山上能自然生长松树，机械造林却为何如此难？几经研究，人们发现，树种和苗木本身没有问题，而是外地苗木在调运中，容易失水、伤热，且适应不了塞

塞罕坝早期建设者们住过的窝棚
塞罕坝林场　供图

20世纪六七十年代，塞罕坝林场造林场景
塞罕坝林场　供图

罕坝风大天干和异常寒冷的气候。

经过考察、摸索、实践，塞罕坝改进了传统的遮阴育苗法，摸索出了一套"全光育苗法"。

2018年8月，千层板林场苗圃。

技术员小于从苗床上拿起一棵30厘米高的獐子松幼苗，用剪刀对幼苗的根须进行修剪。

高平介绍说，直到现在，全光育苗法仍在使用中不断完善。

最初的全光育苗与传统的遮阴育苗有3点区别，名为"三不覆"：一是不再用塑料布给种苗覆膜，二是不再用草帘等遮阴，三是不再设置防风障。

其大致过程分为几步：第一道工序是雪藏。头一年冬天把种子、农药和雪拌在一起，埋放在室外。第二年春天，从雪中扒出来。第二道工序是化种。将种子放进六七十摄氏度的温水里泡上两三个小时后捞出来，用沙土搅拌晾晒催芽。第三道工序是播种上床。用人工播种器播种后用筛子实施覆土。技术上严格控制土的厚度，要点是不能人厚。之后要适时观察地表湿度，湿度不够时洒水保湿。

"全光育苗法实际上是对种苗适应性的一个锤炼，让种苗对塞罕坝本地高寒的生长条件更加适应，提高成活率。"高平介绍说。

全光育苗技术成功后，机械造林还解决了一系列难题。比如落叶松上植苗机的时候最好去掉侧枝，苗床留苗过密上植苗机容易折断等。

为满足机械造林对苗木的要求，提高苗木的抗旱能力，技术人员大胆尝试对一年生苗木用切根犁切断主根，再培育一年的技术措施，使苗木须根发达，从而培育出了大量根部发达的"大胡子"和粗壮低矮的"矮胖子"苗木。

培育"大胡子、矮胖子"优质壮苗的技术大大增加了育苗数量和产成苗数量，彻底解决了大规模造林的苗木供应问题。

3. 百万林海的科学源头

2018年9月25日，塞罕坝机械林场尚海纪念林。

林子里有一座墓碑，那是塞罕坝林场第一任党委书记王尚海的墓。墓碑旁，竖着他1米多高的雕像，深情地注视着林子里的一草一木。

"尚海纪念林"是王尚海安葬的地方，位于马蹄坑营林区的中心。1989年，王尚海去世后，林场遵照他的遗愿，将其骨灰撒在了马蹄坑营林区，并将这片林子命名为"尚海纪念林"。

墓碑不远处，另一块石碑引人注目，石碑上深深镌刻着"绿之源"三个字。

这个原名"马蹄坑"的地带，位于总场东北部10公里处，三面环山，南临一条小河，形如马蹄踏痕，共有760亩地。

1964年春天，全光育苗法取得突破之后，塞罕坝人最早在这里种下的幼苗，取得了96.6%的放叶率。地势平缓、适宜机械作业的"马蹄坑"，成为塞罕坝机械林场人工造林渐入佳境的转折点。

如果说"一棵松"是塞罕坝林场得以建立的"源头"，那么尚海纪念林，则是塞罕坝最初成长的"源头"。而塞罕坝的百万林海，还有一些无形的"源头"。

事实上，尽管名字叫作机械林场，但实际上塞罕坝120多万亩的人工林，真正使用机械大规模人工造林的仅有十几万亩。其余的人工林，都是林场职工一锹一锹栽下的。

但哪怕只是一锹一锹挖土，也自有它的科学道理。

在机械造林与人工造林的过程中，塞罕坝人改造过进口的植苗锹，改装过当时最先进的植苗机，研发过各种适宜本土的"土办法"。

李永东介绍说，过去围场一带人工造林是"中心靠山植苗法"，工序复杂、费时、进度慢。林场职工摸索出了一套"三锹半人工缝隙植苗法"。

"三锹半人工缝隙植苗法"的技术并不复杂：第一锹向内倾斜45度斜插底土开缝，重复前后摇晃，直到缝隙宽5厘米至8厘米，深度达25厘米。顺着锹缝侧面抖动苗木投入穴中，深送浅提，以舒展根系，再脚踩定苗。离苗5厘米左右垂直下插第二锹，先拉后推，挤实根部防止吊苗，挤法同第一锹。第三锹，再距5厘米，操作同于第二锹，仍为挤实。最后半锹堵住锹缝，防止透风，以利于苗木的成活。最后是平整穴面，覆盖一层沙土以利保墒。

"三锹半人工缝隙植苗法"是塞罕坝机械林场的独创，与行业通用的"中心靠山植苗法"比，造林功效提高一倍，同时能节省造林成本。

"深送浅提，不漏红皮"是提高小树苗成活率的有益经验，栽植深了浅了都不好。他们经过反复实践，发现在塞罕坝栽植落叶松只能埋到苗木根部的红皮位置。樟子松和云杉埋得不能超过第一轮针叶，过深或过浅都不容易成活。

坝上闪电河湿地夏日风光　　　杨世尧　摄

李永东说，多年过去，如今塞罕坝造林已经摸索出更多科学方法。但在当时的条件下，这些尝试汇集了塞罕坝几代建设者们的心血，成为塞罕坝植树造林过程中积累下来的宝贵财富。

2018年6月30日，塞罕坝机械林场阴河分场的亮兵台。

曾为塞罕坝人颁发"地球卫士奖"的联合国副秘书长兼环境规划署执行主任埃里克·索尔海姆兑现自己的承诺，要来塞罕坝亲眼看一看。

眼前莽莽苍苍的林海带给他深深的震撼。他说，塞罕坝人获奖是实至名归。"他们让森林又回来了。"

一个"又"字，跨越百年。其背后几代人靠"塞罕坝精神"支撑下改天换地的努力不可备述。

二、构建生态链

1. 林海脆弱的一面

华北平原和内蒙古高原交接的地方陡然升高，一个大台阶分割出上下两种地貌。这个台阶就是坝。

这条东北—西南走向的"大坝"，南高北低，南界被称为"坝缘"或"坝头"。由坝头向北缓缓倾斜，坝头和坝下相对高差达500米～1000米。

古生代末期的造山运动，成就了这样一个奇特的地貌。如今，这里作为内蒙古高原的一部分仍在缓慢隆升。

从地理位置上看，塞罕坝位于围场满族蒙古族自治县北部，也是河北的最北端，属森林—草原交错过渡带，海拔1010米～1940米。

天地造化，使这里的森林成为阻挡北方风沙南侵的天然要冲。塞罕坝上的百万亩林海，是护卫京津的最好生态屏障。

守护好这道屏障，塞罕坝的生态探索依然在进行。

2019年4月15日，塞罕坝机械林场总场阴河林场。

24岁的林场扑火队值班员刘志刚，每隔15分钟就会接到妈妈齐淑艳打来的电话："一切正常。"

电话来自林场最高的一处"望海楼"，那里海拔1940米。

刘志刚的父亲刘军和母亲齐淑艳是长驻"望海楼"里的瞭望员。这个时节，他们每天要拿着望远镜，登上高16米的瞭望塔露天平台去观察。

"把林子看护好，是每个林场人的责任。"刘军说，"防火责任大如天。这片林子不仅是我们的'命根子'，更是几代塞罕坝人的'命根子'。"

最近几年，林场加大科技投入，加装了林火视频监测系统、红外探火雷达、雷电预警监测系统，无人机也投入了防火巡逻执勤。

但先进监测网络的建立，没有让塞罕坝人心里那根防火弦松懈分毫——毕竟，监测网络再先进，也不能百分之百覆盖，更无法百分之百准确识别着火点。是烟是雾，还需要人来判断。

如今，塞罕坝有116名专业化扑火队员，220名半专业化扑火队员，263名专职护林防火人员，9座望海楼，14个固定防火检查站。紧要期，他们需要全员上岗，随时出动。

2018年5月18日，阴河林场。

两架直升机轰鸣着飞过林海。

机腹上一根长35米的横管不停喷洒雾状药剂，精准打击啃食树木的落叶松尺蛾。

除了防火，塞罕坝机械林场职工们的另一个重要任务是防虫。

"面对任何可能危及林木的虫害，我们都要坚决说'不'。"塞罕坝机械林场森林病虫害防治防疫站站长国志峰说，用直升机对付落叶松尺蛾，只是一年中无数个追击歼灭病虫害战役当中的一个。

"根据我们2017年秋季林业有害生物调查预测，2018年将有16万亩落叶松可能发生尺蛾病虫害，如此大面积，十几年未遇。"国志峰说，落叶松尺蛾从卵到幼虫再到蛹的蜕变，只需要半个月时间，"化蛹之前防治不住，蛹就会入土越冬，来年对森林的危害就更大了"。

为抓住稍纵即逝的"战机"，2018年，林场采取飞防加人防的战术，向落叶松尺蛾发起立体攻击。一架直升机，一次可携带200公斤药剂，相当于30人同时作业。到5月27日飞防作业结束时，直升机总计出动了220架次，防治面积12万余亩。

这样的"人虫大战"，不时在塞罕坝上演。

塞罕坝冬季漫长且气温极低，最低气温−43.3℃，河北省的极端最低温纪录即产生于此。这里，甚至没有明显的夏季，大风天数多，年均6级以上的大风日数67天，最多年份达114天——这些，已属典型的寒温性高原气候，与大兴安岭北坡气候特点类似。

这样的自然条件，是不少外来树种在塞罕坝难以存活的重要原因。独特的气候与地貌，让塞罕坝在全国造林行业内也是一个特殊的存在。

特殊的自然条件加上历史原因，这里人工林的树种以落叶松、樟子松、云杉为主，且人工纯林的比例非常大。

行业内的共识是，单一树种形成的纯林，主要有二个弊端：林木生长受限、防火和防虫难度大。

国志峰介绍，从生态系统来说，这样的森林是很脆弱的，容易爆发大面积的病虫害。而对塞罕坝林业有害的生物包括松毛虫、小蠹、白毛树皮象等20多种。

从林场总场的森防站，到分场的森防股，再到更基层的测报员，每年防虫期到来之前，塞罕坝的相关岗位会全线启动，对病虫害可能爆发的地点、发生面积、虫口密度、危害程度等，做大量调查和分析。

塞罕坝林场采用的防治方法，主要有喷烟防治、喷雾防治、飞机防治、物理防治、天敌防治、毒饵诱杀等，因虫施策。大规模防治展开之前，工作人员要捕来不同种类、不同成长期的害虫，然后用不同品种、浓度的药品分别喷洒，记录其死亡时间，从而探寻出最佳防治时机和药品。

不过，飞防好比地毯式轰炸，并不精细，剩余4万亩的陡坡峭壁，则需人工处理。

这是名副其实的"人虫大战"。

每年从4月到9月底，国志锋和他的100多位同事，每天凌晨3时就要背着重约30公斤的药剂和设备，到达作业地块。从天不亮开始，他们要一直忙到晚上，有时直到深夜才能到家，每天只能睡三四个小时。

多年来，单一树种的塞罕坝林场，病虫害成灾率始终控制在千分之二以内。这个数据，稳稳保持在河北省林业部门划定的"成灾率不高于千分之三点三"的红线以内。

而塞罕坝林场摸索建立的完善的预报、防治体系中，目前已有多个行业技术标准在全国林业系统推广。

塞罕坝对虫害防治的理念和技术还在不断进步。

"近几年，我们塞罕坝在防治病虫害的同时，更加注重生态环境保护，'自控机制''生态平衡'成为林场的关键词。"

国志锋说，现在塞罕坝人的理念是，只要能够实现森林自控的，就不人为干预；只要能够小范围控制的，绝不扩大面积防治；只要能利用生物天敌防治的，就不使用化学药剂。"目的就是将环境污染降到最低，最大限度保护非防控对象，促进森林形成自控机制，维护生态平衡。"

2. 林木饱和之后

2018年9月20日，塞罕坝三道沟东坡。

"这里的土叫'头皮土'。"塞罕坝机械林场总场阴河林场副场长彭志杰，随意拨开几厘米厚的一层薄土，下面拳头大小的石砾一个挤一个。这样的山体上，连灌木存活都不容易。

塞罕坝三道沟东坡，是一道坡度接近30°的石质山阳坡，曾被专家断定种树难活。

彭志杰给记者算了这样一笔账：塞罕坝机械林场的面积达140万亩。这140万亩经营面积中，除去已成林的112万亩人工林，有些地是湿地，要保护，不能栽树；有些是林业附属用地，比如说有190多公里林路；还有一个面积比较大的是森林防火隔离带；此外还有一些管护用房用地、生活居住场所。

塞罕坝机械林场从1962年组建到2019年，种了57年的树，能种树的地方，基本上已经种满。到2017年，全林场仅剩下像三道沟东坡这样的1万亩石质阳坡尚未造林。

这些石质阳坡，已经成为塞罕坝"最后的硬骨头"。

2018年5月，面对石质阳坡造林的世界级难题，尽管再造一亩林要倒贴500元，塞罕坝人仍向最后的1万多亩石质荒山发起了总攻。

在石质荒山种树，难度有多大？

彭志杰摊开布满老茧的双手。

在这样的山上挖树坑其实就是凿石头，一凿下去，震得手疼。而最难的，是搬运树苗。山上无法浇水，上山前容器苗要浇透，一棵40厘米高的苗就重达七八斤。坡陡山高，机械上不去，全靠人扛骡子驮，"就连骡子都经常累得撂挑子"。

没有可借鉴经验，塞罕坝人不断摸索，总结出了大穴、客土、壮苗、覆膜、覆土等一系列严格的技术规范，实现了"一次造林、一次成活、一次成林"。

截至2018年年底，塞罕坝林场石质荒山攻坚造林任务基本完成，造林成活率达到99%。幼树成林后，这片世界最大人工林场，森林覆盖率将达到86%的饱和值。

这意味着什么呢？

塞罕坝机械林场总场北曼甸林场场长张利民说："这意味着我们已经无地再造林了。"

无林可造之后，塞罕坝林场的职工们又该干些什么，塞罕坝林场下一步又往哪个方向发展呢？

"以往塞罕坝造林解决的是'有没有'的问题，以后就要更多地解决'好不好'的问题了。"张利民说，"目前我们塞罕坝的主要任务，就是如何让这些林子'高质量发展'。"

　　2018年9月20日，塞罕坝机械林场尚海纪念林。

　　塞罕坝机械林场总场林业科副科长常伟强，正拿尺子一棵棵测量新引进的新疆云杉生长数据。

　　如今，为改变造林树种单一，丰富林种树种结构，促进林木产品多样化和多元化，林场依照树种的生物学特性，结合本地气候和地理条件，从黑龙江、吉林、辽宁引进了彰武松、红松、冷杉、水曲柳、黄菠萝、核桃楸、五角枫等珍稀树种5万余株，并在立地条件不同的大唤起林场、第三乡林场、千层板林场共试验栽植300余亩。

　　"'构建生态廊道和生物多样性保护网络，提升生态系统质量和稳定性'，这为我们指明了提高森林质量的方向。"常伟强说，人工纯林树种单一、难以形成稳定的生态链，需要通过间伐、抚育、林冠下更新树种等人工手段实施近自然管护，营造复层异龄混交林。

塞罕坝秋色　　贾 恒 摄

三、绿色畅想曲

1. 变化的森林结构

2018年7月，塞罕坝千层板林场马蹄坑营林区，尚海林42林班。

李永东带着林场员工们正在做森林调查设计。检尺、打漆、记录、确定边界，为明年这个地块"抚育间伐"提供科学依据。需要间伐的林木，要打上红色漆，需要保留的，则打上蓝色漆。

"造林完成了，我们现在干什么？抚育间伐！"李永东说，树不是不能伐，只是要科学地去伐。青山常在，永续利用，越伐越多，越伐越好，这才是科学育林的道理。李永东解释："造林是技术，管护是艺术，只造不管等于零。种树要比种庄稼还用心，不仅得浇水、除草、施肥，还要辅以修枝、抚育、间伐等科学管护措施，树木才能长得快，长得好。"

缺乏经营抚育的林子，连草都不长。施加少量人工干预的林地生态良好，森林生物多样性持续增加，可形成乔、灌、草、地衣苔藓相结合的立体森林资源结构。

自建场以来，塞罕坝就一边抓造林，一边抓营林。特别是自1983年全面转入森林经营阶段以来，林场摸索出一套科学抚育管护的模式，实现了"越砍越好"的良性循环。

木材生产曾经是塞罕坝林场的支柱产业，一度占总收入的90%以上。近年来，林场大幅压缩木材采伐量，木材产业收入占总收入的比例持续下降，最近这5年已降至50%以下。对木材收入的依赖减少，为资源的永续利用和可持续发展奠定了基础。

"根据河北省林业调查规划设计院的调查和预测，'十三五'期间塞罕坝林场林木蓄积年生长量约为54万立方米。因此，只要年均消耗蓄积维持在20万立方米左右，完全可以保证森林资源总量的持续健康增长。"李永东介绍，河北省下达塞罕坝林场的"十三五"采伐限额为每年20.4万立方米，但林场实际的林木蓄积消耗量，控制在13万立方米左右。

塞罕坝林场的采伐限额只用了六成，而且主要用于"森林抚育"：严格按照规章制度，把林子里长势较差的林木伐掉，将林木密度过大的地方降下来一些，使留下的林木能够更好地生长，提升森林质量。

2018年9月20日。

刚刚结束了短暂的探亲假期的常伟强，正驾车逆风返回坝上。

初秋时节，来自南北的两股暖冷气流在接坝地区激烈碰撞，来自北方的风已经开始冷冽——巨大的温差，使常伟强不得不半路停下来加上一件厚衣服。

去往塞罕坝机械林场总场的路蜿蜒曲折，经围场后汽车开始在盘山路上爬坡。天际线上，云与黄绿色的树林模糊了界限，盘旋而上的汽车，犹如一艘小船，在云与树的波浪里浮游。

38岁的常伟强脸色黑红，他的办公室陈设简单，案头散乱着各种书籍文件。这里并不是他经常落脚的地方。

"更多时候都在林子里。"常伟强说，林场总场的办公室向来人气不旺，因为大多数时间，人们都是一头扎在林子、苗圃里，"那里才是我们的办公室。"

林业科正在组织一次生产大联查，造林密度、成活率、苗木质量等都需要检查统计，常伟强的工作量不小——要想在林子里跟上他的步伐，并不是件容易的事——这样的联查，将为未来的"抚育间伐"提供数字依据。

"抚育间伐"腾出了空间，将造林之初每亩222株密植松树减少到50株，个别区域仅保留15株。树下通过"引阔入针""林下植树"等手段，在高层树下植入低龄云杉等，逐渐形成了以人工纯林为顶层，灌木、草、花、次生林的复层异

塞罕坝上奔腾的骏马　　孙阁　摄

龄混交结构。

塞罕坝的人工纯林由此变得生动有趣起来——随着通风透气性增加，温度高了、湿度大了，微生物开始活跃，林下积累的十几厘米针状落叶被加速分解，为植物生长提供更多养分，乔灌木和花草越长越高，也给这里的小动物们营造出了舒适的生存空间。

如今，森林面积在不断增加，森林质量越来越好。

林木蓄积量是反映森林质量的重要指标。塞罕坝林场的林木总蓄积量，由建场前的33万立方米增加到1012万立方米，增长了30倍。单位面积林木蓄积量，是全国人工林平均水平的2.8倍。

除此之外，近年来，各地生态环境建设力度空前加大，绿化苗木需求大增。塞罕坝林场建设了8万多亩绿化苗木基地，培育了云杉、樟子松、油松、落叶松等优质绿化苗木。1800余万株多品种、多规格的苗木，成为绿色"聚宝盆"。

"林场的绿化苗木，销往京津冀、内蒙古、甘肃、辽宁等十几个省（区、市），每年收入超过1000万元，多的时候达到2000多万元。"塞罕坝林场产业化办公室主任李双说。在林场的带动下，周边地区的绿化苗木产业也迅速发展起来。

2. 资源的另一种开发

2018年7月20日，沿着塞罕坝国家森林公园内的公路蜿蜒前行，两侧密密匝匝的松林将一片片绿色送入眼帘，透过偶尔稀疏的林，可窥见远方绵延起伏的丘陵、山脉、草原、湖泊……此时，七星湖湿地公园如点缀在绿毯上的明珠，蓦然闯进视线。

人未至，悠扬的乐声已先入耳。湖光山色间，一座玻璃舞台分外打眼。这是"绿色的旋律"2018塞罕坝森林音乐会系列活动现场。

连着两天，伴着细雨过后的花草香气，原生态民歌民乐主题专场、童声童趣合唱团主题专场、新时代经典作品主题专场3场特色专题音乐活动先后在这里举办，每场演出吸引2000余名观众和游客。

"人披衣甲马上鞍，大小儿郎齐呐喊，催动人马到阵前。"7月20日，原生态民歌民乐主题专场中，来自陕西的11位华阴老腔演员，震撼上演了《将令一声震山川》。

"这就是中国最古老的摇滚乐——在原生态的大森林里看到民族艺术走进现代生活,感觉特别赞!"来自北京的观众张浩赞不绝口。

森林音乐会是一种新的尝试,是对塞罕坝旅游资源的进一步开发和升级。

塞罕坝森林音乐会等系列活动,让青山绿水与生态文明发展同频共振,一边是风吹树叶的天籁之音,一边是琴韵笛声的悦耳旋律,这一刻,人与自然相得益彰。

塞罕坝阴河林场,一座巨岩拔地而起,巍然屹立,这儿名叫亮兵台,又称康熙点将台。

传说康熙皇帝在乌兰布统之战胜利后,曾登临此台检阅凯旋的将士。登上海拔1874米的亮兵台,眺望四方,林海浩瀚,壮阔雄浑。

阴河林场场长赵立群介绍:"亮兵台四周都是40多年前栽植的人工落叶松林,现在已经从幼苗长到十八九米高。这一带的7万多亩林海,还只是塞罕坝百万亩林海的一小部分。"

"点将声声随云去,林海滔滔百万兵。"7月,昔日亮兵台,已经成为游人必看景点之一。

今天的塞罕坝,绿色发展之路越走越宽。郁郁葱葱的林海,成为林场生产发展、职工生活改善、周边群众脱贫致富的"绿色银行"。

春天,群山抹绿,雪映杜鹃;夏天,林海滴翠,百花烂漫;秋天,赤橙黄绿,层林尽染;冬天,白雪皑皑,银装素裹……

塞罕坝四季皆有美景,是摄影发烧友的天堂,是华北地区知名的森林生态旅游胜地。

塞罕坝林场在保证生态安全的前提下,合理开发利用旅游资源,严格控制游客数量,已有十几年未曾批准林地转为建设用地。目前,来自世界各地的游客年均50万人次,一年门票收入4000多万元。

如今,塞罕坝森林旅游、绿化苗木等绿色产业的收入,早已超过林木经营收入。

3. 绿色新价值

2018年9月20日,大光顶子山。

这是河北最北界上的一座山。由此向北十几公里,就是内蒙古克什克腾。

蓝天白云下,一座座白色的巨大风机矗立山头,叶片随风转动,带来清洁能源，同时成为一道悦目风景。

最近5年，塞罕坝林场利用边界地带、石质荒山和防火阻隔带等无法造林的空地，与风电公司联手，建设风电项目。可观的风电补偿费反哺生态建设，为林场发展注入活力。

更新潮的还有。

植树造林者种植碳汇林，测定可吸收的二氧化碳总量，将其在交易市场挂牌出售；碳排放单位购买二氧化碳排放量，来抵消其工业碳排放。碳汇交易，是通过市场机制实现森林生态价值补偿、减少温室气体排放的有效途径。

塞罕坝的造林和营林碳汇项目，已在国家发改委备案，总减排量为475万吨二氧化碳当量。如果全部实现上市交易，保守估计可收入上亿元。

围绕一片林的多种经营尝试，正是重生之后塞罕坝的发展方向。

"塞罕坝未来的重点工作，是如何实现可持续经营。"20多年持续关注塞罕坝的林业专家、河北农业大学林学院院长黄选瑞近年来一直在不断探索塞罕坝可持续经营之路。

目前，他的主要工作有两个方面，一是对塞罕坝林业资源进行立地分类与评价，探讨其在全球气候变化背景下的生态稳定性。二是科学规划，确定可持续经营目标。

黄选瑞介绍说，未来塞罕坝的可持续经营规划，应该从流域尺度、林分尺度等高一级的层级着手，通过立地分类与评价结果，探索全周期经营模式。

环抱于林海之中的塞罕塔是塞罕坝机械林场9处望火楼之一，同时可供游客登塔赏绿　赵海江　田明　摄

在黄选瑞看来，无论是塞罕坝的重生还是新生，终归要回到四个字：尊重自然。

"草木植成，国之富也。"中国林科院评估结果显示，塞罕坝森林的生态价值，是木材价值的39.5倍；森林生态系统每年产生超百亿元的生态服务价值。据测算，塞罕坝森林资源的总价值，目前已经达到约200亿元。

塞罕坝半个多世纪生态环境的变迁，印证着人与自然的关系法则："人因自然而生，人与自然是一种共生关系，对自然的伤害最终会伤及人类自身。只有尊重自然规律，才能有效防止在开发利用自然上走弯路。"

与云贵、川陕等地区相比，河北在植被资源的总量和种类上并算不上丰富。但复杂的地貌和气候条件，让河北植被总体上呈现出具有过渡性质的多样性特点。更为重要的是，作为人类活动最早的地区之一，人与植被之间的进退、互动在这里更具有典型意义。河北大地上都有哪些原生植被，河北森林和草原经历了怎样的历史变迁，而人与森林究竟该建立一种什么样的关系？请看《大河之北·森林草原篇》第二单元——草木葱茏。

（本单元得到塞罕坝机械林场总场、河北省林业和草原局、河北林业科学研究院等单位的大力支持，特此致谢！）

第二单元

草木葱茏

采访◎《河北日报》记者　袁伟华　朱艳冰　陈宝云　郭　东

执笔◎《河北日报》记者　袁伟华　朱艳冰

📖 阅读提示

一个地方的植被就是这个地方所有植物群落的组合，气候和地貌的相互作用是决定一地植被的主要因素。

河北地貌复杂，气候多样，各地水热条件差异明显，形成了多种多样的植被。

河北有哪些原生植被？在漫长历史长河中哪些植物又从天南海北来到这里落地生根？主导这种变迁的规律究竟是什么？而人类与植被的互动，究竟应该是怎样一种关系？

丰宁永太兴稀树草原　　李杰　摄

一、来自自然

1. "生态活化石"稀树草原

2018年8月7日，御道口牧场。

沿着山间小路，从塞罕坝百万亩林海中一路蜿蜒向西南，跃出森林边界的一刻，视野豁然开朗。

蓝色天空与绿色草原相接，天地交界线上，偶尔有几株樟子松、桦树突兀而立。

近处，草原上点缀着五光十色的野花：蓝色的是蓝盆花、滨紫草；红色的是地榆、胭脂花；亮黄色的是金针、毛茛；白色的是升麻、柳叶蒿；沙参、箭报春呈现紫色；手参和酸模叶蓼露出粉红……

这是河北独特的"稀树草原+五花草甸"景观。

每年八九月间，来自各地的游客和摄影爱好者赶赴这里，饱览一年中最好的景色。

而在河北农业大学林学院副院长许中旗教授看来，在河北有人类活动之初，河北北部林草交错带上，都是这种森林草原景观。从一定意义上说，稀树草原可以说是早期河北大部分地区的"生态活化石"。

通常，稀树草原生长于赤道附近的热带区。这一专有名词的概念来源于航海世纪的西班牙商人对美洲南部草原的描述。热带稀树草原在南美洲、澳大利亚和非洲最为常见。

但稀树草原的外貌特征可以用"高草稀树"来概括。草本植物占据优势，乔木稀疏散生。

从这个特征上看，如今河北北部位于林草分界线上的大部分地区，都有类似的独特景观。

这种景观的成因，主要在于气候。

御道口牧场管理区农牧科崔志炜告诉记者，御道口地处冀北山地和蒙古高原的过渡地带，也是温带落叶阔叶林与草原之间的过渡带。这种两个地带间的群落交错区，或称生态过渡带的独特区位，使其无法形成一种较均匀的植被类型，而是落叶林和草甸草原的大型镶嵌体。

非洲等地稀树草原的形成，主要是炎热、季节性干旱气候条件下植被自然演化而来。而河北稀树草原景观的成因，大部分是由原始森林植被退化而成。

"河北在历史上曾是森林繁茂、气候宜人、景色秀丽的富庶之地。"河北省林业科学研究院党委书记王玉忠说，在距今约8000年前的全新世，河北省的平原、山区、北部坝上高原和沿海地带到处遍布着原始森林。

直到商周时期，河北平原与山地一样密布着原始森林，低湿洼地和沼泽湖泊、洼淀周围，生长着喜湿乔木和灌木。

人类活动是河北原始植被变化的主要因素。

"关于河北原始森林的变迁，有两个关键时间点。"王玉忠说。

战国末期，农垦、修筑、战乱等加速了平原原始森林的消亡，此时河北省平原的原始森林已基本被砍光，剩下的林子大部分是砍伐后萌生的天然次生林。

太行山、燕山及恒山山区的原始森林破坏得更晚一些。但到明末，也被砍伐殆尽，幸存的林子，也多为天然次生林。

2019年6月11日，平山，驼梁国家级自然保护区。

这里是太行山中段生物多样性最丰富、最具代表性的典型区域。

许中旗曾多次来这里考察。他关注的，是驼梁保存完好的落叶松天然林。

天然次生林是最初的原始森林遭到破坏后，再次自然生长繁衍所形成的天然植物群落。这是大自然留给人类的活的植物"遗迹"。

在漫长的人类历史活动过程中，无论是平原还是山地，都曾经历过人进林退。

王玉忠举例说，元代对河北山区森林的破坏是毁灭性的。元大都建成后，从各地迁入人口10万户，仅大都内人口烧饭、取暖等生活用燃料，每年就消耗木材50万立方米。这些木材都是取自河北山区的森林。

在人与森林几千年的互动中，尽管朴素的生态理念偶有发展，但原始森林从减少到最终消失，原始树种种类从减少到部分灭绝始终是趋势。

"新中国成立后，通过封山育林又形成了大面积的次生林。"王玉忠表示，正是对河北原始森林植被分布的研究，为我们提供了植被分布规律和植被种类等基本信息，为后来的造林工作明确了基本方向。

2. 中国植被的过渡带

八百里太行到涉县，更加奇绝险峻。深山裂谷，人迹罕至，也让一些神奇的植物密码得以保留。

2018年8月，涉县。

全国第四次中药资源普查河北省第16小组，在涉县太行山上野外考察时，从岩石裂缝里，注意到一丛其貌不扬的小花。

大概是峭壁上营养汲取实在困难，这种小花绿色、带裂纹的叶片偶有枯萎，五瓣白色花瓣中间，簇拥黄色花蕊。

这，是太行山地区的独有物种太行花。

太行花，因是我国太行山地区的独有物种而得名，是世界濒危植物，属于国家二级保护植物。

队员们不由得激动起来，因为这也是在河北境内首次发现大面积太行花群落。群落面积达4000余平方米，植株上万棵。

驼梁亚高山草甸　　驼梁自然保护区　供图

这次普查小组组长付正良介绍说，太行花为蔷薇科太行花属植物，多年生草本，分布范围狭窄，仅存于太行山局部地区海拔1000米～1300米疏林或悬崖峭壁缝隙中。"大面积太行花群落的发现，对河北太行山区的自然生态环境研究具有十分重要的意义。"

而这样的新群落甚至新物种的不断发现，意味着即便是在科学如此昌明的现代，物种的多样性也无法被人类全部窥得。

河北师范大学生命科学学院博士生导师赵建成教授，从事植物学专业研究30多年来，专注于植物分类学、苔藓植物生物学、植物区系地理、自然保护区生物多样性保护等研究领域。

"河北分布有一些特有植物，如小五台紫堇、雾灵柴胡、缘毛太行花等。但与云贵、川陕等地比起来，河北植物种类在绝对数量上并不多。从全国角度来看，河北植物种类数量居中上位置。"赵建成教授介绍说，省内的植物区系组成中温带成分占有绝对优势，分布较多的科如菊科、禾本科、豆科、蔷薇科、百合科等。

这些植物起源古老。在裸子植物演进的鼎盛时期、被子植物发育初期，河北地区山地地形复杂多样，又地处温带与暖温带的过渡地带，为种子植物的发育和分布创造了优越的自然环境。

更为显著的是，河北植物区系成分带有鲜明的过渡性特点：因为地貌种类的多样，河北植物区系组成拥有很多跨气候带、跨地域区系的特征。

赵建成教授说，中国种子植物共有930个温带属性的属，70%的属在河北有分布。温带属中的许多木本属是构成河北省森林植被景观的重要成分，如槭属、桦木属、鹅耳枥属、栎属及胡桃属等。

其他如古热带成分、泛热带成分也延伸或经过这里，使河北植物区系保留某些热带性质的痕迹，如酸枣、荆条、柿等。

柿树大概是最能体现"硕果累累"一词意义的果树。

2018年10月，保定市满城区神星镇柿子沟。

进入深秋，正是柿子盛果期，树叶掉落，红彤彤的磨盘柿挂满枝头，成为绝对的主角。

这里盛产的磨盘柿以"个大、汁浓、味美"享誉海内外。整个柿子沟全长18

公里，柿树16万株，年产量1.5万吨，约占全区柿子总产量的1/3。

但是，如果从物种迁徙的时间角度来看，柿树的"老家"却并不在这里。

赵建成教授介绍，柿树科柿树属落叶乔木，原产长江流域，个小且味涩。复杂多样的河北地质地貌以及现代生态环境的多样性和特殊性，为不同植物区系成分的起源、迁移和分化提供了适宜的场所。

不仅仅是柿树，不少河北人司空见惯的植物，实际上都是通过漫长的物种迁移逐渐扎根河北。

在河北北部坝上高原及海拔1600米以上的山区，就保留了较多来自西伯利亚的植物物种，且多属分布区的最南界——白扦、舞鹤草、圆叶鹿蹄草等都是南下的"北方来客"。

而一批具有热带亲缘的种类，则从西南或华南向东北扩散，途经河北地区或以此为北界——金露梅和迎红杜鹃，从云南、四川经黄土高原到达河北山区，薄皮木属则由喜马拉雅而来，其他种类如构树、臭檀、毛黄栌、臭椿也多从西南和华南北延到达此地。

千百年来，这些来自五湖四海的植物在燕赵大地落地生根，渐渐适应了这片土地，和这里的原生植物一道，逐步形成了丰富多彩的植被系统。

2018年7月，小五台山国家级自然保护区杨家坪管理区。

来自河北师范大学生命科学学院的大一学生，正在这里进行实习考察。

赵建成教授几乎每年都要带领学生来小五台山几次，因为这里位于华北植物区系的中心地带，野生植物资源丰富，有维管植物106科486属1350种，约占河北全省总数的50%。

这里不仅有华北植物区系的代表植物，而且还有东北和华中植物区系的植物以及一些具有热带亲缘的植物。这里也是华北保存自然植被最完整的地区之一。

河北山地地貌类型齐全，冀北高原、冀北燕山及冀西太行山山地、丘陵、山间盆地等自然单元，都表现出明显的温带、暖温带地带性植被特征及垂直分布的规律。

而这些规律，在小五台山表现得淋漓尽致。

小五台山国家级自然保护区管理局资源科科长张爱军介绍，保护区的植被类型垂直分布明显，形成典型的垂直分布带谱。其植被类型从低海拔到高海拔可划分为7个垂直分布带。

最底层，海拔1200米～1400米的低山梁顶、阴坡和阳坡山麓，是原始落叶阔叶林被破坏后形成的灌草丛及农田。

海拔1200米～1600米之间的阴坡、山梁和半阳坡，是落叶阔叶林带被破坏后，人工栽培形成的暖温性常绿针叶林带，以油松为主。

海拔1300米～1700米山地的阴坡是阔叶林带。建群种为白桦，其间零星分布有云杉。

针阔混交林带，在山地阴坡的宽度较窄，界于1700米～2000米之间，而在阳坡则分布于1400米～2000米的海拔范围内。主要树种有华北落叶松、云杉、臭冷杉、白桦以及辽东栎等。

2018年7月26日，记者随同小五台山国家级自然保护区的巡山队伍，由涿鹿县山涧口村出发，探访小五台山。

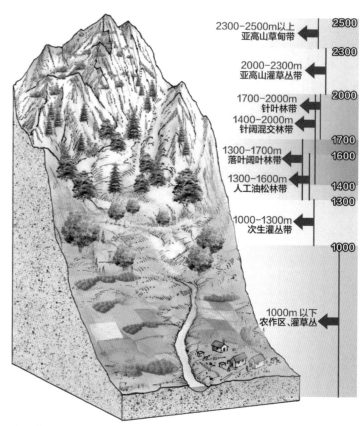

小五台山植被垂直分布示意图

褚林　制图

小五台的奇崛之处在于，刚刚从村庄和农田中穿过，陡立的山体旋即出现在眼前。

盛夏，山前平原上的农田里作物正茂盛。农田与山体之间的过渡带，分布着低矮灌木和人工种植的油松。

沿着溪水盘旋而上的防火公路，汽车一头钻进茂密的白桦林。

乘车蜿蜒攀升，路旁可见白桦、栎树、冷杉，公路到此而止，巡山队下车步行。盛夏的溽热被抛在身后，高大乔木带来的树荫辅之以阵阵山风，甚感清爽。

行至海拔2000米左右，白桦和栎树等阔叶林逐渐消失，取而代之的是越来越多的华北落叶松、云杉。

到了这一阶段，由于山体剧烈抬升和强烈切割，小五台多数山坡坡度在

35°～70°。陡坡难以储存更多水分，植被已经基本以针叶林为主。

海拔2100米左右，跃出针叶林，这里是草甸带与森林带之间的过渡区。偶尔见到一两棵硕桦，更多的是混生的灌木类密齿柳、蔷薇等。地榆、乌头、蒿草等草甸植物越来越多，这是小五台植被的第六带，亚高山灌草丛带，宽度为150米～350米。

手脚并用爬到海拔2500米左右，小五台最美的秘境才展露眼前。

从灌木林中钻出来，一个完整的"台"，地势突然平缓。各种高大树木消失不见，只有五光十色的花草覆盖脚下。风吹过草甸，如绿色波浪。

位于小五台山垂直带谱的最高部，阳坡2100米以上，阴坡2500米以上是典型的亚高山草甸带。这个区域的绝对优势植物种类为草本植物，其特点是随着海拔的增高，植株逐渐矮化，在顶峰部位以莎草科的高山蒿草、矮草和云间地杨梅等为优势种。

张爱军介绍说，相对来说，小五台地区降水资源比较丰富。因此影响植被垂直分布的主要因素还在于气候。由于海拔较高，山体自下而上气候差别较大，具有四季同时垂直分布现象。

3. 古树新苗：变化中的原生树种

2019年4月，迁安市蔡园镇马官营村村委会大院。

蔡园派出所副所长杨艳秋拉着两个因琐事起了争执的村民，并肩坐到了院子中间的银杏树下。

一场春雨刚过，2000多岁的银杏古树在蓝天的映照下，更加郁郁葱葱。

坐在银杏的树荫之下，刚刚还争吵得面红耳赤的村民们不由得沉默了。

"我们派出所在马官营村有个特殊的警民连心站，就是这个古树，每逢马官营村村民有什么纠纷或者我们有什么回访工作等，都不在办公室里，总习惯把双方当事人招呼到树下来解决。"杨艳秋说，"说也奇怪，人们来到这棵古树下，往往前一秒还剑拔弩张，下一秒就偃旗息鼓了。我们所里的人都说这树是和睦树、警民连心树。"

这棵银杏古树高26米、树冠半径15米。1983年河北省地质考古队测定树龄为2400年～2600年，大概成树于春秋时期。

马官营村的村民并不清楚2600年对于一株树木而言在植物学上的意义，但古树不言，在这位跨越千年的"老者"庇护下，任何争吵却都显得苍白无力。

　　当地人曾注意到，每年霜降这一天，太阳一出，满树的叶子如果一天之内全部落光，来年必定风调雨顺；如果落叶断断续续，几天也落不完，则往往预示着来年的年景不好。

　　另一个令人称奇的地方是，这株雌树附近几十公里内无银杏雄株。当地村民相信此树是由遵化禅林寺雄树授粉，距离此地直线距离50公里。

　　大自然的鬼斧神工，可以轻易洞穿空间与时间。

　　每株古树都是自然与人文历史的丰富载体，它们也是解读河北原生植物的密码本。

　　漫长的岁月，绝非宁静地周而复始，饱经了严寒酷暑、风霜雨雪、水火虫病、地史变迁等等磨难的洗礼，众多的同类同龄树木被淘汰，留下了这批健在的长寿者——它们是绝对的优种。

2019年3月，石家庄市植物园科研所所长胡文芳及"古树名木基因库"项目团队，前往赞皇县、井陉县等地进行2019年春季古树基因采集工作。

此次古树基因采集共涉及赞皇县、井陉县、桥西区、矿区等两县两区的10株千年古树，树种有古槐和侧柏。

2016年河北省联合北京、天津古树名木保护主管部门成立了京津冀古树名木保护研究中心和专家委员会，签署了《京津冀古树名木保护研究合作框架协议》。2017年5月，京津冀古树名木基因库保护基地在石家庄市植物园建立。

借鉴北京、天津在古树保护方面的经验做法，河北由此开始采集培育自己的重要古树基因标本。到2019年，已完成省内45株千年以上的古树基因采集，其中每株古树培育了20棵左右基因苗。

如今，河北省古树名木基因保护圃设在"石家庄市植物园科研所"，主要采用嫁接、扦插、组培等手段繁殖古树后代，从而保留它们的活体基因。

"用新的生命体方式延长古树生命力，让古树能起到史书、传记、碑文、传

涞源高山草甸空中花园　　　李占峰　摄

说一样的记录功能。"胡文芳介绍，经过两年的嫁接、扦插与管护工作，已有部分植株具备展示条件。"我们于2019年底在植物园内建成初具规模的古树基因展示园，人们可以在植物园中，一睹千年前古树强大基因释放的生命力。"

每一株古树都是一座值得研究的种质基因库，大自然的变化，水文地质的变迁，天文地理突变，树木生理、生态、群落等诸多方面的变化，都可以在它的生长过程中寻找到历史的表达。

河北省住房和城乡建设厅的普查数据显示，河北目前入库保护的古树名木及古树后备资源共计165391株。树种包括34科、66属、127种，以松科、柏科、蔷薇科、榆科、豆科、杨柳科等树种居多。

化石、古树及人类文献记载，为我们画出一幅河北原生树种的基本图谱。

在全新世河北植物最繁盛期，平原的树种以栎属、榆属树种为主，兼有北亚热带的喜暖科属的栗、漆、樟等树种；山区以松属、云杉属为主。

到了人类互动开始频繁的商周时期，河北的气候发生了波动，随着气候的变化，一些喜温的热带树种如罗汉松、铁杉、柳杉等南移，数量相对减少或消失。

平原上生长的主要有松、柏、栎、榆、椴、桦、柿、核桃、杨、柳等属的乔灌木。

太行山南段生长的主要有槲树、栗、楸、槐、松柏等高大乔木，还有少量银杏分布。太行山北段生长的主要树种有冷杉、云杉、落叶松、栎属、榆属、杨柳等。冀西北山地以槲树、栎属、椴树等乔灌木为主。燕山山地主要树种是松属、栎属，在浅山丘陵区有枣、栗、榛等经济树种。

此后数千年时间里，一些新的树种从外地迁徙或被引进，但这些古老的原生树种一直生生不息。

"原生树种是个变化的概念。比如随着气候的变化和人工栽植的影响，自然生长的杨、柳、榆、槐、椿等逐渐变成人工栽植的树种。原始森林的消失，让这些树种逐渐成为优势树种。"王玉忠介绍，对于大多数河北人来说，现在一提到河北的原生树种，大家想到的自然是身边见得最多的这几个树种。

2018年春，北到吉林、南到广东、东到浙江、西到新疆，城市里的一排排景观榆树渐次萌发。

人们惊异地发现，本该绿意盎然的新叶，竟然泛着淡淡的金黄，这些树生病了吗?

"金色恰好是它的名片——这种树叫中华金叶榆。"河北省林业科学研究院园林绿化研究所所长黄印冉是该树的培育者,被业界誉为"金叶榆之父"。

当下,如果说要举一种能够在全国,甚至全世界范围内代表河北的树种,那非金叶榆莫属。

榆树是河北平原地区的古老树种,喜光、耐旱、耐寒、耐瘠薄,不择土壤,适应性很强。种种优势,让榆树成为城市绿化、行道树、庭荫树、工厂绿化、营造防护林的重要树种。

1998年,黄印冉在辛集老家承包了几十亩地,在父亲的协助下,种下了数万株细皮榆、抗虫榆、密枝榆进行育苗——在选择抗虫榆为母本、密枝榆和细皮榆做父本的前提下,黄印冉的本意是培育抗虫、生长快的新品种。

2000年7月的一天,黄印冉接到父亲电话,说在地里发现一株小苗,叶子全黄。

黄印冉敏感地意识到,这个小苗子并不寻常,"经过嫁接和筛选,是有可能培育出彩色树种的。"

黄印冉对这棵幼苗抱有希望,又不敢希望太大。

此前,几万株榆苗里也发现几棵呈现其他颜色的幼苗,树叶呈现粉色、红色、白色、黄边等等,但都"夭折"了。"要么长着长着,颜色几个月后变绿了,要么树苗不抗晒,没长大就晒死了。"

林业领域培育一种新品种,要实现3个目标:特异性、稳定性和一致性。通俗说,这棵"小黄苗"要想脱颖而出,变身成新树种,首先黄色是独特的、以前没有的,其次是它的黄色不会变还能在下一代继续保持,再次就是后代的黄色没有差异。

这棵幼苗能不能符合这3个条件,需要时间检验。

2001年开春,备受呵护的黄叶子小苗长大一点儿了。黄印冉剪了十几段它的枝条,在其他榆树上进行嫁接,并密切观察嫁接后的树苗发芽情况。

"一个来月后,就看见有黄芽冒出来了。"等第一批嫁接的树都长出新芽,黄色越发明显。黄印冉终于判定,榆树新品种问世了。

2005年,中华金叶榆拿到了中国植物新品种权,并通过国家林木良种审定。

这意味着，金叶榆可以进入市场推广阶段了。

北上南下，黄印冉从2005年开始推广金叶榆，14年过去了，全国600多个城市、1万多个乡镇，都种上了黄灿灿的金叶榆。

如今，金叶榆成了从事苗木行业千百万农民的"摇钱树"，更成为河北林木的一张新名片。

黄印冉告诉记者，事实上，中华金叶榆是白榆的一个变种。目前，黄印冉和团队对金叶榆的研究仍在继续，除了继续开发新树种的景观功能之外，还在进行全世界首个白榆基因学研究，目前基因测序已经完成准备工作。"大自然的奇妙之处在于，她可以让一些古老的物种仍具备变化的可能。"

二、利用自然

1. 最好的板栗

2018年2月17日，日本东京。

利用春节假期去日本旅游的承德人刘明伟，在新宿街头被一家"甘栗太郎"售卖店吸引。

招牌上，"甘栗""天津"几个汉字格外显眼。随行领队告诉刘明伟，此时在日本备受欢迎的"天津甘栗"，其实大部分来自承德。

刘明伟暗自算了算，一包700克的糖炒栗子，标价2000多日元，折合人民币100多元一斤。"没想到我们山里的小板栗，在这成了金豆豆。"

每年，产自中国河北燕山地带几个板栗主产区的栗子，刚一收获就会受到日本客商抢购——比起日本本土有名的"丹波栗"，来自承德、唐山一带的板栗更加软糯香甜，被追求"秋之味"的日本人奉为上品。

7个月后，2018年9月中旬，东京向西2000公里外，宽城满族自治县峪耳崖镇上院村，一场隆重的收获正在进行。

村民袁瑞阳全家出动，上至60多岁的父母，下至正在放短假的12岁的孩子——他们要抓紧收取自家山场里十几棵栗子树上的板栗。

农耕出现之前，人们获取自然的馈赠，主要靠采集、猎取、捕捞。早在商周时期，山林间的栗子树，就是先民采集的重要果实。

《吕氏春秋》有"国有三美者，有冀山之栗"的记载。西晋陆机为《诗经》作注也说："栗，五方皆有，惟渔阳范阳生者甜美味长，地方不及也。"

宽城板栗栽培历史悠久，保留了大量板栗古树，全县百年以上板栗古树达10万余株。在碾子峪镇大屯乡的"中国板栗之王"，据考定植于1303年（元大德七年），至今依然枝繁叶茂，硕果累累。

成年栗树植株高大，树干常见二三十米，树冠宽大，挂果分散，机械化采摘栗子的路子并不适用。千百年来，人们靠手脚攀爬加工具的人工方式采集果实。

在袁瑞阳家的山场上，44岁的袁瑞阳瘦而精干，他熟练地爬上栗树枝丫，直取树冠高处的栗苞。

板栗果实被栗苞包裹，栗苞表皮生满尖刺，成熟后栗苞开裂，每个栗苞里一般包裹3个栗果。

成熟的板栗会自己从栗苞中脱落而出，但自然下树的栗子容易腐烂，村民往

迁西板栗丰收　　杨世尧 摄

往往会提前收取。而且脱出栗子的栗苞本身，也是一种非常好的柴火。

木棍敲击下，带着尖刺的栗苞纷纷坠落。落地后的栗苞被收集起来，手工剥出褐红色的板栗。

正常年景，一棵成年板栗树，可以产出几十公斤的板栗。这对于冀北山区的农家来说，是一笔不少的收入。

板栗是适应气候土壤条件范围颇广的树种。但在不同气候、土壤条件下，其生长发育、结实的丰歉、品种的优劣等方面，都有所不同，甚至差异很大。

河北，拥有中国最好吃的板栗。

板栗是河北的原生树种，又分为燕山板栗和太行山板栗。对应到具体县区中，燕山板栗即遵化、兴隆、迁西、宽城、青龙板栗。太行山板栗即邢台板栗。

而在板栗行业中，燕山板栗品质似更胜一筹。这是众多炒商、批发商综合了甜度、香味、糯性、耐储度、坏粒率等多个标准得出的结论。

然而，燕山板栗中，为什么"迁西板栗"更加出名呢？

"迁西板栗以'燕山早丰'这个品种为主，品质也极好，更适合糖炒，因此更受国内糖炒商家的青睐，品牌知名度也更高。"

宽城满族自治县林业和草原局果树站副站长商贺利说，相比之下，宽城板栗成熟期要比迁西晚10天左右。品种以"大板红""燕金""燕宽"等为主。这些品种因耐腐性更好，糖分和其他营养物质含量更高，比较适合深加工和出口。

虽然在行政区划上分属唐山和承德两市，可另一方面，迁西与宽城同处于燕山东段，长城两侧——在内行人眼里，两地板栗品质相差其实不大。

商贺利说，两地均铁矿资源丰富，板栗的分布与铁矿资源的分布具有明显的重合，含铁丰富的土壤更适合板栗生长；另外，从地理条件来看，宽城地处长城以北、燕山东段的深山区，与其他的板栗产地相比，气候更为寒凉，昼夜温差也更大，更有利于营养物质的积累。

2019年6月10日，商贺利带着技术员在几个板栗主产乡镇，指导果农对栗树进行夏剪。

这是确保9月份板栗丰收的重要环节。对于新嫁接的栗树，要对枝条进行松绑、除萌和防风作业。而对于成龄果树，要根据轮替更新技术要点，对过密的新梢进行修剪。

靠山吃山。如今，人们开始用更加科学的方式，向山野谋求更大的收益。

宽城满族自治县塌山乡北场村，川、沟、坡上到处都是成片的板栗树，每棵板栗树下都有一排用遮阴网盖着的小棚子，轻轻揭开，一朵朵硕大的栗蘑便呈现在眼前。

"这是一种循环种养新模式：青草回填积肥、山场散养柴鸡、树下套种栗蘑。"栗农孟昭华说，这种新模式，是在中国农科院和中国农大专家指导下探索成功的。

"没想到这树下空间也是宝，一亩地就能增收5000多元。"孟昭华说，"靠山吃山，新的模式，让我们把板栗这棵'摇钱树'，变成了可以覆盖林果养殖的'聚宝盆'。"

2. 靠山吃山的"2.0版本"

时光退回1939年，涉县。

此时，在太行深处的很多八路军将士患上了流感、疟疾等疾病，而由于日寇封锁严密，治疗这些疾病的奎宁等药物却很难弄进根据地来。

病号一天一天在增多，严重地影响了部队的战斗力。

怎么办？

时任129师卫生部部长的钱信忠根据涉县中草药资源的分布情况，想到了柴胡。

他带领广大医务人员上山采集这种可以和解表里、疏肝升阳的草药，采回清洗后熬汤给病号服用，居然收到了很好的疗效。

为了方便服用和携带，制药厂的科研人员又设法将其制成柴胡膏，但在临床应用过程中，膏剂的疗效并不好。

1940年，钱信忠建议将柴胡进行蒸馏提取制成针剂。柴胡注射液的研制工作就此展开。

要制造针剂，首先要提取挥发油。由于当时没有专用的蒸馏设备，负责试制的大学生李昕经多次试验，先用白铁皮焊成水蒸气装置，把蒸汽通到放有柴胡的罐中，再连接焊接的冷却器装置收集蒸馏液。

开始蒸出的柴胡液是浑浊的，上面漂浮着一层油，之后经第二次蒸馏，终于蒸出了透明的柴胡液体。

经过多次试验后，成品终于试制出来了。

科研人员先在自己的身体上做了试验，随后又在职工和医院内扩大临床观察，最终证明该药治疗疟疾及一般热病镇痛退热效果显著。

至此，在中医药史上具有划时代意义的供肌肉注射的第一支中药注射液终于研制出来，并命名为"瀑澄利尔"。

柴胡注射液的创制成功，打破了中药无注射剂的历史。

如今，在第一只柴胡注射液的诞生地涉县，柴胡已经形成了一个庞大的产业。

涉县农牧局副局长、中药材产业创新团队邯郸综合试验推广站站长贺献林介绍说，涉县地处太行山深山区，山高峰多，沟谷纵横，地处华北平原与黄土高原过渡带上，兼有平原与山地资源优势与特色，气候条件适合上百种中药材生长——柴胡历史上即是涉县的道地药材。

目前涉县柴胡种植已达8.7万亩，随着良种繁育、产地加工、交易市场、追溯体系的逐步完善，涉县柴胡已成为当地特色优势产业。

时至今日，人们已不满足于山林直接捧出的果实，力图将传统的"靠山吃山"升级到"更高的版本"。

2019年5月15日，兴隆县经济开发区。

承德瑞泰食品公司新建厂房里，全自动化生产线不断吞吐鲜果。这里生产的"山楂+苹果""山楂+桑葚"等"干果+蜜钱"的复合产品，下线第二天便能进入天津各大商超。

"这些复合型食品，只是在传统食品基础上的再提升，最核心的秘密其实在这里。"承德瑞泰食品公司董事长张学军指着一条全封闭生产线告诉记者，"我们从山楂中提取黄烷醇、膳食纤维，这是国内首家。"

山楂又称"山里红""果子药"，据《医学衷中参西录》记载，山楂"皮赤肉红黄，故善入血分，为化瘀血之要药"。现代研究证明，山楂含有解脂酶、配糖体、黄酮类化合物，具有软化血管，降低血压，增强心肌等功效，属食药同源果品。

兴隆山楂久负盛名，却也曾命途多舛。

2019年5月，兴隆县南天门满族乡石庙子村，南山上的山楂花正艳。

和山楂打了30多年交道的村民于长国，见证了小红果的大变迁。

"20世纪八九十年代，玉米1毛多一斤，山楂1块多。"彼时，农田山地改山楂园，在当地蔚然成风。"主要用来做罐头，10亩地，每亩能收四五千斤，能卖五六千元。"

老于笑着回忆，自己很快成了"万元户"。

可到了2000年左右，随着罐头市场低迷，山楂价格急速下降。"往年山楂一车一车拉到天津，不愁卖，但那两年，卖到1毛一斤，都没人要。"红果成了"闹心果"，不少农户砍了树，种起了玉米。

山楂产业，面临升级。

"兴隆山楂产业，强科技是关键，食品医药加工是方向。"河北（承德）山楂产业技术研究院院长张静表示，2016年后，兴隆相继成立了河北省山楂产业技术创新战略联盟、山楂"院士工作站"和河北省（承德）山楂产业技术研究院，建成了一支国内外一流的多单位联合、多学科融合、协同创新的山楂研发团队。

"通过和国内一流科研院校合作，我们开展了山楂多糖提取物抗癌新抑制作用、山楂特医食品、功能性食品等十多项科研课题，其中山楂核馏油提取物已获得批复，蔷薇红液抗菌液'洁肤安'进入批量生产销售阶段。"张学军说，科技平台的搭建，让山楂从果皮、果肉到果核浑身是宝。

三、回归自然

1. 模拟自然

2019年6月13日，易县西南部的深山区坡仓乡宝石村。

如果不是荣乌高速穿山架桥而过，这个夹在白石山、狼牙山和易水湖景区中间籍籍无名的小山村很难有外人光顾。

国臣中药种植有限公司负责人许国臣每天都会在村里几千亩的野山坡上巡视。

这是太行山区里最普通不过的山地。地势稍缓的山地丘陵上，栗子树、核桃树、椿树三三两两并不成规模，不知名的灌木杂草丛生。不明就里的人们，不知道许国臣在"野地"里巡视什么。

"关键就在这个'野'字上。"许国臣扶起一株与野草无异的植物，"这是我们按照仿野生的种植模式培育的知母。"

知母有很多别名，"羊胡子根"无疑最为传神：知母花序长20厘米～40厘米，2朵～6朵小花成簇散生在花序轴上。远远望去，确实像不知名的野草一般。

知母干燥根状茎为著名中药，性苦寒，有滋阴降火、润燥滑肠、利大小便之效。现代研究表明，知母的化学成分以皂苷类化合物和黄酮类化合物为主。

知母最喜欢生于向阳、排水良好、疏松的腐殖质壤土和砂质壤土的山坡地带，河北易县、涞源就具备这些条件，因此知母品质为全国之首，业内称为"西陵知母"。

做了20多年药材生意的许国臣注意到，随着需求量增加，大面积采挖野生知母导致野生资源量锐减和生态环境破坏。易县当地真正的野生知母分布已经不多，不能满足市场需求。

随之而来的，是栽培知母的大量出现。河北安国、安徽省亳州形成了中国知名的两个种植基地。

许国臣本打算加入知母种植的大军，但河北农业大学农学院马春英教授却给了他一个全新的思路——仿野生种植。

许国臣听从建议，在宝石村的山地中，使用仿野生移栽和仿野生直播两种方式种植知母。

"仿野生环境，就是选择在与野生知母生长环境相仿的山坡上，对环境进行简单的整地，不做其他干预。"马春英说，给知母营造仿野生环境，核心目的是还原"西陵知母"的道地性。

为提高产量，早期栽培知母在大田内多使用化肥农药，影响了其皂苷类化合物有效成分的含量，对于传统中医药理念而言，这类知母的道地性大打折扣。

通俗的认为，道地药材就是指在一特定自然条件和生态环境区域内所产的药材，并且生产较为集中，具有一定栽培技术和采收加工方法，质优效佳，为中医临床所公认。

道地药材的出产，具有明显的地域性特点。这种地域性，或体现在药材对

丰宁林场原始森林冬季景观　　李国权　摄

于特定产区的独特依赖性；或体现为其产地形成了独特的生产技术，为他处所不及。

马春英对采用仿野生方式种植的知母进行过分析，仿野生移栽和仿野生直播知母中活性成分的含量均能达到《中国药典》要求，可以作为"西陵知母"药用。

这正是大自然神奇的地方——人类的干预并非万能，总有力不能及之处，兜兜转转之后，人们重新对"自然"这个概念重视起来。

2018年8月7日，御道口牧场后台子生产队。

"这是整个御道口最后的几块退化严重天然草地，放眼望去，是不是像大地的'牛皮癣'一样。"时任承德市草原监理监测站站长于清军小心翼翼地绕过脚下的草，在一块白沙地旁蹲了下来，伸手抓了一把沙子，细小的沙粒从指缝中溜出来。

御道口牧场管理区地处阴山北麓—浑善达克沙地防风固沙重要区域。自1982年至2000年，当地流沙从110片增加到150片，沙化、半沙化面积从3.3万亩增加到

46.1万亩，土壤风蚀沙化严重，生态环境不断恶化。

2005年以来，国家和河北省将御道口牧场列入了生态治理的重点地区，对相继实施的京津风沙源治理、退耕还林、禁牧舍饲、草原生态补奖等生态建设项目给予了重点支持，御道口开始大规模草原生态建设。

于清军眼前这一片沙地，属于严重沙化地带，也是沙化治理的典型区域。

记者注意到，对付这样的流沙，科技人员采用草方格进行网格固沙综合治理。

这些草方格其实隐藏着不少门道。

一个16平方米的草方格，被设计成了三个小层次：最外层，与常见草方格使用废弃的麦草、稻草不同，御道口用当地最常见的榛柴或树枝做外围的方格沙障；第二层，距榛柴或树枝20厘米处栽植柠条，柠条间距为20厘米；最里层，采取撒播或条播的方式混播适宜沙地的牧草种子，这些种子经过挑选和搭配，并不是单一草种。

"这样的设计，其实就是为了还原草地自然的状态。"于清军介绍，草方格发育完成后，榛柴沙障自然腐烂，柠条成长为灌木层，内部各种草种混生，这是天然灌草丛的自然形态。

一个细节是，在御道口，人们还用上了生物膜降解技术。

"治沙过程中，有些全裸沙地需要对草方格覆膜。传统使用的地膜降解能力差。草地还没恢复，可能又形成新的污染，这是不科学的。"于清军解释，在河北省草业创新团队专家指导下，当地开展的可降解生物膜覆盖试验和益生菌改良土壤试验获得成功，出苗率和壮苗效果显著。

2. 千年秀林

2019年6月10日，雄安新区千年秀林大清河片林。

放眼望去，大片丛林一直延伸到视线尽头。雄安集团生态建设公司工作人员张亮带着记者来到林区秀林驿站东侧的一块林地。

未建城、先种绿。2017年11月，雄安新区的"千年秀林"在这里种下第一棵树。

紫点杓兰　　李国权　摄

但眼前这片林地却让记者有些迷惑——各色的树种、参差不齐的高度、灌木和杂草丛生——这与记者印象里整齐划一、根壮苗齐的造林地块相去甚远。

"新区建设的是异龄、复层、混交的近自然森林。"张亮说，"我们所见到的这种近自然状态，正是千年秀林追求的状态。"

什么是"近自然林"？

张亮现场指点解说："最高层，一棵树龄超过10年、树高20米以上的栓皮栎是主角，它与银杏、油松构建出了整片林地的骨架；向下，五角枫、元宝枫形成第二个层次，胡枝子圆润的枝叶与棱角分明的枫叶相互呼应；再向下，野牛草粗犷生长，不知名的野草也无人干预，自由生长在林下空地。"

张亮介绍说："打造这样一种接近自然状态的林子，理念和技术上的创新尝试，完全打破了传统植树造林的规程。比如传统造林讲究树苗连线成片，可在千年秀林，每三棵树都不能在一条直线上。"

"更为重要的一环，在于树种的选择。"雄安集团生态建设公司生态事业部负责人董增巨介绍，从规划之初，雄安新区就组织国内知名的林业专家，集中研讨新区植树造林的主导树种。"雄安新区本地土壤偏盐碱，原来的优势树种以杨树为主，比例占到95%，树种相对单调。"

董增巨介绍，"千年秀林"的树种选择顺应自然，尊重苗木自然本性和生长规律，主要考虑引进同纬度、立地条件近似，适应雄安水热、土壤环境的树种。"经过多轮论证，长寿、珍贵、乡土树种银杏、栎树、国槐、松树、柏树等被挑选出来。"

"从我们的经验来看，栎树作为河北乡土树种，在实验林内表现出了很好的适应性，应该可以成为千年秀林的主要树种之一。"张亮说，为了把栎树这个古老乡土树种"请"回"千年秀林"，国内外的专家们，做了大量严谨的调查和论证。

栎类即柞树、橡树，包括5个属约120个种，是我国分布最广、面积最大的森林资源。木材材质坚硬，供制造车船、农具、地板、室内装饰等用材；栓皮栎的树皮为制造软木的原料；有些种类的树叶可饲柞蚕；种子富

铃兰　　李国权　摄

含淀粉，可供酿酒或做家畜饲料，加工后也可供工业用或食用；壳斗、树皮富含鞣质，可提取栲胶；朽木可培养香菇、木耳。

河北相关文献记载和自然遗存表明，栎树曾经是河北平原和山区的优势树种，在参与"千年秀林"树种选择的专家论证时，来自国内外的专家对栎树寄予很高期望。

2018年4月，德国弗莱堡大学教授Heinrich Spiecker、许中旗和一批专家学者，从雄安新区出发，按照栎树可能分布的地域追溯而上，直来到易县深山中。

70多岁的Heinrich Spiecker教授高高瘦瘦，以治学严谨闻名，他认为，既然推测雄安新区所在的平原地区曾经存在大量栎树，那么与雄安临近的太行山山区，一定会有栎林的存在。

一行人几经寻找，果然在山中发现了一片保存完好的栎树林。这片栎林位于当地一座庙宇旁边。山民的传统是，不到万不得已，不会砍伐庙宇及坟茔间的树木，这客观上也让这块栎林得以保留下来。

许中旗注意到，这片栎林与常见的灌木状栎树丛长势截然不同，树干匀称笔直，应该是一片天然次生林。这一现实依据，为栎树回归"千年秀林"提供了佐证。

2019年6月10日，雄安新区安新老河头镇。

"千年秀林"6号地块试验地里，一排排绿油油的栎树苗长势可爱。董增巨介绍，栎树秋后落籽开始萌发，冬季向下扎根，生长缓慢，一年大概能长10厘米。从试验情况看，栎树籽播表现良好。幼苗在苗圃长到一定阶段，通过间苗留下优质壮苗，适时移栽到宜林地块。

按照他们的设计，以栎树为中心的林片将形成3个同心圆状搭配，中间是栎树，第二圈混交五角枫、栾树、国槐等，第三圈再植栎树。

"栎树的回归，虽然只是'千年秀林'的一次尝试，但这其实是林业回归自然的理念的又一次实践。"许中旗说。

在他看来，近自然育林表达了这样一种思想：森林经营活动应努力构建接近自然的森林结构，不能造成森林自然结构的破坏。因为，破坏了森林的自然结构，也就破坏了森林赖以生存、发展的基础和规律。

近自然育林需要坚持的首要原则，就是选择乡土树种或至少是适应立地条件的引进树种。

乡土树种是经过若干年激烈竞争、淘汰、选择遗留下来的地域适宜树种，表现出对地域的气候、土壤条件的极强适应性。把乡土树种作为森林的主要培育对象，就保证了森林的适应性和稳定性，不会出现由于不适应当地的气候条件和物种关系而导致的森林退化。

林分越是接近自然，各树种间的关系就越和谐，越有利于建立生态稳定和生物多样性丰富的森林结构。

"这是人类与原生植被相处几千年后，对人与自然和谐相处的深刻思考。"许中旗说，"人与森林、草原互动的最优状态最终归结为四个字——回归自然。"

河北省拥有丰富的野生动物资源，不仅是褐马鸡、金钱豹、黑嘴鸥、大鸨等珍稀濒危野生动物的重要繁殖栖息地，还是国际上重要的东亚候鸟迁徙通道。

野生动物和人类共同分享自然环境。随着人类活动空间不断加大，野生动物生存空间逐渐缩小，保护野生动物显得更加重要。人与动物如何共生共存？请看《大河之北·森林草原篇》第三单元——和谐共生。

（本单元得到河北省林业和草原局、河北农业大学林学院、河北师范大学生命科学学院、河北省林业科学研究院、雄安集团生态建设公司等单位的大力支持，特此鸣谢！）

采访 ◎《河北日报》记者 袁伟华　朱艳冰　尉迟国利

通讯员　宋立新

执笔 ◎《河北日报》记者　袁伟华

📖 阅读提示

　　森林草原，不仅是人类活动的平台，更是野生动物的主要生存空间。

　　在全国动物地理区划中，河北省位于东北、蒙新、华北三大动物地理区域交界地带，拥有丰富的野生动物资源，各类动物在此交错混处，其中有530多种陆生脊椎动物，约占全国的1/4。这里不仅是褐马鸡、金钱豹、黑嘴鸥、大鸨等珍稀濒危野生动物的重要繁殖栖息地，而且还是国际上重要的东亚候鸟迁徙通道。

　　人类活动范围的推进，让一些野生动物退无可退。越来越多的人停下脚步，思考究竟该如何与野生动物分享生态空间、和谐共生。

丰宁坝上草原　　李杰　摄

一、天地精灵

1. 金钱豹迷踪

6年多来，宋大昭始终没有停止寻找。

时间回溯到2013年4月30日，小五台山。

头一年一场暴雪留下的大部分积雪融化，道路恢复通行，小五台山国家级自然保护区工作人员与中国猫科动物保护联盟成员开始上山搜集资料。他们要回收此前设置的野外相机。

宋大昭是中国猫科动物保护联盟创始人，他注意到，此时海拔2000米的山上依然覆盖有近1米厚的积雪，工作人员行走艰难。一番跋涉之后，他们只取回了2号监测点的一台红外触发相机。

就是这台相机，带来了意想不到的惊喜。

他们打开相机内存卡查看时，赫然发现相机成功拍摄下一只金钱豹的身影，并且接连三张清晰图片，形成了行程完整的影像记录。

相机采集到的图片显示，2012年11月2日16时左右，一只金钱豹在相机前经过。图片中的成年金钱豹为华北亚种（简称华北豹），个体雄性，身长1.2米左右，体重约50千克，身体健康，状态良好。同时，在该区域，红外相机还拍摄到赤狐、豹猫、西伯利亚狍、斑羚、褐马鸡、雉鸡、勺鸡等多种野生动物。

宋大昭介绍，金钱豹华北亚种为珍稀濒危、国家一级保护动物，过去山西、陕西、河北、河南等地均有分布，但现在只有山西省发现分布小规模种群，小五台山地区拍摄到金钱豹照片尚属首次。

此次发现，也为在最接近北京地区有大型猫科动物存在提供了直接证据，证实了小五台山是金钱豹栖息地之一。同时，金钱豹在小五台山地区的野生动物链中处于顶级位置，证明了小五台山生态系统有着完整的食物链。

为了进一步调查了解保护区内发现的金钱豹大致活动范围与生存环境状况，为了日后更好保护，宋大昭与保护区管理局工作人员决定再次上山。

2013年5月4日凌晨4点半左右，保护区工作人员与猫科动物保护联盟成员一同驱车前往金河口管理区。在管理区内的一个管护站吃过早饭，大家就起身上山。上午的大部分时间在赶路，基本没有什么发现。

中午11时5分左右，考察组到达第一个红外触发相机的位置，换好了内存卡后继续前行，之后在12点半和中午1点多又陆续取回第二台和第三台相机内的内存卡。安装第二台相机的位置就是上次拍摄到金钱豹的地方，考察组仔细勘察，做了详细记录。

考察时，保护区管理局负责动物调查的工作人员王伟连，在一条小河沟边上发现了一些东西，考察组验看后发现是一张动物皮毛和一根腿骨。宋大昭估计，这是一只年幼的狍子，而且从腿骨的啃食情况来看，估计被吃的时间是在近期。之后他们在一处地方又发现了这只狍子的另外一些皮毛、内脏和头盖骨。

返回保护区驻地，考察组对内存卡的资料进行了整理，虽然照片和视频中没有再次出现金钱豹，但其中却记录下大量野猪、獾子、豹猫等动物活动的踪迹。

这表明，金钱豹食物来源有所保证，只要减少人为干预和破坏，金钱豹在小五台山自然保护区内繁衍壮大的可能性还是很大的。

遗憾的是，此后数年，宋大昭以及小五台山自然保护区设置的相机，再也没有拍到金钱豹的身影。

4000多年来，人类活动对野生动物生存带来巨大影响。

河北师范大学生命科学学院吴跃峰教授介绍，在距今7000年～8000年前的河北大地上，河北平原为亚热带气候，有大量犀牛和亚洲象。距今5000年左右，河北气候温暖湿润，植被以针阔叶混交林—草原植被为主，鼠、鹿、狍等动物种类依旧丰富。

直至周、秦、汉时期，河北区域的野生动物依然种类多、数量大。《史记》中"幽都之山，上有元鸟、元蛇、元豹、元虎……"反映了当时情况。

但此后岁月，河北的野生动物种类减少速度也骤然加快，从虎、豹之类的大型猫科动物分布上可见一斑。

唐代诗人李白52岁时游历至北京一带，在一篇五言诗中记述外出打猎能够"一射两虎穿"。而到了1912年，东陵猎获一只黑虎，已经成为惊动全国的大事件。

在明清河北各地地方志记载中，金钱豹颇为常见，石家庄、邢台等平原地区都有豹分布。但到了近代，金钱豹的活动范围缩小到张承山区和太行山深山区。最近二三十年来，金钱豹在河北更加神秘，鲜有现身。

这也成了宋大昭的执念——"带豹回家"。

2019年7月2日，北京，中国猫科动物保护联盟办公室。

"2010年开始我就从北京山区寻找华北豹。刚开始信心满满，然而我们从怀柔、门头沟、房山等地的山里走了一大圈，装了一堆红外相机，信心慢慢变成了疑虑：北京是不是已经没有豹子了？"宋大昭回忆起自己寻豹之初的经历，"小五台山拍到豹子，给了我极大信心。"

历史上华北豹曾广泛分布于太行山区域。最近几十年，华北豹已从北京周边山地消失。

2017年4月，宋大昭发起"带豹回家"项目，以豹之名，修复生态：改善太行山环境，恢复生物多样性；重新连通被割裂的生态廊道，帮助华北豹避开盗猎者的戕害，让豹从山西、河北沿着太行山脉和燕山山脉自然扩散，重回阔别12年之久的北京老家，并在这个过程中，重新建立人与自然荒野的紧密联结。

宋大昭介绍，项目首期已经完成跨度长达230公里的民间走访，调查太行山北段的华北豹种群分布现状并评估出扩散廊道。目前研究结果识别出5个华北豹的重要潜在栖息地，集中在林地较为集中的太行山区。

猫科动物保护联盟及合作单位在太行山区拍摄到的华北豹

比如在山西和顺县西部，这一区域是研究区域内唯一确认拥有华北豹种群的栖息地。2008年至2017年，研究人员利用红外相机监测到一个华北豹种群，并确认华北豹在此繁殖。

　　由此向北，河北省内的内丘、临城、平山、阜平、涞源、蔚县、涿鹿等地，都是华北豹潜在栖息地。不过由于调查不足，还没有实体发现。

　　"华北豹喜欢在人类干扰度低、景观自然度高的地区栖息。坡度较缓的山地针阔叶混交林是它们最喜欢的地方。"宋大昭表示，猎物密集度是影响华北豹分布的关键因素。豹有广泛的食谱，包括啮齿类、兔类、鹿、羚羊、鸟类等。而猎物是否丰富，主要取决于森林植被的多样性。

　　"植树造林恢复生态功能的作用是毋庸置疑的，但是我们要注意的是，传统的造林观念需要改进，单一树种形成的纯林并不利于生物多样性恢复。"宋大昭举例说，比如单一的油松林，没有食草类动物的食物来源。而食草动物不够，以它们为食物的大型食肉动物就没有猎物资源。

　　8月16日凌晨，承德平泉市道虎沟乡上泉子村王友民家的羊圈内闯入一道黑影，沉睡的20多只羊被惊醒，四散躲避。早有防备的王友民母亲用手电筒照射羊圈，刺眼的白光让"来客"夺路而逃。

　　这并不是这位"不速之客"第一次闯进王友民家的羊圈。8月12日，它曾闯进羊圈后咬死一只母羊，并叼走了一只小羊。

　　国家林业和草原局东北虎豹监测与研究中心副主任、北京师范大学副教授冯利民查看了农户家的监控视频后，根据闯入动物的体型大小、尾巴形状和身上的斑纹，断定这是只国家一级保护动物——华北豹。

　　"这是个令人振奋的消息。"宋大昭说，华北豹出现在承德东部，使得承德成为目前发现的华北豹的最北分布点。与此同时，燕山山脉再现华北豹，证明太行山、燕山一带生态环境正在加速好转，"也离我们'带豹回家'的目标，更近了一步。"

2. 寻找猕猴

　　2018年8月2日，兴隆县南天门村南山。

　　知了响亮且令人烦躁的叫声，越发让人感到天气酷热。

河北大学生命科学学院的学生范俊工，背了满满一双肩包内存卡、电池以及够用一整天的水和干粮，有几十斤重。

今天，他和同学的任务是维护分布在山里的野外相机，更换内存卡和电池。这样的野外维护作业，每3个月要进行一次。

范俊工将一把宽刃砍刀仔细收好，把厚厚的绑腿紧了紧，顺手捡起一根树枝，充当登山杖。

"这里毗邻六里坪国家森林公园，六里坪同时也是省级猕猴自然保护区。"范俊工告诉笔者，学院的团队一直在关注六里坪野生猕猴。他们将监测范围扩大至六里坪外围，以期能够在该区域内发现野生猕猴的踪迹。

猕猴又称恒河猴，是国家二级保护动物，主要分布在南亚、东南亚热带地区，在中国主要分布在南方。20世纪六七十年代，燕山地区仅在兴隆县六里坪、雾灵山一带有猕猴分布，这里也被认为是猕猴自然分布的最北界。

但1970年以后，六里坪一度未见猕猴群的活动，以至于有专家提出要将猕猴自然分布的最北界"南移"到黄河北岸的河南济源。

"讨论和判定猕猴分布最北界的问题，一方面有动物学研究的科学意义，另一方面，也可以此来判断当地生态环境的水平。"河北大学生命科学学院侯建华教授表示，兴隆县的雾灵山和六里坪地区，位于内蒙古、东北、华北三大植物区系交会处，各种植物成分兼而有之，生态系统复杂多样，成为温带生物多样性的保留地和生物资

猕猴嬉戏　　封丽然　摄

源宝库。这里不仅是猕猴和许多南方动物分布的北限，同时也是南北动物的生态走廊。

2003年夏天以来，猕猴重新出现在六里坪，但目前野生

猕猴种群整体情况并不清晰，河北大学团队的研究持续了多年。

南天门村在六里坪自然保护区东北部，是典型的燕山山地。从半山坡的梯田穿过，农民栽植的栗子树随处可见。沿着山间小路往山谷中走，灌木杂草丛生，人工痕迹越来越少。

不久前一场大暴雨造成的滑坡让溪流改道，雨后的植被生长更为茂盛，灌木和野草不时将20厘米宽的小径覆盖。尽管来过多次，范俊工也需要不断拨开杂草树枝，寻找旧路。

"嘘……"在几株山梨树前，范俊工示意大家噤声。他把手挡在耳后，努力倾听远方的声音。

可是，在笔者听起来，除了不知疲倦聒噪不止的知了，周围一片寂静。林木郁闭度极高的山沟里，甚至连风都没有。

"听，是棕头鸦雀的叫声。"范俊工叫随行的学弟拿出制式记录本，将时间、地点、气候和发现情况仔细记录下来。"观察、倾听、采集标本等等，是最基本的野外调查方式。这些基础数据汇总分析后，可以得出一些有参考价值的信息。"

野生动物习性使得人类与它们面对面接触并不容易。因此在野生动物可能活动的区域内设置相机，是目前最常用的研究方法。其中，红外相机技术已发展成为陆生兽类、地面活动鸟类资源调查和监测研究的重要常规技术。

红外相机的布设，多在山林中的隐秘地带。十几里山路，在潮热的林间走下去，体力消耗比往常要快很多。不到一个小时，一行人已是衣服湿透。

在一处山体岩石凹陷处，笔者终于见到了红外相机的真容。

一个迷彩色小盒子被固定在手臂粗的树干上，离地面半米左右。盒子正面为摄像头留有一个小口，镜头正对着岩壁下几棵低矮乔木的林空地带——这是典型的兽径，是野生动物活动的路径。

相机布设在哪儿，需要仔细考量。除了尽可能选择动物利用的兽径和水源附近，相机前不应有叶片大的植物，地面灌草较少。尤其在植物生长季节，需要特

别注意灌草的生长，并尽量避开阳光直射。

范俊工打开保护盒，取出里面的红外相机。笔者和随行的队员凑上前去——如果能发现野生猕猴活动的照片，我们将成为一个大事件的见证者。

预览的几十张照片里，并没有出现猕猴的身影，仅有几只野兔、山鸡招摇而过。其余大量数据信息是否能有惊喜，只能等待回到实验室去分析。

范俊工拆换着内存卡。"野生动物可不会按我们的意志活动，我们寻找猕猴，猕猴就在这里出现，那岂不是更令人奇怪。"范俊工说，"但任何信息都有价值，比如这些空白图片，也可能说明一段时间内，某动物种群在这个区域内没有活动或已经减少。"

此后整整一天时间，笔者和范俊工一行，回收了6处野外相机，都没有猕猴或其他令人惊喜的发现。

六里坪寻找猕猴的经历，也让笔者产生了疑问，猕猴去哪儿了？

2019年5月，滦平县火斗山镇刘营村传来发现野生猕猴的消息。

一只成年野生猕猴出现在刘营村后山上，村民发现后来不及留下影像资料，猕猴就消失在树丛中。

当地人介绍，去年端午节，猕猴出现在村民杨凤荣家院子周围。杨凤荣和儿子李宽、儿媳谭小杰等都是目击者。杨凤荣说，看到猴子在西侧山崖上嬉戏，在院旁榆树上玩耍。小猴子在平房上玩耍时被惊动，逃进山里的树丛。

根据谭小杰当时拍下的影像，村民请林业部门专家进行鉴定，最终确认为猕猴。

研究学者认为，在滦平连续多次发现野生猕猴，意味着野生猕猴的分布北限又向北推进了，也意味着北方的生态环境有所改善。

二、共存之道

1. 遗鸥的"第二故乡"

2018年6月5日，张家口康保县康巴诺尔国家湿地公园。

康巴诺尔是蒙语音译，意为美丽的湖泊。康保县名就是取其谐音而成。直观看，康巴诺尔是紧邻康保县城的一个水淖。但放在更大地理尺度上看，这里是一个位于荒漠与半荒漠地带的淡水湖泊，正是遗鸥最喜欢的栖息地。

1931年，时任瑞典自然博物馆馆长的动物学家隆伯格，撰文记述了在中国额济纳旗采到的一些鸟类标本，他使用了Larus relictus的学名，意为"遗落之鸥"。

夏天，成年遗鸥身体为白色，头顶和尾部呈黑色或褐色，成群结队在湖边浅水中或立或行，呆萌可爱。

遗鸥是世界珍稀濒危鸟类之一，是我国国家一级重点保护野生动物，中国濒危动物红皮书易危物种。

侯建华教授介绍，每年8月，遗鸥会迁徙到天津一带，然后有8～9个月时间都在渤海湾越冬。次年4月中旬左右迁往繁殖地。

"遗鸥的适应性很狭窄，尤其对繁殖地的选择近乎苛刻，它只在干旱荒漠湖泊的湖心岛上生育后代，其他地方不繁殖。"侯建华说，遗鸥此前的重要繁殖地有两个，一个在内蒙古鄂尔多斯高原上的阿拉善湾海子，一块盐碱湖泊；另一个是陕西神木市境内的红碱淖，是中国最大的沙漠淡水湖。

这样的栖息地在中国北部高原地带可谓少之又少，遗鸥因此也被称为高原上"最脆弱的鸟类"。在2012年的全球水鸟种群估计中，遗鸥数量约1.2万只。

遗鸥　　田瑞夫　摄

近几年，遗鸥主要分布地由过去的内蒙古和陕西等地转移到康保。康巴诺尔水资源丰富，且湖心岛条件适宜，在此繁殖的遗鸥数量不断增加。2016年康保康巴诺尔国家湿地公园遗鸥繁殖数量达到6500只。而且，周边很多湖淖还是鄂尔多斯遗鸥迁徙途中的重要停歇地、加油站。

2017年6月2日，康保县被中国野生动物保护协会正式授予"中国遗鸥之乡"荣誉称号。这是我国首次命名的遗鸥之乡。

"康保成为遗鸥之乡给了我们多方面的启示。"侯建华表示，近年来，河北对康保康巴诺尔、尚义察汗淖尔、沽源闪电河等几个国家湿地公园加大保护力度的同时，按照遗鸥生活习性，不断建设湖中孤岛，努力营造栖息地，吸引遗鸥筑巢繁殖，效果明显。

在康保，当地在湿地上游建成了日处理能力1000吨的污水处理厂，实现了中水达标排放入湖；在康巴诺尔湿地中心堆砌了湖心岛，铺设了砂石，营造栖息地；成立了林业公安队伍，专门打击乱捕滥杀野生鸟类的违法犯罪活动。

2019年6月，京张湿地保护修复科技示范中心成立暨张家口市与首都师范大学合作协议签约仪式在张家口举行。此次校地共建示范中心，项目涉及范围包括沽源、康保、张北、怀来等多地。

黑鹳在中国的珍稀程度并不亚于大熊猫，河北已是黑鹳重要栖息地　　田瑞夫　摄

"康巴诺尔离县城如此近的距离，仍然能够吸引大量遗鸥栖息，这是人类能够与野生动物共生共存的现实例证。"侯建华表示，"虽然遗鸥种群数量大幅增加，带来了食物不足，被电线、风电机等偶尔意外伤害等问题，但这种平衡的恢复需要时间，会逐渐解决。"

重要的一点是，遗鸥被康保人视为精灵，受到全方位的保护。每年当地各部门和组织，都会开展遗鸥保护宣传工作，很多当地村民，也都主动打电话救助遗鸥。

"今年我们为喂养遗鸥购买面包虫的开销就有5000多元了。"张海是康保县人民检察院工作人员，他联合康保县职教中心政法专业的学生们，主动承担了为湿地鸟类投食的工作。

越来越多的环保志愿者加入康巴诺尔湿地保护队伍中，爱鸟护鸟保护湿地环境，在康保蔚然成风。

2. 梅花鹿的"宫廷生活"

2018年2月20日，北京，故宫博物院。

慈宁宫花园内，由承德避暑山庄引进的9只梅花鹿已经入住3个多月，引来不少游客观赏、拍照。

这2只雄鹿、5只雌鹿和2只子鹿虽然经过专业驯化，但在避暑山庄的随性生活，还是让他们野性十足。"宫廷生活"的局促，一开始让它们有些不适应。

依据帝王苑囿的养鹿传统，故宫博物院与承德市文物局商定，于2017年9月下旬至2018年2月底在故宫博物院慈宁宫花园引入这些梅花鹿。

鹿是中国传统文化中的祥瑞之兽，与清代宫廷亦有着十分特殊的联系。故宫博物院御花园在清代也曾养过鹿，鹿苑在今故宫御花园西南，还有一座高台名"观鹿台"，台下尚存有一道半圆形的鹿圈围栏地基遗址。

而避暑山庄是清代第二个政治文化中心，从建园之初就饲养了大量梅花鹿。

养殖梅花鹿，在突出避暑山庄园林野趣、丰富园林景观、加强园林动感、增添园林活动内容等方面有着重要作用。山庄美景以鹿为名的景点有"驯鹿坡""望鹿亭"等，也是康乾二帝御制诗文中经常出现的重要角色。

今日避暑山庄散养的梅花鹿群，究其源头，是由1981年放养的24只当年生的小母鹿和1984年放出的两只驯化的成年雄鹿繁衍而来。长期以来，避暑山庄内没有天敌，植被丰富，为梅花鹿提供了适宜的生存空间。

到2006年左右，避暑山庄内散养梅花鹿数量达600只以上，散落到山庄外的也有近百只。

梅花鹿，不仅备受皇家宠爱，更是让后来的承德市民疼爱不已。21世纪初，曾有一对普通市民夫妇张庆瑞和辛凤清，按"每天10元钱，每月300元钱"的"伙食标准"，每天早晚给避暑山庄里的小鹿买"粮"送"饭"。无论刮风下雨，几年未曾间断。

但是，令人怜爱的鹿群，也会惹出让人头疼的麻烦。

2005年1月，有专家对避暑山庄内梅花鹿的种群数量等情况进行调查，结论令人心惊：在调查涉及的15种共554棵树木中，有203棵遭到了鹿的破坏。山庄内的柏树、白皮松、迎春花、云杉、刺槐、五角枫遭破坏的比例在50%以上，其中对五角枫的破坏达到了100%。

避暑山庄里的梅花鹿　　　孙树峰　摄

这些树木、花草有的被鹿啃食，有的被鹿蹭坏。

除此之外，每年都有鹿撞伤游人的事件发生，处理"鹿撞人"成为一件棘手的事。

而一些"自由散漫"的梅花鹿，经常溜出山庄，破坏附近村民种的庄稼、果树，甚至因此引发官司。

2010年1月，避暑山庄管理处决定对山庄内的梅花鹿进行迁地保护，由该处与河北滦河上游国家级自然保护区管理局共同实施。按照双方协议，当年，避暑山庄共计230只梅花鹿被送往滦河上游国家级自然保护区，再没有了"宫廷生活"。

如今，避暑山庄内还剩下数百只梅花鹿，主要在山区活动。

1781年初秋，乾隆心血来潮，作了一首名为《山中》的诗，主要是写避暑山庄的秋意。诗中有"鸟似有情依客语，鹿知无害向人亲"的句子。

承德市文物局调研员周余良对这句诗感触颇深："这是古人与鹿共生共存的和谐景象，也应该是我们追求的美好目标。"在周余良看来，很多游客为体验人与鹿的亲密接触而奔赴日本奈良，其实在承德，人们也可以与鹿近距离接触。

3. 草原黄鼠的"三室一厅"

2018年8月6日，围场满族蒙古族自治县红松洼自然保护区。

一片长势看起来不太好的草地上，每隔几米隆起一个土堆。红松洼保护区管委会王运静告诉笔者，这是草原黄鼠的鼠丘。

这些鼠丘，是草原黄鼠觅食时挖掘出来的，土堆的数量及位置，大多都与喜食植物的分布有关。鼠丘对草原植被会造成二次伤害，土丘覆盖的地表，植被难以正常生长。也正因此，草原黄鼠一直是草原综合防治的重点对象。

尽管体型不大，草原黄鼠却是河北最古老的动物物种之一。在河北分布的哺乳动物中，种类最多的是啮齿类，有32种，占河北哺乳动物总数的36.8%。它们中虽然有一些珍稀"鼠辈"，比如复齿鼯鼠、沟牙鼯鼠等，但大多数对农林草生产有一定破坏。

草原黄鼠主要栖息在各种土质比较松软的草原、农田以及灌丛、半荒漠地区的草地上。河北北部的草原地带，是草原黄鼠的重要栖息地。

围场红松洼国家级自然保护区　　《河北日报》资料图片

它们皮张轻柔，毛色致密，可制作儿童衣、帽和袖口，售价很高。肉可食，亦作药用。但它们喜食根茎禾草的地下部分及含水量较多的鳞茎、肉质根型植物的根部，如赖草、羊草、百合、黄芩、山葱等。权衡得失，害多益少，是农、林、牧业的重要害鼠。

"草原鼢鼠多在地下生活，极少到地面活动，不冬眠，感觉非常灵敏。"王运静介绍，"鼢鼠还非常狡猾，有怕风畏光、堵塞开放洞道的习性，当洞穴被打开时，它会很快推土封洞。"

提及草原鼢鼠的地下洞穴，王运静说，草原鼢鼠门齿粗大，四肢短粗有力，前肢特别强壮，前足爪发达，尤以第三趾最长，是挖掘洞道的有力工具。"它是'地下宫殿'的修建专家，轻轻松松可以为自己营造一个'三室一厅'。"

草原鼢鼠生活的地下洞窟，有纵横交错的主道通向地面。各支道的末端或旁侧有宽敞的洞穴，分别为卧室、仓库、厕所和休息室等。

在这些建筑中，卧室是最考究的部分，既宽敞又光滑，容积约有50厘米×20厘米×15厘米大小。室内还垫着细绒、草根和树叶等。酷热的夏天，鼢鼠居住在离地较近的洞穴里，空气流通，也比较阴凉。冬天严寒时节，它们就搬进距离地面更远的深宫，那里温度恒定，可以御寒。

而在其仓库里，会储藏大量食物，按品种分门别类。厕所的设计也很讲究，位置既不距离卧室太近以免臭气影响睡眠，也不离开太远使用不方便……

关键是，草原鼢鼠的"地下宫殿"，地道很长，可达五六十米。洞口有好几个，而且十分隐蔽，外面用一些碎泥覆盖，一般察觉不到。如此一来，外行根本找不到鼠穴的具体位置。

"自然界生态平衡的维系，主要靠草原鼢鼠的天敌。不过由于红松洼地处坝上地区，是开发风电资源的理想场所，目前保护区实验区范围内已建成不少风电机。"王运静介绍，密集的风电机产生的干扰对该区域野生鸟类，尤其是大型猛禽的栖息和觅食具有一定影响。

在猛禽变少，缺乏天敌的情况下，草原鼢鼠等草食动物数量剧增。

"为了防治草原鼢鼠，我们采取了多种措施。"王运静介绍，如化学防治法，用毒饵拌香油，把饵料从洞口投入30厘米深处。生物防治则是采用生物灭鼠剂饵料，往有效洞内投药。

然而实践中人们发现，上述方法效果并不理想，且有可能对草原生物造成次生伤害。因此人工防治草原鼢鼠还是主流。

"人工防治可以用地箭，更多的是利用鼢鼠堵洞习性，扒开鼠洞，当鼢鼠堵洞时在后路将其挖出。"王运静说，有经验的牧民，可以准确挖到鼢鼠。近儿年来，人工防治草原鼢鼠效果很好，鼠患严重的草地正在逐渐恢复。

"自然界的生物链条，是一个严谨自洽的链条，这个链条稳定的关键在于各个要素之间的平衡。"吴跃峰教授举例说，"鼠害"的提法，是从人类的角度来说的，而在自然界中，人类与草原鼢鼠都处在食物网的某个链条中。

"历史上我们也采取过一些极端的方法，试图将某一个物种消灭。"吴跃峰表示，"但实践证明，从大生态的尺度来看，我们为此付出的代价可能要远远超过短期的收益。"

吴跃峰表示，气候变化对生物多样性的影响有待评估。目前生物多样性保护面临的最大压力和挑战，都来源于人类。

好在人们已经意识到这种影响，并设法避免。

红松洼自然保护区风电场内，绿草如波、百花齐放的广阔草原上，洁白的风电机在迎风转动，牦牛群悠闲地吃草。风力过大的时候，有风电机因超负荷开始刹车，发出巨大的摩擦声。

"风电机的底座、风电场道路，都会对草地形成一定影响。最近几年，这些被破坏的草地正在逐渐恢复。"红松洼自然保护区工作人员指着一台风电机的底座部分说，这里的风电机底座全部位于地下，目的就是尽可能少地占用草地面积。

当年风电场大规模建设时的道路及堆料场地，也难见踪影。只需一两个生长季，草地即可自我恢复。

"目前我们对风电项目的态度极其谨慎，最近几年已没有大型风电项目开工建设。"这位工作人员表示，"我们力求确保保护区范围内植被的原生状态和自然生境的完整性，从而达到保护草原生物多样性的目的。"

三、补网行动

1. 苍鹭守护者

2019年6月25日，宽城满族自治县大桑园村千鹤山。

滦河支流瀑河在这里拐了个弯，将千鹤山三面围住。6月里，冀北山地草木葱茏，绿意盎然，河水从山前蜿蜒而过，清澈见底。河岸千鹤山的悬崖上，不时有苍鹭悠悠飞起。

"咱们动作轻一点儿，那有一个'哨兵'。"大桑园村村民商鹤羽突然把手向下按了按，示意大家轻声，他指着一只正在悬崖顶端放哨的苍鹭说，"现在正是苍鹭幼鸟孵化的季节，鹭群需要戒备天敌。苍鹭非常聪明，鹭群休息或活动时，总会安排一只苍鹭站岗，一旦有猛禽或人靠近，就会鸣叫示警。"

河北沿海、平原湿地、燕山太行山一线，是鸟类迁徙的重要通道。春末、夏初和秋季鸟类特别繁盛。

苍鹭属于国家二级保护动物，列入《世界自然保护联盟》2012年濒危物种红色名录。近年来，随着苍鹭生境条件的恶化和丧失，种群数量明显减少，不像以往那么容易在野外见到。

商鹤羽介绍，苍鹭属于候鸟，每年春节过后陆续从越冬地飞回到千鹤山，开始筑巢、产卵、孵化、育雏，10月上中旬迁离千鹤山，到南方越冬。

大桑园村地处宽城满族自治县西部，这里海拔不高、水草丰美，是苍鹭理想的栖息地。更为重要的是，这里位于苍鹭南北迁徙的通道之上。

实际上，30多年前，迁徙的苍鹭并没有把这些无名山当做旅途中可以落脚的地方。

1965年春天，村民商玉富发现8只苍鹭飞来这里栖息，他认为这是一种吉祥鸟，开始有意识地保护。

"我和我父亲都认为，鸟也是有灵性的。它们知道有人保护它，来筑巢繁衍的就越来越多。原来周边这些山上，都有苍鹭，后来因为有人掏鸟蛋，它们就都聚集到这个山上了。"商鹤羽说，苍鹭种群逐渐扩大，人们干脆把这座山改名为"千鹤山"。

商鹤羽八九岁便跟着父亲商玉富上山护鸟，他的名字也源于父亲对苍鹭的喜爱。

"不管是想偷猎还是侵扰苍鹭的人，父亲都会阻止，为此得罪了不少人。"商鹤羽回忆道。1985年商玉富去世。商鹤羽便接过父亲的接力棒，专心守护鹭群。

苍鹭　　田瑞夫　摄

天鹅　　田瑞夫　摄

商鹤羽给笔者说起一件让他百感交集的往事。为了保护苍鹭，他曾在山上刷了一组标语："野生动物是人类的朋友。"过了几天，有人在这句标语后面又加了一句："商鹤羽是人类的敌人。"

商鹤羽说，苍鹭蛋比鸭蛋略大一些，因为是野生的，许多人认为它的营养价值很高，在市场上一只苍鹭蛋能卖到四五元钱。对于山里人来说，掏苍鹭蛋卖钱具有很高的诱惑力。商鹤羽因为阻止掏蛋跟人动起手来的事情时有发生。

"十里八乡都管我叫二串子，说二斗高粱没喂肥。"商鹤羽苦笑着说，从父亲手里接过保护苍鹭的任务时，他在县城招待所已经有了一份稳定的工作，找了女朋友。

"舍弃这一切，大概就是因为跟苍鹭结下的缘分。"回到农村的商鹤羽专心看护苍鹭。每到苍鹭飞走的冬季，商鹤羽就外出打工赚钱。苍鹭春天飞回来的时候，他也从城里赶回来。

"有灵性"的苍鹭越来越多，从最初的8只到3000多只。每年春天，漫天飞舞的苍鹭成为一大盛景，吸引了大量观鸟、旅游的人群，也让当地人慢慢理解了这个执拗的守鹭人。

在商鹤羽影响下，大桑园村一些村民也开始加入了护鸟队伍，对偷猎、打鱼及游客的不良行为等开展监督劝阻。

从立春前后苍鹭飞来，大桑园村的志愿者都会守护在这里。

鹭群产蛋和孵化的时候是最忙碌的。"产蛋的时候需提防乌鸦、野猫、黄鼠狼，最厉害的就是乌鸦，一口就把蛋啄烂了。小鹭孵化出来后，要防着金雕、老鹰、猫头鹰，还要看有没有摔下窝需要救治的。"商鹤羽说，这段时间他几乎天天在悬崖下守着，产蛋的时候更是24小时不能离开，晚上便在河边扎个帐篷，一直要管到六七月份小鸟会飞了，才能松口气。

苍鹭的窝大都在悬崖边上，暴风雨季节里，一些刚刚学飞的小苍鹭常常会摔伤。商鹤羽的家中常备药和纱布，苍鹭一般性的伤病都难不倒他。"比如腿伤，如果不见血，就用竹木筷子劈两半固定住，再用纱布裹上。如果见血了就得喷一些药。"

经过商鹤羽等志愿者的多年守护，千鹤山已经形成独特的生物链，共有野生动物222种，其中国家重点保护动物和"三有"保护动物198种，除苍鹭外，黑鹳、白鹭、金雕等数量也在增多。

2006年，河北省批复成立千鹤山省级自然保护区。

千鹤山省级自然保护区管理处处长张宝山说，保护区总面积超过14000公顷，保护对象为珍贵稀有动物资源及栖息地，特别是珍稀鸟类资源及湿地生态系统。

在吴跃峰看来，任何一种动植物，都是生物链上的重要一环，无数生物链构成一张丰富多彩的生态网。"这张网需要我们一点点修补。"

野生动物与人，正在通过商鹤羽这样的"守护者"们实现和解与共生。"生态之网"，也在他们手中重新织就。

河北现存陆生野生脊椎动物530余种，其中鸟类就有420余种。比如河北沿海地区，是东亚—澳大利亚迁徙路线上最重要的水鸟迁徙停歇地之一，每年都有几百万只候鸟在此停歇、觅食、迁徙通过。其中有小巧可爱的勺嘴鹬，有白毛黑脸的遗鸥，有身姿曼妙的黑鹳，更有真正的旅行家红腹滨鹬。它们在迁徙过程中疲惫而脆弱，候鸟保护工作任务艰巨。

如今，全省有野生动物保护志愿者组织32个，志愿者达11000人。正是他们的保护和救助，让河北成为越来越多野生动物，特别是鸟类的自发停留、繁衍之地。

2. 褐马鸡归来

2018年7月25日，小五台山国家级自然保护区杨家坪管理处。

这里隐藏着一个小型博物馆。其镇馆之宝，是一组褐马鸡标本。

这只成年褐马鸡体高约60厘米，体长1米左右，头顶羽毛呈绒状，黑褐色，耳后一丛耳羽非常奇特。耳羽成束状，向后延长，突出于头颈之上，形状像一对角。上背、两肩棕褐色，仍具光彩。尤其是高高翘起的尾部特别好看，尾羽末端黑而具金属紫蓝色光泽，很是庄重威严。

这是一个从远古走来的神奇物种。中国特有珍稀鸟类，国家一级重点保护野生动物，世界易危鸟类。

传说黄帝与蚩尤争夺天下之时，"帅熊罴狼，驱虎豹为前，驱雕鹖鹰鸢为旗帜"，这里的鹖便是褐马鸡。

自然科学研究表明，褐马鸡位于马鸡属，其"表兄弟"藏马鸡、白马鸡和蓝马鸡，都是极珍稀鸟类。

化石显示，马鸡属的鸟类起源于第三纪始新世的黄河以南地区。随着冰川期的到来，马鸡属的祖先适应了寒冷气候，向高山区转移。而高原的隆起和气候地形变化，使得马鸡属祖先开始分化。

支序分类学推测，首先产生的是藏马鸡和白马鸡的祖先，藏马鸡祖先的一支向高原腹地迁移，从而分化出藏马鸡和蓝马鸡的祖先。蓝马鸡的祖先到达高原北部，从而形成蓝马鸡和褐马鸡。

由此可以推测，褐马鸡及其他3种马鸡属，自青藏高原到黄河流域，在古代都有分布。

作为著名的珍禽，有关褐马鸡的记载散见于我国历代史籍中，《禽经》《山海经》《本草纲目》等古籍中都有记述。根据这些古籍推测，我国古代褐马鸡的

数以万计的白骨顶鸡、星头潜鸭等在衡水湖越冬　　　田瑞夫　摄

地理分布区域主要在山西的晋中南、吕梁山、五台山，北部的大同及河北的宣化等地。

但时至今日，褐马鸡仅分布于我国华北地区和西北地区的局部山地，主要栖息于海拔800米～2000米的针叶林、针阔叶混交林中。

"褐马鸡的历史分布区大而连续，而现有的分布区割裂且缩小。这是历史演变的结果，特别是对褐马鸡的过量捕猎、对其栖息环境的破坏造成的。"北京师范大学生命科学学院教授张正旺介绍，人类活动的干扰是根本原因。

其中包括人类对森林资源的过度砍伐，还有非法捕猎。在过去，许多地方都有一些农民以打猎为生，褐马鸡曾是他们的狩猎对象之一。即使是现在，少数地区尤其是保护区外围地带，仍有偷猎褐马鸡的现象，人们用套子、农药狩猎环颈雉时误伤褐马鸡的情形也时有发生。

令人欣慰的是，自20世纪80年代以来，随着山西省庞泉沟、芦芽山，河北省小五台山等一批以褐马鸡为主要保护对象的自然保护区的建立，褐马鸡的栖息地得到了有效的保护，野生种群数量在不断增加。

2019年6月25日，小五台山国家级自然保护区管理局资源科科长张爱军，刚刚从山上下来，他们计划出一本小五台山地区野生动植物图册，前期调查工作一直在持续。作为专门保护地，褐马鸡自然是他关注的重点。

"褐马鸡有两大爱好，非常有趣，一个是打架，一个是沙浴。"张爱军介绍说，人类接触野生褐马鸡难度比较大，但多年来的研究观察，让人们对褐马鸡的行为习性有了详细的了解。

褐马鸡有十分明显的占区行为。雄鸟通常通过鸣叫来宣布对领域的占有。一旦发现入侵者便予以追逐和驱赶，为此经常发生激烈的搏斗。

事实上，因褐马鸡稀有，更因其刚烈威猛、骁勇好斗的性格，加之其雄劲的姿态和独特的羽毛，为历代官员所推崇。古代军士头盔上的白翎就是褐马鸡尾部的羽毛。从战国赵武灵王起，历代帝王都用褐马鸡的尾羽装饰武将的帽盔，称为"冠"，以此来激励将士，直往赴斗，虽死不顾。

"褐马鸡沙浴俗称刨窝、打滚或者打土窝。当地村民和调查人员经常看到。"张爱军说，进入配偶活动阶段时，褐马鸡雌鸟常卧伏地面进行沙浴。雄鸟有时也与雌鸟以同样方式进行沙浴，有时挺胸直立，远近观望，放哨警戒。若不受惊扰或异常天气的干扰，沙浴可从上午一直持续到下午觅食活动前。冬天，褐马鸡喜欢集群沙浴，场面壮观。据推测，沙浴可能与褐马鸡去除体表寄生虫有关。

结合褐马鸡的生活习性，小五台山自然保护区对褐马鸡展开全方位保护。

"小五台山多样性的植被是褐马鸡种群生存的基础，能够提供有效的食物资源。"张爱军说，但由于小五台山地区冬季气候严寒，降雪时间长，有时会造成季节性食物短缺。保护区工作人员冬季进山，多是寻找褐马鸡可能活动范围进行野外投食，为种群补充食物。

从更大的尺度来看，张正旺认为，褐马鸡就地保护是拯救这一珍稀物种的最根本途径。目前，在褐马鸡分布的三大山系已经建立起了8个国家级自然保护区。"这8个保护区已经成了'中国褐马鸡姐妹保护区'，定期进行交流。"张正旺介绍，"这是一个非常好的机制，它使褐马鸡保护由点及面，形成一个完整的生境。"

与此同时，"再引入"作为拯救珍稀濒危物种的一条有效途径，已经在鸟类和哺乳动物上获得了成功。张正旺介绍，通过再引入的方法在其已经灭绝的地方重新建立起野生种群，能够在较短时间内扩大褐马鸡的分布区，促进褐马鸡种群健康发展。

"目前，北京师范大学已经在山西五台山进行了试验，并初步取得了成功。"张正旺表示，目前初步测算，褐马鸡野生分布区的东部地区，包括河北、北京一带，种群数量大概在3000只左右，种群呈现稳定增长的态势。

河北因人类活动频繁，是森林草原资源破坏较早、较严重的地区，同时也是古人朴素的生态理念萌发和造林实践最早的地方之一。

但先民造林的目的，还是为了获取更多农林收益。时至今日，造林在理念和技术上已经有了突飞猛进的发展。从濯濯童山到绿水青山，草木植成，迎来新生。请看《大河之北·森林草原篇》第四单元——山野新绿。

（本单元得到小五台山国家级自然保护区管理局、中国猫科动物联盟、河北省林业和草原局、河北大学、河北师范大学等单位的支持，特此鸣谢！）

第四单元

山野新绿

采访◎《河北日报》记者　袁伟华　朱艳冰　刘剑英　郭东　张伟亚

执笔◎《河北日报》记者　袁伟华

📖 阅读提示

　　因人类活动频繁，河北一度是森林草原资源破坏较早、较严重的地区，但同时也是古人朴素的生态理念萌发和造林实践最早的地方之一。

　　先民造林的目的，更多还是为了获取农林收益。时至今日，造林在理念和技术上已是今非昔比。人们一方面在利用科技的力量，追求来自森林和草原更高质量的回报；另一方面，也在思考着如何为未来培育一个更好的生态世界。

　　从新中国成立时河北省森林覆盖率2.8%，到2018年提高到34%，从濯濯童山到绿水青山，草木植成，国之富也。

张家口中都草原　　　张树军　摄

一、童山绿装

1. 飞播路线图

2019年7月20日，隆化县八达营村。

在冀北山地，村镇一般都分布在河谷地带。从卫星图上看，这片被森林覆盖的整个山地，犹如巨大的绿色叶片，河谷则如叶片上的脉络。

伊玛图河从八达营穿流而过。河两岸东沟、西沟的山地里，郁郁葱葱的油松林构成了大地的底色。

在60多岁的村民冷东耀的记忆里，20世纪70年代，这里的山上并没有如此茂盛的松林。"这些树，都是飞机种下的。"他告诉记者，如今，夏季根本进不了山，"松林密不透风，草棵子一人多高，路都看不见。"

1974年7月19日，轰隆隆的飞机声从八达营村村民的头上传来。对于几乎与世隔绝的村庄而言，这是件稀罕事。

"是那种带两层翅膀的飞机，来来回回飞了好几趟。"冷东耀回忆，"咱们当时不知道是干啥的。"

这其实是河北造林史上，第一次飞播造林试验。

河北省林业科学研究院党委书记王玉忠介绍，1974年，根据南方各省飞机播种造林经验，当时的省革委农林局组织有关单位建立了飞播试验小组，在中国林业科学院林业研究所和沈阳民航局的支持下，于当年7月19日到21日，在隆化县八达营进行了1980公顷的油松飞播造林试验。

"在此之前的河北造林工作，以人工造林为主，部分有条件的林场使用了机械造林。飞播造林在河北还是首次。"王玉忠说，在深山、远山人力所不能及的地方，采用飞播的办法，可以加快山区的造林速度。

隆化所在的冀北山地，燕山山脉绵延起伏。深山中没有路和水源，山地人工造林的条件不足。且与太行山石灰岩山体比起来，燕山山地的土壤、降水、温度条件等都相对优越一些，在这里开展飞播造林试验显然是最合适的。

令人振奋的是，由于播区、树种、播期选择适宜，八达营的飞播试验播后20天降雨80毫米，1个月内无大旱，当年幼苗生长期在60天以上，年末有苗面积达到59%——按照当时的技术标准，一般判定有苗面积达到20%即为成功。

八达营飞播造林试验可谓大获全胜。

此后，河北飞播造林试验区逐渐扩大到承德、保定、石家庄地区。至1977年，河北飞播造林从7县扩大到11县，播区由11个扩大到15个，共完成飞播造林4万多公顷，有效面积3万多公顷。

1980年5月，当时的国家林业部、国家民航总局等部门，组织专家对河北省飞播造林试验情况进行了现场考察测试，认为河北省的试验解决了飞机播种造林树种选择、播区选择、播种时间和播种量的问题，为我国北方较干旱山区进行飞播造林提供了科学依据。

专家们的抽样调查显示，河北省1974年～1978年重点播区一般有林面积占宜播面积的25%～40%——也就是说，在气候较为干旱的河北，飞播造林的保存率接近或达到了全国飞播造林平均39.5%的水平。1981年，林业部将河北省飞机播种造林正式纳入国家飞播计划，年均6万公顷左右。

"我们形象地把飞播造林叫做'凌空点翠'。"王玉忠说，"从一定意义上

易县退耕还林工程　　孙　阁　摄

看，目前河北燕山、太行山区，尤其是深山区森林的主体，正是由我们始于20世纪70年代、一直持续了近40年的飞播造林缔造的。"

2018年6月24日，邯郸涉县。

一架轻型直升机正在紧张装种，飞播即将开始。

涉县自然资源和规划局副局长李和保介绍，1984年，涉县作为河北省太行山南段飞播造林试验示范区，在省林业厅的统一组织下，在青塔乡圪腊铺村一带首次试行飞机播种成功。自此到2010年，连续飞播造林27年。2015年，在邯郸市政府的统一组织下，再次连续3年实施了飞播造林。

涉县位于河北省西南部，冀晋豫三省交界处，是太行山全山区县。全县面积226万亩，山场面积就有157万亩。李和保介绍，涉县飞播造林共涉及14个乡镇、56个播区，累计飞播面积185.2万亩，累计有效面积154.46万亩。

飞播成林多为油松纯林或以油松为主的针阔混交林，成为涉县贯穿西北、西部、西南及东南较为完整的森林生态屏障。飞播造林对涉县加速深山区绿化，增

加森林资源，维护生态安全，提升整体形象发挥了显著作用。

时至今日，经过40年的发展，飞播造林技术相比20世纪70年代已经有了很大进步。

李和保介绍，飞播造林首先要精心选择播区。要根据造林树种的生物学特性和立地条件、气候条件精心选择播区。播区面积要达到要求并相对集中，海拔要适合拟播树种生长，阴坡、半阴坡要占到宜播面积的60%以上，植被盖度以30%～70%为宜。

同时，飞播要着重考虑气象条件。针对历年降雨集中的规律和树种的生物学特性，为保证幼苗越冬前木质化，涉县飞播一般选择雨季到来前的6月底至7月初实施播种，尽可能地保证飞播后成苗期获得有效且足够的降雨量。

如今在涉县，为丰富飞播造林树种，2016年在飞播油松、侧柏、臭椿的同时，分播区试验性播种了黄连木、黄栌、连翘、栾树、盐肤木等多个树种。

"目前飞播造林的面积已经大幅减少。"王玉忠介绍，影响飞播效果的重要因素是播区的植被盖度，"经过多年的造林和封育，大部分山区植被盖度增加，种子无法落地，已经不适合使用飞播。目前在一些植被盖度较差的深山远山区，仍在使用飞播+封育的造林形式。"

2. "裸岩"上的课题

2019年7月19日，邯郸涉县凤凰山。

凤凰山位于主城区西部，总面积1万亩，蜿蜒数十里，像凤凰俯卧大地。

这个季节远眺凤凰山，一圈一圈围山而上的油松如梯田一般。山体阳坡的上部，这些生长了两年多的油松已经成林，但因为树冠不大，郁闭度不高，在林木间隙，仍能让人一眼看到灰白色的山体。

这种灰白色，是让林业人最头疼的颜色。

河北农业大学林学院副院长许中旗介绍说，到2018年底，河北全省的森林面积已达9618万亩，森林覆盖率34%。从分布上看，河北森林资源主要集中在燕山、太行山区。

如今，燕山和太行山浅山区的造林已经颇具规模，太行山深山区的绿化攻坚已成为全省造林绿化"最后的硬骨头"。

河北主要林木资源分布示意图

- 油松樟子松落叶松林
- 柞桦杨柳类阔叶林
- 乔木经济林和苗景兼用林

褚 林 制图

"曲阳、平山、涉县这些地方，水泥、建筑材料厂很多，为什么？因为那里的山上全是石灰岩。"许中旗说，如果讲植树造林的立地条件，太行山无疑比燕山地区、坝上地区要差很多。"燕山山地多为棕壤，营养成分好。太行山大部分为石灰岩，且因为历史上植被破坏严重，有些甚至都是裸岩。"

对太行山造林进行攻坚，等于要在石头上种树。

李和保介绍，昔日的涉县因长期战乱、灾害频发，可谓山穷水恶、岭秃山荒，生态失衡。新中国成立之初，涉县森林面积只有2万余亩，森林覆盖率不足2%。

"荒山秃岭和尚头，雨季洪水满地流。旱涝风暴年年见，十年九灾百姓愁。"靠山吃山的涉县人，肩扛手凿，咬着牙年年种树，但造林效果差，易毁坏，曾常年处在"保护—破坏—再保护"的拉锯战中。

破解太行山干旱石质山区造林难，涉县开展了石质山区干旱阳坡和裸岩区造林技术试验。自2005年开始，在凤凰山尝试大苗造林，每年造几百亩，终于在2015年底基本完成阳坡绿化。

2016年，涉县开始向凤凰山山体上部裸岩区"进攻"。

"裸岩有多硬？一钢钎下去只是个白点。"李和保说，"要在这种地方造林，核心是两点，一个是土，一个是水。"

石质山区土层薄，山石多，养分低，土壤性能差，在裸岩地区，只能采用圆盘和条田整地的形式。

所谓圆盘，其实是一个直径、高均为1米的"石井"。石头是工人用风炮打碎的裸岩。碎石后一点点垒起来。"石井"完成后，要马上客土——也就是填充土壤性能好、土壤生长力强的外来土。

"一般交通方便或者有施工作业通道的施工区，我们都从施工区外客土，在裸岩区和山岭上造林，能起到立竿见影的效果。"李和保说。

　　水是个难点。李和保介绍，荒山大苗造林必须依靠水利设施，山顶要建设蓄水池，专门铺设上山管道，低水高调，确保随栽随浇。

　　在凤凰山林地中，一个简易蓄水池建在坡顶上。直观上看，这是一个用防水布垫底，四周垒起来的一个山顶坑塘。输水管道从山下一直连接到蓄水池内。

　　这点来之不易的水，成为裸岩地里苗木能否成活的关键。一般情况下，苗木栽植后要立即浇水。冬季造林的，浇两次透水后，要封土堆，以利越冬，来年春季拨开土堆浇水，确保成活。春季造林的，第一次要浇透水，以后据土壤墒情追加浇水，直到6月中旬，确保新植苗木安全度过春季干旱和夏季首次热干风，浇水次数一般在5次以上。

　　"在凤凰山裸岩治理修复过程中，我们总结出高标准整地、低水高调、客土造林的太行山石质山地绿化模式。"李和保说，在此基础上，涉县荒山造林整体上创造出一个"667造林法"，成为河北省各地争相学习的经验。

　　第一个"6"即：市场化运作、多元化投入、工程化管理、责任化推进、专业化栽植和色彩化造林"六化"造林；第二个"6"即刨坑、整坑、客土、栽树、浇水、管护六步造林；"7"即：中间是两米高的侧柏（油松）、三株连翘、三株黄栌的苗造林，营造多树种、多层次、多色彩的生态景观林。

　　"这个'7'里面其实包含着我们技术上的创新。"涉县自然资源和规划局造林绿化科科长崔利梅介绍说，传统造林，树种比较单一。在荒山造林中，涉县探索一穴七株苗，侧柏、油松、连翘、黄栌共生，常年为绿，春天为黄绿，秋天为红绿，多彩造林，四季有景。

　　除此之外，这样的设置更符合近自然林的理念。侧柏、油松是太行石质山区造林的先锋树种，也是涉县目前造林的首选树种。连翘和黄栌也是涉县山区的乡土树种。针叶和阔叶林混交，不仅景观效果好，林分上也更加接近涉县山区自然林的状态。

　　崔利梅说，在涉县，造林坚持"宜乔则乔、宜灌则灌、宜花则花、宜草则草"的理念，不仅重视"量"的增加，更重视"质"的提升，不仅重视生态效益，更重视景观效益、经济效益和社会效益的多赢。

在涉县，也有一条"天路"。不过这条"天路"不在草原中，而是蜿蜒于太行山巅，全长虽只有20公里，但可让人领略太行山的雄浑壮美。

2019年7月19日，崔利梅带着记者，沿涉县圣福天路一路前行。天路两侧层峦叠嶂，植被茂盛，风光迤逦。崔利梅说，每到秋季，大批驴友和自驾爱好者蜂拥而至，一睹太行山秋日美景。

"原来的圣福天路沿线，有大量废弃矿山。"崔利梅说，废弃后的矿山留下大量裸岩，寸草不生，成为太行山脊背上的巨大伤口。

为太行山疗伤，也是攻坚造林的重要任务。

涉县对西达台华石英砂岩矿、井店玉林井小泉沟建筑石料用灰岩矿以及圣福天路沿线废弃矿山裸岩绿化工程，采取"栽、喷、播"三措施，进行集中治理。

"栽"就是进一步实施造林绿化工程，增加绿化总量，采用1.8米以上的油松、侧柏，混交观叶的黄栌、石楠，观花的连翘、山桃、山杏、天鹅绒紫薇、刺槐等树种，对区域内的宜林荒山进行高标准绿化。

"喷"就是针对尾矿库不稳定区域，对废弃矿山区采取边坡喷浆固化措施，喷射混凝土浆护面，并在坡面上打孔，留出排水孔，避免了可能堵截地下水而影响坡体的稳定性。在喷浆固化之后，进行岩质边坡绿化，以水土流失和污染控制为目标，选择一些生长量大、根系发达的多年生的耐性草本植物，同时选择部分灌木、乔木来进行绿化，以达到快速恢复植被的效果。

"播"就是对所有适宜植物生长的部位，包括尾矿库，播撒格桑花和百日草等多年生花草，通过花草根系错综相连来固定水土，在保持水土的同时，呈现乔灌花草结合、错落有致的绿化景观。

二、年轻森林

1. 培育"近自然林"

2019年3月28日，乍暖还寒。

雄县北沙口乡东留官营村北已是一派火热的造林景象。

这里正是雄安新区2019春季造林8标段地块造林现场，栽植好的法桐傲然挺立，生机盎然。

擘画千年大计，"千年秀林"是秀美的起笔。

先植绿、后建城，是雄安新区建设的一个新理念。良好生态环境是雄安新区的重要价值体现。"千年大计"，就要从"千年秀林"开始，努力接续展开蓝绿交织、人与自然和谐相处的优美画卷。

"'千年秀林'并不是说每一棵树都能活上千年，而是通过尊重自然，给予树木适当人工干预，形成一个自然衍替、生生不息的千年森林。"雄安集团生态建设公司工作人员张亮告诉记者，森林如何延续千年，恰在于这种近自然的状态。

"近自然"是"千年秀林"建设时遵守的第一准则。

许中旗介绍说，近自然育林理论引自德国，目前已在黑龙江、河北、山西、广西等地引进推广，效果明显。

近自然育林，实际上就是顺应自然规律、依托自然条件、借助自然力量、模拟自然形态，培育接近自然又优于自然、功能完备并能够实现森林可持续经营的育林理念和技术操作体系。

"我们主要采用平原造林手法，强调近自然理念，结合现状承接规划，构建以生态为主的多功能森林，营造异龄、复层、混交的近自然健康森林。"雄安集团生态建设公司生态事业部负责人董增巨介绍。

所谓"异龄"，就是在造林过程中，选择不同树龄的苗木。比如栽种油松，既有一两年生的幼苗，也有胸径超过10厘米的多年生青壮树苗。"复层"主要指一块林地内，既有高大乔木，又有低矮灌木和草本植物，形成一个错落有致的空间层次。"混交"则侧重在一个片区内选择多个适宜混生的树种，不造单一树种的纯林。

许中旗表示，保持人和自然力作用于同一方向，是近自然育林的一项根本原则。森林具有极其强大的自我调控能力，这是任何外力所不能比拟和替代的。

实施近自然育林，就是努力掌握森林自控力方向，顺应这种自控力来加速森林的发育进程。

2019年6月10日，记者走进了雄安新区的"千年秀林"大清河片林"秀林驿站"东侧的一块林地。

国槐、松树、银杏和各色灌木错落栽植，这些乔木和灌木不仅大小不一，且几乎没有邻近的3棵树在一条直线上。

张亮介绍："以往造林往往选择单一树种，而且会进行截干，这样便于树木成活，也方便运输，经济价值比较高。而'千年秀林'选择了100多个树种，坚持使用原冠苗，模拟树木在大自然中的存活状态。"

按照张亮的说法，一片远远望去"看不透"的林子，才是他口中的"近自然"的林子。

事实上，由雄安新区向北400公里外的木兰围场国有林场管理局，正是近自然营林理念的发源地之一。

传统营林模式下，2010年左右，木兰围场林场普遍出现林龄小、径级小、蓄积量小的"三小"情况。当时，作为河北省面积最大的林管局，木兰林管局和许多国有林场一样，也不同程度患上了过度砍伐"后遗症"——森林越砍越少、质量越砍越差、树木越砍越细、树种越砍越单一。

雄安新区"秀林驿站"旁的近自然林　　木儿乙　摄

"造了砍、砍了造"的传统森林经营模式能不能改变?

"与林业强国德国相比,林管局单位林地面积每年木材产值是人家的1/160。造成这么大差距的根源是落后的经营理念。"在国内知名林业专家的帮助下,木兰林管局派人赴德国取经。

德国采用的是近自然森林经营理念,这种理念不是放任林木自然生长不管,而是有选择地间伐、砍次留好、去劣留优,培育优质、高价、可持续的森林,实现森林资源的效益最大化。

经过不断地学习、研讨和吸收,木兰林管局决定摒弃过去"重采伐、轻培育"的做法,打造"以近自然经营理念为指导,以目标树经营为架构的全林经营体系"。

这让德国近自然经营理念实现了中国化。

木兰林管局所辖林场打破过去以小班为单位的经营方式,推行流域经营,把两山一沟内的全部林地、林木资源作为一个整体,统筹规划、综合设计、集中作业,提高了森林经营的整体效果。同时,实行宜造则造、宜抚则抚、宜改则改、宜封则封,充分利用自然力量,使不同林分类型、不同立地条件的森林和林地都得到科学经营。

凭借近自然经营,木兰林区焕发出勃勃生机。如今,近自然林的理念在雄安又迎来全新实践。

"在雄安,我们考虑的不是如何让这些树尽快赚钱,而是如何让它们能够存活百年、千年,成为新区未来绿色宝库。"董增巨说。

2. "数字森林"的实践

"'千年秀林'将不仅仅是雄安新区的生态屏障,它同时也是当前最新造林技术和造林理念的实践地。"2019年5月19日,许中旗又一次从雄安新区归来,此行他受邀为雄安新区造林树种试验进行指导。

根据雄安新区相关规划,新区森林覆盖率将从目前的11%提高到40%,起步区绿化覆盖率达50%。2017年11月13日,雄安新区"千年秀林"工程栽下第一棵树。截至2019年4月,新区已造林17万亩,栽植1200多万棵树。

这1200多万棵树,凝结着当前植树造林领域最先进的技术。

塞罕坝机械林场总场阴河林场，青年先锋队成员们正进行石质阳坡造林实践

霍艳恩　摄

2019年4月12日，容城县平王乡李郎村。

村民沈福光正在带领13名同村村民进行林木管护工作。近两年来，他和数百名村民在村周围参与植树造林，对于造林和管护流程，他们已然熟记于心。

"像油松、华山松、白皮松等常绿树种不能多浇水，而楸树、元宝枫则半月左右浇一次水。"沈福光说，具体浇水时间要通过铲土，查看干湿度来决定。

根据规划要求，雄安新区造林从一开始就强调造林科技水平，提升造林绿化细化程度，打造科学示范基地。各参加造林项目的单位，把创造"雄安质量""雄安标准"贯穿造林各环节、全过程。

记者在沙河营村北造林现场见到中交天航局2019春季造林一标段项目工作人员胡俊云时，他手里正拿着一本《雄安新区造林工作手册》，"你看，这本手册已经是第二版了。它对灌木要求是：丛生带土球，灌丛丰满，分枝不少于5枝。而今年招标文件上更严格了，要求分枝不少于7枝，我们每车都要抽检10%，一点儿也不能马虎。"

造林工作手册的苗木章节,从选苗的"三优先、五不要"保证优选本地乡土树种和原生冠苗,到苗木采挖、吊卸,再到栽植、管护,分门别类,都有严格要求。

2019年4月15日,容城县南张镇沙河营村北造林现场。

随着一车车银杏树苗木的到来,中交天航局2019春季造林一标段项目经理朱光林正在组织人员赶工期。"现在每种下一棵树,扫描二维码,完成胸径、地径、株高等树木基本信息录入,大数据平台上就能显现出来。"

与传统造林不同,雄安新区的"千年秀林"还是一片"智慧"的森林,这里的每棵树都有专属二维码,通过雄安森林大数据系统App和建设管理平台,造林人员可以对苗木进行全生命周期管理。

比如在造林施工阶段,造林工序和过程极其严格。在苗木栽植前,监理单位

丰宁雨季造林添新绿　　王立群　摄

进行抽样检查，确保按图施工、精准放样和挖穴。在苗木栽植后，各验收项的数据则自动抓取苗木栽植过程产生的数据，自动回填、无缝对接。

整个造林流程中，土地整理、放样点穴，到苗木起苗、运输、栽植、支护、浇水等，都可通过大数据系统实现验收数据溯源追查、验收情景再现。这是雄安新区"千年秀林"项目首创的数字化验收模式。

"这就意味着，每种下一棵树，我们的系统内同时也生成一个数据。雄安新区栽下的不仅是一片'千年秀林'，同时还有一个线上的'数字森林'。"2019年6月10日，张亮带记者参观千年秀林大清河片林，在林区内记者看到，林子里每一棵树都挂着一个二维码。

张亮介绍说，这个二维码就是树的"身份证"，记录了树种名称、规格、来源地、栽植时间、栽植人以及后续的管护情况。

记者在路边随机选了一棵树扫描二维码，手机页面显示这是一株油松，植树人员姓名是宋博伟，监理人员姓名是张永峰，这棵树于2018年3月19日12时54分从河北保定市望都县滕松苗圃场移植，当时株高350厘米；2018年3月20日15时52分移植至当前坐标。近一个半月里，经过5次除草，浇过12次水，进行过3次病虫防治，目前高度是370厘米，每次除草人员、浇水人员的姓名也有记录。

"这是大数据技术首次在全国乃至全世界如此大规模地应用在林业种植上。"张亮介绍说，这些树未来每年的生长情况、病虫害防治等信息也会被一一记录。这将有利于工作人员及时掌握森林管护和生长状况。

与此同时，积累这些数字森林大数据，能够改变过去林业研究只能在小范围内抽样试验的状况，提供全方位的演进式研究，会帮助林业工作者更客观、更准确地认识和了解整个森林自然演替的规律、树种的生长规律，为我国林业技术升级提供基础理论支持。

"每棵树木都对应数字城市的变迁，将千万棵树木变成雄安千年记忆的开端。"张亮说，"千年秀林"，不是说每棵树都能活1000年，而是要让这片森林长久繁衍下去。对于他们这些建设者来说，"数字森林"还有这样一个作用，那就是百年乃至千年之后的人，能够知道这棵树的来历，知道当初是哪位建设者种下了它。

三、草的"名分"

2018年8月7日,张家口察北管理区。

同样是坝上草原地带,但这里的草地景观与承德坝上相比完全不同。

放眼望去,芨芨草在这里显示出极强大的生命力,一丛丛有1米多高。

这样的草地看起来单调了一些,而在国家牧草产业技术体系张家口综合试验站刘贵河教授看来,芨芨草"霸屏",却是天然草原退化的重要标志。

芨芨草为禾本科芨芨草属植物,根系强大、耐旱、耐盐碱。近年来,随着禁牧限牧政策实施,草原植被恢复迅速,在一些典型地块,草原芨芨草群落繁殖迅速,影响草原生产力和水源涵养等生态功能发挥。

"芨芨草适口性差,牲畜基本不吃,除非冬天实在没啥可吃的时候才会啃两口。它首先不是一种优质牧草。"刘贵河教授表示,值得关注的是,芨芨草群落的过度繁殖,同时还反映出地块盐碱程度在扩大。"更为重要的是,天然草地的草种是多样的,单一草种过于强势,不利于草地的生物多样性发展。"

人类对于草原的利用,主要通过畜牧来实现。

"由于过度放牧等原因,我国90%的天然草地处于不同程度的退化中。"刘贵河说,生产与生态功能配置失调、畜牧业产值与草地资源不匹配,是目前天然草地面临的主要问题。

前一天,"天然草原芨芨草群落改良技术方案研讨会"在国家牧草产业技术体系张家口综合试验站举行,国家牧草产业首席科学家张英俊团队、刘贵河教授团队等数十位来自全国相关行业的专家聚集到这里,专门探讨如何对付芨芨草及修复天然草原。

"以前治理芨芨草,都是靠挖,一挖一大片,破坏地表土壤,且难以根除。"刘贵河介绍,目前,他们一般使用因地制宜改良的设备齐地面刈割芨芨草,结合定点施药等植保灭茬,平整土地后迅速补播种植优质燕麦等饲草。

刘贵河介绍说,目前他们的主要研究方向除了培育优质牧草品种,更重要的任务是针对草地普遍性退化、盐碱化等问题,开展天然草地亚表层土壤—根系构建、植被—土壤系统恢复等研究。

既然草地在退化,与其耗费如此多的精力种草,为何不直接选择种树?

"传统的绿化观念是种草不如种树。"时任河北省草原监理监测站副站长的李佳祥说，"但实际上，从我们做草原工作的专业角度来讲，并不是什么地块都适合种树。"

　　李佳祥介绍说，400毫米等降水量线，是我国一条重要的地理分界线，它大致经过：大兴安岭—张家口—兰州—拉萨—喜马拉雅山脉东部。主要是半湿润与半干旱区分界线，同时也是森林植被与草原植被的分界线。

　　"在大兴安岭、阴山、燕山等数条山脉的合围环抱之下，深入内陆地区并逐渐'衰弱'的夏季风所含的水汽大幅减少。"李佳祥解释，"于是到了这一线，降水量自东南向西北逐级递减，即便在东南边缘最湿润的地区，年降水量也不过约400毫米。"

　　李佳祥举例说，比如张家口坝上地区，是乌兰察布草原和锡林郭勒草原的南缘，这里降水量不足，千百年来一直是内蒙古大草原的重要组成部分。

　　"张家口、承德地区的草原，地理上属于内蒙古高原向华北平原过渡地带，是重要的生态屏障区、典型的农牧交错区、贫困人口集中区。这里既是京津冀地区多条内流河的发源地及上游地段，也是北路风沙南侵的必经之地和潜在的加强沙源区。"河北省林业和草原局草原管理处处长李连树表示，"特殊的地理位置和草

张家口察北管理区的天然草地恢复治理，工人正在清除芨芨草　　　　　　　袁伟华　摄

地资源禀赋，决定了河北草原在京津冀地区中担负着防风固沙、保持水土、涵养水源、调节气候、维护生物多样性等方面的重要生态责任。"

"我们第一次听到坚持山水林田湖草是一个生命共同体的表述时，激动得掉泪。加上一个草'字'，意义大不相同。"刘贵河说，这是对"草"的地位的肯定，对推进草原生态文明建设具有里程碑式的重大意义。

"天然草地系统，对当地的土壤、气候、生态等微生态平衡更有意义。"在刘贵河看来，草在生态系统中具有不可替代的重要作用。植物群落的演替规律一般是先有草才有灌木，再有乔木，致密的草能防止水土流失，为灌木、乔木的生长创造条件，草是先锋植物。水草具有净化水体的功能。水稻、小麦、玉米粮食作物及饲用植物，也是由草演化而来。草与人类、动植物休戚相关。

"虽然都是为了建设好的生态，但是以往在操作中，还是会出现一些林草矛盾。"李佳祥介绍说，在兄弟省区的一些林草过渡带，围绕造林还是种草，有关部门甚至曾经产生矛盾，"不得已只能采取立法的形式来解决。"

"河北北部地区，大部分也都处于林草过渡带地区。"李佳祥表示，"有了生命共同体理念之后，这样的矛盾就可迎刃而解。完全从自然科学角度出发，宜林则林、宜草则草。"

四、绿道绿廊

2019年7月27日，石家庄井陉，秦皇古道。

秦皇古道是中国仅存的古代陆路交通道路的实物，是秦始皇车同轨历史的实物佐证。

"河北最早在路旁植树，正是始于秦代。"王玉忠介绍，"公元前220年，修建专为帝王行驶马车的驰道，路的两侧每隔三丈，栽一棵松树，用以标明皇帝御用专路。"

如今，秦皇古道旁的松树早已不知所终，但古人最早在路旁、村旁、宅旁和水旁植树栽桑一直是传统。王玉忠介绍，直到新中国成立初期，对群众在各种空闲隙地少量植树仍称为"零星植树"，1956年改"零星植树"为"四旁植树"。

"基于'四旁'的造林实践，河北构建了当前公路、铁路、堤坝和城市林地的主体。"王玉忠介绍，直至现在，这些区域仍是国土绿化的重点区域，只是"四旁"的概念正在不断扩展。

　　如今，河北国土绿化的重点任务是依托京津风沙源治理、三北防护林等国家重点生态工程，以"两山"（太行山、燕山）、"两翼"（张北地区、雄安新区）、"三环"（环首都、环城市、环村镇）、"四沿"（沿坝、沿海、沿路、沿河）为主攻方向，实施11项重点工程。

　　造林范围的变化实际上也反映出了理念的变化，尤其是近年来，绿色廊道、森林城市等新的造林理念持续发展，为植树造林打开了一个新的方向。

　　随着人们生态环境意识的增强，绿色已经成为一项重要的民生资源。城市规划者逐渐意识到：城市的主体归根到底是人，生产之外，还有生活；忙碌之外，还需休憩；建设之外，也需留白。

　　2019年4月5日，清明小长假第一天。

　　石家庄不少市民携家带口涌出主城区，直奔城北的太平河而来。在这里，春意更浓——全长29.8公里的太平河绿道上游人如织。人们在成排的柳树、碧桃、海棠前驻足。

　　"多年前，太平河还是石家庄西北部一处荒草丛生的河滩，如今，这里已经成为市民亲近自然、游憩健身、绿色出行的绝佳场所。"石家庄市园林局副调研员田利颖说，在高楼林立、车水马龙的城市，绿道正悄悄改变着人们的生活。

　　同一天，出来踏青的邢台市民在七里河健身绿道中的休闲驿站小憩。喜欢长跑的人们，偶尔也会停下脚步，进入步道上设置的健康测试小屋，进行人体成分、骨密度、握力及柔韧性等多个检测。

　　"绿道是以自然要素为依托，串联城乡游憩、休闲等绿色开敞空间，以游憩、健身为主，兼具市民绿色出行和生物迁徙等功能的廊道。"河北省住房和城乡建设厅相关人士介绍，2011年河北省启动绿道绿廊建设，并将绿道绿廊建设纳入省级园林城市（县城、城区、城镇）创建要求。最近5年，河北省绿道绿廊年均增长300公里，总长已达到3000公里。

　　在田利颖看来，绿道建设，是对传统园林绿化理念的深化与升级。

　　在传统城市园林绿化思想主导下，城市并非没有绿色。然而，以绿化带、公园为主要特征的城市绿化，更多的是一种点和面的存在。绿色与城市被小心翼翼地用有形或无形的墙隔离开来，绿化带也难以从整体上改善城市环境。

在城市中建设绿道，就是把点和面的绿色升级为网状的绿色，让互联互通、开放共享成为绿道的主要特征。绿道不仅是一条路一根线，更应该是一张网。

"绿道是将城市自然山水和人文景观等串在一起的绿色动脉。"石家庄市园林局规划指导处高级工程师陈素花说，石家庄市的太平河绿道和滹沱河绿道都是依托水系，两边绿地内建设绿道，绿道顺着河道的走向自然蜿蜒展开，不改变原来水系景观的原有风貌。

而在邢台，七里河绿道利用原有滩地建成多处沙滩游园和休闲栈道，增强亲水、戏水体验，同时充分融入文化元素，沿线建设了邢襄文化长廊、健康科普长廊和国学经典长廊。

在邯郸广平，环城绿道以环县城水系为依托，在河道两侧建设绿道，打造滨水景观，实现环形绿地布局，将城区内公园、游园进行有机串联，形成了线形绿色游憩空间和健身休闲慢行系统。沿线建成8个体现广平历史文化特色的景观节点。

田利颖认为，这些集休闲、健身、文化、游憩于一体的综合性绿道，不仅串联起了城市的自然历史人文景观，还串联起了城市居民的幸福感和绿色生活方

塞罕坝机械林场，晨光穿透森林　　　霍艳恩　摄

式，更在一定程度上串联起了城乡融合。

"石家庄行政区划调整之后，我们正在进行新一轮的规划修编。在这个过程中，包括绿道建设规划等专项规划正在科学谋划中。"陈素花告诉记者，从一定意义上说，绿道建设、城市森林等全新理念，是城市建设绿色生态理念的再次升级。

城市绿网能够充分发挥涵养水源、净化空气等功能，有效缓解城市"热岛效应"。建设绿色城市，其实也是为城市未来发展"造血"。

无论理念如何更新，技术如何进步，绿水青山始终要靠人的双手来实现。把论文写在太行山上的大学教授、把毕生献给无名小草的基层专家，燕赵大地不乏一个又一个新时代的"愚公"。他们不仅有坚定的信念，更拥有尊重自然、尊重科学的智慧。请看《大河之北·森林草原篇》第五单元——再造青山。

（本单元采写得到河北省林业和草原局、河北省林业科学研究院、雄安集团生态建设公司等单位的大力支持，特此鸣谢！）

第五单元

再造青山

采访◎《河北日报》记者 袁伟华 朱艳冰 邢云 汤润清

执笔◎《河北日报》记者 袁伟华

📖 阅读提示

　　农历八月，从太行山到燕山，从坝上高原到南部平原，水草肥美、瓜果飘香。

　　京东的山楂、板栗，南太行的苹果、核桃，大自然的慷慨馈赠，离不开"愚公"叩石垦壤的足迹。

　　无论理念如何更新，技术如何进步，再造秀美山川，始终还是要靠人来实现。

　　没有比人更高的山，没有比脚更长的路。燕赵大地一代又一代的新愚公，不仅有"子子孙孙无穷匮也"的坚定信念，更拥有尊重自然、尊重科学，让山水林草造福于民的智慧力量。

沙河市红石沟生态农场核桃种植园　　赵永辉　摄

一、科技之手

2019年5月19日，邢台县前南峪村。

河北农业大学林学院研究员郭素萍又一次来到村里的麻峪沟。

当年修出的梯田整齐依旧，风化成土的片麻岩滋养果木苗壮成林。

这片曾经寸草不生的片麻岩山坡上，如今栽着乌克兰大樱桃、欧洲榛子、美国葡萄、澳洲油桃。

从植树造林、修地造田，到整修水利，从山区小流域综合治理到"生态经济沟"建设，小山村前南峪，也是郭素萍亲历过的一座太行山治理的"大舞台"。

1. 小流域治理与"生态经济沟"

1963年8月1日，太行山迎来一场暴雨。

在这场连续7天1133毫米的超强降水中，邢台县胡家楼村寺沟里的拦沙坝、塘坝、涝池、农田却完好无损。

胡家楼村寺沟1955年开始治理，沟内修有648个拦沙坝、7座塘坝和453个涝池，坡面造林绿化面积86.6公顷。这种工程与生物措施相结合的方式，让寺沟经受住了洪水的考验。

离寺沟不远的前南峪村，却在这次洪灾中损失惨重。前南峪村的山，体现了太行山的普遍特点：土层薄、不涵水且有机质少，造林绿化难度大。

"光山秃岭和尚头，洪水下山遍地流，沿川冲走河滩地，十年九灾不保收。"前南峪村村民郭九文说，当年的一场大水让前南峪人明白了一个道理：人的命脉在田，田的命脉在水，水的命脉在山，山的命脉在土，土的命脉在树。

太行山里沟壑纵横，河流荒滩众多，要治山整地，种树植绿，必须先从这些沟沟坎坎的小河道着手。

这与正在起步的小流域综合治理项目不谋而合。

小流域综合治理，就是根据小流域自然和社会经济状况，以水土流失治理为中心，以基本农田优化利用及植被建设为重点，建立具有水土保持兼生态经济功能的一种综合治理模式。小流域治理最早发端于欧洲阿尔卑斯山区。中国小流域综合治理正式起步于20世纪80年代初，太行山便是最早开展小流域治理的地区之一。

位于太行山脉的涉县王金庄旱作梯田　　田 明　赵海江 摄

1983年，河北农大教授于宗周带领的小流域综合治理课题组进驻前南峪。课题组一对年轻的"夫妻档"就此扎下根来，他们正是李保国、郭素萍。

小流域综合治理主要干什么？

"土壤瘠薄，那就聚土；干旱缺水，那就聚水。"郭素萍介绍说，"保国和课题组的同事们以'聚集土壤、聚集径流'为方向，展开对山区爆破整地技术的摸索。"

这是当年治理的景象：

爆破声中，课题组设计的"隔坡沟状梯田"模样初显：基于山势，通过爆破，在横向上每隔4米开一条宽1.5米至2米、深1米的条状沟，然后把周围的表层土集中充填到沟里，沟中填满土可植树。对于大于25度的山坡，种植生态林，保持水土；对于小于25度的山坡，种植经济林，既能保持水土又能让农民脱贫致富。

"搞栽培管理的，搞水肥管理的，搞病虫害防治的，课题组里专家云集。"多专业多学科都在前南峪的一片片山坡上结合起来，郭素萍说，"仅水土治法就有9种。不同坡度、坡向、植被条件的，都采取了不同的治理方式。"

如今，李保国、郭素萍参与开发的聚集土壤、聚集径流"两聚"理论，使邢台前南峪森林覆盖率达到90.7%，植被覆盖率达到94.6%。

1983年，邢台县发现前南峪、浆水等地以小流域为单元进行综合治理的共同特点是经济林比重大，经济效益高，生态效益显著，因此这种综合治理模式开始被称为"生态经济沟"。

此后以"经济沟"的形式绿化太行山，逐渐由邢台推及全省山区。

小流域综合治理及生态经济沟这套开发模式和技术体系，日后成为太行山乃至国内其他山区综合开发的经典范式。

而经过科学方法开展了水土治理的太行山区，不羁的河川变成了水源，片麻岩变成沃土良田，花果飘香的基础就此打下。

2. 走出一条"太行山道路"

2019年8月6日，邢台临城。

郭素萍再一次到绿岭·中国核桃小镇，这里有她的丈夫李保国生前用17年心血培育的万亩核桃林。

一棵棵茁壮生长的核桃树上，圆嘟嘟的青皮核桃缀满枝头。

郭素萍有一个告慰李保国的好消息：前不久，国家林业和草原局公布，绿岭核桃通过林木良种审定。

"这是保国生前的愿望，也是两年多来，绿岭技术团队持续攻关的结果。"郭素萍说，这意味着"绿岭核桃"继2011年通过省级审定之后，有了国家级的"通行证"。今后，在国内适宜推广区域，绿岭核桃都可以集中栽培，让更多的荒山秃岭披上绿装，让更多的百姓尝到甜头。

曾经，国内外专家学者都认为核桃原产于中亚一带，我国的核桃是汉武帝时期张骞出使西域所引进，故又称为"胡桃"。

1972年，考古学家在位于太行山中段的武安县磁山村一带，发掘了一处距今7300多年的原始社会遗址，发现了一系列动植物炭化标本，其中最具典型意义的是粟、家鸡和核桃——这彻底改写了世界粟作农业、家鸡驯养和核桃产地的历史。

核桃，原本就是太行山的原生树种！

临城属于太行东麓的浅山丘陵区，山区丘陵面积占八成以上。关键问题是，这里地表以下70多厘米有一层白浆石。白浆石极像生石灰，呈强碱性，会对植物根系造成严重灼伤。

"1998年承包荒山之初，我们想种苹果，请到李保国老师时，他没着急下结论。"绿岭集团董事长高胜福回忆，李保国教授采集了当地20多个土壤剖面的土样，带回实验室。而后，他又对当地地质地貌、水文条件、气候特点等进行全方位调查。

"种薄皮核桃吧！"在细致查看了临城县山场的土壤、水利等条件后，结合对市场需求的预判，李保国终于提出了建议，"这儿的山区丘陵地带土壤构成以洪水冲积多砾石岗地为主，土质中性偏碱，钙质丰富，非常适宜栽种薄皮核桃。"

"桃三杏四梨五年，要吃核桃得九年。"在太行山一带，核桃树大多自然生长在山沟里、岸崖边，从来没有人大规模种植。

然而，李保国不仅要在这里种核桃，还要选育早实、薄皮、丰产和抗性强的优质核桃品种。他从美国加利福尼亚大学引进了6个良种核桃和11个山核桃品种，又从山东、新疆、河南等地引进了13个国内良种。

2001年，李保国团队在引进的香玲核桃中发现一株具有明显变异特征的单株，表现为果个比香玲明显大；果形有别于香玲的卵圆形，而是长圆形；单株结果数较香玲多。他们随即对该株进行了为期十余年的重点观察，确定为变异株，之后对该株进行扩繁，并进行了分子生物学鉴定。

这种后来被定名为"绿岭"的核桃新品种，不仅丰产，且果面金黄、光滑，像一粒温润的玛瑙；皮薄而均匀，壳厚仅0.8毫米，手捏即开；核桃仁淡黄、丰满、脆香，适合鲜食……

从前南峪到岗底，从岗底到临城，从临城到平山……李保国，用他的科技之手，在太行山上点亮了一连串闪光的名字。

李保国不是第一个走进太行山的教授，他的身旁，还有一群这样的人。

2019年8月5日，保定河北农业大学，雨时下时停。

校园操场旁边，隐藏着一块小园地。84岁的马宝珺撑着雨伞，在园子里查看一排排苹果树的长势。尽管退休多年，每天在他的试验园地里待上几个小时仍是雷打不动的习惯。

核桃丰收　　刘满仓　摄

"你看，我们对苹果矮砧密植的技术进行了一系列优化改良，现在已经非常成熟。"身材瘦削的马宝珺精神矍铄，尤其是谈到苹果，更是滔滔不绝。作为河北农业大学园艺学院的退休教授，他是苹果行业的资深专家，也是"太行山道路"的最早参与者之一。

1957年，22岁的马宝珺从当时的北京农业大学果树蔬菜专业毕业，来到坐落在保定的河北农学院。10月，刚刚到校报到一个多月的他，就跟随前辈教授走进太行山开展资源调查，并由此跟太行山结下近半个世纪的情缘。

马宝珺回忆，那年秋季天气转凉，他们一行人带着行李，坐着马车，天不亮就出发，摇摇晃晃走了一天，才赶到易县。

来自江苏南京的马宝琨第一次被太行山的雄奇壮美震撼，也被山区里的百姓困苦生活所震惊。"那时候山里几乎没什么果树，主要是柿子。我记得有4个品种，其中大磨盘柿子比较多，山区百姓以此为生。"

"一定要为山里的乡亲们做点儿什么"，这是马宝琨最直接的想法，也是那个年代里，农业科技工作者的心声。

"十八般武艺都用上了，当地适合发展什么，我们就送去什么技术。"马宝琨回忆，1979年春，河北农业大学响应省委号召，以易县阳谷庄乡为起点，开始了山区综合治理试验。

在阳谷庄，农大专家给农民提供的第一个项目，是养兔子——因为养兔子见效最快。

但与此同时，他们在调查研究的基础上确定了"以林、牧为主，农林牧副业综合发展"的方针，决心从开发利用现有资源入手，引进先进的适用技术，进而开展综合治理。

邢台县前南峪村村民在生态经济沟的油葵地里劳作　　　牟宇　摄

"尊重自然条件是第一位的，治理太行山既要有愚公精神，更要靠科技的力量。这是我们太行山道路的核心。"马宝琨说，要治山、要开发，必须先得对太行山有个科学的了解。

　　20世纪80年代初，学校组织了15个专业教师和专业科技人员，用遥感技术和实地调查相结合的方法，对太行山区的经济、社会、自然资源等进行了全面调查，写出了《河北省太行山区资源调查报告》，在此基础上完成了《河北省太行山区开发治理总体规划》，确定了开发战略和原则。

　　基于这个规划，河北农业大学的教授专家们，兵分多路，直奔太行山。水土保持专家于宗周教授带着李保国、郭素萍等开进了前南峪；而果树专家马宝琨，则带着学生们从涿州一路南下，为刚刚引进的红富士苹果寻找最好的栽培地。

　　北方最常见的苹果，其实并不是本地的原产水果。

　　苹果原产于欧洲、中亚及中国新疆地区。中国古代的林檎、奈、花红等水果被认为是中国土生苹果品种或与苹果相似的水果。原产于河北的苹果属植物，则有山荆子、毛山荆子等。

　　隋唐时从新疆传入内地并逐渐驯化的中国土生苹果品种，在清朝以前曾在今河北、山东等地广泛种植，但产量少、不耐储存。清末民初，西洋苹果品种逐渐在中国市场上占据主要地位，中国土生品种苹果逐渐被果农淘汰。

　　1979年，农牧渔业部从日本引进红富士苹果接穗，分给河北省4000个枝条。

　　究竟选什么地方接穗？任务落在了马宝琨等人身上。

　　"苹果树哪都能长，但长出来好不好吃，不同生长条件区别非常大。"马宝琨介绍说，苹果树是喜低温干燥的温带果树，要求冬无严寒，夏无酷暑。适宜的温度范围是年平均气温9～14℃。需要土壤肥沃深厚，排水良好，含丰富有机质，微酸性到微碱性。

　　"我们从北向南，沿着京广线一路走下来，寻找最适合苹果生长的环境，最终找到了顺平。"马宝琨说，顺平所在的太行山浅山丘陵地带，海拔200多米，气候冷凉，雨水相对少，满足生长最好吃的苹果的要求。当地原有品种管理不好，产量一般。

　　红富士苹果在顺平一扎根，也把马宝琨和他的几代学生，牢牢扎在了太行山上。

"太行山道路是一条科技、教育与经济相结合的科教兴国之路，一条教学、科研与生产相结合的教育改革之路，一条教师、学生与工农群众相结合的人才成长之路。"河北农业大学校长申书兴说，"40多年来，太行山道路上走出了我们一大批专家和教授，于宗周、马宝琨、李保国教授是他们中的优秀代表。"如今，河北农业大学把"太行山道路"作为一条兴校、育人、富民的办学道路坚持下来，并不断赋予其新的时代内涵。

依托太行山道路，临城的核桃，内丘、顺平的苹果，赞皇的大枣，阜平的食用菌，一个个依托当地资源发展的特色产业被挖掘出来，沉寂的太行山终于再现生机。

3. "围山转"从燕山走向全国

2019年8月8日，迁西县滦阳镇喜峰口一村。

盛夏时节，燕山山地郁郁葱葱，乡间小路蜿蜒在绿树与庄稼之间，一拐弯就丢了来路。

"胡子"张国华的喜峰口板栗专业合作社，就掩映在喜峰口长城脚下茂密成荫的栗树林里。

在迁西当地，人们习惯叫张国华"胡子"。直垂到胸前的一把花白胡子，是这个精干爽朗的老人最醒目的标志，也是他家板栗产品的注册商标。

行走在山场中间，张国华向记者一一介绍：远处山脚下，梨树桃树挂满果实，鲜灵灵透着香气；山腰处，一圈一圈的栗子树盘山而上，绿油油的栗蓬亮出尖刺；山顶上，松树摩肩接踵，几乎看不到空隙。

这是燕山地区典型的"围山转"工程图景。

燕山自古是北方进入华北平原的要道，北缓南陡，山脊之上长城蜿蜒。山地沟谷狭窄，地表破碎，雨裂冲沟众多。

以潮河为界，燕山分为东、西两段。东段多低山丘陵，海拔一般1000米以下，植被茂盛，灌木、杂草丛生。西段为中低山地，一般海拔1000米以上，植被稀疏，间有灌丛和草地。山脉间还有承德、怀柔等盆地。

相比太行山区，燕山山区的气候、土壤条件要更优越一些，尤其是降水相对充分，燕山南麓是河北省多雨地带之一，年降水量700毫米左右。

秦皇岛市山海关区石河镇望峪村的果农在自家果园内采摘樱桃 　杨世尧　摄

张国华种树种了40多年，对燕山山地的脾性了如指掌。"要在山上种活树，必须把水留住。早年种树最大的问题是存不住水，一下雨水从山顶一直冲到山脚。"

"人多地少缺口粮，砍树开荒当柴烧。"回想起40年前，张国华说，那时候，乡亲们渴望能摆脱贫穷和落后，盼望能实现满目青山、花果飘香。大家响应国家"植树造林、绿化家园"的号召，每天天刚蒙蒙亮，就扛起铁镐上山。经年累月，栽种了大量的松树和杨树。

"一开始种树用的是最传统的鱼鳞坑法，一个坑一个坑地刨，再一点点客土植树。"张国华说，单个鱼鳞坑连不成线，保水能力还是不够。

还有个大问题是，栽了好几年的树，却见不到经济效益，乡亲们不免议论：

"栽树是好事，但总是种生态林，收效太慢。"

"我们既要长叶子，更需要增票子！"

有没有一种办法，让树林既能防风固沙、保护生态，又能年年见效益、致富增收？

1977年，昌黎果树研究所农艺师王福堂在迁西县杨家峪村蹲点，对村里原有栗树进行丰产栽培技术研究。通过扩穴蓄水、深挖施肥等管理措施，栗树由亩产40公斤～50公斤，增产到250公斤。

这种做法给了当地林业技术人员极大启发。他们吸取杨家峪的经验，在植树前采取大工程量整地措施，由大穴整地到穴穴相连，逐步形成按等高线环山挖水平沟整地、将表土回填，用生土、石砾筑埝，形成围绕山体的一圈一圈水平畦田。大家形象地称这种工程为"围山转"。

河北省农林科学院昌黎果树研究所副所长王广鹏，向记者详细介绍了"围山转"的造林模式：在25度以下的缓坡上依山就势，在高程3米～4米的等高线上依次开挖宽、深各1米的水平沟，回填后呈2米宽、外噘嘴、里兜水的环山水平梯田，畦面上种植以板栗为主的果树，在果树未长大前，间种矮秆粮油作物，棱沿下种植紫穗槐等护坡。

如此一来，一个"松槐戴帽，板栗缠腰，山脚瓜果梨桃，林粮间作，乔灌草互促，长中短效益结合"的山区农业生态体系就形成了。这个体系，不仅解决了留住水的问题，更解决了"增票子"的难题。

王广鹏介绍说，"围山转"造林模式的实施，使板栗树的成活率由过去的40%左右提高到94%以上，也为迁西将板栗做成林果支柱产业打下良好的基础。

现在，实施"围山转"造林已由过去的人海战术发展为以机械化作业为主，同时实现了水、电、路配套，经济效益和生态效益得到较大提高。

发端于迁西小山沟里的"围山转"，还走向了全国。仅20世纪八九十年代，山东、山西、辽宁和北京等4个省市，就搞了241万亩"围山转"。

王广鹏介绍说，河北是旱作农业区，"围山转"主要解决的是充分利用降水的问题。在国内其他地区，"围山转"生态农业模式同样可行，只是各地会利用自然环境的差异和不同生物种群自身的特点，依据山体高度不同因地制宜布置等高环形种植带，例如，重庆大足县的"山顶松柏戴帽，山间果竹缠腰，山下水稻鱼跃，田埂种桑放哨"，广东省的"山顶种树种草，山腰种茶种药，山下养鱼放牧"等，都是"围山转"型立体农业模式的不同探索。

二、愚公之路

1. 让野果变"宝石"

2019年8月5日，易县富岗乡，370亩红树莓正值收获季。

这是一种招人喜爱的小果实。宝石般的果粒一簇簇生长在1米多高的植株上，压得枝条都低下头来。果实外形有点像草莓和桑葚，成熟的红树莓红得晶莹剔透，微微透出淡紫色。

小果子入口，果香浓郁，醇香清爽，酸甜可口。

研究表明，红树莓有抗衰老、抗炎症、降血脂作用，果实中的天然酚类化合物——鞣花酸具有抗癌功效。欧洲人对红树莓情有独钟，甚至称其为第三代"黄金水果"。

对河北人来说，红树莓其实并不是什么稀有水果。在河北太行山、燕山大部分山区都有这种野果。不过各地对红树莓的称呼不一样，比如在燕山地区，人们管它叫"托盘"。

事实上，红树莓中文学名叫"覆盆子"，我国南北方都有分布。普遍生于海

红树莓　　张雪梅　摄

拔200米~2200米向阳山坡、溪边、山谷、荒地和疏密灌丛中潮湿处。

接连下了两天的中雨，河北农业大学林学院副教授张雪梅专程赶到易县富岗乡的红树莓基地，查看基地里的排灌系统。

小小的红树莓，寄托着她和恩师李保国多年的心血。

"李老师生前最后两年一心想把红树莓产业做起来。"张雪梅说，"现在，邢台和保定的红树莓产业已经初具规模，深加工产品也已通过了相关质量认证，马上要规模上市。"

张雪梅说，当苹果、核桃种植技术研究基本成熟后，李保国教授一直在寻找一种更适合太行山丘陵地带和平原地区见效更快、效益更高、管理更简的经济品种。

他看中了红树莓。

红树莓偏爱微酸性土壤，耐干旱贫瘠，其根系发达，具有固土固坡、防止水土流失的作用。

与此同时，太行山区是片麻岩母土土质，呈微酸性，十分适合种植红树莓。而且红树莓当年种植便可结果，见效快，收益高。

2014年初，企业家周岱燕在邢台市南和县贾宋镇流转2700亩土地，开始试种红树莓。李保国带着团队跟他一起合作。

这是一个全新的树种，相关技术都要从零开始。

李保国带着张雪梅和几个研究生，走遍了东北三省的红树莓种植基地，搜集和掌握了第一手调查资料。2014年3月，从东北购买的20万株红树莓苗木栽种入地，面积达到300亩，以根蘖苗为主。短暂的缓苗期后，许多苗子没有发芽，开始萎蔫。

李保国和张雪梅经过仔细对比苗木原产地和当地的气候条件，提出环境和地域差异是树苗大面积死亡的主因。

"根蘖苗质量良莠不齐，我们尝试栽植组培苗。"张雪梅回忆，2015年2月，经过4个多月精心筹备，他们在邢台投资3000万元建起了国内最大的红树莓组培室。

"李老师有一个规划：5年之内，在河北境内推广红树莓10万亩，使农民年增收5亿元以上。可惜他没等到这一天。"张雪梅说，李保国教授骨灰安葬的当天下午，他生前带领的团队就在烈士陵园开了个会，重新进行了业务分工，郭素萍负责苹果，齐国辉负责核桃，张雪梅负责红树莓，马长明负责森林培育，陆秀君和张建光负责病虫害防治。

石榴　　赵永辉　摄

如今，红树莓的组培育苗、栽培种植技术基本成熟。树莓口服液、树莓酒等项目正在加紧推进。

"河北既有红树莓的种植优势，又有巨大的消费市场。"张雪梅说，红树莓有个特点，果实不耐储，成熟采摘后，6个小时之内必须冷冻储存，否则极易腐烂，这也是为什么我们在市场上难见到红树莓鲜果的原因。"河北紧邻京津，拥有供应鲜食红树莓的地理优势。"

张雪梅和同事们还为富岗乡制定了红树莓产业发展规划三期工程：到2030年，全乡红树莓种植面积要达到5000亩。

"我们希望，红树莓能够继板栗、苹果、核桃之后，成为又一个扎根太行山区的富民产业。"张雪梅说。

2. 让板栗树"轮替更新"

2019年5月15日晚，兴隆县蓝旗营镇。

一场暴雨伴随着冰雹突然而至。冰雹最大直径8厘米，最厚积层达10厘米。短短半小时，蓝旗营镇14个行政村全部受灾，板栗、山楂等农作物损毁两万余亩，预计减产三至八成。

得知灾情，王广鹏坐不住了。

当夜，王广鹏和几位林果专家赶到蓝旗营。惊慌失措的栗农们，听说昌黎所的"板栗师爷"来了，心里才有了底。

几位专家紧急起草了《果树遭遇冰雹后该如何补救》提示，向果农散发；带领栗农迅速清理残枝落叶，防止病虫害蔓延；尽快疏、截伤残树枝恢复树势……王广鹏安慰果农们："蓝旗营是此次冰雹恶劣天气的中心，损失最大，但我们能救多少救多少，尽最大努力挽救……"

驰名中外的京东板栗在河北省有460多万亩的种植面积，每年产值达60多亿元。不为人知的是，每年这60多亿元的产值中，有50%是由河北省农林科学院昌黎果树研究所自主研发的板栗良种贡献的。

尤其是新品种"燕山早丰"，目前已成为国内栽培面积第一的板栗品种。

"燕山早丰"这个板栗优种的诞生过程也殊为不易，凝聚着昌黎果树研究所三代科研人员的心血。

"板栗虽然是燕山地区的原生树种，但千百年来都是自然演替，种植良莠不齐。有的成年大栗树枝叶繁茂，一年却只产十几斤板栗。"王广鹏说。

　　1973年，昌黎所板栗专家开始在优选板栗品种上下功夫，将迁西板栗产区的15000多棵原生栗树编号。其中，汉儿庄乡杨家峪村的3113号树最终被选拔出来。

　　"这棵实生树板栗产量高、成熟早，抗病，耐旱，果肉质地细腻、味香甜，熟食品质上等。"王广鹏说，经过十几年的培育，1989年"3113"经过河北省审定，最终被命名为"燕山早丰"。

　　2010年以后，板栗科技创新的接力棒交到了以王广鹏为代表的第三代板栗人手中。

　　此时，燕山板栗产业高速发展40多年后，规模与数量早已在国内位居首位。即便是20世纪70年代植下的板栗，也早成壮年大树。燕山板栗面临的最大问题，是如何提高果品质量。

　　2019年8月15日，兴隆县陆庄主板栗园。

　　王广鹏原定在这里举办一个100人的板栗轮替更新整形修剪技术效果观摩会，结果会场来了400多人。

　　周边板栗产区宽城、青龙、遵化、迁西的栗农们都来了，最远的来自千里之外的邢台县。

　　会场就在板栗园里，条件简陋，可是栗农们听得认真。王广鹏讲完了又被大家拉住，"打橛留多长？""我疏枝毛病出在哪了，今年新芽长得不好呢"……

　　一般果农会认为，果树越枝叶繁茂，产量就会越高。但对于栗树来说，板栗为强喜光树种，枝条每天需6个小时左右的直射光照射才能形成混合芽，所以调节光照的整形修剪尤为重要。

　　针对板栗的这一特性，王广鹏和团队研发出了以"轮替更新"为理念的系统化整形修剪技术。

　　通俗解释，王广鹏介绍说，树体上同一部位着生A、B两个枝条，第一年修剪A枝甩放结果，B枝留2厘米~3厘米重短截（打橛），橛上萌发出新枝（预备枝、结果母枝）；第二年用B枝上萌发的新枝结果，而结过果的A枝留2厘米~3厘米重短截（打橛）使其上萌发出新枝；第三年再用A枝上萌发的新枝结果……

　　如此反复，人为改变板栗的生长结果习性，即壮树（枝）拉枝、刻芽、分散营养促进分枝；弱树（枝）抹芽、回缩、疏枝集中养分促生壮枝。此法可控制树冠外移速度和过早郁闭，提高单位面积产量，保持板栗幼树密植园高产稳产和可持续增产。

目前该套技术成为京东板栗产业上普及率最高的技术体系，年应用面积100万亩以上，年创经济效益10多亿元。

三、创新之道

1. 森林民宿

2019年8月8日，迁西县汉儿庄乡杨家峪村。

山村恰在滦河边上，向东是潘家口水库。从卫星图上看，整个库区犹如一条深蓝色蜿蜒巨龙，俯卧在绿色山脉之间。

这里气候水文得天独厚，原生板栗树众多，因此也成为"围山转"的发祥地。如今，全村有4000多亩板栗林地，被称为"京东板栗第一村"。

栗子树几乎是杨家峪人的全部。在村民贾春雷看来，这几千亩栗林除了能产栗子，栗树叶子、栗花、枝干，甚至林上林下空间都是宝贝。

虽然不是周末，但去往杨家峪的乡间小路上，仍然有外地游客开车摸索着前行，司机看到"归巢部落"的引导牌，一下子兴奋起来。

贾春雷正是"归巢部落"的创始人。

一条小河沟把杨家峪村分成东西两部分。村东80亩栗林被贾春雷包装成了"归巢部落"。这个洋气的名字，一方面迎合了都市人的田园梦，另一方面，这个"巢"字还确实有讲究。

几棵一人抱不过来的老栗子树上，搭建起形制各异的树屋。有的方方正正，有的形如鸟巢，还有的干脆外形就是个大栗子。

刚下车的游客正是慕名而来。孩子们欢叫着爬上木质楼梯，争先恐后往树屋里钻。毕竟，树屋是每个孩子童年的梦想。

树屋整体不大，架构在栗树枝杈之间。屋里倒是五脏俱全，床、卫生间、空调、无线网络等普通客房的配置都有。只是偶尔有树枝因势利导，直接从树屋里穿过，倒留下更多野趣。

贾春雷十四五岁时，正是村里"围山转"工程开展得如火如荼的年代。每天放学，他也要拿上镐头铁锹，跟着长辈们参加劳动。这4000多亩栗子林，也有他种下的栗树。

贾春雷脑子活络，1993年，在县城供销社参加工作的他从单位辞职回家养殖梅花鹿。他看中了栗树叶子。

唐山市的迁西、遵化、迁安三地地处燕山山脉下，独特的地理位置，为板栗等果树的生长发育提供了优良条件。资料显示，三地的板栗种植面积达到180多万亩，年产板栗近10万吨，创产值近20亿元，每年栗树叶的产量达到5万余吨。

在农村，栗树叶的传统处理方式是在开春时将其焚烧或平时用作生火做饭的材料。

但实际上，贾春雷跟唐山师范学院的实验室合作研究发现，栗树叶粗蛋白、粗脂肪、钙和磷含量均高于玉米秸秆，接近于优质饲料黑麦草和羊草，而粗纤维含量则低于黑麦草、玉米秸秆和羊草。这大量看似无用的栗树叶，其实具有极高的饲料化利用价值。

养鹿到了2015年，迎来乡村旅游的风口。贾春雷别出心裁，决定在村里几十年的老栗树林里，以树屋为主要卖点搞民宿旅游。

为了这个树屋，贾春雷没少动脑筋：树屋按照栗子树枝杈空间设计，充分利用树上树下空间；楼梯、栏杆、垃圾桶、小装饰，都是用栗子树干制成；栗子花外形奇特，可以收集起来扎成院落里的玩偶；剪枝剪下来的栗子细小枝杈，发给孩子们制作创意手工；甚至连栗子树上的害虫都有用，聘请专家带领孩子们当"植物小医生"，害虫成了孩子们野外课堂里的活教具……

如今，归巢部落以其独特的板栗树屋创意和丰富的板栗文化内涵吸引了大量京津唐地区的游客，美誉度良好。也先后获中国最美森林民宿，省级示范家庭农场，河北省农村创业创新项目创意大赛三等奖，市级乡村旅游示范点和科普示范基地等称号。

"前人栽树，后人乘凉。几代人给我们留下的栗子林，打下了本地板栗产业发展根基。"贾春雷说，以前，人们的眼光局限于第一产业板栗生产，琢磨着如何让京东板栗高产，卖上好价钱。再进一步，联合第二产业，搞板栗产品的深加工。最

收获板栗　　杨世尧　摄

近几年，乡村旅游、文化创意产业火热，第三产业也加了进来。"关键看怎么把先辈们留下的这种资源用好。这是一座绿色的宝库，取之不尽，用之不竭。"

2. 智能化苹果园

2018年7月17日，顺平县大悲乡北大悲村。

河北农业大学顺平水果试验示范站，同时也是太行山道路"第一驿站"，就坐落于一座小山顶上。

一场雨过后，山间云雾氤氲。登上驿站二层小楼的观景平台，周边山坡上，是一片苹果园。

这个苹果园里的果树，看起来更像庄稼的样子：苹果树行距、株距整齐划一，树干不高，树冠不大，细小枝条上挂满半个拳头大小的苹果，枝头似乎都有些不堪重负；院子里还有太阳能电池板，树间布控着天线、传感器，树下各种管线隐藏地下。

"这里集中着当前苹果种植领域最先进的技术，基本算得上国际领先水平。"孙建设指着眼前的果园笑呵呵地说。

孙建设，河北农大园艺学院教授、博士生导师，农业部水果专家工作指导组苹果专家，"太行山道路"首批实践者中的一员。

"美国华盛顿州的人说，他们生产地球上最好吃的苹果。但我觉得我们顺平的苹果更好吃！"孙建设一边说，一边哈哈大笑，"世界上没有完全相同的两个地方，因此不可能产出能够比较的苹果。"

什么样的自然条件可以产出更好吃的苹果？

孙建设举例说，品质好的苹果需要120天～180天的无霜冻天气，白天暖和，夜晚寒冷，以及尽可能多的光照辐射。国内的黄土高原地区与华盛顿州自然条件最接近，因此苹果的品质也比较好。而在河北，太行山区的条件与之相仿，是河北的优质产区。

顺平县，凭借低山丘陵区独特小气候，从20世纪80年代就开始发展林果产业。但到本世纪初，随着苹果种植面积增加，果农综合收益不增反降，技术已经是当时国内最新，问题出在哪儿？

为了破解瓶颈，2001年，已经44岁的孙建设毅然选择赴美交流。地点是美国华盛顿州——宣称世界上出产苹果最好的地方。

当时，华盛顿州已全面推行苹果矮砧密植栽培，果园灌溉实现水肥一体化，省时、省工、省资源。管理技术上的差距让孙建设大开眼界，也让他潜心钻研了整整5年。

2006年，带着先进的理念和技术，孙建设回到培育他的河北农大，再上太行山。他依托学校支持，与顺平当地合作，建起河北农业大学顺平水果试验示范站，为深化"太行山道路"夯基。

孙建设要把这个试验站，打造成苹果现代技术旗舰。

种了几十年苹果，无非水肥、剪枝、树上树下管理这一套，现代技术能先进到哪里去？

"21世纪是'农业4.0'的时代，以土壤改良、零农残等技术为发展基础，以物联网、大数据、移动互联、云计算技术为支撑和手段的现代农业形态，是继传统农业、机械化农业、信息化农业之后进步到更高阶段的技术。"孙建设说，结合顺平县实际气候情况、地理环境差异，代表"农业4.0"的高度智能化苹果种植管理模式已经达到世界先进水平。

在技术上，孙建设主要推了4套体系：基于清洁农业目标的有机肥替代系统，基于资源节约的土壤管理和树体调控系统，基于果品安全生产的病虫害绿色防控系统，基于节约劳动力的果园装备技术研发系统。

孙建设举例说，比如土壤管理系统中，他创制了土、肥、水综合管控技术，专利产品智能节水系统可以在办公室里控制分布于果园内的管网系统，结合实时监测数据智能调配水肥。传统浇灌，每亩每次要浇水60立方米，而智能节水系统，只需5立方米～6立方米。

再比如，人工成本上升越来越快，为了节约人力，孙建设与国外知名装备制造企业合作，研发一系列适合规模化生产的果园采摘、修剪和喷灌机械，并申请产品专利。

"当年我从美国回来的时候，有美国的投资人问了我3个问题：我在你们那里投资苹果可不可行、投资回报期多长、资金安不安全。"孙建设回忆，当时这3个问题他一个也回答不上来。"为什么？因为我们考虑的全是技术，而根本没有研究过产业。"

"现在当我们思考苹果产业时，可以跳出技术本身来思考更广阔的问题了。"孙建设说，"比如我们现在经常'一县一品''一村一品'，实际上从自然科学角度并不合理。比如苹果产业，它的种植区域要依据自然地理条件，而不能受行政区域的限制。"

从整个苹果产业发展的角度，孙建设近年来一方面仍在继续推进基于标准化生产的简约栽培技术研究；另一方面，也在开展基于规模化经营的建园技术与土地流转模式研究。

"最终目的，是要在适宜范围内，让建苹果园成为一件可以轻松复制的事情，更大程度惠及百姓。"孙建设告诉记者，2019年，仅顺平这个园区的苹果产量能达到50万公斤，园区效益能达数百万元。他们还依靠苹果期货这个金融产品，提前锁定了苹果的收益。

"新太行山道路的核心在创新。"孙建设说。

进入新时代，"绿水青山就是金山银山"，保护生态环境就是保护生产力，改善生态环境就是发展生产力。森林草原资源，既肩负着河北生态建设的希望，又承载着富民强省的梦想。敬请关注《大河之北·森林草原篇》第六单元——绿色梦想。

（本单元得到河北农业大学、河北农林科学院、河北林业科学研究院等单位的大力协助，特此致谢！）

第六单元 绿色梦想

采访◎《河北日报》记者 袁伟华 朱艳冰 邢 云 赵晓清 李建成

执笔◎《河北日报》记者 袁伟华

📖 阅读提示

森林草原资源，既肩负着河北生态建设的希望，又承载着富民强省的梦想。

一个人要"缝合"绿色断裂带，一群人要把森林还给城市，一个个城市要把森林草原资源挖掘包装成产业……千千万万个梦想，汇聚成河北绿色梦想，践行"绿水青山就是金山银山"的理念。

丰宁雨季造林　　王立群 摄

一、一个人的梦想

1. "缝合"绿色断裂带

纵贯河北西部的太行山脉，位于海河流域上游，是河北平原的生态屏障，是石家庄、保定、邢台、邯郸、雄安新区等地的主要水源地，生态地位重要。

30多年来，太行山的造林绿化未曾止歇，森林覆盖率由13.1%上升至30%。

"经过多年努力，河北省太行山区基础条件相对较好的宜林地基本完成绿化，目前剩下的大都是造林绿化难啃的'硬骨头'，太行山绿化进入攻坚阶段。"省林业和草原局有关负责人介绍。

2019年3月8日，邢台县北尹郭村。

"这片山坡土少石头多，雨水一点儿也存不住，传统的种树方法根本不行。"村里冯沟山坡上，70岁的郝景香老人指挥着他的20多名"育林军"抡镐砸钎，挖树坑、栽树苗。"再过三五年，这满山都会成绿色的！"郝景香信心满怀地说。

邢台县西部深山区森林资源丰富，前南峪等地已成太行山最绿的地方；东部容易开发的区域，群众积极性高，成规模发展林果种植、特色种植等。

这里则是中部浅山丘陵区，地质构成多为石灰岩，干旱少雨，造林难度大。且多年来，露天矿山采集比较严重，山体和植被破坏比较严重，一定程度上也造成了水土流失。

如此恶性循环，形成了北起北小庄、皇寺，南至龙泉寺、羊范，长达30公里、宽18公里的绿化断带。

郝景香有个梦想——"缝合"太行山的绿化断带，让浅山丘陵区充满绿色。

郝景香是邢台县冀家村乡东庄村人，14岁就参加了村里的造林队，参加工作后先后到过3个乡镇，但从来都没有离开过"造林"这个岗位。

2009年，郝景香退休。但听说邢台县对浅山丘陵区荒山绿化实行工程招标需要专业队造林的消息后，他感觉自己又有了用武之地。不顾家人的反对，成立了邢台县第一支真正意义上的专业造林队。

浅山丘陵干旱区绿化问题是世界性难题。在这种地质条件下造林"干的是人，靠的是天"，由于立地条件差，加上气候干旱，导致年年植树不见林。

在"石头"上种树，谈何容易。郝景香和他的造林队没少碰壁。刚开始时，郝景香采用传统办法种树，但树苗的成活率极低。

问题的关键，在于如何锁住树苗赖以生长的水分。

为此，郝景香赴长治、下泰安、奔昔阳，考察取经。他甚至从左权县"偷"回一块石棉瓦育林板，认真端详，仔细研究。

而为了解决保墒问题，他曾从唐山购买化学保湿剂，但成本太高只得放弃。他还从沧州买回6000个汽车专用玻璃水瓶，试验滴水保墒，可由于工序繁杂也失败了。

面对下雨水流、雨后即旱的实际问题，郝景香常常凌晨三四点就到山上，一个人苦思冥想。一次，他偶然从地膜覆盖保墒技术得到启发，第二天购买了一些塑料袋，将树苗装进袋内填上土并浇透水，然后在袋子底部扎10多个小孔埋进坑内。经过观察，郝景香发现这种方法能保持树苗两个月湿度不减，且没有明显返苗现象。

套袋只为了延长保湿时间，能不能用其他材料代替塑料袋？郝景香看到，玉米轴被浸湿后长时间不干，也许可以利用。于是，他先把玉米轴浸泡五六天后放在坑内，然后栽上树苗浇透水。经过一年多摸索，郝景香又总结出玉米轴保湿栽树法——用15厘米长的玉米轴3～4个，浸泡5天以上，然后放在坑内栽上树苗浇透水，再覆上土，最后用平整石块盖在树坑上，这样能起到和套塑料袋一样的保湿效果，并且操作方法简便，成本也大大降低。

几经尝试探索，2013年，郝景香终于成功摸索出"套保湿袋""埋玉米芯""盖石板片""靠育林板"等一整套浅山丘陵区造林办法。这套办法显著提高了树苗的成活率，被称为"郝式造林法"。

经过2014年、2015年大旱的考验，用"郝式造林法"栽植的邢汾高速两侧1万亩生态林成活率达到95%以上。

此后，郝景香开始全面推广这项技术。不仅解决了浅山丘陵区缺水少雨的不利因素，变雨季造林为春夏秋三季都可以造林，大大延长了造林时间，还稳定提高了造林效率。他的造林法在河北省造林现场会推广时被这样总结："郝式造林法"固土、积水、保墒、防火，成活率高，有极高的推广实用价值。

"郝式造林法"让浅山丘陵区绿化断带难题得到有效破解，为全国各地造林绿化工作提供了成功经验。

棠树花　　李志斌　摄

如今，在郝景香的指导下，邢台的西部太行山区，石家庄的井陉县、鹿泉区，邯郸的武安、涉县、磁县，保定的满城、唐县、涞源、阜平、顺平，秦皇岛海港区，远至辽宁辽阳地区、河南焦作地区已通过"郝氏造林法"辐射带动荒山绿化40余万亩。如果把这些树苗排成一行，长达12万公里，可绕地球3周。

2. 棠树上的新发现

2019年5月7日，石家庄市农林科学研究院林木花卉研究所。

这里是位于石家庄南二环外的一个僻静小院。还未进门，一股特别的香气扑面而来，这是棠花的香气。

此时已经过了棠树的盛花期。院门口的墙脚下，一棵棠树生得郁郁葱葱。树叶间淡紫色的小花，团团簇簇。花不妖不艳，纤弱而淡雅，透着清新朴素。

"人们把棠树叫苦棠，因其叶子、树皮、果实都苦。但棠树的花异香扑鼻。"石家庄市农林科学研究院林木花卉研究所原所长李志斌站在树下，深吸了一口气。他也有一个梦想，"要把这个默默无闻的乡土树种推介给大家，把棠树这个树种，做成一个产业。"

但承载着李志斌梦想的这棵棠树，却是他"捡"来的。

2006年，李志斌为培育高山杜鹃购买了一堆来自石家庄西部山区的腐殖土，没用完的花土被堆放在研究所门口的墙脚下。

第二年春天，李志斌发现土堆上长出一棵幼苗。起初谁也没太在意，以为是埋在花土里的什么种子生根发芽。搞林木花卉的人，对这种随遇而安的植物有天然的爱护之心，没人清理，也没人刻意保护它。

这棵"捡来"的幼苗生命力十分顽强。两年后，一棵亭亭玉立的小树渐渐长成。树干修长，树叶爽利，花香果茂。

这是一棵山间地头常见的楝树。

很快，一场突如其来的灾害让李志斌对这棵"捡来"的小树刮目相看。

2008年，美国白蛾泛滥，全国林业、农业战线如临大敌。李志斌至今记得，研究所院外的悬铃木、杨树等更是深受其害。"眼瞅着一天一宿的工夫，很多树就变成了光杆。可偏偏从后墙边刚刚移到大门口的那棵小楝树却一点事儿没有！"

美国白蛾又叫美国灯蛾、秋幕蛾，属鳞翅目灯蛾科，是世界性检疫害虫。这种小虫为什么那么可怕？因为它能吃、能忍、能生、能跑。

这种蛾原产于北美洲，主要分布在美国和加拿大南部。20世纪40年代美国白蛾通过人类活动和运载工具传到欧洲和亚洲，并成为一种严重危害树木的害虫。到目前为止，美国白蛾已经广泛分布于亚欧地区，已被列入我国首批外来物种。

　　李志斌说，美国白蛾的危害主要是幼虫取食植物叶片。这些幼虫食量大，且有暴食性。危害严重的时候能将寄生的植物叶子全部吃光，并啃食树皮，破坏树木的生长，导致其死亡，甚至被称为"无烟的火灾"。

　　小小楝树对美国白蛾表现出如此显著的防御能力，使得李志斌开始了对它的研究。

　　楝树是古老的树种，在我国公元6世纪的《齐民要术》中就有楝树生长特性及育苗造林的记载。

　　这个树种在我国分布很广，北至河北，南至江西、云南、广西，西至四川，

坝上秋景　　杜柏桦　摄

都有分布。多生于路旁、坡脚，或栽于屋旁、篱边。

作为常见的乡土树种，楝树喜温暖气候，不耐寒，喜光，不耐阴，对土壤要求不高，在酸性、中性、钙质土及含盐量0.4%以下的土壤中都能生长。

每年楝树花落后，一串串楝果开始挂满枝头。楝果夏秋时是绿色，像一串串的青葡萄。冬季时转黄，果皮呈淡黄色，略有皱纹，立冬成熟后经久不掉落，等到树叶落尽，仍成串地挂在树梢。

"楝树耐烟尘，能大量吸收二氧化硫、氟化氢等有毒有害气体，具有极强的净化空气能力，在环境治理方面的作用暂时还没有其他树种可以代替。"李志斌还发现，楝树的木材材质坚软适中，纹理美观，不变形，有香气，耐腐朽，抗虫蛀，适宜作各种家具、装饰、装潢、工艺、乐器等高级用材，是木材加工业的优质原料。

这样的特点，让李志斌确信，楝树是具有观赏、绿化、木材等多重价值的优异乡土树种，进一步开发利用和推广的前景广阔。

2019年5月7日，在研究所的温室大棚内，工作人员正在检查楝树苗的生长情况。经过多年筛选试验，现在他们已经成功繁育苦楝树实生苗20余万株，并且培育出"紫金楝""紫玉楝"两个新品种，申请了国家植物新品种保护权，并研究总结出其配套栽培技术。

目前李志斌的团队正在进行苦楝树的丘陵、滩涂及盐碱地适应性驯化试验，进一步开展耐寒、耐旱、耐盐碱及耐贫瘠等新品种培育。

李志斌的梦想还不止于此。

楝树的花、叶、树皮等均可入药。在南方，有将楝树花、叶、种子、树皮等捣碎加水煮或者浸泡1~2天，去掉渣滓，加一定倍数的水作杀虫剂，用于防治稻螟虫等害虫的做法。研究发现，楝树叶、花、果、种子、树皮等均富含苦楝素、生物碱、萘酚等成分，具有极高药用价值。此外，将苦楝素提取出来制成杀虫剂，用于防治作物害虫有显著效果，还可以有效解决食品安全和环保问题。

李志斌介绍说，目前他们的研发团队与河北师范大学合作，已经在楝树中提取了多种有效成分，生物农药系列产品的开发工作正在推进。"这将是一个比推广树种本身更广阔的市场。"

二、一群人的梦想

1. 把草原还给牧民

2019年8月，丰宁。

坝上的风已转凉，站在大滩镇扎拉营村万亩草地上，放眼望去，40多厘米高的牧草在风中摇摆。

人工种植的披碱草、冰草、老芒麦被金属网隔离起来，这是草地恢复与保护的重要措施。这里的草群平均高度达到41厘米、植被盖度达到95%，亩干草产量达到350公斤。

在丰宁俄罗斯风情小镇，游客正体验滑翔伞飞行　　田　明　霍艳恩　摄

游客眼中的"好草原"，与草原管理工作者眼中的"好草原"不是一回事。

"草地上长些狼毒花，游客可能觉得挺漂亮。但是对我们来说，狼毒多的草地肯定不是好草地。"丰宁草原站站长于海良告诉记者他们眼中的好草地，"禾本科、豆科的草越多，意味着牧草比例越大，草地质量越高。"

地球上乃至我们身边的草原，其面积也超乎一般人的认知。

于海良给记者列举了这样一组数据：中国草原面积居世界第一，近60亿亩，占国土面积的40.9%，是耕地和森林面积之和的1.15倍；河北草原总面积4266万亩，占国土面积的15%；而张家口、承德两市的草原面积，则占到全省草原面积的78.7%。

河北的草原区是典型的农牧交错区、贫困人口集中区。千百年来，这个区域的农牧民，有着放养牲畜的传统，依靠草原生息。

但另一面不容忽视的事实是，全省退化草原面积超过1622万亩。河北农业大学教授、河北省现代农业产业技术体系草业创新团队首席专家李运起表示："这意味着全省草原总面积的38%出现了不同程度的退化。其中，张承地区退化草原面积占比又最大。"

一边是以草为生的农牧民，一边是退化的草原。如何找到生态保护与草原合理利用的平衡？这是河北草原人的终极课题。

在张家口、承德半农半牧区，为防止草原生态环境进一步恶化，一般对放养牛、羊等草食牲畜实行全面禁止（全禁）、阶段区域禁止（休牧）、阶段区域交替禁止（轮牧）的管护措施，并对草原生态保护补助奖励。

于海良和他的同事们有个梦想，把草原恢复好，让牧民科学地用。

2019年，大滩镇草原虫害较往年严重，于海良和同事们，需要加大监测力度。

"我们站执法人员不足10人，管着650多万亩草地，合下来一个人要管65万亩。什么都不干、光开着执法车转一圈，就得一个星期。更别说还得管着草原建设、治理、病虫害监测、防火、执法等很多事儿。"干了几十年草原工作，于海良仍经常感到巨大的压力。

作为最基层的草原管理人员，于海良名不见经传，如同小草般默默无闻。但在草原系统内，他却是个名人。他曾在日本研学，懂3门外语，承担各类国家级的课题，经常被农业部、国家林业和草原局请去参与项目。

即便如此，于海良总觉得"干草原工作的腰杆不够硬"。因为，"背后缺少法律法规的支持"。

比如在草原执法过程中，遇到在禁牧区放牧的牧民，以前按损毁的草地面积计罚，每平方米罚款一两块钱。"罚款虽然不是目的，可是这样的标准，几乎没啥威慑力。"

好消息是，2019年7月25日，河北省十三届人大常委会第十一次会议表决通过了《河北省人民代表大会常务委员会关于加强张家口、承德地区草原生态建设和保护的决定》，8月1日起施行。

此前，河北省关于草原生态建设、保护和管理工作的法律依据只有《草原法》和《草原防火条例》等相关法律法规，以及张家口、承德两市制定的《张家口市禁牧条例》《承德市关于推进落实草原保护制度工作方案》等相关规定，亟须出台一部指导张承地区草原生态建设、保护和管理的法规，以填补河北省草原领域法治建设空白。

在于海良看来，新的《决定》填补了河北省在草原立法方面的空白，对于加强张家口、承德地区草原生态建设保护利用工作，促进草原生态环境改善和草原畜牧业可持续发展，具有重要现实意义。

于海良对这份《决定》中的两条印象尤其深刻。

"给我们执法提供了强有力的法治保障。对偷牧者产生震慑力，现在按每头牲畜30元以上100元以下计罚，违法成本大幅增加。再比如有些人在草地上随意宿营、野炊，既有火灾隐患，又会产生生活垃圾，现在终于能有法可依了，我们可以及时劝阻，同时对破坏草原生态的处1000元以上3000元以下罚款。"

在于海良看来，这部《决定》更大意义在于，既突出了建设和保护，又体现了合理利用。

其中，明确将生态红线范围内的草原划定为基本草原，实行草原禁牧、休牧、轮牧和以草定畜、草畜平衡制度等。《决定》还规范了草原利用行为，明确矿藏开采、工程建设确需占用草原的，必须严格履行审批手续。临时占用草原的，应当编制植被恢复方案。

"不能以牺牲生态环境换取一时经济增长，也不能因为保护生态环境让群众生活水平降低。因此，草原合理均衡利用是最终目的。"于海良表示。

2. 把森林交给城市

2019年4月3日，石家庄市鹿泉区。

行走在曲寨村的大河路上，两边栽植的海棠已吐出新芽。

"这些海棠是今年3月中旬刚栽种的，除了海棠，还有一部分白蜡和国槐，高低层次的设计更能突出立体化造林的视觉。"鹿泉区自然资源规划局林果站站长高计辰说，他们选用品种纯正、生长健壮、枝芽充实、根系发达、无检疫对象和机械损伤的优质壮苗，在源头上确保成活。

2019年，鹿泉区全年计划完成人工造林2.3万亩，封山育林3万亩。

石家庄市林业局初步统计，2019年植树季，自3月12日始到4月3日止，全市共参加义务植树的志愿者达到320万人，栽植各类树木970万株。

"最近，石家庄正在接受'国家森林城市'动态监测。专业的持续造林绿化和全民性的义务植树，给我们这块'金字招牌'不断增光添色。"石家庄市林业局办公室脱俊豪说。

"国家森林城市"这块牌子有多硬？

随着生态理念的提升，森林已经不仅仅局限于山野之间，也可以成为城市的标志性景观。作为城市的绿色生态屏障，森林在改善市区生态环境、增进人民身体健康、发展生态产业、促进经济社会发展等方面发挥巨大的作用。拥有"国家森林城市"的称号，意味着该城市生态系统以森林植被为主体，城市生态建设实现城乡一体化发展。

截至2018年，全国165个城市获得"国家森林城市"称号。

2015年11月，石家庄市被当时的国家林业局正式授予"国家森林城市"称号。至2018年，河北省拥有这一称号的城市有4座，分别是张家口、石家庄、承德和秦皇岛。

事实上，梳理这165个国家森林城市的名单会发现，北方城市并不多。即便和省内其他3座国家森林城市相比，自然禀赋并不突出的石家庄，凭啥能成为国家森林城市？

2019年8月5日，石家庄市长安公园。

滦平白草洼风景　　纪正权　摄

清晨，75岁的市民许先生穿着一身练功服，照例先打了一趟太极拳。短暂休息一会儿，开始沿着公园里的林荫路散步。

　　"石家庄向来不缺树。"许先生是附近棉纺厂退休职工，几十年来，对石家庄一草一木的变化了如指掌。"除了几个大公园，工厂、单位院里，居民小区，街道两旁全都是树。现在建国路、青园街这些小街道两旁，都是长了几十年的参天大树，那些国槐、法桐都是20世纪50年代时种下的。"

　　"石家庄申请创建国家森林城市可不是拍脑门子决定的。"脱俊豪回忆，2010年申报创建国家森林城市前的摸底调查情况显示，石家庄的创建基础其实不错。脱俊豪举例说，石家庄主城区绿化覆盖率比较高，2007年即被当时的住建部命名为"国家园林城市"。主城区之外，西部太行山区、北部防风固沙林带和东部林果基地等也有一定规模。

　　按照国家森林城市的创建指标，城市森林覆盖率南方城市达到40%以上，北方城市达到30%以上即可。

　　石家庄提出创建国家森林城市以后，在现有基础上，又先后大规模实施了西山森林公园、环省会生态绿化工程、环省会经济林、滹沱河百里绿色长廊、绿色通道、太行山绿化等重点生态绿化工程。

　　到2015年创森工作验收时，石家庄完成造林260万亩，森林覆盖率达到36%。建成区绿地面积8511.42公顷，绿化覆盖率达到44.58%，市区公园76个、广场9个，人均公园绿地面积15.19平方米。经济林面积380万亩，果品产量265万吨，林业产业总值达到203亿元。全部达到了国家森林城市规定的5大类40项指标，顺利通过国家局专家组考核验收。

　　"石家庄污染治理任务艰巨，建设森林城市的意义更为重大。"脱俊豪说，石家庄做出"创建国家森林城市"的决策初衷，就是要改善生态环境、治理大气污染、提升城市形象，"让森林走进城市、让城市拥抱森林"。

　　石家庄市地理位置特殊，中心主城区西临南北走向的太行山缺树少绿，形成了典型的"焚风"效应；北靠断流几十年东西走向的滹沱河，造成了严重的"沙漠"效应；再与主城区不断扩张造成的热岛效应相叠加，生态环境一度恶化。

　　从直接效益上看，开展大规模造林绿化，可以达到净化城市空气、治理城市雾霾、减轻大气污染等诸多效果，因此对提升大气质量、改善生态环境具有十分重要的作用。

2019年9月11日，井陉上安西村。

金岭山庄园负责人王利文，拉着石家庄市林果技术研究服务推广中心农技推广研究员张力栓去查看苹果园。

庄园680亩果园里种满苹果、桃子、梨和葡萄。2019年是苹果树第一年挂果，张力栓为他们选定的红露苹果长势不错，"个头虽不大，但全是糖心"。

井陉上安西村位于石家庄西部太行山区，典型的浅山丘陵地带。以前山里没什么特产，就出石头，采石场一个挨着一个。

如今，被关闭的采石场里灌草已经一人多深。周边的山地，都被种上了各种果树。

"经济林带也是森林城市的重要组成部分。"张力栓说，如今，石家庄中心城区已建成园林式城区，在城区周边已建成由三环路两侧绿化林带构成的生态景观大道，外围还有由环城水系两岸绿化林带构成的绿美风景，再向外还有绕城的30万亩花果经济林带。

游客在坝上草原骑马游玩　　　田　明　霍艳恩　摄

东部有晋州鸭梨、赵州雪梨构成的特色经济林；南部有栾城、高邑东方园林公司建成的大型苗木花卉基地；西部有紧邻市区的大型西山森林公园；北部有滹沱河、磁河、大沙河两岸绿化林带构筑的东西走向的巨型生态屏障。

把森林还给城市，已经成为当前城市发展的核心理念之一。

最近几年，河北省的保定、廊坊、唐山、衡水等城市，也在积极创建国家森林城市。

2017年3月，衡水市创建国家森林城市的申请在国家林业局备案，标志着这项工作正式拉开帷幕。

对照国家森林城市主要量化评价中的17项指标，该市在森林覆盖率、城市森林健康、生态旅游、城市生态文化、城市森林管理等5个方面及40个分项指标集中发力，努力在市域范围内形成以森林和树木为主体，城乡一体化、稳定健康的城市生态系统。

三、一方水土的梦想

1. "两条大道"串起最美河北风光

想看遍河北最好的草、最美的林，只需要两条路。

2019年7月13日，承德御道口。

来自北京的游客赵生国带着全家在"国家一号风景大道"起点零公里标志处拍照留念。由此处向东，可一头钻进百万亩林海，向西则是广袤的五花草甸草原。路两旁粉红色的格桑花，宛如联结森林和草原的一条红色丝带。

这个暑假的"国家一号风景大道"之旅让赵生国全家流连忘返。

几年前，越来越崇尚追求旅游野趣的人们，发现了横贯张承地区的"草原天路"。

实际上，河北最美的草原天路有两段，一段在张家口。最初这段天路西起张北县城南侧野狐岭、东至崇礼桦皮岭，130余公里，于2012年9月底建成通车。2019年8月，随着尚义段建成通车，全长约323.9公里的草原天路全线实现贯通，起自张承界，经赤城县、张北县、崇礼区、沽源县、万全区、尚义县，止于冀蒙界。

图例
皇家驿站
游客服务中心

塞罕坝游客服务中心
知青驿站
御道口牧场管理区
坝上人家驿站
牧马驿站
御道口游客服务中心
康熙饮马驿站
蒙八旗驿站
乾隆行围驿站
永太兴驿站
天成号驿站
鱼儿山驿站
皇封山驿站
大滩驿站
中国马镇游客服务中心

"国家一号风景大道"示意图　　褚　林　制图

　　这段公路沿线蜿蜒曲折、景观奇峻，俨然一幅坝头风景长卷，分布着古长城遗址、桦皮岭、野狐岭、张北草原等众多人文、生态和地质旅游资源，每年夏秋季节都会吸引大批自驾车游客前往。

　　另一段是"京承皇家御道"这一精品旅游路线。特别是坝上地区以御大公路为连接，串联了大汗行宫、五道沟风景区、御道口牧场、塞罕坝国家森林公园等多处优质旅游景区，是中国北方有名的自驾游黄金线路。

　　随着张承高速和御大公路的建成通车，"京承皇家御道"在丰宁大滩与张家口沽源及"草原天路"实现顺畅连接，使张承携手共建河北坝上"千里景观大道"成为现实。

　　2018年，借承办第三届省旅发大会之机，承德市率先推出"国家一号风景大道"。

　　这条大道东起围场御道口，西至丰宁大滩，全长180公里，沿途包含森林、草原、湖泊、湿地、山地等多种自然景观，串起了河北最美的一段风光，也是国内首条国家层面注册的风景道。

除了一路连接塞罕坝国家森林公园、御道口风景区、京北第一草原等著名景区，承德在"国家一号风景大道"沿线打造了6大组团，实施了20个重点项目，将坝上景区连片打造，实现由"单一公路交通功能"向"旅游资源整合功能、旅游服务消费功能"转变。

2019年8月31日，丰宁满族自治县大滩镇。

"国家一号风景大道"从中国马镇旅游度假区穿过。

中国马镇旅游度假区里，一场篝火夜狂欢和烟花秀吸引了大批游客，大人们围绕在篝火前载歌载舞，孩子们在草地上追逐打闹。

每年这个时节，喧嚣了整个夏季的坝上草原逐渐恢复平静。然而这个主打草原互动娱乐体验和马文化知识科普的新景区，打破了坝上旅游的季节限制。

事实上，无论是"草原天路"还是"国家一号风景大道"，其主角应该是"草"。

河北草原资源丰富，虽不是国内主要的草原省份，但在全国草原分布中，具有独一无二的特色。

"国家一号风景大道"沿途风景　　　田　明　霍艳恩　摄

河北复杂的地形和多样的气候，形成了不同的草地群落，草原类型多样。全省天然草原分为4类39个型，温性草原类、暖性灌草丛类、低地草甸类和山地草甸类草原，几乎囊括所有草原种类。

　　而且，河北草原植被组成种类较为丰富，植物种类有144个科、2214种。多样性的植被造就了河北多样的草原景观。

　　20世纪90年代后草原旅游在我国发展较快，许多省、自治区、直辖市都开发了草原旅游景区或旅游景点。

　　如果从草原旅游的角度来看，中国最多样、最丰富多彩的草原应该在河北。

　　在张家口和承德草原资源集中的地区，游客既可看到"风吹草地见牛羊"的千里草场，又可看到色彩缤纷的五花草甸；既可领略半草原半荒漠景观，又可遇到难得一见的沼泽湿地草甸。

　　如果说横贯东西的"草原天路"和"国家一号风景大道"串起了河北最美的草原，那么另一条南北走向的太行山国家森林步道，则串起了河北最美的森林。

　　国家森林步道，具有强烈的自然荒野性和生态完整性，是自然精华聚集地，也是国家重要的地理地标、生态地标、文化地标和美景地标。随着公众森林旅游

需求的多样化，长距离徒步穿越自然区域成为需求增长最快的方向之一。为满足公众日益增长的优美环境需求和自然体验需求，以大山系、大林区为基础的国家森林步道建设提上国家日程。

太行山国家森林步道是国家林业和草原局2017年首批公布的5条国家森林步道之一。

目前，我国已有12条国家森林步道，分别是秦岭、太行山、大兴安岭、罗霄山、武夷山、天目山、南岭、苗岭、横断山、小兴安岭、大别山、武陵山国家森林步道，步道全长超过22000公里。

太行山国家森林步道为南北走向，南起河南，北至北京，全长2200公里，其中河北710公里，步道全线森林占比70%，典型森林为暖温带落叶阔叶林。

太行山步道河北段，从河南由武安进入河北，途经沙河市、邢台县、内丘县、临城县、赞皇县、元氏县、井陉县、平山县；经山西省再由涞水县进入河北省，途经易县、蔚县、涞源县；再从房山区进入北京到达延庆区。

一路由南向北，太行山最美的一段，尽在河北。

2. "红河谷"的生态梦想

2019年8月26日，邯郸涉县。

北京绿维文旅集团总策划师马牧青连续走了索堡镇、辽城乡几个地方。此行，他受邀为邯郸市太行红河谷高质量旅游经济带建设出谋划策。

8月初，邯郸市太行红河谷高质量旅游经济带建设正式启动。提出以涉县境内清漳河、浊漳河、漳河为轴线，向两侧田地、山场延伸至山脊线，构成太行红河谷旅游带。

涉县位于晋、冀、豫三省交界处，是河北省西南部的门户县，西与山西省长治市黎城县、晋中市左权县相接壤，南与山西省长治市平顺县、河南省安阳市林州市隔河相望，素有"秦晋之要冲、燕赵之名邑"美称。

除此之外，这个深藏在太行山内的全山区县，还有另外多重身份：国家级生态示范区、中国绿色名县、中国生态魅力县……

与此同时，涉县还是文化和旅游部最新公布的国家级全域旅游示范县，游客总量曾连续13个月创造了河北省第一，是名副其实的旅游大县。

邯郸市涉县清漳河畔稻田　　王 晓 摄

"林地面积126万亩，森林覆盖率达到57%，绿色是涉县的底色。"太行红河谷高质量旅游经济带推进指挥部综合组郭磊，是从涉县文旅部门抽调过来的，他对涉县旅游业发展的历程很熟悉，"涉县原有的两个著名景点，一个是娲皇宫，另一个是129师旧址。相比而言，涉县最初的旅游资源并不丰富。"

从两个景点发展到全域旅游示范县，郭磊认为，是持续不断的植绿造绿增绿形成的绿色自然景观，让涉县构建起以红色文化为主体，根祖旅游和山水旅游为两翼的全域旅游格局。

"没有涉县的全域绿化，就没有涉县的全域旅游。绿化是发展旅游的支撑和保障。"郭磊说。

"坚持植绿造绿增绿，推动全域绿化、全域美化，我们的目标是打造八百里太行山的'首绿之地'。"涉县自然资源和规划局局长张献明说，"栽一片林简单，栽一大片林也简单，难得的是全域绿化，我们就是要在全域绿化上下功夫。围绕建设'生态肺城、诗画涉县'目标，将绿化与创建国家森林城市、国家全域旅游示范县紧密结合，统筹推进。"

张□明介绍，涉县将全域绿化分为三个层次。第一层次，在国省干道两侧、环县□、环景区周围重点区域、窗口地带实施高标准造林，实现一次造林、一次成□；第二层次，在县乡公路两侧、村镇周围作为荒山绿化的次重点区域，山体□部栽植容器苗，加强封山禁牧和抚育管护，促其成林；在一般耕地和土层较厚□山坡地，突出经济林绿化。第三层次，在深远山区实施封山育林和飞播造林，强化禁牧防火，快速恢复山场植被，推进全域绿化进程。

2013年以来，涉县累计造林80万亩，平均每年18万亩，其中，2017年至2018年8月底，20个月时间全县完成造林40.5万亩，人均栽树100棵，人均投入2000元，人均绿化山场1亩，创造了中国人均造林奇迹。

涉县在造林中大力推行"高大厚密、绿景花香"的绿化标准，更为全域旅游打下了坚实基础。

"高"就是苗木高，坚持2米以上的大苗造林；"大"就是树冠大，实现灌木变乔木，乔木变森林，森林变景观；"厚"就是增加厚度，在主干道两侧变一行为多行，变行道树为行道带；"密"就是科学密植，树下栽植火炬等灌木，增加绿化层次。"绿"就是选择长绿、长寿树种为主；"景"就是绿色自成一景，近观是公园，远看是林海，一步一景，移步换景，处处是景；"花"就是力求常年有花；"香"就是好的空气质量，弥漫香味。

在涉县，清漳河、浊漳河和漳河纵横交错，在太行山中形成多条河谷。

河谷地带既是太行山区里的山民生生不息的繁衍之地，也是整个太行山汇聚美景最多的地带。

太行红河谷不是新近提出的概念。早在2017年，就提出涉县借举办首届邯郸市旅游产业发展大会之势，打造这个集旅游观光、生态休闲、寻根问祖、红色教育、康复养生、农家体验等多功能于一体的旅游目的地。其核心区位于涉县境内的清漳河谷。

"红河谷"自有其"红色"的特质。

抗战时期晋冀鲁豫边区政府、八路军一二九师司令部、华北新华广播电台、新华日报社等110多个党政机关单位长期驻扎于此，在清漳河谷沿线，几乎每个村庄都有生动的红色革命故事。

清漳河谷的岩石主要是石英砂岩，地貌构成以赤壁丹崖、红石断墙以及红岩障谷为特征。红色崖壁加上清漳河谷的红色河卵石，构成了一个典型的红石地质公园。

每到深秋，清漳河谷层林尽染、万山红遍。红艳艳的花椒、红彤彤的柿子，还有黄栌、枫叶、火炬树、黄连木等，如火如荼，炽烈得像红霞般绚烂。谷内的庄子岭红叶一直是太行山金秋旅游的热门景点。

清漳河谷还拥有全国最大、肇建时间最早的奉祀女娲历史文化遗存——娲皇宫。远古神话给这条鲜红的河谷增添了一抹古铜色。

太行红河谷的漫游道是连接涉县主要旅游景点的旅游专线。2019年8月27日，沿着12公里长的漫游道一路行驶，大花金鸡菊、天人菊、蛇鞭菊、八宝景天等药用花卉像多彩地毯一样铺在漳河岸边。

"原来是杂草丛生、乱石丢弃的废旧河滩地，在漳河两岸村民劳作下，造就了这'药园花海'的独特美景。"导游介绍说。

而沿着韩王山盘山道一路向上，奇山突兀。来到韩王山揽胜阁观景台，观景长廊绵延百米，放眼望去，清漳河两岸阡陌纵横，河畔一排排多彩的民居，一方方农田，一畦畦菜地，再加上田间地头的杨、柳、桃等林木，形成一幅多彩画卷。

太行红河谷瞄准的是国内顶级旅游目的地。7月，邯郸市组成考察小组，专门赴新疆伊犁河谷学习其在规划建设和旅游开发方面的经验做法。

伊犁河谷最突出的特色就是生态好，绿植好，原生态的冰川、雪山、草原、森林、河流和峡谷，形成了良好的生态循环系统。这次学习给邯郸的启示之一，就是牢固树立"绿水青山就是金山银山"的理念，坚持保护性开发，千方百计保护好山水林草。做到尊重自然、顺应自然、保护自然。

领略过河北大平原的辽阔、山地高原的雄壮、森林草原的繁茂，让我们近距离感受燕赵大地的"血液"——河湖水系。河北的厚土受哪些大河的滋养？华北明珠白洋淀如何调节区域环境气候？世界文化遗产大运河如何在河北孕育城市、凝铸运河文化？保护河北的水环境，应用了哪些新技术，又有哪些人在背后默默无闻地耕耘？请看《大河之北·河湖水系篇》第一单元——华北明珠。

大运河卫运河河段　　李洪儒　摄

河湖水系篇

河北自然地理解读

大河之北

第一单元 华北明珠

采访◎《河北日报》记者 李冬云 朱艳冰 郭 东 张伟亚 原付川

通讯员 于东伟

执笔◎《河北日报》记者 李冬云 朱艳冰

📖 阅读提示

白洋淀，华北平原上最大的淡水湖泊。

自然与人工，合力塑造了它今天的模样。这是白洋淀区别于我国境内众多湖泊的最典型之处。

它上承九河、下注渤海，守护着华北生态系统的平衡。智慧的白洋淀人种稻栽苇、植莲养鱼，创造出多样实用的百工技艺。作为革命老区，英勇的白洋淀人抗击敌寇、保家卫国，传承着雁翎队的抗战精神。

探寻人与自然的共生之道，留住传承不息的精神根脉，见证千年大计的宏伟蓝图。

白洋淀，历史与未来在这里交汇。

夏季的白洋淀　　邢广利　摄

一、自然与人工的孕育

1. 自然塑就，形如浅碟

2019年4月26日上午9时，白洋淀采蒲台。

"扑通——"河北大学生命科学学院教授刘存歧站在甲板上向远处用力一抛，20多斤重的采集器张开铁爪，扎进水里。

眼看采集器沉入淀底深处，刘存歧飞快地一拽、一提。

随着"咣当"一声响，采集器抓着一团缠绕的水草，重重落回船板上。

"黑藻、金鱼藻、菹草、狸藻……"刘存歧麻利地戴上塑料手套，扒拉开这团水草，进行初步辨认。

刘存歧和他的学生们参与的，是农村农业部2018年设立的"白洋淀水生生物资源环境调查及水域生态修复示范项目"。

白洋淀，华北最大的淡水湖泊，总面积366平方公里，85%位于安新县，有大小淀泊143个。

"芦苇，是白洋淀最广为人知的植物。其实，除了芦苇，还有40余种高等水生植物在这里安家。"刘存歧说，白洋淀是典型的草型湖泊。

白洋淀适合水生植物生长，一个重要的原因是，水浅——水足够浅，光才能照进去，有光，水生植物才能生长。

而"淀"本身，意思就是"浅的湖泊"。

白洋淀水有多浅？

"正常年份，白洋淀平均水深1.5米，最深处不过3米。"说着，刘存歧起身拿起船桨，径直插入淀底，再拔出来，看看桨上留下的水印，"采蒲台水深一些，目测大概2米。"

"在全国，像白洋淀面积这么大、又这么浅的浅碟形湖泊，为数不多。"河北省科学院地理科学研究所学术委员会原主任、研究员吴忱，一语道出白洋淀地貌的独特之处——形如浅碟。

"晚更新世末期（距今25000年～11000年），古白洋淀在北京洪积扇和石家庄洪积扇之间的低洼地带开始发育。"吴忱说。

两大洪积扇，奠定了古白洋淀地貌的主要特征——低洼。

漫长岁月里，这片洼地或汇水成淀，或干涸成陆，随气候和雨量增减，几度消长。

1986年，吴忱曾有机会深入白洋淀湖盆。

时值白洋淀干淀，吴忱和他的同事们对淀区进行了一次大规模钻孔勘探。

"我们在淀区打了10个孔，花了半年多时间分析岩石样本和沉积物特征，才进一步厘清了古白洋淀的成因和演变。"吴忱说。

科考归来，吴忱手绘了多幅古地图，再现1万多年来古白洋淀的演变历程。

吴忱调出存在电脑里的《早全新世（距今11000年～7500年）兴起的白洋淀》地图，指点着虚线填充的阴影区域："这一时期，在北京洪积扇南部和石家庄洪积扇东部，分别发育出大兴冲积扇和藁城冲积扇，使得两者之间的低洼地带面积逐渐缩小。"

这时的古白洋淀，分布着许多彼此孤立、具有游移性的大小洼淀，但还不能等同于现在的白洋淀，只能算古白洋淀的原始形态之一。

往事越千年。

鼠标一点，地图切换到《中全新世（距今7500年～3000年）极度扩张的白洋

白洋淀荷塘秀色　　　刘巍摄

淀》——距今约5500年前后，古白洋淀迎来自己的"高光时刻"，其范围达到历史最大。

"当时，由于渤海海浸，北起永清、霸县、雄县、容城，西至保定、清苑、望都、定县，南至安国、博野、肃宁、河间，遍布大小不一的湖泊、沼泽。"吴忧说。

昔日河北平原的河流，大多属古黄河水系。黄河水滔滔下泻，渤海潮浩浩上涌，两相激荡，古白洋淀水势连绵，浩瀚恣肆，一度湖海难分。

湖海分离的转折，发生在中全新世后期到晚全新世早期（距今4000年～2500年，也就是商周时期），古白洋淀由极度扩张走向收缩、解体。

推动这一转折的，是自然气候和水文环境的变化。

晚全新世气候向温凉、干燥发展。海水东退，雨量减少，古白洋淀变浅、收缩，陆地增多，河流河道发育。

这时，在白洋淀湖盆形成中扮演重要角色的两条大河，登场了。

吴忧将地图切换到《晚全新世解体收缩的白洋淀》，他右手拇指和食指分别指向位于白洋淀南、北的两条河——滹沱河、永定河。

"当时，滹沱河和永定河夹带的泥沙在太行山东麓沉降，形成巨大冲积扇。滹沱河藁城冲积扇自南向北发育，永定河固安冲积扇自北向南发育，二者与太行山西部山前冲积扇一起，三面合围，形成一片开口向东北的、簸箕形的浅平洼地。"吴忧说。

今天白洋淀的地势，就直接承自这片浅平洼地。此后大小淀泊能够在白洋淀发育，也是它奠定的自然地理基础。

古白洋淀走向收缩、解体的趋势，在这片浅平洼地上继续着。

公元前602年，黄河历史上第一次重大改道，又加剧了这一趋势。

此前，黄河前身"山经·禹贡"河流经古白洋淀，因此水源比较充沛。

这一年，黄河从河北平原南迁，由河北与山东交界的孟村、盐山一带入海。

这导致河北平原上的河流全部脱离黄河，分道入海。

"黄河古河道经过与否，直接关系白洋淀水量的多寡。黄河改道后，白洋淀流域水量急剧减少，同时下游河流分道入海，畅快宣泄，淀区水量继续减少。"吴忧说。

两相作用，白洋淀继续收缩，加之流域内河流频繁变迁改道，这一带的湖泊呈现出星罗棋布、各不相连、不甚稳定的图景。

　　白洋淀的诞生和演替，始于自然之力。而自然之力，不只影响了白洋淀。

　　迄今为止，受气候变化和黄河改道影响，历史早期河北平原上诞生的大陆泽、宁晋泊、永年洼、千顷洼、文安洼、大浪淀等十几个自然洼淀，都相继干涸。

　　为何，同样从历史早期走来的白洋淀却存活至今？

　　是什么力量，将白洋淀一次次挽留？

2. 两千多年来的人工干预

　　白洋淀始于自然，成于人工。

　　最近两千多年里，是一次次的人工改造，留住了白洋淀，勾勒出它今天的模样。

　　对白洋淀区域的首次人工干预，始自公元前314年，燕国修筑燕南长城。

　　这条长城的一部分，奠定了今天白洋淀的北界。

　　2017年5月24日，容城县黑龙口燕南长城遗址碑界，雄安新区境内燕南长城最西端。

　　"相机、小铁锤、卷尺、资料图、经纬仪……"李文龙蹲在地上快速清点了一遍背包里的工具，起身把遮阳帽往头上一扣，"出发——"

　　李文龙，河北大学博物馆副馆长、研究员，从事田野考古和文物研究工作。

　　河北雄安新区成立后，受河北省文物局委托，中国文化遗产研究院文物研究所牵头组建了一支包括李文龙在内的考古调查队，针对新区境内燕南长城进行全线踏查。

　　"燕南长城在大部分地区已没有地表遗存，绝大部分遗迹叠压在为防淀水北泛而修筑的堤坝之下，并且顶部经过硬化。"李文龙说。

　　白洋淀的存在，让燕南长城的考古难度增大。

　　新区境内，沿白洋淀北岸自西向东约有50公里遗址，线路长、工作面积大、地点分散，而且涉及堤坝，钻探、发掘风险大、成本高。

　　这也是燕南长城相关考古工作开展较少、资料有限的原因之一。

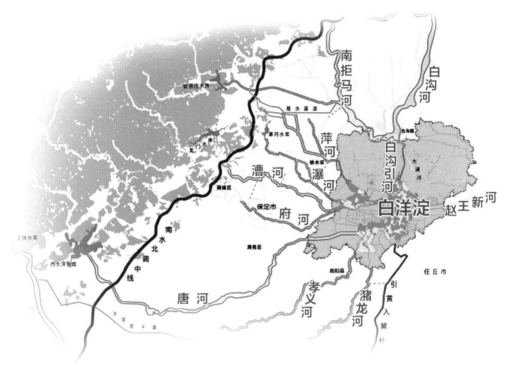

白洋淀流域图　　　冯琦　制图

从燕南长城开始，白洋淀在历史上一次次成为军事冲突与民族融合的前沿之地。

草原文明与农耕文明在这里碰撞交融，其中对白洋淀影响最深远的一次，是大约1000年前，宋辽的军事对峙。

因为这次对峙，白洋淀迎来了历史上第一次大规模人工改造。

今天白洋淀沟汊贯通、河湖相连、淀濠一体、溏沥互通、堤塘屈曲的样貌，就是北宋改造奠定的基础。

公元989年的一天，在白洋淀上，几叶扁舟顺水东行。

小舟之上，新任雄州太守何承矩与幕僚下属、当地文人在淀内饮酒赏花赋诗，显得好不惬意。

没多久，一份重大军事战略规划报告从雄州秘送汴京，出现在北宋皇帝宋太宗的龙案上。这份报告，引发了白洋淀上一项重大塘泊围堰工程的启动。

公元993年，白洋淀上，北宋沿边各州驻军18000人，在此开河引流，筑堤蓄水，使淀泊相连，沿边界构筑一条水带。

堤埝西起保定，经白洋淀东至天津入海口，长达800公里，浩浩荡荡，绵亘在宋辽之间。后世称为"水上长城"。

2019年4月26日上午10时，白洋淀采蒲台。

"突突突——突突——突"，几声闷响后，我们的电动船抛锚熄火。

船临近淀内沟壕台田，搁浅了。

在白洋淀，再好的船工也常遇上熄火，因为平均水深1.5米～3米，太浅。

为了减少抛锚，在淀区进出的船只，有共同的特点：船身大多长宽扁，船型小、船体轻、吃水浅。

"宽2米左右，长6米～7米，吃水不到30厘米，这是淀里最常见的船。在水里穿梭灵活，用途最多。"

船老大陈师傅边说，边拿出船上备用的木桨，用力一撑，船荡入淀水深处，马达重新发动。

如果今人穿越回宋朝，就会发现白洋淀当时的水深与今天惊人相似。

当年北宋改造后的"水上长城"，水深约为1米～3米，"深不可行舟，浅不可涉渡"。

"据《宋史》记载，'水上长城'的水面宽30里至45里不等，水浅处3尺，深处1丈。"河北大学宋史研究中心博士生导师、教授梁松涛介绍。

按照宋代度量衡，1尺约合今天31.68厘米，3尺是95厘米，1丈是3.168米。

"这个水深，能有效防御辽骑兵南下奔冲驰骋，恰到好处。"梁松涛说。

是谁，为北宋皇帝献上了以水御辽的策略？

原来，正是那日在淀上泛舟赏花、饮酒赋诗的雄州太守——何承矩。

何承矩借赏花赋诗掩人耳目，沿水路勘察边境地形，绘制成图，呈上"以水为城"的军事防御规划。

面对"水上长城"，辽兵6次南下，4次折戟。

1004年，宋辽签订澶渊之盟，此后两国再未起大的战事。"水上长城"一定程度保障了北宋的安全。

"水上长城"，奠定了它大而浅且沟壕众多的特征，历代修建的大堤，又进一步勾勒了它的轮廓。

白洋淀以堤为界。围堰、大堤，是白洋淀一道独特景观。

今天的白洋淀四边环堤：南至千里堤，北至新安北堤，东至十方院枣林水利

白洋淀游船码头　　河北日报社资料图片

枢纽，西至四门堤、漳水埝。

2019年5月18日，白洋淀千里堤。

它的第一铲土，也始自北宋。因为是时任任丘知县唐介修筑，故名为唐堤。

此后明代又修筑了东道口堤，与唐堤南段相接，补唐堤之缺，防白洋淀南侵。

这条东北、西南走向的大堤，自唐堤开始，修筑前后历经千年。

如今千里堤全长250公里，是国家一级堤防。

唐堤和东道口堤，恰恰处在今天千里堤的关键堤段，它们奠定了今天白洋淀的南部边界。

在唐堤修建后的1000年里，关于白洋淀大规模治水修堤、筑坝围堰的记载，频繁出现在历朝的水利志中。

直到清代，先后重修、扩建了南堤、北堤、四门堤和千里堤，同时疏浚河道，才有了今天我们看到的白洋淀的基本样貌。

四季更替，时光轮转。

开溏、引水、筑堤、修埝，历朝历代的人工改造，让嵌在燕赵大地上的"华北明珠"，穿越两千余年，仍静放光芒。

二、留住活的"华北之肾"

1. 补水背后的科学

2019年2月1日0时，雄安新区雄县七间房乡大树刘庄村，"引黄入冀补淀"工程末端入淀口。

随着白洋淀引黄大树刘泵站三台水泵陆续启动，2019年首次补水开始。穿越482公里奔流而来的黄河水，以每秒15立方米的流量注入淀区。

这次春季补水持续了28天，入淀水量约3500万立方米。

过去20多年，"白洋淀补水"的新闻屡见不鲜。

1992年~2003年，白洋淀主要靠上游水库补水；2004年，上游水库缺水，跨水系从邯郸岳城水库调水；2006年起，"引黄济淀"应急生态调水工程实施，白洋淀首次"喝上"黄河水；2017年，常态化补水工程"引黄入冀补淀"启动。

缺水，从20世纪80年代起，就困扰着白洋淀。主要原因，在于补给量少，损失量大。

白洋淀的自然补给，主要来自上游河道和降水。而这两项，都不充沛。

黄河改道后，白洋淀流域属于海河流域大清河水系，面积31200平方公里，占大清河水系97%以上。

原本，白洋淀是"九河下梢"，上游有潴龙河、孝义河、唐河、清水河、府河、漕河、瀑河、萍河、白沟引河等9条河入淀。

但"九河"相继断流，现在只剩府河、孝义河、白沟引河"三河"有水。

白洋淀的年降水量，最近40年，基本在低位徘徊。

据《安新县志》记载，1978年～2008年，安新县年平均降水量只有497.9毫米。而年降水量400毫米以下，在当地就被视为干旱。

补给量不充沛，损失量却很大。

"白洋淀夏季蒸发量最大的时候，两天时间水位能下降30毫米。"安新县水利局副局长王海坤说。

此外，20世纪60年代以来，白洋淀上游河流上陆续修建大小水库百余座，上游来水沿途被大量截留用于生产生活。

在白洋淀尚不能自给自足的情况下，补水势在必行。

补水是科学进行的。补多少、什么时间补、一年补几次，都要严格测算。

和补水密切相关的概念，是水位。

水位，指自由水面相对于某一基面的高程，是反映水体水情最直观的数据之一。

白洋淀淀底大沽高程为5.5米～6.5米，干淀水位为6.5米，汛限水位为8.0米～8.3米，警戒水位为9.0米。

多年的实测资料显示，白洋淀年最低水位一般出现在6月到7月，年最高水位出现在8月到9月上旬，10月到次年6月呈下降趋势。

因此，补水通常在水位不断走低的冬、春两季进行。

水位由升到降的转折，在10月1日前后。这一天，被确定为白洋淀干旱识别时间。

"参考这个时间的水位，再综合上游用水结构、农业灌溉用水高峰、主汛期、年降水分布、年蒸发量变化等多重因素，才能确定补水量和补水频次。"王海坤说。

科学补水，还体现在补水过程中，对水环境变化、新物种入侵等潜在风险的持续监控。

从2004年白洋淀第一次跨河系调水——引岳济淀，这一监测就开始了。

岳城水库，位于河北省磁县与河南安阳县交界处，是海河流域南运河水系漳河上的一座大型水利枢纽工程。

当时的白洋淀面临干淀，但上游水库无水可调，不得不开辟一条新路。

2007年初春，受省科技厅、保定市科技局委托，河北大学承担的"引岳济淀"后淀区生态环境与生物多样性监测项目启动。河北大学生命科学学院副院长、教授管越强全程参与了这次"会诊"。

"调水后的监测，从2004年就展开了。到2007年，补水效果显现更充分。当年，我们每月从淀区十几个点位取样1次，持续到年底，对淀区包括水质和水生动植物在内的整个生态系统进行了全面监测，特别关注了外来物种的入侵可能。"管越强说。

当监测结果出来时，管越强的团队一颗提着的心终于落地——没有监测到有明显入侵风险的动植物物种，漳河水与白洋淀原有水源耦合良好，鱼类种群有所恢复，缓解了白洋淀的生态危机。

雄安新区建立后，白洋淀功能定位提高，淀水的标准也在提高。

2017年，旨在常态化补水的"引黄入冀补淀"工程应运而生。

2019年1月，一则新闻引发人们对白洋淀的关注——经党中央、国务院同意，河北省委、省政府正式印发《白洋淀生态环境治理和保护规划（2018～2035年）》。该规划对白洋淀生态空间建设、生态用水保障、流域综合治理、水污染治理、淀区生态修复、生态保护与利用、生态环境管理创新等进行了全面规划。

而要实现规划所设定的相关目标，"引黄入冀补淀"工程将每年向淀区补水1.1亿立方米，力争使淀区正常水位保持在6.5米～7.0米。

新区成立至今，"引黄入冀补淀"工程已实施5次补水，补水约1.8亿立方米，白洋淀日常平均水位达到近年新高。

2. 华北气候的调节器

2019年4月8日21时，清明后的第3天。

白洋淀，一场春雨悄然而至，持续了16个小时，累计降水量44.8毫升。

这场雨来得正好。小麦在清明之后长势加快，正需要"喝水"。春雨贵如油，清明有雨麦子壮。

一场春雨与白洋淀春季补水的关联，虽不能完全说清，但作为华北最大的淡水湖泊，"华北之肾"在改善区域温湿状况、调节区域气候方面的生态作用，不容小觑。

夏天，白洋淀地区不会太热，这就与"华北之肾"的存在有关。

查阅雄安新区三县的历史气温数据，从1981年至2010年，年平均高温日数（日最高气温超过37℃）只有3.2天。

"气温升高时，白洋淀淀水蒸发和淀内植物蒸腾作用加速，蒸发和蒸腾吸热会抑制气温升高趋势。"河北大学生命科学学院教授吕志堂解释。

而且，白洋淀的存在，还一定程度遏制了当地的气候变暖趋势。

据1961年～2016年的监测数据，雄安新区年平均气温正以每10年0.1～0.3℃的幅度升高，但气温增幅要低于其周边地区。

"白洋淀的水生植物和淀边树木众多，它们通过光合作用，吸收二氧化碳，释放氧气，降低了二氧化碳浓度，水体中微生物也可以大量吸收二氧化碳，减缓了温室效应。"吕志堂说。

作为大清河水系最重要的蓄滞洪区，蓄洪防旱是白洋淀的另一项重要功能。

2012年7月21～22日，华北地区普降暴雨，保定等地因此遭受了自"96·8"洪水以来，最大的一次洪涝灾害。

洪灾非但没伤及白洋淀，反而把它"喂了个饱"。白洋淀蓄水近3亿立方米，水位从降雨前6.62米升至8.23米，达到此前16年来最高。

这个"浅碟"，"胃口"其实不小。

当白洋淀达到最高水位10.5米时，相应蓄水量为10.7亿立方米，这相当于一个大（一）型水库（库容10亿立方米以上）的库容量。而白洋淀上游6座最大的水库库容量加起来，也只有约32亿立方米。

白洋淀是大清河水系中下游最后一道防洪线。

它守护的，是下游1000万人口的生命财产，是京广、京九、津浦铁路和其他交通通信干线及华北油田、大港油田等重要设施。

　　当白洋淀达到8.0米～8.3米的汛限水位时，白洋淀出口的枣林庄水利枢纽会提闸放水，向下游赵王新河泄洪。

　　大清河水系上游，有大小143座水库，它们与白洋淀一起，构成了整个流域的防洪体系。历史气象记录显示，有了它，自1963年特大洪灾后，暴雨洪水再未给白洋淀流域造成重大损失。

　　水库为防洪，更为截留降水再利用。对于长期干旱缺水的华北，水非常宝贵。

　　白洋淀流域处在温带大陆性季风气候区，受气候和地形影响，降水很有"个性"，全年降水分布呈现"一峰一谷"，极不平衡。

　　《安新县志》中《1978～2008年白洋淀月均降水量柱状图》显示，白洋淀年均降水量约为500毫升，其中70%～80%在6～8月，1～2月只有2%左右。

　　丰水期蓄水，枯水期调用。

冬季，白洋淀采藕人展示新鲜莲藕　　赵瑞光　摄

作为海河流域重要的蓄水滞洪区、大清河流域重要的水利调节枢纽，白洋淀每时每刻都在默默工作。

3. 生态修复的内生力

2019年4月26日上午11时，白洋淀鲥鮍淀。

采样船在淀区宽阔的水道内一路畅行无碍。

"1年前，可不是这样。水面被围埝和网箱分割得七零八落，公共水道被挤占，行船都困难。"船老大陈师傅指指刚驶过的水面。

变化，始自2018年9月安新发布的《关于禁止白洋淀水产养殖的通告》。

这道"清渔令"，为安新几十年的水产养殖历史画上句号。

白洋淀，是我国北方著名的淡水鱼产区。它上承九河，下通渤海，水域宽阔，饵料丰富，为鱼类繁殖和洄游创造了良好条件。

1958年中科院动物所调查，白洋淀鱼类有17科54种。在白洋淀，我国90%以上的淡水鱼类都能找到。

但20世纪60年代后，由于上下游修建水利工程，阻断了河流型和溯河洄游型鱼类入淀通道和繁殖场所，加之水污染影响，到1980年，鱼类种类降至14科40种。

自然捕捞收益减少，促使人工养殖兴起。

《安新县志》记载，1981年安新养殖面积为8745亩，到了2018年"清渔"前，发展到8.24万亩。

养殖密度过高，超出白洋淀生态承载能力。而且，养殖用的围堤、堤埝是用土堆起来的，给行洪带来隐患。

白洋淀的水产养殖大多是投饵型养殖，污染较大。

禁渔，是因地制宜。

"没被摄食的残饵以及排泄物中，富含氮、磷等营养物质，它们会促使浮游藻类大量繁殖，水体溶解氧量下降，富营养化，严重的会造成鱼类死亡。"吕志堂说。

"清渔"为改善水质，更为守护白洋淀水生动物的"家"——一个由水生植物构建的"水下森林"。

5月4日下午4时，河北大学生命科学学院实验室。

20个瓦罐整齐摆放在操作台上，一株一株，刘存歧将从白洋淀采样带回的水草修剪好，插入瓦罐营养液中，进行扦插培养。

"菹草""苦草""金鱼藻""篦齿叶子菜""黑藻"，瓦罐上贴着水草名称的标签。

它们，是白洋淀优势沉水植物。

白洋淀的高等水生植物有40多种，它们是草食性、杂食性鱼类的饵料之一，也是多数鱼类栖居和产卵的场所。而且，能吸收、富集水中污染物，是"水环境卫士"。

论净化能力，沉水植物比挺水、浮叶、漂浮植物都更强，是水生态环境修复的关键。

刘存歧从一团缠绕的水草样本中抽出一株菹草，"这家伙与浮游藻类是竞争关系，可以'抢夺'浮游藻类需要的氮、磷等营养物质，抑制其生长，缓解水体富营养化。"

目前，水体富营养化问题，困扰着全国三分之二的淡水湖泊。

刘存歧和他的团队正在研究不同沉水植物对去除水中氮、磷等营养物质的效果和动态规律，为治理白洋淀水体富营养化寻找路径。

三、淀区生活变奏曲

1. "铁杆庄稼"弃与用

"咚咚！"

2007年入冬的一天，安新县方志办夏石矿的办公室里，传来两下敲门声。

推门进来的，是两个陌生人。他们刚刚驱车从北京赶来，要请夏石矿帮助，到白洋淀寻找一种无可替代的装饰材料。

"他们要找天花板席，而且点名只要一等一品质的。"作为《安新县县志》主编的夏石矿没想到，自己还有机会做了一次"中介"。

3天时间，夏石矿带着两人到白洋淀端村码头寻访，比对了四五家苇席大经销商的样品。最终，两人订购了400片长8尺、宽4尺的天花板席。

席子很快从端村码头发货，送往目的地——北京故宫博物院。

来选席子的两人，是北京故宫博物院从事古建筑修缮的专家。

12年过去，夏石矿一时已很难说上来两位专家的名字，但两人选定席子后眼神对视里的"满意"，让他生出一股自豪。

两位专家订购的天花板席，要用于故宫朝房内部顶棚的装饰修缮，之所以点名要白洋淀席，是因为他们查阅史料发现，当年的席子，就产自白洋淀。

编天花板席要用栽苇，栽苇是白洋淀最上等的芦苇。

"白洋淀的栽苇，成熟后秆高4米以上，皮又薄又白，节长，韧性大，根部直径与顶端直径差距小，是做商品席的绝佳材料。"夏石矿说，从唐代开始，上等栽苇席，都是皇家贡品。

不过，许多人并不知道，这一等一的栽苇，不长在水里，而长在水边台田上。

"栽苇"，顾名思义，不是野生，是野生芦苇经过长期人工选育、栽植而成的优良品种，是做囤席、炕席、天花板席的上等材料。长在水中的野生苇，大多植株低矮、不直且脆，统称"柴苇"，主要用于编织渔箔、泥水箔、苫盖苇帘等。

栽苇最好的肥料，就在淀里，且取之不尽，那就是淀底淤泥。

"淤泥里腐殖质含量极高，能增加地力。每2~3年施一次，不愁苇子长不好。"夏石矿说。

芦苇，不仅是白洋淀景观的代表，更是淀区最重要的经济作物。

它投入比小、产出率高，不需种植，即便两三年不施肥除草，产量也不会明显降低。"铁杆庄稼"，当之无愧。

白洋淀的苇编产业始自宋，到明清渐成气候，而许多人真正领略白洋淀植苇的气势，是从孙犁《荷花淀》里的"苇子长城"：

"要问白洋淀有多少苇地？不知道。每年出多少苇子？不知道。只晓得，每年芦花飘飞苇叶黄的时候，全淀的芦苇收割，垛起垛来，在白洋淀周围的广场上，就成了一条苇子的长城。"

在白洋淀，就连民居内部的设计，也要为织苇"行方便"。

"我家正屋是没有隔山的，所有家具摆设都贴墙摆放，腾出地方来，可以织丈二（4米×1.7米）丈一（3.6米×1.7米）等多种规格的商品席。"安新县政协常委田汉卿说。他生于淀区典型织席村东田庄村。

1978年前，芦苇还是国家二类农副产品，由县供销社统一购销。1982年后才降为三类，允许自由交易。

政策的松绑，让白洋淀苇席产量猛增。1985年，"白洋淀席"产量近600万片，达到历史最高，占全国总产量40%以上。

苇编产业由盛转衰始于20世纪90年代，新型替代材料的冲击、生产生活方式的改变，让苇编产品的市场逐年收缩。

昔日的"铁杆庄稼"，面临着收割成本大于收益、逐步退化、无人问津的窘境。

失去经济价值的芦苇，不兴利，反会生害。

"芦苇枯败后，如果任其腐烂水中，会造成水体富营养化。而且，不收割还会影响来年长势，新生芦苇植株会变细、变密，导致人们更不愿收割。"管越强解释。

如今，白洋淀大约有7万亩苇田，这些芦苇的新价值在哪里？

"其实，无论国内还是国外，芦苇资源化利用技术都已经成熟，例如造纸、做建材、做生物发电燃料。"管越强说。

但难点在于，相对于收益，收割和运输成本过高。

"因为水浅、沟壑纵横，大型割苇机进不到淀里，台田上的栽苇只能人工收割。"夏石矿说，1亩芦苇手工收割加运输到当地收购点的成本，就要大约400元。

雄安新区成立后，管委会向社会公开征集芦苇综合利用方案，希望从市场上寻找提升芦苇经济效益的解决之道。

以白洋淀人野芦苇一样的韧劲，苇子重获新生指日可待。

2. 百工技艺的变迁

2019年4月16日，安新县邸庄。

一位老人佝偻着背坐在家中院子里，右手拿着卡刀，左手用力抵着水竹竹篾的根部，一下一下快速削割。

邸老亮，当地以擅长制作鱼卡闻名的手艺人。

"削好了！"

一个两头尖、一寸半长、一厘米宽的竹篾薄片。老人顺手将其插入苇子秆做成的卡圈里，卡圈中间塞上白面、高粱面混合制成的饵条。最后，把做好的多个卡子按一定距离绑在一条长绳上。

这，就是白洋淀最普遍、最灵活的捕鱼工具——鱼卡。

鱼卡下到水里，当鱼吞食鱼饵时，卡圈被咬断，卡子随之张开，绷住鱼嘴，鱼就抓住了。

对于白洋淀人，捕鱼曾是重要的谋生技能之一。下卡捕鱼不是白洋淀自创，200多年前，这门技术从山东传入。

白洋淀的鱼灵，捕鱼人比鱼更灵。

一种新的捕鱼技艺传入，会与当地的水情、鱼情深度结合，发展得更加成熟、精湛。

风景如画的华北明珠白洋淀　　田　明　摄

白洋淀的传统捕捞方式——鱼鹰捕捞　　杜柏桦　摄

　　单就下卡的地方说，下什么地方逮什么鱼，在白洋淀都有说法。

　　比如下鲶鱼卡，鲶鱼是上层杂食鱼，卡子要下在苇地、河道旁水草丰茂的地方。有经验的渔民，还会根据鱼吃水草叶留有的牙印儿，判定鱼的大小多少，定量下卡。

　　在白洋淀，捕不同种类的鱼，用的鱼卡卡头大小也不同。

　　"逮黄瓜鱼，卡头有半寸多长就行；逮半斤左右的鲫瓜，卡头得有一寸来长；要是逮六七斤大的鲶鱼，卡头至少得有二寸长。"邸老亮说。

　　白洋淀的捕鱼技艺，令河北大学建筑工程学院副教授贾慧献深深着迷。

　　"千奇百怪、灵活多变、因地制宜，仅捕鱼技艺就三四十种，技艺里处处透着水乡人的灵活变通。"贾慧献说。

　　2015年～2016年，贾慧献带领他的本科生们走访白洋淀，对当地传统捕鱼、苇编、造船技艺进行了为期一年多的实地调研。

　　"水乡的守艺人，大多是60岁以上的留守老人，他们心灵手巧，但许多技艺无人传承，他们又没有能力用文字图示记录下来，许多工艺在慢慢消失，得抓紧抢救。"贾慧献说。

　　调研团队走访了几十位守艺人，拍摄录音、采访记录、测量绘制，整理汇编成《白洋淀百工》一书，初步建立了一个白洋淀传统技艺的数据库。

　　不止捕鱼技艺后继乏人，白洋淀昔日繁荣的造船业，也不得不在电动船的马达声中，寻找新的出路。

　　2019年4月26日，河北大学建筑工程学院，贾慧献的办公室。

　　贾慧献捧着一艘长约70厘米、宽约30厘米的木船模型仔细端详：船身的弧线自然且富有美感，船通体没有一根铁钉，所有木板的排列都严丝合缝，船内隔出3个舱。整个木船精巧别致。

这艘木船的原型，是白洋淀常见的出行、捕鱼船，出自省级非物质文化遗产项目传统造船技艺传承人、造船捻匠姜琳祥之手。

"有水不治鱼，造船不驶船。"姜琳祥所在的白洋淀马家寨，祖祖辈辈只造船。

造船，当地叫排船，是因为船是用一块块木板排成的。

姜琳祥是捻匠，也叫"水木匠"。旱木匠做木工活只会打直线，水木匠做船，要会打弧线，所以旱木匠通常不会造船。

"白洋淀捻匠买树选料，从不带尺子，用手量树、迈步测影。树长在地里，我们就知道能出多少料。"说起绝活儿，姜琳祥流露出自豪。

然而，十几岁就学捻匠的姜琳祥，最近几年，基本不再造船。木船市场在萎缩，从行驶速度到保养成本，都被电动船比下去了。

"索性换个思路，造船模。"白洋淀的鹰排子、鸭排子、枪排子、庄稼排子等20多种木船，都被姜琳祥同比例缩制成船模摆件。

困则变，变则通，效果意想不到地好。

如今，姜琳祥的船模很抢手，订单来自全国各地，多到接不过来。

购买者带走了船模，同时将白洋淀水乡人传承千百年的生产生活记忆和文化远播。

3. "雁翎精神"昔与今

2019年5月23日，白洋淀雁翎队纪念馆。

"大抬杆"，一种白洋淀老百姓用来打水鸟的土枪，横卧在一艘老木船上，铁铸的枪杆长达六七米，有小孩胳膊粗。

雁翎，抗日英雄的象征；"大抬杆"，英雄保卫家园的武器。

"鱼儿，游开吧，我们的船要去作战了。雁啊，飞走吧，我们的枪要去射杀敌人了……"诗人穆青的《雁翎队》，至今被广为传诵。

昔日白洋淀勇敢顽强的雁翎精神，在和平年代，又有了新的诠释。

2019年5月13日清晨，北京西南郊冷库，亚洲规模最大的肉类冷藏储备库。

3辆5米长的冷链物流车缓缓发动，车上满载十余吨从挪威空运来的进口冰鲜三文鱼，3个小时前，它们从天津港入关，1个小时后，将被摆进北京各大超市的冷鲜柜。

　　三文鱼供货商李大权，43岁，是第二代闯荡北京的安新水产批发商。

　　20世纪80年代末，李大权的父亲李友来和几十位安新同乡，将白洋淀盛产的鲫鱼、鲤鱼等大众淡水鱼运到北京批发、零售，打开了安新商人的进京路。

　　"父亲当时用自行车驮着两大筐早起从淀里逮的鱼到北京去卖，当时的水产品集散地，还在西三环六里桥附近的西南郊市场，早出晚归，一天一个来回。"李大权说。

　　逐渐地，安新的水产人在北京形成规模。

　　"三环没有改造之前，出了西南郊市场的大门便是北京市内最大的公路环岛'玉泉营环岛'。每到周末，很多商户喜欢去环岛草坪踢足球，安新人能组成好几支球队搞'安新老乡联赛'。"李大权说。

　　安新人吃苦耐劳的闯劲，在北京水产行业是出了名的。他们大多租住在北京的老旧小区，无论冬夏，凌晨三四点鱼市交易一开，一天的忙碌就开始了。

　　30多年过去，在北京从事水产批发贸易的安新人猛增，年销售额5000万元以上规模的商户百余家。

　　行走在北京西南郊冷库的街巷，经常能遇到操着一口安新方言的生意人。

　　"现在我们习惯说家乡话，业内人一听就知道是安新人，但我父亲他们刚来北京的时候，为了谈生意是要学说普通话的，别人问他哪里人，他也不说安新，而说白洋淀。"李大权说。

　　当时，安新鲜为人知，名声在外的白洋淀，无疑是安新人闯荡北京最好的"名片"。

　　而且，安新人闯北京、搞水产贸易的经验，也是在白洋淀练出来的。

　　民国时期，白洋淀号称"上府下卫"，水陆贸易非常繁荣。

　　"'府'指保定府，'卫'指天津卫，从保定坐船经白洋淀，沿大清河北上，可由天津出海。津保航线沿线码头众多，至今天津红桥、杨柳青等地，都有当年借津保航线做水产生意的安新人。"夏石矿说。

　　而且，当时白洋淀内，水路成网，四通八达，主要航道有11条，全长183公里，所有水村、半水村都能通航，最大可承运100吨以上船只。

君看一叶舟，出没风波里。

靠水吃水的白洋淀人，很早就懂得，富足的生活，要依靠贸易。它，是白洋淀人获得几乎所有生产、生活物资的最主要方式。

所以，在白洋淀，重商文化浓厚。

关城，民国时期白洋淀贸易繁荣的重镇。

人们调侃关城人，有这样一个段子：上午挣了1块钱，中午去饭铺花两块钱炒个好菜，还外赊1瓶酒的，一定是关城人。

能花是因为能赚。从消费的层面，也能看出，白洋淀水陆交通发达和由此带来的商贸繁荣，给了淀区人底气。

多年来，占白洋淀85%的安新，经济发展水平一直领先容城和雄县，这与白洋淀的存在不无关系。

如今，在北京，来自白洋淀安新的水产批发商群体，不仅带动了白洋淀当地的劳动力输出，左右着水产冻品市场的风向，还参与着行业政策的制定。

白洋淀勇敢顽强的雁翎精神，在新时代被赋予了新的内涵。

芦苇、捕鱼、造船，作为白洋淀的典型意象，其传达的形式随现代生活在变迁，但成为永恒的乡愁。白洋淀人坚韧不拔、勇敢顽强、灵活机动的精神内核，虽无形，却永存。

河北雄安新区的设立，更让我们对白洋淀的未来多了新的期许。

中国大运河，"活着的文化遗产走廊"。这一中国东部平原上的伟大工程，不但改变了沿途河湖格局，同时也孕育了不同的运河文化。尤其是申遗成功后，关于大运河的故事越发受到人们关注。

大运河河北段，则是书写在燕赵大地上的人工奇迹。这一段运河经历了怎样的时空变迁？它的价值和魅力何在？如何保护好、传承好、利用好祖先留给我们的这份宝贵遗产？请看《大河之北·河湖水系篇》第二单元——运河沧桑。

（本单元得到河北大学大力支持，特此鸣谢！）

执笔◎《河北日报》记者　李冬云

采访◎《河北日报》记者　李冬云　朱艳冰　张近情　王雅楠

阅读提示

中国大运河，世界上开凿时间最早、跨度最大、里程最长、使用时间最久的人工运河，是地球上对自然地理面貌改变最大的人类工程，堪称"活着的文化遗产走廊"。

大运河河北段，总长530多公里，流经廊坊、沧州、衡水、邢台、邯郸5市，约占中国大运河全长的1/6。

随着中国大运河申遗成功，大运河河北段中的"两点一段"——衡水市景县华家口夯土险工、沧州市东光县连镇谢家坝，以及南运河沧州—衡水—德州段94公里遗产段，被定为世界文化遗产点（段）。

这是河北省拥有的第四处世界文化遗产。

说起大运河，今天许多人既熟悉又陌生。走进大运河河北段，领略书写在燕赵大地上的人工奇迹。

大运河故城段景观带　　李洪儒　摄

一、大运河的时空坐标

1. 活的"化石"

2019年7月18日，沧州博物馆，"大运河北"展厅。

这里有全省规模最大、最完整的大运河河北段专题展。

金代磁州窑白釉划花瓷碗、黄釉刻鱼纹盆、黄釉划花莲纹盆……在"沉船点"展区，一件件随古沉船出土的磁州窑瓷器质感细腻、光泽依旧。

它们，曾在大运河河道内沉睡了近千年。直到1998年5月下旬，随着沧州东光段大运河河道内一艘金代古沉船的发现，才得以重见天日。

在展厅的一侧，沧州博物馆复原了当年东光码头沉船遗址的考古现场。

从复原场景看，船出土时船底完好，船帮已经残破，船头和船的前部被埋压在运河东坡之下，只露出中后部。

这是一艘金代码头运输船，船长约10米，宽约4米。

"即使穿越回近1000年前的金代，你会看见大运河上的船，依旧从今天这条河道内驶过。"沧州博物馆党支部书记王健爽说。

不止这一处沉船点在河道内。

2006年，河北省进行运河文物资源调查时，在沧州段共发现沉船点27处，年代从宋金至民国，全部在现在的河道内。

"古沉船以元、明两朝居多，所以可以推测，至少从元代以后，南运河沧州段河道基本上没有大幅摆动，保存了原始风貌。"王健爽说。

原生态、完整性，在世界文化遗产申报中，与其他省份的运河河段相比，这是大运河河北段最突出的特色。

与仍在运行、河道几经变迁的南方运河相比，大运河河北段是大运河考古研究现成的"活化石"。

河北，是全国率先启动和完成大运河资源调查的省份之一。

2006年3月，河北省大运河资源调查队成立，2009年12月，省文物局设立河北省大运河联合申遗办公室。

调查期间，河北省大运河联合申遗团队一直在思考一个问题：究竟什么是大运河河北段最鲜明的特征？

"过去，无论全国还是河北，对大运河的文化价值重视程度都不够。借着申遗的契机，我们越整理越感觉到，大运河的文化遗存非常丰富。"省文物局办公室副主任、原大运河河北段申遗负责人孙晶昌说。

　　申遗前期，河北省大运河联合申遗办公室对大运河河北段进行了拉网式调查，整理出大运河河北段沿线古码头、古城镇、古村落等遗址325处，附属文物点100多处，衍生文化遗产项目200多处。

　　但如此之多，该如何选出最能代表河北段大运河特色的申遗点？

　　一位一直热心河北文物保护事业的古建筑专家给人们指点了方向。

　　2019年7月29日下午，河北省文物局。

　　办公室副主任孙晶昌在电脑中几十个G的"大运河"相关文件中检索着。

　　"在这里！"孙晶昌身体向前倾了倾，盯着电脑认真地念："大运河河北段遗址线路清晰，体系完整，拥有较为完整的人工河道和堤防体系，代表了我国北方大运河遗产的特色，是我国大运河体系中不可或缺的重要文化遗产。"

　　这是"运河三老"之一、古建筑学家罗哲文申遗期间对大运河河北段遗产价值一段极具分量的评价。

　　2014年6月22日，大运河申遗成功。

　　最终，河北段大运河申报的8处申遗点中，有"两点一段"共3处被定为世界文化遗产点（段），这就是衡水市景县华家口夯土险工、沧州市东光县连镇谢家坝，以及南运河沧州—衡水—德州段94公里遗产段。

　　"这3处，都是罗老提出的原生态、完整性特征的代表。可惜他2012年去世，没能等到申遗成功。"孙晶昌感激中带着遗憾。

　　继长城（山海关、金山岭）、明清皇家陵寝（清东陵、清西陵）、避暑山庄及周边寺庙群后，河北省拥有了第四处世界文化遗产。

　　申遗成功，一下带动了"大运河热"。

　　越来越多的人开始行走大运河河北段，各个沿河城市也开始重温运河历史，挖掘运河文化。

　　而要讲述大运河河北段的完整故事，首先得回到它的时空坐标里。

2. 四大河段

"一条大河波浪宽，风吹稻花香两岸，我家就在岸上住，听惯了艄公的号子，看惯了船上的白帆……"

对不同地域的中国人来说，《我的祖国》歌咏礼赞的"一条大河"往往各不相同，而对于很多生活在大运河边的老人来说，那条令人魂牵梦绕的大河，多半是大运河。

河北境内的大运河，全长530多公里，流经廊坊、沧州、衡水、邢台、邯郸等5市。中国大运河总长3200公里，河北占了约1/6。

这530多公里，又分为四大河段——北运河、南运河、卫运河、卫河，以及永济渠故道遗址。

不了解大运河的人，常被这些名称搞晕。

比如，"南运河"。

许多人会有疑惑，明明地处中国大运河的较北端，为什么叫"南"运河？

河北境内大运河分布图　　沧州博物馆　供图

2019年8月6日，河北省南运河河务管理处会议室。

河北省南运河河务管理处退休专家郭风拿出大运河河北段地图，指向天津海河三岔河口。

"这里就是南运河、北运河分界点——向北到北京通州叫北运河，向南到山东德州，叫南运河。两条河都是海河重要支流，从三岔河口入海河。"郭风解释。

北运河全长120公里，有23.81公里流经廊坊；南运河全长309公里，有252公里流经沧州和衡水。

更特别的，是南运河上游的卫运河。它上起邯郸馆陶，下至德州武城，全长157公里，几乎全在河北、山东两省省界上穿行。

衡水故城，就有这样一段省界河道。

2019年8月14日，衡水故城县运河文化展览馆侧畔。

小广场上，老人正随着欢快的音乐跳广场舞，一旁的抑澜亭里，有人在下棋。小孩子则三五成群，追跑戏耍。

　　发生在卫运河畔的这一幕，看上去只是寻常的乡间文化娱乐，实则却是一场跨省的交流。

　　故城县与山东武城县隔河相望。

　　65岁的武城人陈宏发，每天上午都要骑10公里的电动车，赶来这里与棋友杀上几盘；喜欢跳广场舞的故城人李秀兰，也热情地向记者介绍经常和她一起跳舞的山东武城的老姐妹。

　　武城人跨省来故城下棋、跳舞，故城人跨省去山东赶集，在当地是平常事——卫运河划定为两省省界只有50多年，两县许多人都有跨省亲戚。

　　事实上，在运河两岸的馆陶和冠县、临西和临清、清河和夏津，卫运河都承担着一河分冀鲁的省界功能。

沧州大运河湾生态修复区鸟瞰　　　傅　强　摄

卫运河的上游，则是一条名字听上去更像自然河流的运河——卫河。

在邯郸馆陶，徐万仓村是个曾饱受水患之苦的运河村庄，漳河、卫河两条大河在这里汇流，形成卫运河。

漳河是自然河流，流经邯郸馆陶、大名的卫河，却不全是。

历史上，卫河的部分河段是人工开挖，它的前身，可追溯到三国时期的古运河"白沟"。

因此，河北境内61公里的卫河，也属于大运河河段。

除了地上的运河河道，还有地下的运河遗址。

截至目前，在邯郸馆陶、魏县、大名的地下，考古工作者已探明了3处、共40多公里的隋唐大运河永济渠故道遗址。它们，也是大运河河北段的一部分。

还有更多的永济渠故道遗址，因改道而沉睡在地下，等待未来的考古发掘。

3. 始于"白沟"

地图二维平面上的大运河河道，折叠了时间轴。事实上，530多公里的大运河，建造时间跨越了1800多年。

2019年8月17日，邢台临西摇鞍镇。

一条排灌渠自南向北穿越小镇。

它是邢台临西、威县和邯郸馆陶3县的排水灌溉渠，建于1958年，当地叫它卫西干渠。它的渠首，就在漳、卫河汇流的馆陶徐万仓村。

考古工作者勘探发现，就在这段排灌渠下大约5米深的地方，埋藏着一条距今1800多年的古运河故道——白沟。

白沟，大运河河北段中最古老的一段运河工程。

它始建于公元204年，是曹操为北征乌桓而修建，比全国最早的人工运河邗沟，只晚了690年。

这一条"白沟"，并非保定高碑店境内著名的箱包之都，而是指河南滑县宿胥口至河北邢台临西、威县的一段黄河故道。在曹操时代，这段黄河故道虽然还有水，但水量已不足以通航。

"白沟要行船，首先要找到充足水源。"沧州市文物局副研究员郑志利说。

《水经注》讲述了曹操找水源的办法："遏淇水东入白沟。"

淇水，原是黄河北岸一条支流。曹操在淇水入黄河河口北侧（今河南滑县宿胥口）修筑拦河坝，同时开凿了一条向北的渠道，将淇水引入白沟。

乌桓远在辽宁，只有白沟并不行。此后，曹操在华北平原上又修建了平虏渠、泉州渠、新河、利漕渠等多条运河，直逼前线——今天的人可能想象不到，在曹操时代的燕赵大地上，人们可以乘船从邯郸、邢台直达冀东的唐山。

公元207年，借助运河补给，曹操大破乌桓，统一北方。

2019年8月23日，邯郸馆陶县，永济路。

这段县城的东外环路，全长约1.7公里。从这里驱车向北约300公里，可到达沧州市区的北环，那里，也叫永济路。

相隔300公里的两条路会重名，并不是巧合，而是因为它们都曾依傍同一条人工河——永济渠。

公元608年，隋炀帝为东征高丽，修建了隋唐大运河的北线——永济渠。

"河北南北虽然有曹操时期的运河、自然河道贯穿，但深浅不一，航路不畅，难以满足航运需要。"郑志利说。

永济渠不到1年便竣工，永济渠全长1000多公里，从今河南武陟经河北、山东、天津直至北京。

如此之快，主要是因为几乎没开挖新河道，只是将原有河道疏浚、扩宽，统一标准，提升等级。

升级后的永济渠有多宽？

据唐代《元和郡县志·永济县下》记载："永济渠在县西郭，内阔一百七十尺（约52米），深两丈四尺（约7.4米）。"

今天，地图上已无"永济县"。通过史籍，馆陶县志工作者推测，它的治所，应在今馆陶县路桥乡木官庄村东北。

考古工作印证了这一推测。

20世纪90年代，就在这一带，河北省考古工作者发现了一处长十几公里的永济渠遗址——与今天流经馆陶的卫运河比照，运河在1200多年里，仅仅向东迁移了约6公里。

2019年8月15日，邢台郭守敬纪念馆。

馆前广场上，矗立着一尊郭守敬的塑像——这位祖籍邢台的元代科学家，身着长袍，头戴乌纱，手持图纸，目光笃定地望向远方。

郭守敬，元朝京杭大运河的总设计师。

1271年，元朝定都大都（今北京），1276年，元军攻克南宋国都临安（今杭州）。

新的王朝开始考虑一个重要问题：如何实现京、杭直航，不再绕道洛阳。

纪念馆中，一幅《郭守敬勘察线路示意图》，清晰标记了时任都水大监（相当于水利部长）郭守敬，在河北、河南、山东、江苏之间的考察路线。

最终，他提出在山东修运河，连通河北、江苏，实现京、杭直航的方案。其中，主持会通河一段开凿的，也是一位河北人，与郭守敬并称元代水利史上"双子座"的沧州水利科学家——马之贞。

此外，在北京，郭守敬还主持修建了通惠河，打通了通州到北京皇城的"最后一公里"。

1293年，京杭大运河全线贯通。

与隋唐大运河相比，航道缩短约900公里，这是今天从北京到南京的直线距离。

京杭大运河的"截弯取直"，对河北境内航道格局影响不大。

邢台临西至天津的永济渠，依然是京杭大运河的主线。临西上游的永济渠，虽变身为京杭大运河支流，但仍是冀南通往京津的水上要道。

但是，京杭大运河对于河北的意义，已与隋唐永济渠全然不同。

"国都迁至河北以北，南北物资进出京，必过河北。河北沿线城市的政治、经济地位得以提升。而且，河北可以直接与富庶的江南贸易往来，河北人的视野和脚步，沿着运河北上、南下，继而出海，走向世界。"郑志利说。

二、工程背后的智慧

1. "弯"的神奇

2019年8月2日，沧州市区，清池南大道与九河东路交叉口西北，大运河湾生态修复区。

在这里，大运河河道拐了一个独特的"Ω"形大弯。

修复区公园的南门，在清池南大道与九河路交叉口的西北，这里有一条浮桥连通公园内外。不巧，当日维修，禁止通行。因此，在此落脚的游客要进公园，需得沿河绕大半个圆，从位于公园西侧的正门进去。

10分钟，20分钟，30分钟……省南运河河务管理处高级工程师董肖丽和记者走到公园内浮桥的对岸，用了足足40分钟。

南运河上，眼看着近在咫尺的两地，要到达，却经常要绕很大的弯。这弯，就是大运河南运河段的魅力和精华。

要领略"弯"的神奇，航拍是最好的方式。

如果你有一台视角足够大、足够清晰的航拍机，能够从沧州市区一路向南飞到山东德州，就能目睹更神奇壮观的景象：沿河近100公里的河道上，近百个"Ω"形的"大弯"一路交错排布，九曲回肠。

当初运河河道的设计者，为什么放着直道不走，"舍近求远"偏要绕弯呢？

这，要从南运河所处的地势说起。

在山东德州，有一座著名的水利枢纽——德州四女寺水利枢纽。

这里的河底高程为15.27米，而南运河最低点天津海河三岔河口，河底高程为-3米。

两地总落差18米多，相当于6层楼高。

"众多弯道，是自然和人工合力塑就，它们的存在，可以有效减小河道高度落差，保证行船更平稳，同时消解水势，减少堤坝受力。和盘山公路、'之'字形铁路的设计异曲同工。"省南运河河务管理处退休专家张金轩解释。

这种设计思路，称为"三弯抵一闸"，在南运河上应用最为广泛。

"德州四女寺水利枢纽至沧州连镇谢家坝，直线距离为52公里，总落差4米，其间共有大小87个弯道，河道被拉长到95公里，河道纵比降减少了近一半，水流流速也大大减缓。"张金轩举例。

不过，即便如此，在大运河弯道上，仍会有激流险段。

为保护险段所修建的堤坝，就成为展现古代水利技术水平的另一个样本。

2019年8月3日。

从沧州市一路向南，驱车70余公里，记者抵达东光县连镇。

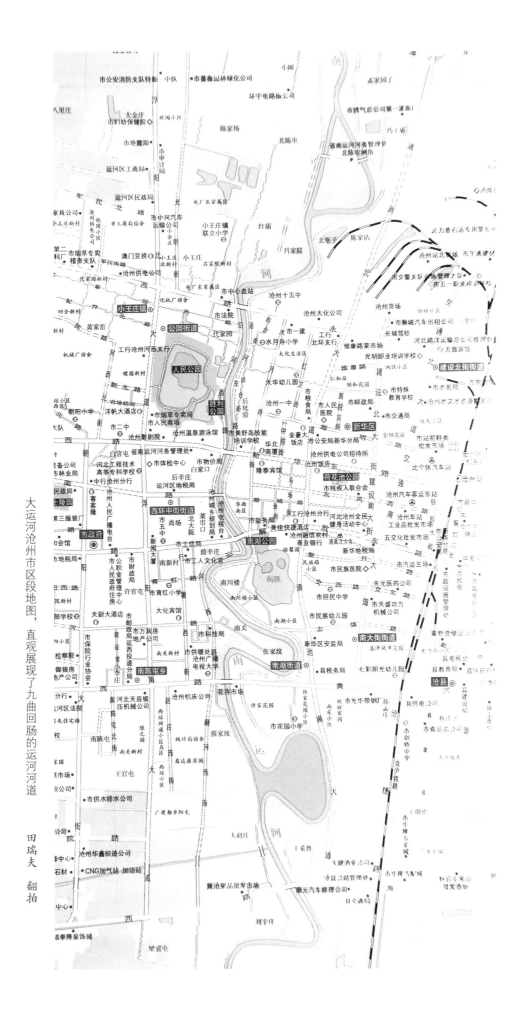

大运河沧州市区段地图，直观展现了九曲回肠的运河河道

田瑞夫 翻拍

站在运河西岸，对岸一座约3人高的大坝，展现在眼前——东光县连镇谢家坝。

谢家坝所在地是典型的险段，没有大坝前，河道经常决口，危及堤旁村镇。

谢家坝建于清朝末年，坝体全长218米，厚3.6米，高5米，是大运河河北段入选世界文化遗产的两个遗产点之一，也是河北省仅存的两处夯土坝之一。

它应用的，是古代一种相当成熟的筑坝技术——"糯米砂浆"筑坝技术。

"当地乡绅从南方购买大量糯米，组织人力用糯米熬汤加灰土与泥土混合筑堤。堤坝的夯土层以下，用毛石垫层，坝基是原土打入柏木桩筑成。"东光县文保所所长李天峰说。

堤坝筑成后，极大保障了周边村镇的安全。

2012年，河北省文保部门按当年工艺对谢家坝进行修缮，用了约2万斤糯米。

"当古建修复人员试图用电钻向坝体内打木桩时，发现比一般的夯土要费力得多，坝体的坚固可见一斑。"李天峰说。

除了糯米大坝材质上的科学，还有一些"个性"的堤坝，因地制宜，寻求形态上的创新。

2019年8月14日，衡水故城郑口镇运河大桥。

站在桥上向西南眺望，能看到6座南北排列的堤坝。这就是郑口挑水坝，全国重点文物保护单位。6座堤坝建于民国时期。

郑口挑水坝与谢家坝形态明显不同。6座堤坝两两间隔几十米，编号从南向北为1至6号，坝体形状呈倒"U"型，向河道一侧凸出，像巨大的桥墩。

间隔排列的堤坝，如何发挥作用？

故城县文物管理所所长姜玉岭打了一个形象的比喻：凸出的堤坝，就像迎着水势打出去的"拳头"，直接消减了水势。

"细看会发现，6座坝坝头形状、凸出方向都不一样，因为每新筑一座坝，设计者都会在老坝基础上，重新选择最合适的'出拳'角度。"姜玉岭说。

就这样，水冲一段堤，加修一座，6座挑水坝合力，彻底遏制住了肆虐的洪水。

2. 水自何来

大运河河北段的运河遗产类型非常丰富，但时间依然让一些遗迹湮没在历史之中。

2019年8月14日，故城运河文化展览馆。

故城文化馆馆长李志勇手机中有一段一直舍不得删除的视频。

"搭锚——喔喔——喂嗨——唻唭——"老纤夫、故城人王振江一开嗓，起锚号子高亢有力、苍凉悠长的调子，一下把人们带回昔日舳舻相继、帆樯如林的大运河上。

视频中这位老纤夫，是故城"漳卫南运河船工号子"传承人之一，前不久去世了，如今，这一省级非物质文化遗产的传承人已寥寥无几。

"上世纪70年代南运河断航后，再也看不到纤夫的影子，听不到船工的号子，夯土纤道也逐渐退出了历史舞台。"李志勇说。

如果大运河纤道还存在，应该在哪里？

"沧州段的南运河纤道，只在运河西侧有，东侧是没有的。因为这一河段，船北上是顺水，南下是逆水，纤夫主要在运河西侧拉纤。"沧州区域文化研究所所长孙建说。

隋朝大运河开凿场景复原图　　王玮　摄

而在北运河上，昔日的纤道主要在河东。

纤道在南运河、北运河上一西一东地分布，透露了一条关于大运河重要却常被人忽视的信息——水源。

运河水是从哪里来的？

"上游。"许多人会这么回答，但上游又在哪里？

大山孕育大河。

"北运河、南运河的主力水源，分别来自燕山和南太行山里发育的河流。"张金轩指出地图上两道山脉。

北运河的上游，是永定河和通惠河；南运河的上游，是漳河和卫河。

除了漳河、卫河，南运河还有一个次要水源——从山东泰山发源的汶水和泗水，以及黄河水。

"由于山东局部地势高，挡住运河水大规模北流，所以能够流到南运河的水比漳河、卫河少得多，太行山水源充足，南运河不依赖山东水源。"张金轩说。

南运河，曾是海河流域航线最长、航运能力最大的一条河流。

不过，河流中的泥沙，也一定程度造成南运河河床的淤积抬升。

断航前的南运河，是一条半地上河——河床在地面以下，水面在地面以上。

于是，南运河上一直有一个专门的工种——浅夫，负责清理淤积的泥沙。

"南运河每隔两年就要在冬季雇佣浅夫们挖浅，将淤泥就近摊埋在堤防上，以保证河水的深度能够行船，同时使堤防有一定高度和宽度。"王健爽说。

南运河河床高，水源充沛，所以要经常对抗洪水。

2019年8月8日，山东德州武城县，四女寺水利枢纽。

这里，是大运河上重要分水点，全长200多米，东西架设南运河、漳卫新河、老减河3座分洪闸。这座不在河北的水利枢纽，从1958年建成之初，就有效减小了南运河的泄洪压力。

根据当前水利规划，四女寺枢纽上游的卫运河，河道设计流量是每秒1500立方米，漳卫新河可以分洪的设计流量是每秒1200立方米。这样，留给南运河的泄洪流量只有每秒300立方米。

大运河水量从充沛到短缺，最明显的转折，发生在20世纪六七十年代。

新中国成立后，本着兴利除害的原则治理大运河，在永定河、漳河、卫河上游修建多座水库，加之农业、工业截留用水增多，到20世纪70年代，河北境内大运河彻底断航。

探明大运河的水源，就更加意识到水的宝贵，感念太行山、燕山对大运河航运的支撑、对河北运河城市的滋养。

根据通武廊（通州、武清、廊坊）三地协同规划，北运河将实现旅游性通航，古老的大运河，有望再次焕发新的生机。

3. 功能变迁

运河，是应航运的需求而生。在历史上，大运河最重要的功能，就是航运。

要顺利发挥航运功能，只有河道、堤坝和水源还不够。古人很早就意识到，至少还需要一个调蓄水量的"阀门"——闸和减河。

沧州市区向南行驶大约15公里，是南运河上一处重要"阀门"——捷地分洪闸和捷地减河。

捷地，也曾是大运河的险段。

捷地的地名，最早见于《明世宗实录》，因当地时常发生洪灾，竟得名"绝堤"！其后用谐音，演变为今天的"捷地"。

捷地分洪闸和捷地减河始建于明弘治三年（1490年），乾隆年间改闸为滚水坝，自动调蓄洪水。1911年将坝改成溢流堰，1933年华北水利委员会将溢流堰改为如今的八孔闸。

走在捷地分洪闸南端的堤岸上，脚下，是一块块巨大的青色条石，用来固定条石的铆钉锈迹斑斑，许多已经脱落。分洪闸闸墩之间的铁质闸门紧闭，两侧的河道内，已无河水。

2006年，捷地分洪闸作为历史文化遗产被保护起来，在其南侧建了新闸。

闸和减河是如何发挥作用的?

不熟悉"减河"一词意思的人，往往会把它错写作"碱河"。其实，"减"是"分流"之意，减河，就是分流洪水的人工河。

"闸和减河配合使用，可以有效调控水位。枯水期可以存蓄河水，保证通航需要，汛期可分泄南运河河水入减河，减少水灾隐患。"省南运河河务管理处捷地闸所主任张树海说。

这些古老的河工设施，展现了明清水利工程技术发展水平，也为研究我国古代大运河体系给排水规划及减河设计，提供了重要实物资料。

有了闸和减河调控水位，船，才有用武之地，运河的运输功能才能充分发挥。

在大运河上穿行的，都是多大吨位的船？

2019年7月17日，沧州博物馆"大运河北"展厅。

一艘长15米的、宽4米的大木船"停泊"在展厅内，高高的桅杆上升起白帆，气势威武雄壮。

通过声光电技术，游客登上大船，可以体验在大运河上驾船航行。

"民国时期南运河上，可通行100吨级船队。这些船结构独特、用料考究、木材优质、外形别致，很有气势。更常见的是几十吨的商船和货船，货船无论南上北下，都预定好要装的货物，很少空驶。"王健爽说。

在查阅大运河河北段史籍资料时，我们找到了一张20世纪天津造船厂生产的楠木大木船的黑白老照片。

"这种大木船用料讲究，以上等松木为主料，再选用最好的楠木，制成5寸高、4寸厚的卡子，镶嵌在船舷的周边。太阳一照，紫红色的楠木、黄色的松木反射出耀眼的光，非常好看。"李志勇说。

南运河，每年有300多天航运期，直到20世纪50年代，还有相当规模。

20世纪六七十年代以后，公路、铁路等陆路交通迅猛发展。如今，舟楫相连的大运河航运，就只停留在老一辈人的记忆之中了。

不过，因为河道、河堤仍在，现在的南运河，正在发挥一个重要功能——南水北调东线输水。

2019年6月21日，天津九宣闸。随着闸门缓缓落下，为期两个月的南水北调东线一期北延应急试通水结束。

此前的两个月，通过山东省武城县六五河节制闸，长江共向天津、河北、山东输送了6868万立方米的水量。

输水，将成为南运河今后很长一段时间的重要功能。沧州、衡水的地下水资源也因此获得补给。

三、运河商业的地理解码

1. 运河贸易

如果说长城是凝固的历史，大运河就是流动的文化。

运河因"运"而生，最初修筑运河的目的，首先是满足物资运输的需求。

大运河上的船，都载着些什么呢？

最重要的便是漕粮。

2016年6月，邢台临西仓上村村南。

临西县文保部门对辖区内隋唐永济渠故道调查、勘探时，在这一带发现了一处唐代大型粮仓遗址。

"当时探明的遗址面积近5.2万平方米，有19个圆柱形大仓囷，每个直径6米到10米不等，四周是夯土仓壁，中间由柏木立柱支撑仓顶，从中我们发现了陶瓮、执壶、碗盏和一些粮食碳化物。"临西县文保所所长张霞说。粗略估计粮仓容积约在150万石左右。

在临西发现唐代粮仓，并非偶然。

在唐代，临西县域属当时的山东临清。临清，在唐代素有"国之北库"之称，是唐代重要的官方仓储，即今天的"国家粮食储备库"。

大运河，一直被历朝视为"国家命脉"，正是因为能发挥运输漕粮功能。

在运河沿线，除了临清，还有天津、德州、徐州、江宁等多个大型粮库，它们多者能存粮数千万石，少者也达上万石，发挥着保障京城供给、灾荒赈济、平衡粮价的作用。

盐的运输，在大运河上也处于重要地位。

2019年7月16日，沧州黄骅长芦盐场。

蒸发池旁，晒好的盐被堆成一垛垛盐坨，大型运输车在盐场往来穿梭，这些海盐将被运往加工车间，分装成袋，销往全国各地。

这里，2018年的海盐年产量为119万吨，占全国海盐总量的1／4，是我国最大的盐场之一。

沧州，在清雍正以前是北方最大的盐运码头，管理长芦盐业的机构名为长芦盐运司。

沧州博物馆内展陈的明清沧州古城沙盘。古城西南打破常规修建的"小南门"，极大繁荣了沧州的运河贸易　　王玮　摄

　　"长芦盐区是内海，风浪小，卤水含盐度比较高，盐质量好，价格低，被称为'芦台玉砂'。"孙建说。

　　"南来载谷北载醝"，描绘的就是大运河上北上的船载着粮食，南下的船载着盐的情形。

　　运输官粮、官盐，是大运河自隋唐起就承担的使命，但让大运河河北段大放异彩的，是明清时期大宗商品贸易的繁荣。

　　特别是适合水运的物产，借由大运河北上、南下，闻名各地。比如，主产区在北方、受许多南方人喜爱的干果——枣。

　　2019年9月13日，中秋节。

　　在沧州创业的杭州人王启元要回老家探亲，特地在行李箱里装了几盒沧州的金丝小枣。

　　"枣皮儿薄肉厚，汁多核儿小，剥开了，金黄蜜丝还连着，一入口，真是香

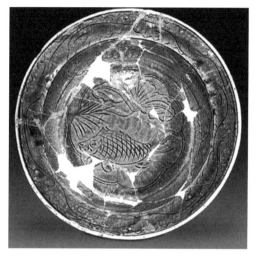

东光南运河码头沉船遗址中出土的金代磁州窑黄釉刻鱼纹盆　　　　王　玮　摄

甜。"王启元至今还记得小时候在杭州老家，第一次吃到沧州金丝小枣的感受。

"沧州枣最早的市场，在沧州城西大运河西畔，在明末清初已经有一定规模，通过运河，北上京城，南下江浙闽粤，是远近闻名的运河特产。"孙建说。

还有一种运河水果，它比金丝小枣更适合水路运输，沧州泊头的特产——泊头鸭梨。

"鸭梨含水量大，最怕磕碰，水运颠簸小、运量大，最合适。天津是运河上泊头鸭梨的主要集散口岸，今天的天津鸭梨，产地之一就是沧州泊头。"孙建说。

2019年10月3日，国庆假期。

沧州青县大马庄现代农业园停车场，北京、天津车牌的旅游大巴和私家车随处可见。

"一到周末或节假日，许多京津地区的游客会自驾或随旅游团前来，园区的特种蔬菜不仅销往京津高端市场，还把京津游客引到青县来。"园区总经理李志彬说。

"早晨青县棚中菜，午间京津盘中餐。"青县在京津蔬菜市场的地位，可见一斑。

青县集中种菜的历史，可以追溯到明清时期。当时，青县就是贡菜的基地。现在，每年向京津输送优质蔬菜100多万吨。

"一亩园胜过十亩田。青县人能够选择种菜不种田，一定程度上是大运河长期的滋养，带给了当地更优良、肥沃的水土条件。"李志彬说。

　　河北的小麦、棉花、食盐、水果、蔬菜，北方的煤炭、砖石、生铁、粪肥、皮毛，南方的稻米、丝绸、茶叶、铁器、竹器、木料……大运河这条黄金水道，不仅让各地互通有无，还孕育了沿岸一座座城镇。

2. 运河之城

　　大运河孕育着一座座沿河城镇，它们萌兴、发展、壮大。

　　郑口、泊头和沧州，是大运河河北段三座典型的运河城镇。它们用各自的发展史，勾勒出一幅大运河沿线城市的发育、进化图谱。

　　8月14日，衡水郑口镇运河大桥。

　　姜玉岭站在桥上，遥望对岸，河道最宽处，近200米，大运河在这里拐了一个大弯。

　　这个弯，为郑口能够从普通村镇发展为运河商贸重镇提供了"地利"。

　　"弯，不只为降低落差，运河上背风的港湾，就像'大型停车场'，是理想的泊船之地。航运时期，郑口码头最多能同时停泊日装卸量三四十吨的船只50多艘。"姜玉岭说。

　　大运河河北段上，大多数城镇都和郑口一样，以"弯"为原点，迈出了发展的第一步。

　　"小天津卫"郑口镇，就是其中典型的一座。

　　到了清朝中期，郑口涌入大量外地资本，成为全县最发达的市镇。

　　晋商的大染坊，浙商的竹货店、丝绸铺、茶叶铺，山东商人的药材铺，加之大小饭店、大车店、银号……鼎盛时期，百余家商号、八方客商都聚集在郑口。

　　但运河的断航，让主要依赖码头转运贸易的郑口，失去了继续发展壮大的机遇，只停留在了"镇"的规模。

　　与郑口有相似发展经历的，还有东光连镇、吴桥桑园镇和安陵镇。

　　相比之下，同样在"弯"中孕育的泊头镇，则迈出了由"镇"到"城"的一步，完成了从商贸集镇向工业化城镇的转型。

　　2019年7月17日，沧州博物馆"大运河北"展厅。

泊头火柴厂不同时期生产的火花，集中陈列在一个展橱内。大多数火花上，都有两个醒目的大字"泊头"。这是属于几代人的共同记忆。

今天，泊头火柴已经成为历史，但它1912年诞生时，却是照亮泊头工业化转型的星火。

泊头，曾是和郑口、连镇、安陵一样的运河码头，但它东西有南皮至交河的官道通过，处在水陆十字交叉地带，底子更厚、规模更大。

"明朝万历时期，泊头镇就筑有土城，这是北方大运河沿岸少有的镇级城池。"孙建说。

到晚清、民国时期，在运河航运尚未中断时，沿河巨镇泊头已开启工业化转型的大门，这是铁路带来的机遇。

1911年，泊镇站随津浦铁路通车而设立。

借助铁路运输，泊头的火柴制造、冶炼铸造、雕版印刷、烧造工艺等产业，得到较充分的发展。

今天的泊头，以铸造、汽车模具、环保设备、工业泵阀为主导产业，成为沧州城乡经济产业链的重要一环。

而且，石衡沧港泊头段高铁即将开建，新的机遇即将拥抱这座运河古城。

盘点整个大运河河北段上的城镇，发展体量最大的，当属沧州。

沧州能脱颖而出，发展成大运河河北段唯一的地级市，寻找其内生力，或许可以先关注一座门。

2019年7月17日，沧州博物馆"大运河北"展厅。

王健爽将激光笔的光束，落在了明清沧州古城沙盘西南角的一道独特城门——小南门上。

与传统古城设置东南西北四门不同，沧州古城有5座城门。

为何要开这第五座门？

"小南门为繁荣运河贸易而设。离运河最近的城门本是西门，但西门与运河之间的贸易带南北狭长，东西向太窄，只有100米左右，处在城西南的小南门一开，贸易带向西南延伸，运河贸易空间扩大。"王健爽说。

中国古建筑是讲究传统和风水的，在哪里开门都有规矩。

"沧州人因地制宜，敢于打破常规，这是在运河上讨生活练就的闯劲儿。在看得见的资源优势和地利之外，这是它得以壮大的无形内力。"孙建说。

如今，"小南门"虽然随古城墙拆除了，这一带仍是沧州商业中心。而且，它所承载的城市创新发展精神，正推动沧州由大运河走向渤海湾，成为环渤海地区重要的港口城市。

7月30日，省古建研究所。

省古建研究所总工程师赵玲和她的同事，最近正在忙碌一件重要的事。

他们受省文物局委托，正在编制《河北省大运河文化遗产保护传承利用专项实施规划》。

为编制这份《实施规划》，赵玲和她的同事对大运河河道、沿线城市村镇及100多处遗产点进行了深入调研，查阅了大量文献资料。

大运河衡水景县华家口段　　　田瑞夫　摄

规划旨在为河北大运河文化带建设中文化遗产的保护、传承、利用确立目标，制定实施措施，保护好、传承好、利用好大运河这一祖先留下的宝贵遗产。大运河河北段沿岸大小城市新的运河故事和机遇，也即将由此翻开新篇。

　　大河之北，河湖众多。河北全省河流，分属三大流域、十一大水系，河流湖泊、泉流飞瀑类型众多。从永济渠到京杭大运河，从各大水库到南水北调工程，在河北人与干旱、洪涝斗争的历程中，修建的人工水体遍布全省。龙生九子，各不相同。河北的河流水系究竟有哪些？这些河湖渠库各有哪些特点，在经济社会发展中发挥着什么样的功能？请看《大河之北·河湖水系篇》第三单元——水脉探源。

执笔 ◎《河北日报》记者 董立龙

采访 ◎《河北日报》记者 董立龙 焦 磊 宋柏松 李建成

通讯员 马彦铭 戴绍志 王满龙 姜雪娟 王艺

📖 阅读提示

大河之北，河湖众多。

河北全省河流，分属三大流域、十一大水系。流域面积50平方公里及以上的河流1386条，总长度4.09万公里；另有1平方公里以上湖泊30个、10万立方米以上水库1075座……

河北的河，分内陆河和外流河两种；白洋淀、衡水湖、察汗淖尔等著名湖泊亦有淡水、咸水之别；此外，各种温泉冷泉众多。

从永济渠到京杭大运河，从各大水库到南水北调工程，在河北人与干旱、洪涝斗争，向水兴利的历程中，修建的人工水体遍布全省。

龙生九子，各不相同。

河北的河湖水系究竟有哪些？这些河湖渠库各有哪些特点，在经济社会发展中发挥着什么样的功能？

滹沱河石家庄市区段风景如画　　　杨世尧 摄

一、话说"母亲河"

1. 一条广纳百川的河

2019年9月18日，涉县合漳村外。

一阵风吹过，金黄色的稻田里，稻穗一起一伏，露出了正在田间弯腰拔草的陈建生。

和华北平原上喜欢吃面食的人们不同，陈建生从小就喜欢吃米——清漳河和浊漳河在村子东南交汇，充足的水源为合漳村种植水稻提供了天然便利。

这位51岁的钢厂工人，正赶在午休时间里，给自家的稻田拔草——在钢厂工作近30年的他，仍旧愿意在休息时从工厂跑几十公里路，回家来侍弄这0.33亩稻田。

这是一种别样的情感，是对田地，更是对他眼里的母亲河的依恋——其实，不同地方的河北人，心中都有一条属于自己家乡的河流。

但燕赵大地的母亲河究竟是哪一条，恐怕1000个人会给出1000个答案。

邯郸人会说，是滏阳河；邢台人会说，是七里河；石家庄人会说，是滹沱河；沧州人会说，是大运河；保定人会说，是府河；张家口人会说，是清水河……

这些答案，全对。

但，从自然地理视角去看，这些河流恐怕都难以代表河北。

这是梳理河北河流水系颇令人纠结的一个问题，因为，河北没有一条河流，能贯穿起全省大部分土地。

也许有人会说，河北不是属于海河流域吗？

没错，河北近70%的土地上流淌的河流，最终汇入了海河。但海河却不在河北——全长73公里的海河，是天津市的母亲河。

参与编纂《海河志》的水利史专家马念刚表示，海河不是一条河流。

之所以做出这一论断，是因为同黄河、长江不同，海河流域没有一个从头到尾的主干。它和我们对江河的传统认知是不一样的，它是一个由众多河流组成的水系，是华北地区流入渤海诸河的泛称。

换句话说，这条名叫海河的河，是一条广纳百川之河。

它在华北大地上形成了一个东临渤海、南界黄河、西起太行山、北倚内蒙古高原南缘的广袤流域，面积30余万平方公里（含滦河流域），从西到东，横跨北京、天津、山西、河北、河南、山东、辽宁和内蒙古8省（市、自治区），哺育着一亿多人口。

打开海河流域水系图，犹如打开了一把蒲扇，其中直接被称为海河的那一段，宛如扇柄。而紧承其上的5条支流分别是南运河、子牙河、大清河、永定河、北运河。

再向上游，才是河北人更为熟悉的漳河、滏阳河、滹沱河、拒马河、桑干河、潮河、白河……显然，海河是条"混血"河流，"血缘"谱系十分复杂。

总体而言，河北境内的海河流域实际上包含了8个二级流域（水系），除了上述南运河等5条一级支流构成的水系之外，还包括滦河及冀东沿海诸河水系、黑龙港及运东地区诸河水系、徒骇马颊河水系。

其中，黑龙港及运东地区诸河水系包括邯、邢、衡、沧等四市的大部分土地，主要河道黑龙港河、老漳河、老盐河、清凉江等均为河流故道，现主要承担排沥（清除河道里多余的水量泥沙）功能。而徒骇马颊河水系主要集中于大名一地，面积最小，仅365平方公里。

海河还和黄河有着剪不断、理还乱的关系。

西周至战国时代，现在的海河流域，本属黄河"领地"。直至西汉，黄河干流东移，原来汇入黄河的大小河流，如大清河、永定河等才得以各自流入渤海，互不交汇。

"海河流域的二级水系间，枝杈交织、错综繁杂。"河北师范大学资源与环境科学学院原院长王卫教授认为："认识海河水系，不能光看河流的自然变迁，还要关注人工施加的影响，了解这一点，才能掌握解读海河水系的密码。"

因为海河水系的形成，并非天地造化，而是人类干预使然。

公元206年，曹操开凿平虏渠、泉州渠及新河，使华北平原上的各条河流开始互通，海河水系扇面分布的格局方始形成。

换句话说，自1800多年前，河北平原上的各条河流的径流状态就已经发生改变，不再东流向海，而是开始互相连通。后来，隋、元两代开凿大运河，强化了这一水系格局。

新中国成立后，先后两次掀起水利建设高潮。其中，1964年～1980年组织的

河北境内海河流域示意图　　　田瑞夫　翻拍

"根治海河"工程，使海河流域进一步形成了今天的格局。

这项工程，规模宏大，前后历十余年之久，每年都要组织七八个地区，八九十个县市，三四十万民工，大协作，大会战，一条河系一条河系地进行治理。

其间，先后开挖、疏浚了子牙新河、滏阳新河、永定新河等53条骨干河道，总长度3641公里。

而今，打开海河流域水系图，会发现，上述众多新河的出现，让既有的自然河流多了"延长线""平行线"——曾经，海河流域各支流都要通过海河入海，如今每个水系都有了单独的入海通道。这些人工河道和自然河道相互交织，已然成网。

2. 一条有温度的河

2019年3月16日，隆化县三道营村。

村西的河，结束了漫长的封冻，终于舒展开"筋骨"，冰雪融水滚滚而下，冰层下的鱼也获得解放，随着水流四处觅食。

"开河了！"

"开河了！"

一群放学归来的孩子聚到了河道拐弯处，他们把树枝的每个枝杈都系上从地里刚挖来的麻虫，伸到河里，还把脸盆送到树枝下。

"咬了！"

"咬了！"

一手往回拽树枝，一手往前推脸盆，咬在诱饵上的泥鳅和一些不知名的小鱼就噼里啪啦往盆里掉。

这是属于孩子们的一个节日。

在季节变换的特殊日子里，他们甚至不用鱼钩，就能"钓"上半盆小鱼。天气乍暖还寒，但望着脸盆里欢快游动的那些大自然的馈赠，一张张小脸上挂满了阳光。

这条让孩子们感到温暖和快乐的河流，是滦河的一条支流，叫小滦河。

滦河，古称濡（音暖）水，至今仍被认为是"一条有温度的河流"。

濡水之"暖"，因其上游有众多温泉：在干流隆化漠河沟段，有南温泉注入；支流小滦河有北温泉注入，伊逊河有唐三营温泉注入，武烈河上游有七家温泉、茅荆坝温泉。在武烈河承德市区段，还有热河泉水注入……

"头摆口外汲清泉，尾荡渤海洗盐滩。"这是文人墨客笔下的滦河，它形

随着生态治理措施的加强，官厅水库风光更加秀丽　　董存旺　摄

象描述了滦河的起源和归宿：滦河发源于丰宁大滩小梁山南麓，上游分别称闪电河、上都河、大滦河，与小滦河汇合后，始称滦河。

滦河水量较丰，沿途汇入的常年有水支流约500条，其中集水面积大于1000平方公里的支流，就有小滦河、兴州河、蚁蚂吐河、青龙河等10条。由于两岸支流都比较发育，干流基本居中，整个滦河水系呈羽状。

滦河全长888公里，流域面积44750平方公里。在滦州市出山后，参与了冀东平原的塑造。

滦河冀东段的左右两侧，分布着30多条单独入海的小河，其中较知名的有陡河、石河、戴河等，这些河流被统称为冀东沿海诸河，并与滦河划入同一水系。

滦河在乐亭县南兜网铺注入渤海。这条本来独立于海河流域之外的河流，却由一项水利工程，改变了一路向海的命运。

2019年2月20日，迁西大黑汀水库。

上午9时，一道闸门缓缓打开，清澈的滦河水奔涌而出，不再向南，而是一路向西，"踏"上234公里的输水旅程。

在河水将要流去的远方，有一位母亲，正怀抱婴儿，仰起掌心，仿佛在向天祈水；而水库闸门的附近，一位工程兵战士，铁拳紧握，目光如炬，正俯瞰着脚下大地……

这是两尊雕像。一尊是盼水母亲，一位是送水战士；一座在天津，一座在迁西。但它们有着一个共同的名字——引滦入津工程纪念碑。

引滦入津，新中国第一个跨流域大型引供水工程。

1983年9月5日上午8时，滦河干流上的潘家口水库、大黑汀水库和引滦枢纽闸依次提闸放水，全长234公里的引滦入津工程正式向天津送水。

2019年10月13日，天津三岔河口。

这是滦河水和海河交汇的所在。宽阔的海河里，水波荡漾，映射着两岸的风光，水面上不时驶过一艘艘观光船。

"我还记得通水那天，市里专门给每家每户都发了一小包茶叶。其实啊，不要说泡茶喝，光是水管里流出来的水，就甘甜着呢！"正在海河边散步的天津市民周玉兰忆起了36年前引滦入津通水的那一刻。

也正是从那一刻起，滦河水流淌进了天津人的血液里。

3. 同源京津冀

2019年4月16日，赤城县云州水库。

开闸了！

奔腾的水流，争先恐后般地从闸口涌出，倾泻而下，撞击出一片飞舞的浪花。河道中，水头所到之处，原本潺潺细流的小河，瞬间变得波涛汹涌。

水流的方向，是北京的密云水库。

"这是云州水库第20次向北京集中输水。"赤城县水务局副局长王晓玫介绍，"为缓解北京市的供水压力，在水利部的协调下，云州水库自2004年开始向北京集中供水，目前已累计供水2.83亿立方米。"

用来输水的天然河道，就是白河。

白河，《水经注》称沽水，发源于沽源县九龙泉，沽源亦因此得名。

它穿越赤城独石口，一路纳汤泉河、红河、黑河、汤河，与潮河在密云水库双入双出，并最终汇流为潮白河。

而密云水库的泄水分两股进入潮白河水系：一股供天津生活用水或汇入海河；一股经京密引水渠、怀柔水库流入北京市区，是北京重要水源之一。

白河本是燕山山脉中一条普通河流，但它穿山越岭，流入京津市民的水杯中时，已让京津冀三地人们的血脉紧紧相连。

类似这样的河流，远不止一条。

在沽源、赤城、丰宁3县交界处，燕山山脉的最高峰——东猴顶巍然耸立，在以其为中心、方圆几十公里的范围内，分布着滦河、潮河、黑河3条河流的源头。

2019年9月7日，丰宁千松坝林场。

"这就是京津'三河源'！"

林场副场长何树臣摊开一张地图，指着图上的标记说："你看，这就是东猴顶，雨下到南边就是北京的水，下到北边就是天津的水。"

天津的水，指的是滦河，它从东猴顶北麓发源。北京的水，指的是发源于山麓西南、沽源老掌沟的黑河，以及自东猴顶东南山谷中发源的潮河。

"过去常说，'京城一杯水，半杯源赤城'。"王晓玫介绍，为了让下游喝上足够的清水，赤城有51个村、6701户农民从2006年起，不再耕作水稻，"退稻还旱"3.2万亩。

随着京津冀协同发展的推进，以跨界河流为重点，推进上下游联防联控、联动治污，已成三地的自觉行动。

2018年10月，怀来。

永定河畔，自桑干河、洋河汇流区域起，至官厅水库岸边，出现了成片成片的湿地景观。

"这段永定河道及官厅水库，位于怀来境内，却属北京管辖。大沽高程海拔479米，本是官厅水库周边，北京与河北行政管理的分界线，而今却成了京冀共治一盆水的连接线。"怀来县官厅水库国家湿地公园管理处主任陈涛介绍。

自2017年4月起，京冀两地先后在官厅水库周边启动了4个生态治理项目。这些项目犬牙交错，无缝对接，打破了分界而治的格局。

而今，永定河综合治理与生态修复已经纳入国家部署。2020年，北京段河道贯通。

永定河是北京的母亲河。绵延170公里的永定河北京段，水清岸绿、鱼翔浅底的美景再次重现。

二、类型何其多

1. 内外径流

2019年8月2日，平泉。

马盂山北麓，那条名叫"胡胡沟"的山谷中，大片白桦林下，涌出许多涓涓细流。

这些细流，流下山坡、流过草丛，聚到一块巨石下，汇成一股奔涌的急流，在石缝间左突右转，喧闹而去。

很难想象，这些涓涓细流，竟然是一条全长1345公里、流域面积21.9万平方公里的河流的源头。

这条河，就是辽河。

因此，那块巨石上，被刻上了"辽河源头"四个大字。

刻石者不是平泉本地人，而是1990年6月前来考察的辽宁营口市艺术家考察团的成员们。

营口，曾是辽河入海口。1958年起，辽河改道从营口离开，但它却在营口人心中一直流淌。地处平泉的辽河源，也因此被400多公里外的营口人记在心上。

"实际上，辽河在平泉这一段，名叫老哈河。"平泉市旅游文化局主任科

尚义察汗淖尔国家湿地公园　　王向海　摄

员王恩山介绍，老哈河在平泉境内的流程只有75公里，但却让河北在海河流域之外，又跨进了另外一大流域。

老哈河之外，分别发源于围场、平泉的西路嘎河、大凌河，也属辽河流域。它们流经的土地，虽然只占河北全省总面积的2.4%，却分属辽河水系、辽东湾西部沿渤海诸河水系两个二级流域。

老哈河出境向北流淌，最终注入渤海。

而在河北，还有一些同样向北流淌的河流，最后的归宿，却离海很远。

2019年7月29日，沽源五花草甸。

金莲花正在盛放，这是一年中草原上最美的季节，游人如织。

但很少有人注意到，孕育出这番风景的，正是那条发源于十几公里之外的葫芦河——它不知停息地从草甸中淌过，正滋润着这片土地。

"山无头，水倒流"，是坝上高原的典型地理特征之一。而葫芦河就是一条向北"倒流"的河。

在河北上千条河流中，这是最为特殊的一种类型。

奔流到海，本是大多数河流的归宿。但河北流域面积超过50平方公里的1386条河流中，有33条的起点和终点都在坝上高原。

全长88公里的葫芦河，一路向北流去，最终注入了内蒙古自治区太仆寺旗棺材山淖。

这样的河流，被称为内流河或内陆河，与奔流到海的外流河，分属不同的河流系统。

也正是葫芦河等内流河的存在，让河北的河流水系变得更加丰富。在海河流域之外，全省还有2%的土地属于内流区诸河流域中的内蒙古高原东部内流区水系。

河北河流的多姿多彩，还表现在水流自身的特征上。

"赤城有白河和黑河，并不意味着河水就是白色或黑色的。"赤城县水务局水资源管理站站长石伟，从小在白河岸边长大，他说，从两条河里分别掬起一捧河水，都会是清水。

实地踏查这两条河流，我们才发现两条河的得名，原本基于河底的颜色——白河因河床内多白色石英砂砾和沸石，远望如一条白带而得名；而黑河因流经火成岩地区，河床多黑色砾石，且河底有青苔，水呈黑色，得名黑河。不过，白河的一条支流——红河却有一段是红色的——因其流经地富含赤铁矿，河水被染红了。

"实际上，河道的名称，更多地反映了河流在某个历史时期的水文特征，但随着历史变迁，其中很多特征已经消失或者不显著了。"王卫介绍，其中最典型的就是浊漳河和清漳河，历史上，浊漳河因为河水浑浊而得名，但如今，早非如此。

2. 湖泊洼淀

2019年10月8日清晨，衡水湖。

一声鸟鸣，唤醒了这片广阔的水域。

很快，成千上万的鸟儿醒来，一起扇动着翅膀，飞向天空。秋意渐浓，但鸟儿们栖身的芦苇荡仍旧郁郁葱葱。

这一天，衡水湖国家级自然保护区管理处总工程师、研究员李宏凯早早就出现在湖畔，他是冲这些水生禾草来的——按照规划，秋天将对2000亩芦苇、蒲草进行收割。

"不割不行了！这几年湖里的芦苇、蒲草占了近一半的水面，枯萎后沉到湖底就会变成腐殖质，能使水体富营养化，严重影响水质。"李宏凯说，这些水草又不能全割掉，得有规划地给鸟留足栖息空间。

也许，人类对水域和自然的影响和干预，每一项都应该把握这样的平衡——这是衡水湖从诞生起，就给人们带来的启示。

这片水域被称为衡水湖的历史，只有61年。

在此之前，这里只是禹贡黄河和北宋黄河等古河道淤积高地之间的一片洼地。1947年起，全国第一个机械化农场——冀衡农场，曾在这里开垦土地3万多亩。

"1958年开始围堤蓄水，计划用来灌溉农田，但蓄满水后，却因为缺少配套的提水设备，非但没能浇上地，反而因为高水位蓄水，加剧了周围土地的盐渍化；同时围堤单薄，对周边群众生命财产构成威胁，于是，1962年开始放水，退水还耕。"李宏凯在衡水湖畔工作多年，熟悉衡水湖的前世今生。

这片洼地，在清朝时，被称为千顷洼。李宏凯的研究中，它与古黄河、古漳河、古滹沱河、古滏阳河等多条河流关系紧密，它实际上就是这些古代河流在太行山东麓倾斜平原前缘冲刷形成的浅碟形洼淀。

华北平原上，这样的洼淀，还有很多，如滏阳河流域的永年洼、宁晋泊、大陆泽，大清河流域的文安洼、东淀、兰沟洼，子牙河流域的贾口洼……这些洼

成群的水鸟在衡水湖飞舞　　衡水市滨湖新区　供图

淀，为河北湖泊的出现提供了地形基础。

而洼淀能否成为湖泊，则需要水源的保障。

1973年开始恢复蓄水的衡水湖，是通过冀码渠引来的滏阳河水；其后，主要是通过引黄入冀工程引来的黄河水；黄河缺水的2005年，还曾向岳城水库引水。

由于水源所限，河北平原上的大多洼淀，仍旧只是洼淀。

唯有衡水湖，已成华北地区单体水面最大的内陆淡水湖泊，还拥有水域、沼泽、草甸、滩涂、林地等，成为我国北方极具稀缺性和典型性的内陆湖泊湿地生态系统，为南迁北徙的鸟类提供了一块优良的栖息地和庇护所。

相比之下，坝上高原上的湖泊密度，远高于河北平原。

2010年第一次全国水利普查的统计数据显示，河北省常年水面面积在1平方公里以上的湖泊有30个，其中24个分布在坝上高原。

2017年10月15日，尚义。

察汗淖尔国家湿地公园管理处内，电话铃声响起。

"什么？你说我们湿地公园是一片空地！"工作人员马利生接起了电话。

一周前，他发现几款知名的电子地图软件上搜不到自己所在的湿地公园，就向这些软件提交了标注申请。而今，等来的头一个回复电话里充满了质疑。

"没错，我们就是一片空地，一片仅仅由湖淖和草地构成、几乎没有人工设施的'空地'！"马利生抬起头，窗外那片在阳光照射下泛着光泽的白色水域，让他的语气充满自豪。

这，就是察汗淖尔，华北地区最大的内陆咸水湖。

"上世纪50年代，这里湖面曾达237平方公里，最大水深15米。而今这里的水面已经很小，只有10平方公里，成为一座时令湖。"公园管理处主任王向海介绍，湖泊的水源主要来自二龙河等内陆河，湖泊水面大小，完全取决于降水情况。

察汗淖尔，源于蒙语，意为白色的湖泊。

这种"白色"，有着两种解读：一是水质清澈；二是作为一座时令湖，湖水蒸发后，大量的盐碱在岸边析出，会形成白花花一片。

这一特征，恰是坝上湖淖的共性。

雨水冲刷着高原上的土地，带走了其中的盐分，汇集成河，并最终注入一个个湖淖之中。

这些内陆河中流淌的本是淡水，但在四周封闭的湖淖内，湖水矿化度会不断变化。当其大于1克/升时，也就成了咸水湖。

几十公里之外，位于康保县的小盐淖，以及康保和内蒙古商都交界的八角淖、盐淖的湖水，因矿化度大于35克/升，已经成为盐湖。

3. 泉流飞瀑

2019年9月12日，赤城。

县城西7.5公里的一条山谷里，热气正从一处处泉眼升腾而起，水汽氤氲，宛如仙境。

这就是关外第一泉——赤城温泉的所在了。

"如果是冬季，热气凝结在树枝上，会形成晶莹的冰挂，古人在诗篇中称其为'琪树朝霜'，还是赤城八景之一呢！"赤城县文化广电和旅游局副局长肖志萍带着客人，正在近距离感受这处寒谷温泉。

据她描述，温泉未开发前，人们在岩石上开凿出巨大的露天浴池。每逢下雪，飘落的雪花与热腾腾的蒸汽相交汇，那幅光影斑驳的景象，总会让人联想到日本的北海道。

"但赤城温泉最独特的一个地方,是能饮用!"肖志萍介绍,"赤城温泉中的'眼泉',水温和体温接近,用来洗眼、泡澡,能和身体无感接触;'气管炎泉'的水,能滋润咽喉,消除痒痛;最神奇的是'胃泉'的水,入口温润、黏滑……"

这一打破很多人习惯认知的特点,在省地矿局地质三队此前的探测、化验中得到了科学支撑。其中,"总泉"锂含量0.8毫克／升,偏硅酸含量为78.01毫克／升;而"胃泉"和"眼泉"中,锶含量为8毫克／升,均已达到或优于饮用天然矿泉水国家标准。

"赤城对温泉最初的开发,就是用作医疗保健。"赤城温泉度假村管理处工作人员张万银1993年从部队转业时,就分配到了单位前身——赤城温泉疗养院。

赤城温泉所处的地热田很小,面积只有0.06平方公里。但在河北省几十处天然温泉中,这里的年放热量却是最大的,可折合标准煤8318吨。张万银介绍:"光'总泉'每小时就出水31立方米,现在的几家宾馆根本用不完。"

地质专家还发现,赤城温泉,发育于燕山期巨斑状花岗岩地层中,因尚义—赤城和大河南—赤城两条深断裂的影响而形成。

因断裂带影响而生成,这也是河北温泉的共性特征。

河北省拥有天然温泉的16个县(市、区)中有10个分布在燕山山脉中,3个分布于冀西北间山盆地间,3个分布于太行山脉。

其中,水温高于60℃的热水温泉大多分布于尚义—赤城断裂以北,余者多为低于60℃的温水或温热水温泉。

水温在20℃以下的冷泉分布较广。

这些泉水,作为地下水的出露之处,很多都是河流的源头。而黑龙洞泉,则是其中岩溶水的典型代表。

2019年9月17日,邯郸市峰峰矿区。

滏阳河畔,一层层石阶之下,就是亲水平台了。逐级而下,最后两级石阶之间,冒出了一股泉水,如果不是沙粒在水底翻滚,真没法让人相信这竟是一处泉眼。

踏访黑龙洞泉的行程,就这样让人充满了惊喜。

原来,黑龙洞泉并非一眼泉,而是一个泉群。石阶下的泉眼,只是其中最弱小的一个。河对岸,那个名为黑龙洞的溶洞才是历史上的主泉,20世纪60年代一次暴雨过后，泉水曾喷涌1米多高。

而今，洞中已不再出水，但下方的两处泉眼，每天都会吸引大量市民前来打水。尤其是清晨，甚至会排起上百米的长队；为了能喝上这里的泉水，有人要走上几公里。

地质专家考察认定，黑龙洞泉域，属于峰峰奥灰水系岩溶地下水，在上游约2400平方公里的面积中，天然降水进入地下水层，自西向东径流，至黑龙洞泉一带集中排泄。

这里，因此成了滏阳河的源头之一，同时也是邯郸市的主要饮用水源。

当然最感幸福的还是傍水而居的黑龙洞村村民。

滏阳河畔另辟的一条小渠旁，挤满了洗衣的妇女。

她们或蹲或坐，或搓或揉，时而抬头聊几句家常，时而抡起洗衣棒砸上一顿……那场景，满溢着浓浓的生活气息。

如果把河流水体比作人，那么泉水就是它的萌芽，小溪是它的幼年，而瀑布则是其一生中最精彩壮丽的时刻。

属于浊漳河的这一幕，就上演在涉县合漳乡张家头村西北。

雨季时，浊漳河水从山谷飞涌而出，至此突然遭遇断壁，向山涧中跌落时飞泻成瀑，水声鼎沸。涉县人称其为天桥断（涉县方言称瀑布为"断"），外来者却视为"小壶口"。

类似这样的自然水体景观，在河北屈指可数。一些景区，不得不靠电力向高处抽水，打造人工瀑布。

天桥断"漳河落涧"，为全长400多公里的漳河，也为缺水的北方增添了最为壮观的一幕。

三、人工的力量

1. 山峡库群

2018年10月29日，怀来。

丰沙线上，一列火车驶过大片水面，而后一头从隧道扎进山体。前行途中，两座隧道间，留了个可以向外观察的"窗口"。一位乘客忽然忍不住惊叹："刚经过的水面，原来出口就在这里！"

她手指的方向，两道山崖向中间急剧收窄，最窄处，一座大坝上布满了岁月痕迹。

这就是官厅水库的大坝了！

官厅水库是新中国建设的第一座大型水库，这座大坝已经65岁。

"65年来，这道内部用黄土碾压而成的土石坝，挡住了洪水一次又一次的冲

击，让下游地区再也没有出现历史上那样的决口泛滥。"北京市官厅水库管理处副主任李光远说。

翻开史书，永定河造成的伤害仍历历在目：从元代到清末，共发生水灾117次，每次都要淹没大片土地。其河道摇摆不定，迁徙无常，故被称为"无定河"。

清朝时曾进行大规模治理，康熙还赐予其现名，祈望"永远安流，不再为患"。然而，民国期间它仍泛滥7次。1939年，它和大清河一起兴风作浪，使天津

深秋时节，流经乐亭县的滦河两岸色彩斑斓，宛如幻境　　杨世尧　摄

市内水深两三米。

而今，有了官厅水库的拦蓄，永定河平静了。

不只永定河，河北河流大都具有这样的特征：山区河段集水面积巨大，出山之后，没有丘陵地带进行过渡，直接进入毫无约束的平原，动辄就会洪灾泛滥。

"历史上人们曾经探索过筑堤束水、减河分洪、淤沙减洪、洼淀蓄滞、裁弯取直等很多防治洪害的办法。"王卫介绍，新中国成立后，确立了"以蓄为主"的方针，1949年11月新中国刚成立，立即开始谋划建设官厅水库事宜；1958年开始，又在海河流域掀起了以兴建水库为主的第一次大规模水利建设高潮。

坐落在平山县的岗南水库，就是那时兴建的。

这座大型水库，总库容15.7亿立方米。河北1958年同时开建的大型水库有19座，总库容达107亿立方米，参加水库建设人数多达47万人。中小型水库更是数不胜数。

岗南水库是当年3月上旬开工的。下旬，决策者提出要"一库变两库"，即用建设岗南一库的人、财、物，在同一时间再修一座黄壁庄水库。

如今，一对相距仅28公里的孪生水库，已经在滹沱河干流上伫立了60年。

"当年修建的这些水库，主要为了防洪，而且多选择在河流出山地带，因此，太行山、燕山山口地带也就形成了一个山峡水库群。"王卫认为，当年的举措，不仅削减了洪水，还留住了水——对于河北而言，水就是最重要的资源约束。

河北的大中型水库有60多座，除去后来建在平原洼淀中的大浪淀等水库之外，多分布于这片水库群中。其中，潘家口水库为深山区峡谷型水库，余者均属湖泊型水库。

如今，河北已远离大面积洪灾多年。这片水库群更多地在发挥着蓄水供水的功能，已经成为城市的重要水源地。

2019年5月31日上午9时，承德。

随着指挥者的一声令下，双峰寺水库大坝主体底孔工作闸门缓缓降落，正式下闸蓄水。

这是河北最年轻的一座水库，它被称为河北省的"一号水利工程"，也是国务院规划的2020年要完成的172项重大水利工程之一。

承德市水务局负责人介绍："双峰寺水库，除了要将承德市区的防洪标准由

涉县太行五指山景区的壮观冰瀑　　王晓　摄

20年一遇提高到100年一遇，并保证城市供水安全之外，还要确保避暑山庄湖区和市区的生态补水，使承德市区的生态环境进一步改善。"

2. 人间天河

2019年9月17日，磁县。

张二庄东南，一座大桥飞跨两山之间，远远望去，宛如一道"山峡彩虹"。大桥外形颇像赵州桥，但规模却比赵州桥雄伟得多，足有10层楼高。

然而这座桥，上面通行的却不是车辆，而是水流——一渠引自漳河的清水，行至此处时，需要这样一座"大桥"，才能跨过两山之间。

这座"桥"，实际上就是跃峰渠上的险峰渡槽，它自建成起，就以106米的单孔跨度，一直保持着亚洲最大单跨石拱渡槽的纪录。

这样的渡槽，在跃峰渠上并非一处。

兴建于1975年的跃峰渠，总长240多公里。其干渠自涉县台庄至武安流泉，一路走来，穿绕54座山峰，跨越49道沟壑，每一段，都如险峰渡槽这般险峻、这般雄伟，它盘旋在山腰上，有如巨龙，逶迤东去。

当河南的红旗渠成为一处引人关注的景点时，同样是一条人间天河的跃峰渠，却在过去43年间，一直默默地履行着水资源生命线的职责，为邯郸市输送清水80多亿立方米。

引水输水，就是渠道的使命。

漳河岸边，这种兴水利民的探索，历史悠久。2300多年以前，那位破除"河伯娶妻"骗局的西门豹，就曾在漳河岸边开凿了引漳十二渠，让这片土地成了当时魏国最富有的地区。其后，清朝时始建的民有渠，以及八路军129师指战员兴建的漳南渠，至今仍在发挥作用。

兴水济民的渠道，往往会打破分水岭的限制，让水跨越自然流域。

2019年3月20日，怀来县夹河村。

当摄影师孙慧军把无人机放飞到桑干河与洋河交汇处的上空时，他赫然发现，镜头中的河道竟然出现了前所未有的景观——两河交汇，一黄一绿、泾渭分明。

原来，与往年不同，此次永定河生态补水，首次在桑干河上游通过渠道从山西万家寨水库大规模引入了黄河水——谁能想到，黄河水，竟然从西北方向进了北京！

事实上，在黄河离开河北平原数百年之后，而今的河北人对黄河水再次亲近——1994年起，黑龙港流域就已经重新受到黄河水的润泽，衡水湖以及沧州市主要水源地大浪淀水库的水源，就是黄河水。

那条起自山东聊城，穿越河北邢台、衡水、沧州，直至天津的引黄总干渠，已经成为河北东南部平原水资源短缺地区的输水大动脉。

2019年9月30日，东光县宋井村。

拧开水龙头，家家户户都用上了长江水。在这里，以前祖祖辈辈都喝高氟水、苦咸水；而今，端起杯子，喝了口长江水，很多村民都会激动得脱口而出："这水，可甜咧！"

截至这一天，东光县447个村、38万居民，全部喝上了"甜水"，东光也因此率先在沧州全市实现了城乡居民共饮长江水的梦想。

让这一梦想变成现实的，正是新中国第一个超大型跨流域调水工程——南水北调中线工程。

这是另一条人间天河。

工程自丹江口水库起步，用明渠、涵洞、渡槽、倒虹吸等工程设施，穿越山岭、河流、公路、铁路，一路向北，直达京津。其中河北段主体工程总长596公里，另有保沧干渠、廊涿干渠等大量配套工程2000多公里。

南水北调中线一期工程通水以来，近5年的时间里，已经有140多亿立方米的长江水源源不断地输送到河北平原大大小小的城市中，让清澈的江水进入了千家万户。

2019年10月13日上午，石家庄滹沱河与太平河交汇处。

一场龙舟竞赛正在展开激烈角逐，32支队伍个个奋勇争先，鼓声、参赛队员的呼喊声、观战者的加油声，回荡在这片碧波之上。

石家庄市体育局群众体育处处长乔恒利介绍："这场龙舟赛，不仅是第四届河北省旅发大会的重要亮点活动之一，也是石家庄市第一次大规模的水上运动体育赛事活动。"

一个北方城市，能够举办南方地区才盛行的龙舟赛，水源至关重要。而这片水域中，荡漾着的正是南水北调工程输送来的长江水——自2018年9月始，水利部、河北省政府联合开展华北地下水超采综合治理河湖地下水回补试点工作，滹沱河、滏阳河、南拒马河等部分河段成为补水试点。

通过生态补水，流淌进滹沱河的，不仅有水，还有别具风格的水上运动和水文化。

3. 人水和谐

2019年10月17日，邢台市七里河畔。

65岁的刘玉峰正在拍摄婚纱照。

"年轻时候没拍过，现在补上！"摄影师的镜头前，他一边和老伴摆出各种姿势，一边说，"你瞅这风景，看在眼里，美在心里，那感觉，能让人年轻好几岁！"

这是一位邢台市民用语言和行动给予城市母亲河的最高赞美。

七里河发源于邢台西部山区，是一条季节性河流，全长100余公里，其中近1/4的河段横贯邢台市区南部。

然而，眼前河畅其流、水复其清的风光，却是这条河两度重生的结果。

第一次重生，始自2006年初邢台市全面启动的七里河综合治理工程。

自那时起，这条昔日垃圾成堆、污水横流、河道淤积的臭水沟，逐渐成了一条景观河，于2013年获得"中国人居范例奖"称号，还在2015年成为国家水利风景区。

国家水利风景区，在河北境内现有24个。分别依托水库、湿地、自然河湖等建设。七里河国家水利风景区，属于其中的城市河湖型。

2016年7月19日，一次当年入汛后最强降雨过程出现在邢台，雨情汛情达到历史极值，七里河遭遇了历史上百年一遇的洪水灾害。洪水行至市区南部大贤村时，与突然大幅度变窄的河道相遭遇，导致洪水决堤而出，冲向村庄，造成严重损失。

灾害面前，七里河建设者们第一时间开展应急抢险，而后通过一系列灾后重建工作，使河道防洪能力大幅提升——从灾难中崛起，七里河迎来了第二次重生。

新的治理中，一项重要举措，就是通畅河道——河道开始被拓宽到百米以上。邢台市七里河建设管理处负责人介绍，其中，一个重要变化，就是由"人治水"转变为追求"人水和谐"。

而今，通过河道整治、生态蓄水、设施完善、绿化补植等举措，七里河畔已然是一幅绿满邢襄、水润古城的景象。2019年10月17日，在邢台举行的一场国家级水利风景区建设与管理经验交流会上，重生的七里河再次成为典型，收获了来自国内各省（市、区）几十位水利专业人士的点赞。河北近日在全省范围内评选的十大"秀美河湖"，七里河赫然在列。

"同历史上相比，江河治理的主要矛盾已经发生重大变化，要求我们在实现防洪保安全、优质水资源、健康水生态和宜居水环境四方面，一个都不能少。"来自水利部一位专家在现场表示，今后，所有江河都要成为造福人民的幸福河。

奔向这样的目标，需要用新机制来开启治河新时代。

2019年7月21日下午，秦皇岛经济技术开发区小米河头村。

戴河岸边，河长高俊平又开始巡河了。

全长35公里的戴河，在小米河头村这一段，纳入了支流米河，然后南流折东，最终从北戴河区入海。

高俊平的职责范围，约有1.85公里长。他一路徒步走来，查看着河道内有无垃圾，河两边有无污水。

"就在这河边，曾有一片4万多平方米的生猪养殖小区，是我带头建的，也是我带头拆的。"高俊平是这个村的村支书，10多年前，他投资150万元建设圈舍养殖生猪，带领79户村民走上致富路。

秦皇岛市在全省率先实施河长制后，戴河沿岸被划为禁养区。高俊平成了一名河长，他顶着诸多不理解，拆除圈舍，消除了养殖废水对戴河的污染。

如今，以这段河道为核心打造的戴河生态园，已经成为秦皇岛市一道城中"山水画廊"。

高俊平打开手机上的"河长云"App，上报当天的巡河情况。他知道，全省还有5万多名各级河长、湖长，像他一样，正行走在大大小小的河湖岸边，正在追逐人水和谐的生态文明新梦想，正在用行动让一条条河流都变成幸福河。

水，人类生存和发展过程中不可或缺的自然资源。河北省幅员辽阔、江河众多，历史上，河北省广大的平原区域曾是地下水资源丰沛之地。地下水，在燕赵文明的发展历程中起到过不可替代的作用。然而，随着经济社会的不断发展，近年来，河北省也一度面临着缺水难题。如何合理节约利用宝贵的水资源？一度被过度开采的地下水如何恢复？河北省在保护和恢复湿地资源上做出了哪些努力？请看《大河之北·河湖水系篇》第四单元——涓滴不弃。

第四单元 涓滴不弃

采访◎《河北日报》记者 王思达 李冬云 朱艳冰 汤润清 王育民

执笔◎《河北日报》记者 王思达 李冬云

通讯员 贾瑞婷

历史上，河北省广大的平原区域曾是地下水资源丰沛之地。

地下水，在燕赵文明的发展历程中起到过不可替代的作用。然而，随着经济社会的不断发展，近年来，河北省也一度面临着缺水难题。如何合理节约利用宝贵的水资源？一度被过度开采的地下水如何恢复？

湿地，水陆相互作用的特殊自然综合体，享有"地球之肾"的美誉。河北五大湿地类型齐全，这些形态多样的湿地，是区域生态环境的调节器，维持生物多样性的大宝库。近年来，河北省为保护和恢复湿地资源，做出了怎样的努力，又取得了哪些成效？

河北的河湖水系究竟有哪些？这些河湖渠库各有哪些特点，在经济社会发展中发挥着什么样的功能？

成安县博业生态家庭农场，指针式喷灌机正进行喷灌作业　　霍艳恩　岳艳峰　摄

一、曾经丰沛的蕴藏

1. 白鹿泉和地下水

2019年9月5日，白露前夕，山村已有一丝秋天的凉意。

石家庄鹿泉主城区以西约8公里，太行山东麓、抱犊寨以南一个群山环抱的小村庄，白鹿泉村。

村口道路旁，71岁的村民白尺光正坐在一口石砌的井边休息。

这口看起来并不起眼的普通水井，却是白鹿泉村乃至鹿泉区名字的来源——白鹿泉。

朝井内望去，井水清澈透亮，但水位不高、水面平静，没有一丝涌动。

这口水井为何得名"泉"？又是如何成为鹿泉名字来源的呢？

"这眼白鹿泉，至少有2000多年的历史了。"72岁的鹿泉史志专家韩庆志表示。

韩庆志告诉记者，白鹿泉以北不远的抱犊寨，就是公元前204年韩信率领汉军背水一战时埋伏两千奇兵的萆山。

2000多年过去，背水一战已经成为中国历史流传至今的著名战役，当年韩信大军无水、射鹿得泉的传说在当地民间也广为流传。而那眼救韩信大军于危难的泉水，就是白鹿泉。

"虽然射鹿得泉的故事只是一个美丽的传说，却印证了鹿泉悠久的历史。"韩庆志说。到了隋代，这个古称石邑的县城干脆被改名鹿泉。

2000多年来，白鹿泉几乎从未断流。

"可以说，我就是在白鹿泉的陪伴下长大的。"白尺光回忆，"到上世纪七八十年代，白鹿泉的景象还可以用'壮观'来形容。那时候，泉水几乎常年喷涌。泉井边有一条水渠，从泉井里喷涌而出的泉水沿着水渠引出去，可以供全村人饮用。捧一捧泉水喝下去，顿时感觉一股清凉直透心底。"

在这片神奇的土地上，白鹿泉的故事并不是个例。

很多人想不到的是，与因泉水而得名的鹿泉一样，在很长一段时间内，河北的广大平原地区，尤其是太行山、燕山山前平原地区，地下水资源都曾十分丰富。

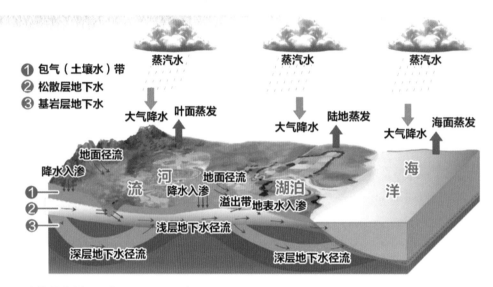

① 包气（土壤水）带
② 松散层地下水
③ 基岩层地下水

蒸汽水　　蒸汽水　　蒸汽水

大气降水　叶面蒸发　大气降水　陆地蒸发　大气降水　海面蒸发

地面径流
降水入渗
河　流
地面径流
降水入渗
湖泊
海　洋
溢出带　地表水入渗
①
②
③
浅层地下水径流
深层地下水径流　　深层地下水径流

自然界水循环示意图　　孙　涛　制图

不夸张地说，地下水资源丰富，曾经是这一地区发展的自然优势。

"人们常说，石家庄是'火车拉来的城市'，这句话当然没错。但除铁路外，石家庄的城市发展也离不开'一五'计划期间医药、棉纺等重点建设项目落户的贡献。"已经91岁高龄的华北制药厂原副总工程师刘剑章，亲身经历和见证了这座城市近70年来的发展历程。

60多年前的1953年底，刚从北京医学院毕业的刘剑章，第一次来到石家庄，当时他的任务，就是协助苏联专家来此进行华北制药厂的选址。

华药，属于"一五"计划期间著名的"156工程"。

"'156工程'统共只有3个医药项目，华药就占了两个——淀粉厂和抗生素厂。在那个年代，国家为华药投资7000余万元，新中国的抗生素产业就是从这里起步的。"如今，谈起那段激情燃烧的岁月，刘剑章的激动之情总是溢于言表。

事实上，在确定落户石家庄之前，华药的选址工作长达1年之久。除石家庄外，佳木斯、哈尔滨、齐齐哈尔、太原、邯郸、西安、成都等城市，都曾被纳入考虑范围。

"最终，石家庄能够脱颖而出，除了地处华北粮仓又是重要的交通枢纽、距首都近等优势之外，还有很重要的一个优势，就是地下水水质好、储存量大。"刘剑章回忆。

而刘剑章最初到石家庄的主要工作，正是协助苏联专家对地下水情况进行钻探、勘察。

"建药厂，对水量和水质要求都很高。当时石家庄的地下水勘探情况让我们很惊喜，很多地方往下打几米就有水，而且经过勘探，这一地区的含水层厚度大、水质好，完全符合要求。"刘剑章说。

当时的苏联专家甚至自信满满地预言：这里的地下水，可以用200年。

"能为人们日常生产生活所利用的水资源，主要包括地表水和地下水。"河北省地矿局地质环境处处长田文法介绍，受气候和降水的影响，河北省地表水资源不足且分布不均，难以持续满足生产生活需要。与之相比，地下水却具有储量大、分布广、水质好、不易受污染等优势。

"地下水赋存于各类岩石空隙中。"田文法说，依据地下水的赋存条件和含水介质的空隙特征，我们一般将地下水划分为孔隙水、岩溶裂隙水和裂隙水3种类型。

岩溶裂隙水主要分布于太行山东麓、燕山南麓及冀西北地区，分布面积1.89万平方公里，约占河北省面积的10%；裂隙水主要分布于太行山及燕山山地、冀西北盆地北部及坝上高原的丘陵山区，分布面积7.04万平方公里，约占全省面积的38%。

至于分布面积最广的孔隙水，主要分布于平原区、山间盆地、坝上高原的波状平原以及山区河流与沟谷两侧，面积9.84万平方公里，约占河北省面积的52%。刘剑章一行当年在石家庄勘探得到的地下水，就属于这个类型。至今，很多40岁以上的"老石家庄"，仍记得使用地下水作为饮用水时、市区自来水的清冽口感。

平原地区的孔隙水主要赋存在松散沉积物颗粒间的孔隙中，在平原和山间盆地内的第四纪地层中分布广泛。因此，平原地区成为河北省地下水资源最丰富的地区。

"其中，太行山、燕山山前平原含水层呈扇形分布，这一区域降水量相对较大，地层中的含水层粒度粗、厚度大、连续性强，透水性好，补给及储水条件好。无论从储水量还是水质方面看，太行山、燕山山前平原都是河北省地下水条件最好的地区。可以说，这一区域从古至今的繁荣发展，离不开优良的地下水条件。"田文法说。

2. 古城源头和百泉之城

在华北大平原上，受惠于地下水丰沛而发展壮大的城市，不止石家庄一座。

石家庄东北约140公里，保定城区西北约10公里，竞秀区一亩泉村。

这个有些特殊的村名，来源于一眼曾经喷涌数百年而不衰的泉水——一亩泉。

在如今的一亩泉源头，曾经泉水喷涌而出的景象已不复存在。但泉旁"府河源头一亩泉"的石碑，仍向人们诉说着一亩泉往日的丰沛。

"保定是国家历史文化名城，自古以来，保定的兴盛和发展除依托于京畿重地的优势，也得益于府河水运之利。府河原名一亩泉河，明朝置保定府后始称府河，是一条以所流经的城市而命名的河。可以说，府河见证了保定历史发展的足迹，是保定的母亲河。"保定市地方志办公室原主任孙进柱介绍。

一眼泉水，如何能成为古城母亲河的源头？这眼泉水又是如何形成的呢？

"从地形地貌来看，保定城西北至满城一带，位于太行山东麓由山地、丘陵向平原过渡地带。历史上，这一地区降水量相对丰沛，地下水储存条件好，加之地势突然下降，形成了一个西南—东北走向的潜水—承压水上升泉群。自满城往东，到保定市区西北，或在沟道或在塘边，都有低洼地带泉水涌出，水量较大的有21处，清水涌流，星罗棋布。其中，最著名的就是一亩泉。"田文法说。

历史上，一亩泉水量很大。在年逾七旬的一亩泉村村民吕方的儿时记忆中，一亩泉塑造了这样的景象：泉水喷涌而出，形成了一亩泉河，河水经府河向东一直流到白洋淀。清澈的河水，带来了成群的鱼虾和香浓的稻米，养育着世代生活在这里的人们。

"一亩泉在干涸之前，曾是保定市饮用水水源地，保定南半城的人们，基本上都是喝着它长大的。"孙进柱说。

在20世纪50年代，一亩泉也凭借其优质的河水及丰富的地下水资源，支撑了众多工厂的发展。资料显示，1956年后，保定市陆续在一亩泉附近打了38口井，每天抽20多万吨水，相当于一座小型水库的蓄水量。

然而，20世纪70年代后期以来，随着工农业生产以及城市生活用水量的增加、降雨量的减少，河北省平原区地下水位总体处于下降状态。地下水位下降以及缺水，也由此成为河北省水资源情况的一个"标签"。

一亩泉和白鹿泉的兴衰，正是这一过程的缩影。

《保定市水利志》记载，1965年，一亩泉700多年来首次断流、干涸。这一干涸，就再也没有恢复。140公里以外、太行山脚下的白鹿泉，如今泉水也已经不复当年喷涌盛况，甚至会出现季节性干涸。

保定往南约250公里，太行山东麓，是河北另一座古城——邢台。

如今，历史文化研究者们已经确定，有3500年建城史的邢台，是华北地区最古老的城市。

提起邢台，许多人都知道它的别称——牛城，却不知道这座城市的另一个别称"百泉之城"。事实上，邢台城市起源以及"邢"字的得名，都和邢台地区丰沛的地下水（泉水）有关。

邢，是邢台最古老的地名，在甲骨文中就有记载，当时被称作"井"。

小滦河国家湿地公园如画　　田　明　霍艳恩　摄

"公元前17世纪，西方姜姓井族顺河水东移，迁徙到冀南的时候，以族名命地为'井'。"邢台市方志办主任孟朋文介绍，邢地土肥水丰，百泉竞流，故称"井方"。邢人凿井筑邑，后来合"井""邑"二字为一字，就成为"邢"字的起源。

《竹书纪年》记载，商祖乙徙都于邢。《史记》中，也有"商祖乙迁于邢"的记载。祖乙是商朝的第十四任君主。商王朝建立后，由于洪水为灾，自汤至阳甲之弟盘庚为王时，曾经五次迁都。祖乙即位之初，正当王都相地发生大洪灾。为远避洪水，他派人在全国各地选址，最终才决定在水源丰盈、气候宜人的邢地安都。

可以说，丰沛的地下水，正是邢台最早建城的关键因素。

然而，和平原地区主要的地下水类型——孔隙水不同，邢台的泉水，属于岩溶裂隙水。

在邢台市和邢台县境内京广铁路两侧20余平方公里范围内，历史上曾经泉出无数，有百泉、珍珠泉、韩家泉、银沙泉、达活泉等15个泉群，故名"百泉"。

"邢台百泉群位于太行山东麓山前倾斜平原基岩浅埋区上。这一区域地下是大片奥陶系灰岩分布区，溶隙、溶洞发育，地下水丰富。泉群东部为邢台断裂带，断裂带及其上部所覆不透水或弱透水沉积物，成为地下水东流的阻水隔墙，泉区内新华夏构造强烈，构成一系列大、小断层和背斜，形成有利于地下水的运移通道，丰富的喀斯特水大部以上升泉形式出露地表，部分表现为下降泉，并有自流泉10余处。"田文法介绍。

丰沛的泉水，给邢台的发展带来了诸多有利条件。元代时，郭守敬曾在泉区开渠引泉，灌溉农田，通舟行船。至明代中叶，泉区渠系更加发达，仅引水闸就达30多处，灌田5万亩。

新中国成立后，百泉经过多次治理，一度成为邢台一带重要的水源地，引泉浇地达40万亩，使这里成为旱涝保收的"冀南明珠"。

如今，随着地下水压采工作的推进和水生态修复的持续进行，自20世纪80年代起逐渐干涸的邢台泉水陆续复涌，邢台昔日"遍野甘露溢，平地群泉涌"的景象也许将很快重现。

二、地下水的救赎

1. 自己"找水喝"的小麦

2019年6月10日，麦收时节。

石家庄辛集市区西北约5公里，马兰村的一片麦田里，一台联合收割机正在进行着紧张的收割。

麦田里丰收繁忙的景象，看上去和河北大平原上普通的小麦机收场景没什么不同。麦田一旁，一群时不时指挥联合收割机的人，却有些特别。

虽然衣着朴素，但这群人并不是普通农民，而是来自中国种子协会的专家们。他们面前的这片麦田，种的不是普通小麦，而是由石家庄市农林科学研究院和河北省小麦工程技术研究中心选育而成的抗旱冬小麦品种"石麦22号"。

专家们此行的目的，是对"石麦22号"一水田进行实收测产。

"头水早、二水赶、三水四水紧相连，一直浇到麦开镰。"这句世代相传的小麦种植习惯，曾被一直遵循。而"石麦22号"，是只需要浇一水的小麦品种。

"过去的很多小麦品种不耐旱，整个生育期得浇四五遍水。"现场一位农业专家介绍，"像'石麦22号'这种只浇一水的小麦，过去老百姓想都不敢想。"

涉县白芟村上千亩水稻逐渐成熟，空中俯瞰，美不胜收　　王　晓　摄

不一会儿，联合收割机对专家组随机选取的3个单元的机械收割已经完成。紧张的测产开始了：扣除麦糠杂质，按13%含水量进行实收测产，最终，测得该地块平均亩产为613.5公斤。

　　只浇一水，亩产1200多斤。这个听起来有些不可思议的成绩，如今在马兰村以及周边许多种植节水小麦的区域，已经十分常见。

　　是什么带给小麦如此神奇的变化？人们又为什么非得在小麦节水灌溉上下这么大力气？

　　故事还要从马兰村西的马兰农场说起。

　　如今，这个起初由马兰村村办的小农场，已经成为年推广5000多万斤优质麦种的繁育基地。这里曾十多次刷新河北省高产纪录，创下"节水不减产""零水超千斤"的纪录。

　　在马兰农场，记者看到了一块特殊的麦田：这块麦田的地面用水泥渠和周围隔开，地下也用油毡阻隔以防其他地块浇水时有水分渗进来。

　　这是马兰农场的"零水试验田"，麦子从播种后全靠自然降水，一遍水也不浇，就可以取得超过500公斤的亩产。

　　零水试验田旁，有一处3米多深的土坑，土坑一旁，是尚未收割的节水小麦。通过土坑的垂直剖面，记者可以清楚地看到，节水小麦长长的根系，已经深深扎入土壤。

　　"一般的小麦根系也就几十厘米深，而我们的节水小麦品种，根系可以扎到2.5米以上。因为根深，所以它吸取地下水的时候就占据优势，可以少浇水。"马兰农场负责人武金燚告诉记者。

　　"20世纪90年代，小麦生长期要浇5到6次水。现在，农民们种植节水小麦，降到了两水、一水。单说品种这一块，在节水上的贡献率就能占到45%左右。"武金燚说。

　　节水小麦对华北平原地下水恢复意义重大。

　　深厚肥沃的平原，赐予了河北得天独厚的农业生产条件。近年来，河北小麦总产量一直稳定在1350万吨以上。

　　然而，广大的小麦种植面积，也带来了巨大的用水压力。数据显示，近年来，河北省全年的总用水量约200亿立方米。其中，"用水大户"农业就占了总用水量的60%以上，在农业中，小麦灌溉又占农业用水总量的50%。

数据显示，河北省人均水资源量为307立方米，仅为全国人均水资源占有量的1/7。长期以来，由于水资源缺乏，河北省地下水超采严重。因此，小麦节水，是河北省地下水压采工作的关键所在。

"如果说以前我们小麦育种的方向是单纯追求高产的话，现在的育种方向就是由单纯高产转到了节水高产小麦新品种的培育上，寻找最'耐渴'的种子。"省小麦专家顾问组组长郭进考告诉记者。

为此，2018年，郭进考在马兰农场进行了5个组合200多个品系的资源与种质创新材料种植试验，并从中发现了优质专用小麦的好苗头资源。

目前，郭进考正在和河南省农科院、山东农业大学、安徽农业大学等单位合作，进行大联合、大合作，对早代（二代以上）种质资源交换使用，丰富育种材料，加快育种进程。

2019年10月7日，秋收种麦时节。

马兰农场大地种业公司的种子加工车间，工人们对小麦种子进行装袋封存。每一袋种子里，都有一张与本品种配套的栽培技术明白纸。这是郭进考立下的规矩：繁种单位要把良种良法配套技术一起传授给农民。

据了解，近10年间，从马兰农场走向全国的麦种累计突破7亿斤，遍及河北、河南、山东、山西、陕西、新疆等地。当地农业部门介绍，辛集市以马兰农场为龙头，育繁、推广的小麦新品种达30多个，年播种面积700万亩，年节水5亿立方米以上，相当于一座百万人口的中等城市6年的生活用水量。

如今，尝到了"种植节水小麦既节水又不减产"甜头的农民，继续种植节水小麦愿望强烈。2019年，河北省节水小麦种植面积将超过2700万亩，占全省小麦播种面积的80%。

"用水大户"变成"节水能手"，不再是梦想。

2. 科学利用微咸水

"从上世纪70年代到2016年，河北省平原地区地下水位总体处于下降状态。但具体到不同地区，地下水位的下降情况也有所不同。"指着一张河北平原地下水位下降图（1975年～2016年），田文法介绍。

"1975年至2016年的40多年间，浅层地下水位在山前平原区下降幅度为20米～40米，部分地区达40米～50米。在中部及滨海平原区下降幅度则较小，一般为5米～15米，局部小于5米；与之相反，深层地下水位在中部及滨海平原区下降幅度较大，一般为40米～70米，其中沧州市区、衡水南部故城县一带大于90米，在山前平原区下降幅度却较小。"田文法说。

　　造成这一差异的主要原因，是山前平原和滨海平原区地下水水质的区别。

　　"在山前平原地区，地下水储存、过滤条件好，浅层地下水不但储量丰富，而且水质很好，因此无论是农业、工业、生产还是生活用水，人们一般先采浅层地下水。但在滨海平原一带，尤其是沧州、衡水的部分地区，由于长期水力交替缓慢，浅层地下水多为微咸水，水质差，不适合直接饮用以及灌溉。因此，人们长期以来只能依赖深层地下水。"田文法告诉记者。

　　一般情况下，深层地下水水质好、储量大、出水稳定。然而，深层地下水流动能力差，难以在短期内获得更新，还会引发地面沉降等一系列次生危害。

　　因此，如何科学利用浅层微咸水、压采深层地下水，就成为滨海平原地区节

进行续建配套和节水改造后的卢龙县"一渠百库"主干渠　　　杨世尧　摄

水的关键。

2019年5月25日上午，麦收将至。

衡水市景县连镇乡的麦田里，饱满的麦穗在微风中频频点头，一个个矗立在田地中的机井房分外显眼。

"我们这里属于井灌区，没有地表水源，但为了保证农业生产，大多采用咸淡混浇的方式浇地。"景县水务局副局长司胜利指着一个机井房说，"这井房里面有一深、一浅两眼井，同时

节水高产的"冀麦418"根系（右）的长度和根量，明显优于普通小麦品种　　赵海江　史晟全　摄

提水，定量配比，用混合水灌溉农田，省时省钱不说，还能有效遏制深层地下水超采的状况。"

"一眼深井再配上一眼四五十米深的浅井，水量大，浇地快，还省钱。咸淡水比例出井时就配好了，直接用就行，省心多啦！"当地种植大户赵铁中算了一笔账，"早些年，大伙儿都用深水井浇地，大水漫灌，虽说那时候电费便宜，但一亩地也得花30多块钱，高了能到五六十块；后来改成了咸淡混浇，一亩地也就20来块钱，俺这百十亩麦子，浇一遍能省下1000多块钱呢！"

"衡水深层地下水资源严重匮乏，但浅层微咸水的储量相对丰富。除安平县外，全市其他县市区均有浅层微咸水分布，面积达4816平方公里，占全市总面积的54.6%。"衡水市水务局局长张彦军介绍，"微咸水易开采、易补充，全市微咸水年可开采量2.29亿立方米，占总补给量的69%。咸淡水混合后，矿化度控制在每升2克以内，不会引起土壤生化指标明显变化。"

在咸淡混浇井组发展高峰期，衡水累计保有12632个井组，控制面积约252万亩，年可节约淡水1.6亿立方米，产生了良好的社会效益和经济效益。

随着石津灌区面积的扩大，南水北调和引黄、引卫、引岳等工程的实施，如

今，衡水地表水灌溉面积已经大幅增加。

顺应这一变化，衡水已经开始积极探索利用地表水和浅层微咸水混浇技术，积极推广新型咸淡混浇工程，让宝贵的浅层微咸水资源派上了大用场。

3. "上天入地"的修复

2019年8月12日上午，燕山南麓，迁安市区。

从当天凌晨开始，受台风"利奇马"影响，迁安市普降大到暴雨。

上午10时，雨势还未完全减小，迁安市晨曦家园绿化部经理单成园撑着伞，来到小区的南门和北门查看。

倾盆大雨中，两个小区的出入口都没有出现往年常见的雨水积聚无法通行的情况，小区内原来易积水的地方，由于在"海绵"建设中改造成了"下沉式绿地""雨水花园"等，雨水随下随渗，没有出现积水情况。

"看来海绵城市改造效果确实不错，台风来了也不用担心！"眼前的情况，让单成园松了口气。

同样经受住台风暴雨考验的，还有迁安君和广场小区。雨中行走在小区甬路上，见不到通常小区固有的雨水箅子，雨水通过透水材料铺装的甬路下渗的同时，通过甬路两侧的侧石开口流入下沉式绿地，实现对雨水的收集。下沉式绿地里的鲜花经雨水冲刷，越发显得娇艳。

和晨曦家园有所不同，作为新建小区的君和广场在建设过程中，就有幸作为"海绵城市"建设的试点进行打造：降雨来临时，部分雨水流入下沉式绿地滞、蓄、渗，更多的通过植草沟汇流至雨水花园以及雨水收集回用系统，存水经净化后，随时等待被循环利用，目前被雨水箱蓄存的水主要用于小区绿化灌溉。

事实上，经受住这场强降雨考验的，不止这两个小区。数据显示，截至8月12日16时，迁安市区降雨量达到63.2毫米。整个降雨过程中，迁安城区却基本没有发生内涝现象。

这一难得的成绩，都要归功于海绵城市的建设。

"迁安位于唐山市北部，燕山南麓。受地形影响，夏季从南面吹来的海风遇燕山上升，容易形成地形雨，因此，迁安年均降雨量明显高于河北省的年均降雨量。"迁安市住房和城乡规划建设局一位工作人员介绍。

作为钢铁产业聚集之地，如何在解决城市内涝的同时，尽量节约城市用水，少采地下水，成为迁安面临的一个难题。

迁安选择了海绵城市。海绵城市作为一种崭新的城市发展理念，就是要让城市如同海绵一般，下雨时"吸"，旱时"放"，最终实现对雨水的循环利用，在很大程度上解决城市缺水难题。

2015年，迁安入选全国首批16个海绵城市试点之一，成为河北省第一个，也是全国唯一一个县级试点城市。

在迁安市海绵城市建设规划蓝图中，"海绵城市"建设并非碎片化施工、建设和管理，而是一个庞大的系统性、整体性工程。

"各项工程之间，各工程与河、湖等自然水体之间都是相互融合的。海绵城市建设统筹自然降水、地表水和地下水的系统性，协调给水、排水等水循环利用各环节，并考虑其复杂性和长期性。"迁安市住房和城乡规划建设局副局长李扬说。

"防止形成内涝，核心是控制雨水形成径流，其途径主要包括渗、滞、蓄、净、用、排等。迁安本身是滦河冲积平原，土地具备高渗透性。由此，我们更多地采用了'渗'的方式来建设'海绵体'。"李扬介绍。

如今，迁安已经先后完成了居民小区和公共建筑区改造项目94项，人行道和绿化带改造项目60项，改造了200余万平方米绿化景观、34万平方米人行步道。

一条条透水道路、一个个雨水花园、一块块下沉绿地……迁安打破了过去将雨水与大地隔离的水泥铺装，换上了一层新的"肌肤"，成为一座会呼吸的城市。

更令人欣喜的是，迁安的成功经验，已经开始向其他城市推广。2019年下半年，河北省住建厅印发《关于推广迁安市海绵城市建设试点经验及系列技术成果的通知》，推进全省海绵城市建设，确保2020年底前河北省设市城市建成区20%以上面积达到海绵城市标准。

从农业到工业，从农村到城市，种种"上天入地"的修复举措，已经让河北省地下水恢复呈现出良好的效果。

2018年初，河北省财政厅、省水利厅、省农业厅联合聘请中国水利水电科学研究院作为第三方，针对不同治理年度、不同降水频率、不同治理措施、不同区域，进行了3年试点压采效果综合评估。

评估报告指出，河北省农业地下水治理压采目标全面实现，城市地下水压采能力稳步提升，试点区地下水压采效果突出，地下水位持续下降趋势比治理前显著改善。总体上，同样降水条件治理前后浅、深层地下水位变化呈现下降幅度减小、上升幅度增大、止跌回升态势。

三、湿地的启示

1. 湿地类型"万花筒"

2019年10月8日清晨，衡水湖国家级自然保护区。

阳光洒在水汽缭绕的湖面上，沉睡的衡水湖醒来了。

静谧的湖面泛着金光，一阵风起，湖中成团成簇的芦苇起伏摇曳，水鸟三五成群沿湖面低飞。

一湖兼葭一湖花，一湖鸥鹭一湖鸭。

享有东亚地区蓝宝石、京津冀最美湿地、京南第一湖众多美誉的衡水湖，正处在最清爽、舒畅的秋季。

湿地是魅力无限的，尤其在水资源相对短缺的燕赵大地上，它的存在，静静润泽着人们的生活。

问起湿地，很多河北人第一个脱口而出的名字往往是衡水湖。

的确，作为河北省首家国家级湿地自然保护区，衡水湖早已名声在外。

不过，对湿地做更深入了解才发现，其实许多名字不叫"湖"、听上去

衡水湖湿地景观　　　衡水滨湖新区　供图

也并不像湿地的地方，在自然地理资源类型划分上，也属于湿地。比如一些"淀""水库""淖"以及"盐田"和"稻田"……

2019年9月20日，省湿地保护管理中心资料室。

省湿地保护管理中心工作人员从书架上抽出一本《中国湿地资源·河北卷》。这本书出版于2015年，是第二次全国湿地资源调查完成后全面介绍河北湿地资源的文献图书。

河北湿地面积94.19万公顷，最大的特点是，类型丰富且齐全，包括5个湿地类、19个湿地型。

在国际上，湿地按照类别可划分为近海与海岸湿地、河流湿地、湖泊湿地、沼泽湿地和人工湿地等5类。这5大类湿地河北全部都有，而且许多湿地类下面的湿地型，河北也有典型代表。

2019年9月17日，南大港湿地自然保护区。

"快看，海鸥！海鸥！"

"不对，那是海燕吧？"

保护区的观鸟亭上，几个当地的高中生正轮流转动观鸟台上的望远镜，俯下身子争论着看到的水鸟究竟是什么。

"这里海鸟很多，因为距离渤海湾只有5公里，一年四季有数百种海鸟来这里觅食，比较多的有信天翁、海燕、海鸥，这里是它们的'后院食堂'。"保护区工作人员陈玲玲说。

南大港，典型的近海与海岸湿地。

这种湿地类型，主要分布在河北省拥有海岸线的秦皇岛、唐山和沧州3市。诸如，秦皇岛北戴河国家湿地公园、唐山曹妃甸南堡湿地公园等。

视线从沿海向内陆推进，地图上的华北平原，有着最广为人知的华北3大洼淀：白洋淀、衡水湖、永年洼。这3大洼淀，都是典型的淡水湖泊湿地，这也是华北平原湿地的主要类型。

其实，在历史上，太行山山前洪积扇和古黄河诸河道冲积扇之间的交接洼地处，曾存在由众多大小湖泊组成的湖泊带。如今受气候变化和人类活动的影响，许多湖泊洼淀收缩、退化、干涸，像宁晋泊、大陆泽、团泊洼等，都已经彻底消失。

除了沿海湿地群、淡水湖泊湿地群，在地图上，还有一个地区湿地资源更为密集——张承地区。

目前，国家级湿地公园名录里，河北共有20处，其中张家口有6处，承德有5处。

张承地区的湿地，特色之一是咸水湖泊湿地众多。

2019年6月30日，张家口尚义县。

"这个字在这里念nào。"尚义县出租车司机王志林已经不记得这是第多少次给乘客纠正"淖"字的发音了。

出租车行驶在广袤的察汗淖尔草原上，王志林要载着两位北京来的乘客，去往草原的深处，寻找一泓莹莹映着白光的湖水，那里就是察汗淖尔国家湿地公园的所在。

"淖尔"，蒙古语的"湖泊"。

在坝上，湿地名称中出现最多的字就是"淖"，比如安固里淖、八角淖、盐淖，而且几乎所有的淖都是内陆咸水湖泊湿地。

"坝上地区的河流中，内陆河水系约占总流域面积的85.0%。这些河水最终注入湖中，由于日照充分，水分蒸发量巨大，湖水矿化度逐渐升高，最终成为咸水湖。"河北省科学院地理科学研究所所长李庆辰说。

察汗淖尔，就是河北最大的内陆咸水湖泊湿地，水面面积3600公顷。

不过，和许多湿地一样，察汗淖尔并不"单纯"，除了湖泊，这里还有河流、季节性沼泽湿地400公顷，是典型的集河流湿地、湖泊湿地、沼泽湿地于一体的复合型湿地。

近海与海岸湿地、湖泊湿地、沼泽湿地约占了河北省湿地的一半，剩下的一半，被河流湿地和人工湿地平分。

全省大小300多条河流都属于湿地，目前保护最好的河流湿地大多集中在坝上，诸如闪电河、小滦河上，都有国家湿地公园。

七里河畔的水鸟

邢台市城管局　供图

提到人工湿地，很多人首先会想到水库，其实养殖湿地、稻田湿地、盐田湿地等，也都是湿地。

水库湿地，主要集中在太行山和燕山孕育的河流中上游，像官厅水库、潘家口水库、岗南水库、黄壁庄水库等；盐田湿地，在唐山、沧州最为集中，像唐山的大清河盐场、南堡盐场，沧州的黄骅盐场、海兴盐场等。

是什么原因，孕育了河北如此多样的湿地类型呢？

李庆辰认为，这主要得益于河北省复杂多样、类型齐全的地理地貌。

"全省高原、山地、丘陵、盆地、平原等5大地貌类型齐全，有着坝上高原、燕山和太行山山地、河北平原3大地貌单元，它就像一个'万花筒'，在不同环境中孕育出多样的湿地。"李庆辰说。

2. 湿地中的"精灵"

衡水湖，是国家级湿地自然保护区。

设立保护区，究竟是要保护什么？

按《国际湿地公约》定义，湿地，是天然或人工形成的长久或暂时的沼泽地、湿原、泥炭地或水域地带，有静止或流动的淡水、半咸水、咸水，包括低潮时水深不超过6米的水域。

定义着重强调了湿地的基础——水。

但湿地不只是一片水域，更是一个由动物、植物、微生物组成的活跃的生态系统。

2019年9月26日，南大港湿地自然保护区。

上午9时，湿地管理处巡防队员潘红喜，骑上摩托车，开始一天的管护巡查工作。

从2005年南大港湿地设立自然保护区，潘红喜和他的十几名队员，实行两人一组倒班制，一年365天不间断巡防，守护着保护区。

"南大港湿地近十年来没有发生过偷猎行为，动物种群和数量明显增加。今年，来到湿地栖息的鸟类有300多种。"湿地管理处副处长吕发成说。

和北戴河湿地一样，南大港也是远东地区候鸟迁徙的重要一站。除了官方的护鸟巡防队，沧州当地还有护鸟协会和志愿者，每年都会参与到护鸟行动中来。

鸟，湿地生态系统中最活跃的精灵。其实，这个系统里还有一群数量极其庞大的"小精灵"，它们需借助显微镜才能看见。

吕志堂，河北大学生命科学学院教授，他的工作之一是研究这些"小精灵"——湿地微生物的多样性及其生态功能。

2019年5月4日傍晚，河北大学生命科学学院实验室。

吕志堂和学生们面前，是当天下午刚刚从白洋淀采样带回的底泥和水草样本，研磨器、尼龙筛、试管、培养皿……实验器材全部就绪。

这次研究的主要目的，是测定白洋淀湿地各采样点氮素循环相关微生物群落与水体富营养化的关系，寻找可以提高白洋淀水体自净能力的关键土著微生物。

湿地生态系统中，氮循环是主要的生物循环过程之一，而在这个过程中微生物扮演重要角色。

"固氮微生物就像湿地里的'小天平'，通过氨化、硝化、反硝化作用，调节水中氮元素的存在形式和数量，从而减少水体富营养化和危害性藻类的爆发。"吕志堂解释。

针对河北省部分淡水湖泊存在的富营养化问题，河北大学、河北师范大学等

鹿泉龙泉湖湿地　　河北日报社资料图片

省内高校，都在关注微生物对湿地生态系统的影响，小规模试验正在白洋淀、衡水湖等地展开。

"湿地，是自然界最富有生物多样性和生产力的生态系统之一，它不但具有丰富的资源，还有巨大的环境调节功能和生态效益。我们关注和研究湿地生态系统的动物、植物、微生物，弄清楚它们之间的关系，可以为科学保护和利用湿地资源打下基础。"李庆辰说。

3. "加法"与"减法"

2019年9月26日，邯郸永年洼国家湿地公园。

湿地环抱着一座2600多年历史的广府古城，湿地与古城相依共生的格局，在北方并不多见。

"呜——"摄影师陈启威的航拍机缓缓升空，受一家摄影杂志之邀，他要拍摄永年洼鸟瞰照片。

"快看，这交错的水道像不像繁体的'龙'字！"看到航拍的影像，陈启威很是惊喜。在邯郸生活多年的他没想到，航拍视角下的永年洼，水道交错，

宛如迷宫。

十几年前，永年洼的水可不像如今这么多。它和白洋淀、衡水湖一样，都曾切身感受过缺水之痛，靠补水逐渐恢复。

"2010年前后永年洼上游滏阳河水流减少，永年洼只剩下最深处的黑龙潭还有水。"家住永年古城、67岁的郭怀德说。

查阅《永年县志》，永年洼2000年水面面积为10.12平方公里，2005年为8.68平方公里，到2010年仅剩2.61平方公里，水面面积严重缩小，急需生态补水。

从2010年起，永年洼多次通过滏阳河和上游东武仕水库补水，水面面积逐渐恢复到现在的5.989平方公里。

2014年，为了寻找更科学的补水方案，邯郸市水利局与北京大学等单位合作，建立了滏阳河在线监测系统。这个系统可以实时监测滏阳河和永年洼湿地上游水量、水质和水文气象信息。

自那之后，滏阳河向永年洼的补水量更精准，永年洼止住了缩减的趋势，开始一点点长大。

对湿地生态系统的保护和恢复，有时需要做"加法"，如补水、增殖放流、栽植湿地植物，有时则需要做"减法"。

唐山曹妃甸南堡湿地公园，鸟类东亚—澳大利亚迁徙路线上的重要一站。

2018年1月28日，复旦大学生物多样性科学研究所教授李博和国内外十几位专家受邀聚集在这里，紧急研究怎样消灭湿地里一种正在疯长的水草——互花米草。

当时，这一外来入侵物种来势汹汹，几个月的时间就沿海岸滩涂扩散到400多亩。

这种草适应力强、扩散快，一旦形成单一群落，直接影响底泥中无脊椎动物的种类和数量，连鸟类的栖息和觅食环境也会丧失，对原有生态系统危害严重。

南堡湿地当时正在创建省级鸟类自然保护区，这位"不速之客"要尽快"请走"。

很巧，此前不久，长江口也遭受了互花米草的入侵，李博就是带着长江口治理经验来到了南堡湿地。

为了比较哪种除草剂对生态更友好，南堡湿地在两片区域分别采用了专家的两套方案做对比试验，除治后，枯死率不相上下，都在95%以上。

目前，受损的湿地已经基本恢复。

湿地保护和恢复工作，看似更多依靠技术力量，其实更关键的，是依靠人。

2019年10月3日，怀来官厅水库国家湿地公园。

晌午，收拾好铁锹、水管等树木养护工具，黑土洼村村民祝有贵下班，步行10分钟回家吃饭。

给湿地树苗浇水的地方，两年前曾是他家的玉米地。

湿地公园一、二期要将10万亩玉米地退耕还"湿"，祝有贵家的5亩多也在范围内。

2017年6月，听说官厅水库要建"湿地"，祝有贵心里没底，流转土地怎么补贴？50多岁没了土地去干啥？

怀来县知道征地是"啃硬骨头"，特地派出5名县处级领导带队，抽调120名干部，组成15个专项工作组下村，挨家挨户动员。

工作组做思想工作，核心是一句话："流转后收入不会少。"还提出湿地公园建设、维护都会优先录用周边村民。

的确，签下土地流转协议后，祝有贵很快在湿地公园找到新工作，养护树木，每天工钱120元，就在家门口，不用再外出打工。

"算上流转补贴，收入不仅没少，还多了。"祝有贵说。

2020年，湿地公园二期将全部完工，建成后的湿地公园总面积150平方公里。建成运营后，还将提供保安、保洁、养护、导游等各类岗位5000多个，当地几代人以农业种植为主的收入模式将被改变。

"事实上，无论补水、监控、防御外来入侵物种还是退耕还'湿'，目的都是帮助生态系统实现内在平衡。这种平衡，是生态和谐的基础。"李庆辰说。

在全国近2万公里的海岸线中，河北487公里的海岸线长度并不突出。但就在河北这段海岸线上，从北向南依次展示着基岩海岸、砂质海岸和粉沙淤泥质海岸三种海岸类型，堪称海岸大全。

什么样的地质动力造就了河北的海，河北海岸的不同又带来了什么样的地貌特点？请看《大河之北·海洋篇》第一单元——千里海岸。

美丽的秦皇岛海滨　　潘如辉　摄

河北自然地理解读

海洋篇

大河之北

扫码看视频

06-03-0004-006
扫码听书

第一单元 千里海岸

采写◎《河北日报》记者 白云

📖 阅读提示

在全国近2万公里海岸线中，河北487公里的海岸线长度并不突出。

但就河北所辖海岸线上，从秦皇岛、唐山，经天津抵达沧州，从北向南依次展示着岩石海岸、砂质海岸和粉沙淤泥质海岸三种海岸类型，堪称海岸大全。

渤海，为什么将河北的海岸线定格在现在的区域，我们所见的海平面又是否始终不变？

什么样的地质动力造就了河北的海，河北海岸的不同又带来了什么样的地貌特点？为什么沧州的渔民要等潮出海，秦皇岛被称为沙软潮平？

关于海洋的开篇，我们就从镶嵌在河北大地上的蓝色宝藏——渤海的形成和海岸类型说起。

美丽的秦皇岛岸线　　揣连海　摄

一、那海，那湾，那水

1. 此渤海湾非彼渤海湾

2019年9月2日，沧州黄骅市南排河镇歧口村。

高扬着国旗的渔船越来越近，最终突突几下熄火后，靠到了码头边，船老大黑红的脸笑开了花：船舱里一筐筐的梭鱼、皮皮虾被抬上岸，渔民从这天起开始了一年中忙碌的时候——又到开渔季。

歧口村的这种节奏和黄骅、海兴沿海十余个渔村并无二致。

但在地质专家眼中，这个小小的渔村却是独特的。

按照行政区划，河北省的海岸线被天津市隔断为二。歧口村正是河北与天津海域的南分界点，与天津海域的北分界点则在唐山市丰南区涧河口西刘合庄。

除此以外，河北省海域南部与山东以冀鲁交界处大口河为界；河北省海域北部，则以秦皇岛山海关区崔台子作为与辽宁省的交界点。

歧口村的特殊，并不止于此。

2019年5月13日，中国地质调查局天津地质调查中心。

王宏研究员拿出一张地图，用铅笔在渤海湾西岸画了一个圈："这，就是渤海湾湾顶。"

他所指的湾顶正是歧口村所在。

然而，此渤海湾非彼渤海湾。

从地形轮廓上看，南北长约550公里、东西长约346公里的渤海海域，就像黄海深入内陆的一个面积约8万平方公里的大海湾。

但地理界、地质界所说的渤海湾，却仅仅指唐山乐亭县大清河口向西，穿过天津，经黄骅、海兴地区再拐向东南，进入到鲁北平原黄河口构成的渤海湾，它只是渤海的三个海湾之一；渤海还包括北部的辽东湾和南部的莱州湾。其中辽宁大连长兴岛与河北秦皇岛连线以北的海域组成了辽东湾，莱州湾则指由黄河口到山东龙口一线以南的海湾。

渤海是由辽宁省、天津市、河北省、山东省在北、西、南三面环绕的我国最大的内海，东经渤海海峡和黄海相通。

同时，渤海也是我国水深最浅的海，平均深度只有18米，整个渤海有26%的水域水深在10米以内，95%的面积小于30米水深。

三面环陆的渤海海岸线全长约3800公里，河北省的海岸线长487公里，约占整个渤海岸线的1/8。

今天我们看到的渤海岸线，并不是数千年来一直如此。

沧海桑田，形容的是由大海变陆地的过程。渤海的变迁尤其明显。在地质史上，渤海经历了陆地—湖泊—海洋的过程。

"早在20世纪80年代初，我们与渤海海洋石油研究院合作，在渤海中部石油钻400米深度样品中，就发现了暖水底栖有孔虫和海相介形类，显示渤海海盆大致在二三百万年前已经受到海侵影响。"中国地质调查局天津地质调查中心王强研究员这样说。

在渤海南部，由国家海洋局第一海洋研究所完成的钻孔研究，确定180米深、100万余年的地层中，记录了16个海洋沉积层和25个间冰期。加上40年前中国科学院海洋研究所在渤海中部钻孔，近年中国地质调查局青岛海洋地质研究所在渤海西部钻孔的工作，皆丰富了此海域100多万年来的地层记录。

"渤海湾西岸众多钻孔显示了约10万年以来，海洋沉积和陆地沉积交替出现，其中海水和淡水宏体贝类、腹足类、镜下才能观察到的微体古生物都有出现，表明地质历史上，陆地高于大海或者海洋淹没陆地的现象交替发生。"在中国地质调查局天津地质调查中心，商志文博士如是说。

11700年前，地球进入了最后一个地质时期——全新世。由于全球气候转暖，沿海地带渐次发生海侵，河北—天津沿海也在此时逐渐成为渤海的一部分。黄河在大约5000年前进入河北省黄骅西南部，丰富的泥沙沉积最终高出当时的海面，形成了陆地；约三四千年前在黄骅城区附近和天津静海地区，同样因此形成了陆地；冀东滦河三角洲地区，随滦河泥沙的空间分布差异，相继在一两千年前成陆；黄骅南大港南侧，是在千余年前形成了陆地。

2. 沿海地貌之踪

2018年8月23日，山海关老龙头。

游客们走上入海石城，远眺拍照。

这座始建于1000多年前的石城，深入渤海海域24米，最初用作明朝修筑的军

事防御工事。高出海面数十米的军事建筑，一度成为海陆之间的重要战略防线，见证着历史的风云变幻。

约1.5亿年前中生代燕山运动，是华北地台上又一次地壳大规模改造运动，产生了宏伟的北东—北北东向的新华夏构造；由于地台破裂，岩浆侵入以及火山喷发，形成了众多的断陷盆地。渤海就是此时由郯庐断裂带等断裂活动而产生的大型断陷盆地。

王强研究员用手蘸了水在桌子上写了一个"厂"字。

"石油和海洋地质学家认为，530万年来的上新世形成了渤海和黄海，但是以湖泊、泛滥平原沉积为主，较少受到海水影响；青藏高原的渐次隆升，渤海和渤海湾盆地的渐次沉陷，是最终形成现代黄淮海（包括河北）平原的原因。"王强这样介绍。

俯瞰河北大地，北面有燕山山脉隆起，西面有太行山隆起，二者就像一个汉字的"厂"字，怀抱着河北平原，开口方向朝东南。"加上郯庐断裂带从安徽庐江北上，经江苏斜贯山东半岛进入渤海，再到辽宁营口登陆，由于在海域这个巨型断裂带中部的扭张，加速了渤海断陷盆地内部的分化；再加上第四纪海侵向陆地扩展，渤海盆地最终由湖泊转变为内海。"

从大清河以北到秦皇岛辖区，地貌又发生了变化。

2019年9月13日。

顺着沿海高速公路从沧州一路疾驰经唐山驶入秦皇岛，会发现风景已经从沧州的一马平川，到秦皇岛的山海相依了。

河北省地矿局第八地质大队副总工程师邱若峰介绍，约6500万年前进入新生代以来，新构造活动加剧，形成了河北平原西北部隆升、东南部下降的北东—南西方向延伸的三级阶梯状地貌：断块构造低山、丘陵台地和海岸带3个大地貌单元，呈现出低山、丘陵、台地、平原、海滩的层次变化。

由此，秦皇岛地区海岸呈波状弯曲的岬湾式，一部分海岸凸向海里形成岬角，另一部分海岸凹向陆地形成海湾——岬角湾的岩石海岸刚好为修建港口和发展旅游事业提供了良好的自然条件。

河北境内渤海沿岸的第一座天然港口从这里始建，也就不足为奇。

3. 渤海之潮

2019年4月20日，黄骅市后塘村。

"90后"船老大胡金发即将出海。

这是禁渔前的最后一次出海捕捞，他一定要赶在涨潮前回来。受浅海滩涂较深的影响，这一带的渔民出海和靠岸停泊，都要借力一天两个涨潮点。

"咱河北的渔民，虽然守着同一片海，可潮不一样。"胡金发把脚踩在船帮上，黑红的脸朝大海望去，"咱这潮滩浅，不等潮来渔船出不去海。"

渔民的经验来自于实践，而精准的数据来自于科研。

2019年10月14日。

从国家海洋局秦皇岛海洋环境监测站的办公室望出去：一片碧蓝，几条渔船，白色的浪花一层推着一层，固执地卷向岸边。

预报室主任张万磊的电脑上，实时显示着几组数字：潮位、波高、水温……"这是我们设置在河北沿海不同区域的几个验潮站实时传回的数据，我们这个站就是负责观测统计这些海洋信息，并制作发布风暴潮、大浪、海冰等海洋灾害预警报。"

渔民借助涨潮之际出海，游客们借助海水退潮去"赶海"拾遗，说的都是潮汐作用。

那么潮汐发生时间是如何精准测算的？

测算潮汐的叫验潮井。一般情况下，这些验潮井会设置在港口附近。张万磊画了一个桶状装置，又在桶的底部添了几个开孔作为进水孔："这些孔会滤掉海面的波动，让验潮井的数据更接近海洋潮汐的实际数值，这些注入验潮井的海水会让井里的浮子上下起伏，这就是实时的海洋潮汐。"

有趣的是，每个验潮井的参照值并不参照平均海平面，也就是各有各的零点。"当地都会有一个理论潮高基准面，也可以叫理论最低低潮面，是以当地的最低潮面为零点。"张万磊介绍道。

"唐山和沧州海域都属于不正规半日潮，通俗说就是每个月的大部分时候，一天中有两个高潮两个低潮，并且两个潮的潮差不大，有时候会例外。渔民所说的等潮出海，就是等高潮位到来时，开船出海。"张万磊说。整个渤海大部分海域潮汐是不正规半日潮，仅有两个例外，一个是山东黄河口附近的正规半日潮海区，另一处就是秦皇岛海区的正规全日潮。

全日潮，就是一天中有一个高潮一个低潮，所谓正规全日潮就是强调这种潮汐现象是常态。

潮汐现象是在太阳和月亮天体引潮力影响下引发的海水周期性变动，分为正规全日潮、不正规全日潮、正规半日潮和不正规半日潮四种。海水通连的渤海，为什么显示了不同潮汐现象呢？

这是因为在秦皇岛山海关海域，有一处半日分潮无潮点。无潮点指的是在特定的地形和岸线条件下，向前运动的入射潮波和受海岸阻挡反射回来的潮波相互抵消，潮差极小的区域。半日分潮无潮点是潮波的一种，这个点没有半日分潮，也就没有起伏，被叫做正规全日潮。

潮差是指一个周期内相邻的高潮位和低潮位间的水位差，"秦皇岛的潮差在河北省来说最小，只有0.73米左右。"而曹妃甸海域的平均潮差达到1.4米，沧州海域能达到2.2米。

不仅如此，秦皇岛一带的潮流流速只有30厘米／秒～40厘米／秒，沧州海域可以达到70厘米／秒～80厘米／秒，流速最大的曹妃甸海域能达到150厘米／秒。

这也是秦皇岛被广为称赞的"沙软潮平"的"潮"平所在。

4. 渤海之水

俗话说，无风不起浪。

翻涌的海浪又是怎么来的呢？

张万磊指着窗外涌动的白浪说，海浪分风浪和涌浪，就河北来说，几乎都是风浪，一年也就两三次涌浪。涌浪就是风浪之后，风浪离开风吹的区域后所形成的波浪。

波浪、潮汐、海流等都是海洋水文要素。当夏季的北戴河，游客们扑通跳入大海，准备洗一个海水澡时，即使风平浪静，依然会感受到海水的阻力或者推动力，这股力量正是海流作祟。

"海流按照成因可以分为潮流、风生流、密度流、潮致余流等。"张万磊介绍，除潮流外，其他统称为余流。余流是一种非周期性的海流，而潮流则是周期性的。密度流是因为海水盐度、温度不一致产生的密度不同，导致密度大的海流向密度小处流动；另外，海底地形地貌不同也会引起海水的变化，这些叠加作用带来了海水的运动动力。

这种动力，在渤海与黄海的海水交汇时，产生了奇妙的自然现象。

秦皇岛港被誉为北方不冻港。和附近其他港口冬季船舶无法靠港比，这里的优势是海冰危害轻，一年四季均可作业。

同一片渤海海域，为什么这里会有如此优势呢？

这要从一支流入渤海的暖流说起。黄海暖流，是东亚近海的黑潮暖流的分支。这支暖流从老铁山水道处穿过渤海海峡进入渤海，也称为渤海暖流。渤海暖流一直向西、向北，直至抵达陆地边缘，这股暖流使秦皇岛成为渤海沿岸少有的不冻港。

大海从来都不曾平静。

我们现在看到的渤海海平面，其实近年来都在缓慢地上升。实际上自距今约260万年的第四纪地质时期以来，渤海海盆在总体沉降背景下，海平面受冰期和间冰期旋回控制，曾反复上升下降。

冰期时期全球温度降低，海水结冰，海平面下降。而间冰期时期，全球较温暖，覆盖在地球的冰盖部分融化，融化的冰盖减少了对地幔的压力，会导致一部分陆地反弹抬升。

自1.17万年前进入与人类社会最接近的全新世，这个间冰期时期海平面是否稳定呢？

答案也是否定的。

距今约2万余年前的末次盛冰期，全球冰川发育，全球海平面下降，我国东海的海平面大约在−135米。"到距今5000余年前，海平面大概抬升到−5米上下，从此进入一个缓慢上升的阶段，直到约2000年前上升到今天的高度。"商志文画

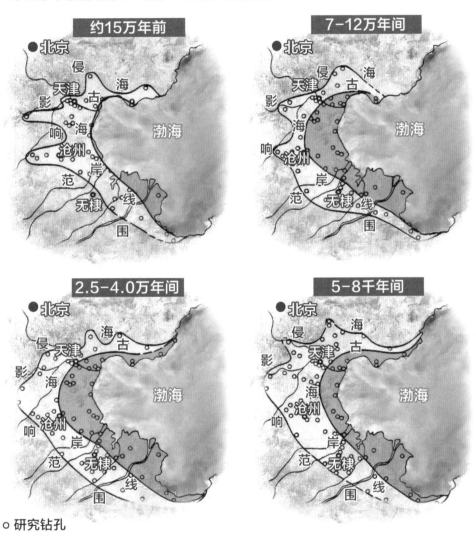

约15万年来渤海西岸、南岸平原海岸线变迁图

约15万年前

7-12万年间

2.5-4.0万年间

5-8千年间

○ 研究钻孔

王 强 供图

了一个横轴和纵轴来表明海平面的浮动。

自然资源部编制的《2018年中国海平面公报》显示，我国沿海海平面变化总体呈波动上升趋势。1980年～2018年，中国沿海海平面上升速率为3.3毫米/年。2018年，中国沿海海平面较常年高48毫米，其中渤海沿海海平面比常年高55毫米。

3.3毫米，在我们的生活中，几乎可以忽略不计，但这个数字对很多科研工作者来说，关系重大。

科研工作者通过采集钻孔中沉积物、古生物等材料，测定其年代，重建不同时期的海平面高度，来汇聚成一张海平面变化曲线。

"海平面曲线变化，是全球科研工作的热点。"王宏介绍，在多国科研人员共同努力之下，形成的一份3.5万年以来东亚海平面曲线变化图中，采用了天津地质调查中心的12个点位资料，"这张图还在不断完善，根据海平面的变化历史，我们也可以推测未来海平面变化的趋势。比如海水继续上涨，加速侵蚀岸线怎么办？由此来制定相应的防范机制。"

二、沧海与陆地

1. 平坦的滩涂

2019年5月1日，黄骅。

当地人把养虾池叫做汪子。一早，看守汪子的工人钻出窝棚伸个懒腰，目光投向东面太阳刚升起的地方——渤海。

这一带为粉沙淤泥质海岸，漫长的滩涂提供了便利的海水养殖条件。

粉沙淤泥质岸线是由小于0.063毫米粒级的粉沙淤泥组成的海岸。

"这种岸线附近地形平坦、开阔，物质组成以淤泥质或粉沙质沉积物为主，渗透性差、饵料丰富，也就形成了传统的制盐和海水池塘养殖产业。"河北省自然资源厅前总工程师肖桂珍介绍。

在河北，粉沙淤泥质岸线分布在乐亭大清河口至丰南刘合庄冀—津陆域界点，以及黄骅歧口冀—津陆域界点至海兴大口河口冀—鲁陆域界点，长约192公里，占全省大陆岸线总长度的44%。

没有细软沙滩、没有海水蔚蓝，甚至淤泥质岸线的海水颜色要相对发黄。

辽宁旅顺老铁山与山东蓬莱田横山之间的连线，是渤海与黄海的分界线，这里"泾渭分明"，深蓝色的黄海和黄色的渤海相交于一线。

为什么淤泥质海岸的海水发黄呢？

海水颜色受海水中浮游生物、无机物的悬浮颗粒以及天空颜色等许多条件的制约。

当悬浮体含量小于20毫克／升时，海水为深蓝—碧绿色。随着悬浮体含量增加，水色相应变黄，含量30毫克／升～50毫克／升时，海水呈黄绿色，含量大于100毫克／升，海水呈浊黄色。因为渤海浮游生物含量相对少，所以，影响海水颜色的主要是海水中的无机物颗粒，尤其是黄河携带来进入渤海海域的黄土物质，更造成了水色偏黄。

在渤海的沿海高速公路跑上一圈，会发现沧州一带的海水颜色相对更加浊黄，这和黄河曾从这一带入海有很大关联。

"8000年～5000年前，黄河从沧州南侧的孟村入海。5000年～4000年前，黄河从天津一带入海。由于地表平坦，黄河摆动较大，黄河以及海河携带大量的泥沙下泻，在这一带形成广阔的冲积平原。"河北省科学院地理科学研究所学术委员会原主任吴忱研究员介绍。

1978年，吴忱和同事们在沧州青县一带打孔取样，就黄河古河道流经地进行科学考察。

"钻到地下十几米深取上来的泥土中，第一层是河流沉积层，为灰黄、灰白和黄色；第二层是海相层，以褐灰色、灰黑色为主，沉积物更细，有沙、黏土、粉砂质黏土和淤泥。"吴忱说，这证明河水和海水曾在这里交汇。他抓起一支铅笔画了一张草图，顶点是孟村回族自治县，又迅速地涂抹出一块硕大的区域，指着这一区域说："从这，黄河入海冲积出面积超过15000平方公里的孟村黄河古三角洲。"这就是如今沧州沿海一带广阔的土地。

2018年9月，唐山大清河盐区。

卤水池里的盐粒直径已经达到了1厘米，一望无际的盐田，像棋盘一样规整排列，海水从一个格子到另一个格子，通过蒸发形成高浓度卤水，最终形成一粒粒海盐。

盐区设置在唐山沿海滩涂上。唐山拥有663.84平方公里的滩涂，占全省943.10平方公里滩涂面积的70%还多。

滩涂系指界于平均大潮高潮线到平均低潮线之间海水周期性淹没地带，通常也称潮间带。

滩涂在涨潮时被海水淹没，退潮时露出水面。人们通常所说的赶海，就是等潮汐退去时，在滩涂上寻找被海水遗留下来的海产品。

滩涂条件复杂、多变，海洋生物种类丰富。同时，因地处海洋与陆地交接地带，也是海洋捕捞、海水养殖、海盐生产的重要场所和滨海旅游、港口航运、海岸工程的直接作用空间。

当然，这也是渤海沿岸成为鸟类迁徙路线的原因：正是这些滩涂上海水褪去遗留下来的海洋生物，成为鸟类在漫长迁徙过程中停下来补给的食物。

2. 沙丘与潟湖

2019年5月2日，昌黎黄金海岸。

起伏的沙丘一片金黄，脚踩上去，细腻到几近无感。不远处郁郁葱葱的树林，就是被誉为沙漠绿洲的景观。

大海、沙丘、绿洲，三景同框并不普遍。这也是1990年9月30日，国家将昌黎黄金海岸列入首批国家级海洋自然保护区的原因。

这一带属于砂质岸线，集中在秦皇岛、抚宁、戴河口到唐山乐亭大清河口，长约163公里，占全省大陆岸线总长度的37%。

砂质海岸以滦河口为界，分为南、北两段。北段沿岸是典型的风成沙丘，沙软潮平、岸滩开阔，适宜开辟海水浴场和开展多种岸滩游乐活动。南段，受滦河丰富泥沙和海洋动力的共同影响，近海发育有离岸砂坝，块状的潟湖—砂坝复式海岸。受离岸砂坝庇护，岸线稳定，距深水区较近，近岸陆域地势平坦开阔，为宜港、宜旅游岸线。

砂质海岸主要由砂和砾石组成，砂质颗粒粒径大小为0.063毫米至2毫米。这里能形成砂质岸线，首先要探寻砂的来源。

"从砂质沉积物所含重矿物成分看，黄金海岸保护区的沙资源主要是滦河的贡献。滦河发源于丰宁巴延吉尔山北麓，流经燕山山脉，其间还有十条河流汇入滦河。滦河出山区后，形成了以滦县为顶点的三角形沉积体。由于靠近山区，流路短、落差大，滦河携带的砂砾石使它成为多砂河流，把大量的砂物质输送到了海岸带，形成冲积扇—三角洲体系。"王强研究员以黄金海岸为例进行分析。

岸线的形成，只是给神奇地貌打了地基。大自然的鬼斧神工又对地貌进行了修饰。

比如，砂质海岸上巨大沙丘的形成。

"行星风系的东北风是滦河三角洲和昌黎地区常年主要盛行风，强劲的东北风和夏季东南季风叠加吹扬，特别是在风暴潮作用下，更使得沙滩上沙物质进一步向陆地方向移动、卷扬，先形成沙堤，然后越堆越高，最终在两三千年前，形成沿现代海岸线分布的纵向沙丘。"王强如是说。

如果说砂质岸线上还有什么必须一提，那么七里海潟湖肯定不能被遗漏。

什么是潟湖呢？在滨海地带，由于海水受到地形限制，与海洋不完全隔绝或周期性隔绝，从而引起其中水介质的咸化或淡化，即称为潟湖。

七里海位于北戴河新区南部沙丘带内侧，为现代潟湖。

七里海名曰"海"，其实并不是海。

距今1万多年前，在全球性气候进入大暖期的背景下，海平面上升，沿海平原发生海侵后，现在的黄金海岸以及其后的陆地同样被海水淹没，成为海域的一部分。

5000多年前，海侵达到最大范围后，河流沉积速率开始加大，超过了海平面的上升速率，发生海退，陆地逐渐形成。

"在这一过程中，一些入海水道逐渐淤浅、缩小，与海洋的联系逐渐减弱，形成潟湖环境。七里海就是这样的典型潟湖，只不过一度阻断七里海与海洋联系的主要是风成沙丘。"王强介绍。

这种阻断，造成历史上七里海大部分时期为淡水湖泊。

渔人晚归　　潘如辉　摄

据《昌黎县志》记载，由于连年干旱，七里海曾在1858年～1959年干涸，现在的潟湖出口（新开口）是1883年滦河泛滥，洪水倾入七里海，将沙丘冲开的一条水道。

新开口形成后淡水变成了咸水，导致现代七里海的最终形成。

3. 天然良港的基础

2019年9月6日，秦皇岛港股份有限公司第六港务分公司。

翻车机房重达80吨/节的车厢缓慢进入预定区域，对准、卡紧，轰隆一声，3节车皮被一次性翻入轨道下方的皮带，顺着架设在翻车机房上方的皮带机被送往堆场。

和如今现代化港口比，秦皇岛一带利用天然岸线作出海港口，已经有千年之久。

早在战国时期，渤海北岸有碣石，被誉为燕国"通海门户"，就是指秦皇岛附近。

秦皇岛北部燕山余脉顺势而下，在海岸形成了一连串的太古代混合岩质岬角。我们的祖先早就利用这些岬角型天然港湾作为渔猎、商业和军事补给的基地。

人类利用自然条件修建海港的可能，是建立在港口基岩岩石岸线的天然优势之上的。

基岩岩石是被海浪冲击形成的海蚀平台等海蚀地貌。岩石海岸的主要特征是岸线曲折、湾岬相间、岸坡陡峭。

从戴河口至止锚湾的海岸线上众多的山体岬角，将海岸又分割成长度不等的岸段；每个岬角恰似一座天然挡砂丁字坝，阻隔了相邻海岸段的砂粒运动。

这一段岩石海岸坡度较陡，5米等深线离岸仅500米，10米等深线离岸3500米，15米等深线离岸12500米，水深条件好，足以建设万吨以上级泊位。

同时，秦皇岛港港池和航道年淤积厚度不足1毫米，航道、锚地没有岛屿礁石，便于船舶航行。且岸线明显凹入秦皇岛岬角和金山嘴岬角之间，导致港湾内风浪小，海域内水深，受暖流影响，海冰危害轻，也就有了北方不淤不冻良港的美誉。

河北省的岩石岸线分布于山海关张庄崔台子冀—辽陆域界点至北戴河戴河

口，是典型的岬角—港湾海岸，岸线全长82.34公里，占全省大陆岸线总长度的18.8%。

邱若峰介绍，秦皇岛现代海岸带由三个岬角段与三个海湾段组成，自东向西依次为：山海关岬角、东湾（山海关至秦皇岛），秦皇岛岬角、中湾（秦皇岛至金山嘴），金山嘴岬角、西湾（金山嘴至洋河口西）。

"港湾因有岬角环抱，水域广阔，掩护条件好，岸线稳定。"肖桂珍如是说。

事实也确实如此。

岩石岬角突出于海中，近岸有海蚀崖、海蚀柱和海蚀拱等海岸地貌，鸽子窝景点的鹰角岩就是典型的海蚀地貌。

2018年8月23日，站在数十米高的鹰角岩下抬头看，这块由于地层断裂形成的临海悬崖上，布满了大小不一的孔洞，这正是被称为鸽子窝的"窝"所在。

很难想象，这些曾被鸽子视为窝的孔洞，居然是海水不断冲刷而来，也是海蚀地貌的一种。

"海蚀地貌，是海水上升和下降的过程中形成的。"吴忱说，海蚀地貌分海蚀龛、海蚀穴、海蚀柱、海蚀洞、海蚀沟，从几厘米到几米深度不等，鸽子窝是海蚀柱。

"联峰山高出海平面140多米，山顶和山腰也有海蚀地貌，那是河北沿海保存海蚀地貌最好的地方，这也说明海平面曾一度达到这个高度。"吴忱介绍。

那么海蚀地貌是如何形成的呢？

吴忱用河蚀穴形成的壶穴原理举例："河流在涨落过程中，夹带着的沙子不停在石头上旋转冲刷，约两三千年才能形成一个几厘米深的河蚀穴。"

所以河蚀穴从平面看是圆形的，但是它的纵剖面是痰盂状，且中间鼓起一块鼓包状，"河蚀穴'肚子'要远比'口'大，而且河蚀穴中往往还能看到磨圆的砾石；砾石随水流旋转的时候，水流的离心力会促使砾石摩擦更靠近边缘的部位，形成中间的小鼓包，这就越发证明河蚀穴是冲刷形成的。海蚀穴中海蚀平台上的圆形穴形成与此同理——只不过海蚀岩壁上的海蚀穴是海浪冲击而致。"吴忱说。

三、大海的印迹

2019年5月13日，王宏办公室。

办公桌上放着好几个30多厘米长的牡蛎壳，他拿起一个牡蛎标本说："这个家伙生活在4000年前。"

地质学家为什么要研究一个古牡蛎壳体呢？

在渤海湾西岸，分布着两类很有特色的古海岸遗迹，那就是海河以南基本以在水上堆积为主的古贝壳堤，和海河以北水下堆积的古牡蛎礁。

海河下游以北的渤海湾西北岸约5000平方公里范围内，至今已发现了50余处牡蛎礁体，最大的两处分别位于天津辖区和唐山丰南大吴庄。

"50余处礁体大致可以划分为10道礁群，从西北向东南（从陆向海）逐渐变年轻，最年轻的现代礁体就存活于现在天津大神堂海区。"王宏介绍。

长牡蛎是一种生长在咸淡水混合的海岸河口区的水生双壳类动物，软体包裹于钙质壳体中。由此种生物自动聚集形成的"礁体"称为牡蛎礁。牡蛎个体生长极为缓慢，一年大概长1厘米～1.5厘米。

"牡蛎被誉为先锋动物，需要一个安静的生长环境，同时，它不能移动，需要附着在海底或其他较硬的物体、甚至是在前期死亡的牡蛎个体上生活，牡蛎礁的顶部可以生长到当时海平面的高度。"商志文介绍，牡蛎礁是渤海湾西北岸沧桑巨变见证的重要载体。

"渤海湾所有牡蛎礁体都被数米厚的泥质沉积层覆盖，深埋其下的牡蛎礁体的牡蛎由方解石质的生物碳酸钙构成，通过测定牡蛎壳体各年轮层氧同位素含量，可以还原古海水温度、盐度等重要信息，重建当时的地质环境，也可以据此预判未来的环境变化。"商志文说。

古贝壳堤是渤海岸线变迁的另一个见证。

2019年5月14日，黄骅古贝壳堤。

一块石碑埋在南排河镇张巨河村外的泥沙里：黄骅古贝壳堤省级自然保护区。由于人为破坏及海风侵蚀，目前只能看到破碎的贝壳掺杂在细沙之中。

"渤海湾贝壳堤内的贝壳属种基本一致，主要包括毛蚶、蛤蜊、青蛤、牡蛎、海扇等，以及珣螺、玉螺等共40多种。"王宏介绍，这么多贝壳堆积于此，形成贝壳堤，是大海的"簸选"作用，波浪将潮间带及潮下带的大量贝壳及其碎屑搬运至高潮线，并堆积下来。

渤海湾西岸贝壳堤自海边向陆、依据年代从新到老大致分为四道。

自天津市海河口向南，经驴驹河、高沙岭、白水头到马棚口，断续分布的贝壳堤为第一道，是在高潮线附近由风暴浪堆积而成的贝壳堤。

北宋庆历八年（1048年）到金章宗明昌五年（1194年），曾引黄河入海河，故而海河中游泥沽向东至塘沽之间形成的陆地，是距今千余年的黄河亚三角洲，沿海第一道贝壳堤指示了当时三角洲稳定后的岸线位置。

第二道贝壳堤规模最大、最连续，北自天津市海河中游军粮城，经二道闸、泥沽，向南再到邓岑子、杨岑子、新开路、板桥、大港，跨过独流减河，延续到河北黄骅歧口村；歧口向南再经高尘头、张巨河、赵家堡，到贾家堡一带。歧口贝壳堤底部测年两千多年，上部一千多年，视为第一、第二道贝壳堤叠加。第二道贝壳堤在天津大港上古林地区最宽达200米。

第三道贝壳堤北段见于天津市东部小王庄—张贵庄—巨葛庄—南八里台—中塘，南、北大港间又分为3支，南段见于黄骅城东王肖庄—武帝台一带，贝壳堤测年为三四千年。

黄骅古贝壳堤　　孙福新　摄　　　　　　黄骅古贝壳堤（局部）　　杨世尧　摄

第四道贝壳堤位于天津大港区子牙河以南翟庄子村西，测年5000年，向南延续数千米，进入河北境内；在黄骅市城区南侧东孙庄—苗庄地区有较大规模贝壳堤出露，距今约6000年，与天津南部翟庄子所见是各自独立的。

　　由黄骅城南到歧口村，两地相距30公里～40公里，贝壳堤年龄相差近5000年。这正说明5000年来，黄骅海岸线的向海推进，陆地面积不断扩大。

　　很明显，贝壳堤并非自北向南连贯延续下来的，包括黄骅滨海刘洪博村的"贝壳堤"，很多是一些河口海水倒灌上溯形成的贝壳堆积，黄骅武帝台附近更是有人工作用叠加的贝壳堆积。

　　考古学者曾在第四道贝壳堤及其以西地区发现战国、秦、汉时期的遗址和文物，表明当时这里已有人类经常居住活动。

　　公元11年～892年，黄河改从山东入海，黄骅一带岸线相对稳定，形成了第二道贝壳堤，考古学家在这道贝壳堤上也发现了丰富的唐宋文化遗址。

　　"这就是说，贝壳堤测定的年代和从其中出土的文物是相吻合的。"王宏说，这也印证着在海退过程中，各时期的祖先们在沿海留下的印迹。

　　吴忱给我们描绘了一幅人类在沿海活动的轨迹图：全新世中期，也是我国历史上的商周时期，黄河在天津入海时，河北平原上大多是湖泊沼泽，仅在太行

北戴河湿地　　潘如辉　摄

山、燕山山前，石家庄、北京等洪冲积扇一带有人类活动，洪冲积扇以东都是沼泽，人类无法生存。

商周以后，河北南部天气变凉，海平面下降，海岸线向海后退，河流前伸，河流堆积、沉积速率超过了海面高度，各地陆续成陆，湖泊被填埋，"短短二三百年间，人类顺着太行山脉向前活动，到了秦汉时期已经有人在现在的渤海边活动。到汉朝，黄骅海岸线上的第三道贝壳堤附近有人类活动也就顺理成章。"吴忱说。

王宏拿出一张拍摄于20世纪80年代初期的照片，身高180多厘米的他站在黄骅老狼坨子村5米高的贝壳堤陡坎前，仍显不出高大。"平缓的海滩有消能作用，但是向岸运动的风暴潮浪，依然能在此处形成5米高的贝壳堤陡坎，说明海水向岸边的搬运堆积能力非常强。当时滨海贾家堡贝壳堤最高，达到黄海海拔11米。"

20世纪90年代后期，王宏再到老狼坨子村时，看到这个曾有百十户人家的渔村已彻底搬迁了，仅留下残垣断壁。"从1870年至今，这一带的海水侵蚀掉陆地约1公里。"王宏介绍。

这是把地质变迁的时间从数万年缩短到近百年之后的所见，即失去贝壳堤保护的海岸，可能被强劲的海浪冲刷侵蚀掉。

这也是研究贝壳堤和牡蛎礁的价值之一。

约占地球表面71%的海洋被誉为蔚蓝的宝藏。渤海海岸的先民曾一度追逐着海退成陆的脚步，踏上人类生存发展的漫漫长路。直到今天，我们依然没有停止对海洋的探索。

渤海一度被称为百鱼之乡，又是著名的索饵场以及产卵场。河北境内的渤海海域，有哪些海产品可以诠释渤海的丰饶？又有哪些不为人知的故事，见证了渤海丰富我们的餐桌？还有哪些生物，对于渤海以及沿岸的生物链条不可或缺？

敬请关注《大河之北·海洋篇》第二单元——蓝色宝库。

（感谢中国地质调查局天津地质调查中心、河北省自然资源厅、河北省科学院地理科学研究所、国家海洋局秦皇岛海洋环境监测站、河北省地矿局第八地质大队对采访的大力支持。）

📖 阅读提示

　　渤海是我国内海，营养盐丰富，是众多虾、蟹、鱼类的产卵场、育幼场、索饵场，被称为黄渤海渔业的摇篮。

　　河北位于渤海腹地，海洋生物多样性非常丰富，曾盛产中国对虾、三疣梭子蟹、红鳍东方鲀、牙鲆、半滑舌鳎、梭鱼、海蜇、毛蚶、青蛤、文蛤、杂色蛤、缢蛏等多种经济物种，中国对虾曾大量出口创汇，获全国地理标志的黄骅三疣梭子蟹、唐山河鲀在国内外市场也久负盛名。

　　在沿海的滩涂和潮间带上，还有占据了全省水产品总量半壁江山的海水养殖及相关产业：秦皇岛一带养殖的海湾扇贝占据了全国近7成市场，唐山养殖的红鳍东方鲀占全国出口河鲀的6成，而沧州海兴一个700户人口的小村已成为影响全球卤虫价格的卤虫交易集散地……

　　丰饶的渤海，带来的还不止这些。那些从海边湿地经过的候鸟，那些成长于湿地、盐碱地土壤中的各种植物，它们和谐共生，构成了我们丰富多彩的渤海。

渤海海岸线　　潘如辉　摄

一、海产的福地

1. 揭秘鲜味之源

2019年4月23日，沧州黄骅市海鲜城早市。

清晨5时，天刚蒙蒙亮，这里已经人声鼎沸。

这个在8时就结束的早市，也是当地最大的海鲜批发市场。

早起的市民，在众多湿漉漉的水产品档口逐个询价。

一个挨着一个的水箱里，对虾、梭子蟹在冒泡泡，商贩们举着水淋淋的抄网，卖力地吆喝着各自出售的品种和价格，喊得最多的一句，是"满子儿满黄"。

这个季节的当红海鲜是"口虾蛄"——也就是北方俗称的皮皮虾。雌虾几乎个个满子儿满黄。

一年之中，皮皮虾最肥美的季节就在此时。

"此时的皮皮虾，品质最好的在渤海湾。"河北省农业农村厅原渔业资源保护处副处长崔校武说。

这是因为从唐山乐亭县大清河口向西，穿过天津，经黄骅、海兴再向东南，进入山东半岛北岸的黄河口一线构成的渤海湾，属于粉砂淤泥质岸线，海底平坦，营养盐丰富，极其适宜浮游生物生长、繁殖。

"像轮虫等浮游生物，在生物链上都处于末端，给皮皮虾等游泳动物提供了绝佳的饵料，所以渤海又被称之为索饵场。"崔校武说。

每年清明前后，皮皮虾肉质饱满，味道鲜美，大量上市。这其中，尚未产卵的雌虾尤其肥壮。

"目前口虾蛄在全省海洋生物总量占比最大，年产16000吨，是现阶段河北渔业春季生产的主要捕捞对象。"作为专业人员，崔校武更习惯说皮皮虾的"学名"。他说，渤海湾的口虾蛄全部为海生，这是因为相对大多数海洋生物一年一次产卵，口虾蛄一年多次产卵，且产卵量巨大。

2019年7月8日，石家庄某大型连锁超市。

水产品区域的冰块上，铺着一层10厘米长短的虾，一旁的标签注明：海虾。

显然，这样的标注过于"大而化之"。事实上，这种虾的学名叫南美白对虾，作为一种外来物种，它只被允许人工养殖。

1988年引入中国的南美白对虾，是我国三大养殖对虾品种中单产最高的虾种，在全国沿海几乎都有养殖。但渤海的南美白对虾，口感更佳。

而这，不单单和饵料有关，也与南美白对虾养殖环境——盐田盐度高密切相关。

河北农业大学海洋学院教授齐凤生介绍，与其他海域相比，渤海盐度是渤海海产品形成优势的原因之一。

河北省近海海域海水盐度平均状况为：表层盐度31.45，底层盐度34.23。春季海水平均盐度在32.5～33.4之间，均值为32.9，均高于环渤海其他省市产盐区（天津32.6，辽宁31.3，山东32.2）。

这些数字之间的些微差距，对于生活其中的海洋生物来说意义重大。

"随着环境盐度的增大，水产动物肌肉中的水分含量逐渐降低，灰分、粗蛋白和总糖逐渐升高。在盐度较高的水体环境里，海产品为了维持体内渗透压的平衡，必须要吸收较多的水分同时排出过多的盐分来适应外界的水体环境，维持其体内的稳定状态。"齐凤生说。

这也就意味着，海产品肌肉中的粗蛋白含量和总糖含量随养殖盐度的升高呈

渤海开渔　　杜柏桦　摄

现出升高的趋势。

还有研究发现，随着环境盐度的增大，海产品的硬度、咀嚼度、弹性和紧密性均有升高趋势，也就是我们日常所说的口感更筋道。

盐度，还与海鲜之"鲜"有着特殊的关联。

呈味核苷酸和呈味氨基酸是海产品中普遍存在的重要滋味物质，且呈味核苷酸和鲜味氨基酸共同存在时，对鲜味具有协同增强的效果，其效果强于等量的任何一种单类物质。而它们在海鲜中的含量，同样会随着盐度的升高而有显著增加。

"影响鲜味的另外一种重要成分是核苷酸，如一磷酸肌苷二钠（IMP）和一磷酸腺苷二钠（AMP），不仅单独呈味，而且对谷氨酸钠的呈味有增效作用——这两种重要的呈鲜味物质，也会随着盐度的升高而有显著增加。"齐凤生说。

渤海海鲜之"鲜"，恰恰来自于这片盛产海盐的海水。

2. 扇贝与河鲀

2019年5月7日，秦皇岛，河北省海洋与水产科学研究院。

张福崇是这里的副院长，他的另一个身份是国家贝类产业技术体系秦皇岛综合试验站站长。

"如今，全国餐桌上的每10个海湾扇贝，就有7个是咱河北海域养殖的。"张福崇不无骄傲地介绍，"河北抚宁、乐亭、昌黎3地的77万亩海水养殖所产出的海湾扇贝，产量占据了全国总数的70%。"

这个数据是惊人的。

事实上，海湾扇贝属于外来物种，20世纪80年代初期才引入国内。

"1985年，我分配到河北省水产研究所（现河北省海洋与水产科学研究院），1986年后，河北海域开始人工养殖海湾扇贝。"张福崇回忆。

海湾扇贝喜欢清水，所以更适合在秦皇岛、唐山基岩岩石海岸、砂质海岸一带人工养殖，沧州一带的淤泥质海岸则不适宜。

"咱们省这几个养殖扇贝的地方，河口众多，从陆地带入海中的营养盐也较多，且因为渤海的半封闭性，海水交换慢，这些营养盐大部分滞留在近岸水域，促使这一带的海水较'肥'。"张福崇说，这都是扇贝的饲料——浮游植物所需要的。

渤海的养殖扇贝并没有浪费这"肥沃"的海水。

齐凤生介绍，我国北方海湾扇贝主产区，由于地理位置接近，其营养品质也比较接近——但以秦皇岛产海湾扇贝的蛋白质含量为最高，达到67.62%，氨基酸总量55.91mg/100mg，必需氨基酸18.24mg/100mg，呈味氨基酸29.46mg/100mg。

扇贝在近海水域养殖，5月初扇贝苗壳长只有2毫米~3毫米，随着扇贝生长，不断分苗，"一般到8月初装入成品笼，成品笼10层~15层，一层放40个~45个。"张福崇说，扇贝养殖周期短，只需5个多月，到10月下旬就能长成商品贝。

这个能为我们的餐桌提供美食的养殖品类，对于海洋，还有着不为人知的回馈作用。

在陆地上，森林植物通过光合作用将大气中的二氧化碳吸收并固定在植被与土壤中，从而减少大气中二氧化碳浓度的过程，被称之为森林碳汇。海洋同样有碳汇功能。

中国工程院的一项研究显示，我国海水养殖的大型海藻每年可以从海水中移出碳30多万吨，养殖的贝类可以移出的碳更多，达到近90万吨。仅仅贝藻养殖这两项，每年就可以移出碳120多万吨。相当于每年造林50万公顷，生态效益显著。

除了碳汇作用，贝类养殖也能改善水质。"扇贝是滤食性贝类。"张福崇说，海湾扇贝以海水中的浮游植物、有机碎屑为食，浮游植物吸收利用海水中的氮、磷等营养盐进行生长繁殖，将这些营养盐转化成体内蛋白质、脂肪等有机物。通过扇贝滤食，又把浮游植物转化成贝肉，当养殖户采收扇贝的时候，就间接地把海水中的营养盐转移出来。所以说，河北省海湾扇贝养殖业对消减海水中的营养盐，降低海水富营养化水平及净化水质发挥了十分重要的作用。

2012年，河北海洋与水产科学研究院参加的原农业部"海水养殖产排污对海洋环境影响与减排技术研究"项目，对河北省海湾扇贝产排污系数及全年养殖产排污量进行了调查估算，确认浅海筏式贝类养殖，对养殖环境中的氮、磷有消减作用。

这项研究显示，每生产1千克扇贝，可从海洋中移除无机氮3.018克，移除磷10.013克。2017年河北省海湾扇贝养殖产量42万吨，年移除氮、磷为1267吨和

4205吨。（注：按2018年中国渔业年鉴数字，2017年河北省海湾扇贝养殖产量42万吨。）

相比价格亲民的扇贝，河北海水养殖的另一个高端品类在全国同样占比巨大。

2019年5月7日，唐山滦南南堡村村南。

唐山海都渔业集团董事长李卫东掀开门帘，眼前是河北红鳍东方鲀出口量最大的工厂化养殖车间。

黑暗阴潮的车间，一条刚捞出水的河鲀（俗称河豚），因受到惊吓腹部隆成了一个球状，它直径足有20厘米，白肚皮上密集的小刺也纷纷张开。

全国河鲀共有40多个种类，其中红鳍东方鲀因高蛋白低脂肪，肉质细嫩，被誉为河鲀中的"劳斯莱斯"，也被誉为鱼类之王。

目前，全国首批有资质养殖河鲀加工企业共5家（主要针对内销市场），其中4家主营红鳍东方鲀，唐山海都渔业集团是其中之一。

河北省是全国红鳍东方鲀苗种主产地，出苗量约占全国80%以上的份额。根据规定，红鳍东方鲀鱼源基地苗种来源必须是省级以上良种场。目前，河北省只有唐山海都水产食品有限公司和河北省海洋与水产科学研究院取得省级红鳍东方鲀良种场资质认证。

不久前被授予农产品地理标志的唐山河鲀，其实就是红鳍东方鲀。

唐山河鲀地理标志范围大部分水域为泥沙底质，适宜多种海洋生物栖息。海域环境质量总体状况较好，海水清澈，水质符合国家一类海水水质标准。

此外，唐山河鲀养殖区域位于渤海湾中心位置，内海海域水质稳定，河鲀因水质突变产生的应急反应少，有利于河鲀正常摄食生长，造就了唐山河鲀在同样生长周期内平均个体要比大连、丹东等地的河鲀大。这一带海水富含钾元素，也使得唐山河鲀肌肉中钾元素含量较高。

河鲀这种生物，对于普通人来说，并不常见。一方面是河鲀有毒的印象深入人心，另一方面，1990年国家卫生主管部门曾出台《水产品卫生管理办法》，其中明确规定：河鲀鱼有剧毒，禁止流入市场。

禁止流入市场，那么此前养殖出来的河鲀去了哪儿？

2016年之前，这些企业养殖的河鲀，几乎全部出口韩国和日本。

唐山养殖的红鳍东方鲀占到了全国出口河鲀的六成。

李卫东说，记者采访前一天的5月6日，活河鲀的出口价格是18.5美元/公斤，经过层层销售，搬到日本、韩国的餐桌上，红鳍东方鲀价格会翻番。

坊间有个传说：拼死吃河鲀。吃个河鲀要拿命换，另一方面也说明，河鲀的毒不是普通的毒。那么河鲀的毒藏在哪儿？

李卫东介绍，红鳍东方鲀的毒素主要集中在卵巢、眼睛、血液和内脏中。正确宰杀并处理之后的河鲀是可以安全食用的，在国外，河鲀大多用来切做生鱼片或涮火锅。

如今，河鲀的市场销路，正在悄然改变。

2016年9月，《关于有条件放开养殖红鳍东方鲀和养殖暗纹东方鲀加工经营的通知》出台，并公布了首批具有加工河鲀资质的5家企业，李卫东的企业是其中之一，也是河北唯一一家。

"经过我们公司专业处理的河鲀皮肉，完全是无毒的。"李卫东介绍，开放销售养殖河鲀市场以来，"我们在盒马鲜生配送的河鲀饺子和鱼片，销路都在稳定增长。"

河鲀这道美食，正在走入寻常百姓家。

3. 梭子蟹与毛蚶

2018年10月1日，沧州黄骅市南排河码头。

一艘刚靠岸的渔船马上被岸边等候许久的人们围起来，"有没有螃蟹？"

面色黑红的船老大，用两条暴起青筋的手臂从船舱搬出一筐挑出来的上等海货——一只比海碗大的螃蟹趴在一堆八爪鱼上，腿还在动。

"这只我要了。"

"我来得早，我先要。"

看两位顾客为这只螃蟹争执起来，船老大叉着腰，脸上露出开心的笑。他伸出两根手指，一位顾客略一犹豫，另一位已经掏出两张百元大钞递了过去。

仔细观察会发现，这只刚刚以200元高价成交的螃蟹，头胸甲呈梭形，接近蟹嘴的位置有三个凸起——这正是三疣梭子蟹的得名缘由。

三疣梭子蟹并不是黄骅独有，甚至不是渤海独有。2017年，黄骅南排河镇的

渤海沿岸渔船　　潘如辉　摄

21个渔业村陆上养殖池及沿岸开发的滩涂养殖池范围内生产的三疣梭子蟹，被授予"黄骅梭子蟹"农产品地理标志。

农产品地理标志是指标示农产品来源于特定地域，产品品质和相关特征主要取决于自然生态环境和历史人文因素，并以地域名称冠名的特有农产品标志。

为什么黄骅这一带的三疣梭子蟹能获得农产品地理标志呢？

黄骅海水原良种繁育中心，是全省唯——家国家级三疣梭子蟹原种场。

其负责人高洪江介绍：与其他海域的三疣梭子蟹品种相比较，黄骅三疣梭子蟹甲宽和甲厚较大；背部为淡青色，后缘和后侧呈紫色，无灰白色斑点分布，腹部均为灰白色；螯部发达，长节呈棱柱状，内缘具钝齿，螯足背面紫色，具灰白色斑点；前3对步足蓝色，指节紫色，第4步足拿节和指节扁平、宽薄；肝胰腺色泽为橙红色。

又是什么造就了黄骅三疣梭子蟹的不同寻常呢？

"黄骅所辖海区是渤海三疣梭子蟹重要的索饵场、产卵场和越冬场，也是多种浮游动植物生活聚集区，现已查明的浮游生物约50余种，底栖生物180余种。"高洪江笑着解释，这里四周有5000公顷盐场，水生动植物繁多，有丰富的卤虫资源，是珍贵的天然活体饵料库，是多种海洋生物的繁育场所。

独特的水质环境和淤泥质底部环境条件，

造就了黄骅梭子蟹肉色洁白、肉质细嫩、膏似凝脂、味道鲜美的特点，尤其是两钳状螯足之肉，呈丝状而带甜味，蟹黄色艳味香，富含蛋白质、半微量元素铁、微量元素硒、多种氨基酸等。

除了黄骅三疣梭子蟹、唐山河鲀，河北海洋水产品，还有产于唐山丰南海域的黑沿子毛蚶被列入农产品地理标志。

毛蚶，也就是渔民口中的毛蛤，这种生活在泥底的海产品，吃法简直花样百出，水煮毛蚶口感鲜嫩，凉拌毛蚶韧劲十足，剁馅做蒸饺更是鲜得仿佛把大海包进了面皮。

20世纪七八十年代，丰南黑沿子镇的渔船主要以捕捞毛蚶为主，当时的主要作业由生产队牵头，每个生产队都有1~2块半个足球场那么大的晒货场，蚶子堆积成山。

剥下来的毛蚶壳多到可以用来铺路——过去黑沿子一带的乡村小路基本上都是由毛蚶壳铺就的，晴天不扬土，雨天不粘脚。

全国各地海域几乎都产毛蚶，为什么黑沿子的毛蚶能脱颖而出呢？

这和黑沿子毛蚶的生长环境有关。

唐山丰南区位于华北地层区的燕山分区，受燕山构造运动和渤海海相沉积的影响，形成构造堆积冲洪积平原和滨海低洼平原。黑沿子毛蚶农产品标志保护区为河口地貌，底质为淤泥质，潮汐为半日潮，一日两潮，潮流为顺河流南北流向，流速约为0.5米/秒，纳水充足。毛蚶喜欢在泥砂土、溶氧适度、含盐适度的水体里生长，黑沿子具备毛蚶生产育肥的最佳生态环境。

从2015年起，张福崇负责的国家贝类产业技术体系秦皇岛综合试验站，在黄骅开始了毛蚶池塘养殖试验。"去年基本解决了毛蚶养殖的越冬问题。"张福崇说，目前，我们吃的毛蚶主要是天然野生的，价格不断上涨，最高价格到20多元一斤，"就全国海水养殖来看，池塘虾蟹鱼和贝类混养，作为一种先进的生态养殖模式，正在成为一种趋势。贝类不仅能净化水体，改善水质，还能增加养殖收入。"

更为重要的是，渤海黑沿子毛蚶增养殖如果能进一步推广，在提高产量满足市场需求的同时，还可以保护本地物种资源，"让子孙后代都能吃到我们本地的毛蚶。"张福崇充满期待。

二、海边生物链

1. "水体软黄金"

渤海除了海鲜味美，还有一个别号：饵料场。这是由于从渤海入海的河流众多，沿岸河口浅水区营养盐丰富，饵料生物繁多。

"大鱼吃小鱼，小鱼吃虾米"，描述的其实是大自然的一条生物链。

2019年7月8日，沧州盐业集团长芦黄骅盐业有限公司制盐三场场区。

刚下过一场雨，路有些泥泞，穿过盐池之间的小路，就看见每个盐池边都有些许泛白的盐晶体。不过，这不是记者当天采访的重点。

真正吸引我们的，是让风刮起来并聚拢到盐池一角的泡沫里，隐藏的一种比原盐价格高出数百倍的生物——卤虫。

在海洋的生物链里，处于相对末端的卤虫素有"水体软黄金"之称。

卤虫的形体像一把毛刷子，它通常有11对扁平叶足型附肢，少数有17—19对，具有呼吸和运动功能。这一点和多脚的蜈蚣有点儿类似。卤虫还拖着一条尾巴，尾节的端部有两个小叶状分叉，小叶不分节，顶端列生若干刚毛。不过，这个组成复杂的小家伙，最大也就1.5厘米长。

"全球针对卤虫的研究有200多年的历史。但作为水产动物饵料应用，是从20世纪30年代开始的。"河北大学生命科学院副院长管越强介绍，20世纪50年代后期，中国科学院海洋研究所张孝威教授首次发现了我国的卤虫卵，经十余种海产鱼苗培养试验，证明卤虫无节幼体是仔鱼、稚鱼的优质活饵料。

卤虫这种奇特的生物，耐盐范围极广，特别能忍耐高盐，甚至能生活在接近饱和的盐水中。

2019年7月9日，沧州海兴县张皮村。

张皮村海林水产饲料有限公司院内，机器发出轰鸣，开放的进料口能看见被搅拌起来的类似细沙一样的颗粒物上下翻飞，隔壁的包装车间，铁皮罐里装的就是烘干之后的卤虫卵。

"你抓一把感受下。"海林水产饲料有限公司总经理梁树尧说。略带咸腥味的卤虫卵握在手里更像是盐碱地常见的干沙土，细腻的颗粒在掌心里滑动有种丝绸般的触感。

梁树尧是村里最早从事卤虫卵打捞、加工并销售的村民之一。他回忆，20世纪90年代，有老外到村里收卤虫卵，当时卤虫以及卤虫卵并没有人注意到它的价值，"收购价5元一斤。"而当时国际市场上，加工后的卤虫卵已经十几万元一吨。

张皮村人就此发现了商机。他们甚至远赴青海盐湖收购卤虫卵，并逐渐在20多年间，形成了当地的卤虫卵加工产业。

梁树尧拿起一只空罐用手指弹着说："这一罐能装15盎司（约合425克）的卤虫卵，按照2018年的行情，可以卖到300多元人民币，比婴儿奶粉也不便宜。"

在某种意义上说，这也可以被称为一种"婴儿奶粉"——只不过，这种"奶粉"是专门用来繁育价格较高的海产品苗种。

相距几十公里之外的黄骅市海防大道上，几乎所有繁育三疣梭子蟹、中国对虾以及半滑舌鳎的苗种场，都会用到卤虫卵做饵料。

管越强对张皮村印象深刻，他的硕士论文《渤海湾海丰盐场卤虫的生活史和种群动态》就是在海兴县海丰盐场做调查写出来的。

"卤虫是鱼、虾、蟹幼苗极为理想的天然饵料，不仅能提高鱼、虾、蟹幼苗的成活率，而且能作为载体使幼苗有效地吸收药物从而起到预防疾病的作用。"管越强说，卤虫作为盐田生态系统的重要成员，可净化卤水、防止渗漏、提高盐的质量与产量。

卤虫在沿海地区北起辽宁南至海南都有分布，以辽宁、河北、山东三地的渤海海域最适合卤虫生长、繁殖，卤虫卵的质量也最高。

很难想象，只有700户人口的张皮村，在整个渤海卤虫卵的经营中占据80%的份额：全国每年500吨左右的渤海卤虫卵产量，在张皮村加工经手的就有400吨左右。除了销往全国各地，张皮村的卤虫卵还远销至俄罗斯、泰国等地。

张皮村甚至被业内称为全国三大卤虫卵集散地之一。

名不见经传的小村，在卤虫卵产业上实现了突破传统意义的"靠海吃海"。

这一点在卤虫卵的价格上体现得最为明显。

"以今年的价格为例，渤海卤虫卵大概30万元1吨，盐湖卤虫卵10万元1吨。"梁树尧介绍，这是因为，渤海卤虫卵颗粒更小，1克约含30万粒虫卵，而盐湖卤虫卵1克只有18万粒左右。

河北省限制开发海域分布图（限制开发区域，是指以海洋水产品保障、海洋渔业资源和海洋生态功能保护为主要功能的海域。）　　　王戬芬　制图

　　"渤海卤虫的蛋白要比盐湖卤虫高出20%，另一方面，渤海卤虫卵孵出的无节幼体较小，对于饲养经济价值高的海产品更易吞咽。"梁树尧扳着手指夸起渤海卤虫。

　　令人惊讶的还有，渤海卤虫卵在零下30摄氏度的冷库中，保存3年后仍可以孵化出卤虫。卤虫卵被育苗场购买后，并不直接投喂，而是孵化24小时得到卤虫的无节幼体，这才是幼苗时期所育苗品类的食物。

　　卤虫产卵量惊人，每年的7月～10月，当地人就会用细网到盐田中打捞卤虫卵——这种网120目，而我们平时家用的纱窗不过30目。汇集起来的卤虫卵，由梁树尧等经营的公司进行干燥，达到12%含水量的国标后进行出售。

　　这样大规模的捕捞，卤虫卵会不会被捞干净导致灭绝呢？

　　梁树尧摆摆手，"一方面是卤虫卵太多，另一方面是很多盐场也在有意识地进行播种，每年开春用头一年储藏的卤虫卵投放盐池，以增加卤虫卵的数量。"

　　即使如此，一亩盐田也不过收获几斤的卤虫卵。但这对于只需投喂十几天的高经济海产品繁育来说，已经足够。

2. 美丽的过客

2018年10月2日，黄骅市南大港湿地。

"开船啦！"

船工大喊了一嗓子，打着发动机，晃晃悠悠的游船向着芦苇深处驶去。

密密匝匝的芦苇，随风摇晃着高大的躯干，不时会有不知名的鸟儿飞出，艳丽的羽毛引发游客一阵阵惊呼，游客们拿出手机快速抓拍追逐。

芦苇是一种多年生根茎大型禾草，各种有水源的生境里，常以其迅速扩展的繁殖能力，形成连片的芦苇群落。河北沿海地区的芦苇分三种群落类型：分布在沧州南大港水库、唐海南部等地的常年积水型芦苇群落，春天草绿色，秋季黄绿色；季节性积水型芦苇群落；分布在唐山菩提岛北部的旱"洼"型芦苇群落。

"芦苇是一种适应性很强的奇妙植物。"河北师范大学生命科学学院5楼实验室，教授赵建成推推眼镜说，正是芦苇、碱蓬、柽柳等盐生植物构筑了鸟类在沿海地区孵化、生长和繁育的栖息地。

含盐量1.5%以上的土地中，很多植物已经无法生存，但被誉为滩涂裸地先锋植物的盐地碱蓬群落却可以生长得非常茂盛。这种群落有着鲜艳夺目的紫红色外貌，在滨海地带极为醒目。

分布在黄骅古贝壳堤一带的酸枣灌丛和分布在粉砂淤泥质海岸和砂质海岸的柽柳灌丛，是另两种很有代表性的沿海植被。

这些植被在沿海构建了一个小的生态环境，对于旅飞过此的鸟，非常重要。

普通人可能很难想象，一只鸟是怎么跨越大洋大洲，一年年，一代代，沿着同样的路线迁徙的。事实上，它们依据的可能是星辰、地磁，也可能是地貌。

而在地貌中，海陆交界是鸟类的依据之一。

同时，选择海陆交界迁徙，也意味着沿途能进行食物补给和有地方栖息。

"东亚—澳大利西亚线路，是世界几大鸟类迁徙通道之一，它涵盖了中国的东部地区，包括渤海。鸟儿们冬去春来，在繁殖地与越冬地之间往返迁徙，年年如此。"河北大学生命科学学院教授侯建华介绍。

"根据迁徙的特点，我们可以把鸟分为留鸟、候鸟和迷鸟。"侯建华说，其中候鸟又分为冬候鸟、夏候鸟和旅鸟。留鸟是指终年留居在某一地区、不进行迁徙的鸟类；旅鸟则是指既不在此地繁殖又不在此地越冬而仅在迁徙途中途经某地的鸟类。

途经河北海域沿岸的鸟类，大多是旅鸟。

2017年，全国开展第二次陆生野生动物资源普查，河北省多地启动同步调查。"这次同步调查的数据相对准确，因为同一只鸟不可能在同一时间出现在两个地方。"侯建华参与了这次调查。虽然调查的具体数据目前还没有公开，但粗略统计，河北境内的鸟类种类在400种～500种之间，包含了途经沿海的各种水鸟。

鸟类，是一个统称。如果了解鸟类，对每一种鸟都叫得上名字来，会发现鸟有着另一种可爱。

"就拿红腹滨鹬来说，每年会从新西兰和澳大利亚一路向北，跨越大海一直飞到中国唐山，这期间体力消耗会导致它的体重大幅下降。直到曹妃甸一带的浅滩，它们才会停下来补给，猛吃一个月左右进行恢复，下一站直飞西伯利亚地区。"侯建华说，近些年科研人员通过对鸟类进行环志，可以清晰地观察到鸟类的迁徙路线，但依然无法解释很多鸟类的行为。

更有趣的是，鸟也有记忆。

"曾有一只被救助的鹤，按照鹤的迁徙路线，它们的种群会在救助地附近停留补充体力，但是唯独这只鸟，会越过这个地方。"侯建华分析，这只受过伤的鸟也许对受伤的地方心存畏惧，这种畏惧甚至改变了它祖辈多年形成的迁徙习性。

旅鸟的迁徙，也不是一窝蜂地扎向目的地。在研究中，侯建华发现，迁徙鸟群每年春天来到渤海沿岸时，一般是雄鸟先来占区，其次是雌鸟，最后是弱鸟和小鸟。这时，已经占区成功的雄鸟发动求偶攻势，通过不同的求偶方式，在渤海完成繁殖育雏，秋天再飞。

这就为渤海沿线北戴河湿地、滦河口湿地等地形成高端旅游观鸟经济奠定了基础。

夏季的秦皇岛，游人如梭。游客们指着展翅的海鸥兴奋地大叫："海鸥！"

在鸟类专家眼中，海鸥与海鸥也不同，仅秦皇岛一带就有26种鸥。

黄骅盐场的盐田边，毛色艳丽的鸟成群地飞起降落，在浅水中寻找食物。透过沧州师范学院生命科学学院教授孟德荣的观鸟镜，可以看到：翘鼻麻鸭、赤麻鸭、银鸥……

这些小生命中，不乏多个国家保护动物品种。比如国家一级重点保护动物、列入《中国濒危动物红皮书·鸟类》稀有物种的大鸨，以及国家一级保护动物东方白鹳等。

在唐山、秦皇岛、沧州甚至形成了爱鸟人士自发组建的护鸟团队，他们自觉救助那些落单、受伤乃至中毒的鸟，帮助它们回到群体中去。而且，加入这个队伍的人逐年增加。

这些鸟的存在，意义重大。

"鸟类是生态系统的一个类别，是生态系统稳定的一个层面，对它的保护有助于生态平衡，也有助于维持物种多样性，更有助于保护物种基因库。"侯建华说，不管是海洋还是陆地，每一种生物的存在都是生态系统的重要组成部分，保护它们，其实是在保护我们自己。

三、养殖新版本

1. 突破和遵循

2019年5月9日，沧州黄骅市南排河镇季家堡。

和村子一条海防大道之隔的河北鑫海水产生物技术有限公司院内，河北省海洋与水产科学研究院副院长付仲正在车间进行单环刺螠育苗。

单环刺螠，俗称海肠。是一种两头尖尖，长圆筒形的螠虫动物。以海肠为原料的韭菜海肠，被誉为胶东名菜。

单环刺螠，个体肥大，味道鲜美，富含蛋白质、人体必需氨基酸和纤溶酶、多肽、糖胺聚糖等多种生物活性物质，具有较高的食用和药用价值。由于捕捞这种海产品的野蛮和破坏性，现已禁止捕捞。

"这个项目完成了单环刺螠的亲体培育、人工授精、选幼及培育，现已到幼虫阶段，这里的幼虫有1.5亿尾。"付仲指着育苗池说。

单环刺螠栖息于泥沙底质中，属滤食性和渣食性生物，以水层中悬浮性颗粒状有机物为食，对食物颗粒无选择性；对环境温度、盐度、溶解氧的变化有较大的耐受能力，这些特性决定了其养殖管理简单，成本低。

另外，单环刺螠栖息于泥沙底质，滤食性等生活习性，决定着其可与海参、

黄骅渔民展示捕捞的三疣梭子蟹　　牟　宇　摄

渔民展示刚捕捞的河鲀　　杨世尧　摄

乐亭县一处海参养殖基地刚捕捞的海参　　杨世尧　摄

虾、蟹、鱼等混养，用以改善池底生态环境，在国家推进环保和养殖尾水处理的今天，用生物治理可以说是首选。

"再过十来天，这些苗就得移到乐亭去。"付仲说，这是因为，5月中下旬的黄骅海域，平坦的滩涂将海水摊薄，阳光照射提高了海水温度，浅海水温能达到30℃，而海肠生长的适宜水温为23℃，如果采用制冷机降温成本太高。

科技在进步，但是科技再有所突破，也仍然要遵循大自然的规律，人类只能在遵循这些规律的基础上，对大海加以开发利用。

这一点，在中国对虾的养殖繁育上，体现得更为明显。

走进鑫海公司的二、三车间，对虾发育的不同阶段——无节幼体、溞状幼体、糠虾、仔虾分布在不同池子里。"我们做对虾育苗的目的是生产1厘米的虾苗用于增殖放流，今年要完成3亿虾苗的放流任务。"付仲说，中国对虾育苗从购进亲虾开始，经过亲虾培育、产卵、幼体培育的不同阶段，完成生产需要两个月。

中国对虾，个体大、味道鲜美，是制作油焖大虾最好的原料。因过去在北方市场上常以"一对"为单位来计算售价而得名。

中国对虾生活在黄渤海海域，每年秋末，从渤海到黄海东南部深海区洄游越冬。来年春北上，形成产卵洄游。

"4月下旬中国对虾中的雌虾，洄游到渤海莱州湾、渤海湾及辽东湾各大河口附近产卵。"管越强说，渤海丰富的饵料，是中国对虾洄游产卵的重要因素，中国对虾的洄游不仅是对虾类中最具特点的，也是洄游距离最长的。

渤海50岁开外年纪的渔民都能记得，一度，在中国对虾的捕捞季，一网下去，"捞上来的中国对虾，比男人的巴掌还长。"

但那都是曾经了。黄渤海的中国对虾捕捞，在20世纪70年代达到顶峰，随后在20世纪80年代资源量和捕捞量均出现大幅下降，这都说明天然资源是有限的。

20世纪80年代初，中国水产科学院黄海水产研究所赵法箴院士主持了国家攻关项目"对虾工厂化全人工育苗技术"的研究。这项研究在不到两年时间里就获重大突破。

由于及时推广，1982年全国对虾人工育苗量比1979年提高52倍，使中国一跃成为世界上人工虾苗量最高的国家之一。

全国对虾养殖产量也从1978年的450吨增至1991年的近22万吨，1981年～1992年养殖对虾的直接产值累计超过400亿元。

这项成果从根本上改变了中国长期依靠捕捞天然虾苗养殖的被动局面，不仅推动了中国对虾养殖事业的大力发展，而且对海区放流虾苗的资源增殖具有重要意义，为中国成为世界第一养虾大国奠定了坚实的基础。

"要不是1993年那场席卷全国的虾病，现在咱渤海的中国对虾也不至于萎缩。"付仲叹口气说。

这场虾病，叫白斑综合征，迅速席卷了包括养殖和野生的中国对虾品种。

那之后，中国对虾养殖锐减，2000年后几乎没有这一品种的养殖。

2005年河北省开始做中国对虾增殖放流，恢复渔业资源。2005年前中国对虾捕捞产量100吨左右，放流以后的2006年达到1000吨，效果显著。

目前，在曹妃甸海域，有部分海水池塘利用黄海系列中国对虾和红鳍东方鲀套养的方式，获得了较好的经济效益。

病害，只是中国对虾现状的成因之一。

如今，春季的渤海湾，已见不到洄游的中国对虾亲虾，资源衰竭、环境污染等等都是造成这一局面的原因。

"中国对虾产量骤减，1988年引入中国的南美白对虾因它能抗白斑综合征，在1993年以后养殖规模迅速扩大，成了餐桌上的主力。"管越强说。

"白斑综合征至今仍未攻克。"崔校武介绍，目前，中国对虾尚在继续育苗，用于海洋增殖放流，以期这个曾经辉煌的渤海产品，还能形成繁殖群体，虽然，暂时找不回当年的鼎盛。

　　不过，像付仲和管越强一样的水产科研工作者们，仍在渤海边努力探寻解锁白斑综合征的钥匙。

2. 增产和循环

　　"你能想象吗？作为一个有近千里海岸线的沿海省份，新中国成立初期，河北全省水产品一半来自白洋淀，海产品占比微乎其微。"崔校武说，随着生活水平提高，老百姓的餐桌对水产品的需求越来越大。

　　水体自产有限，这个问题怎么破？

　　河北沿海养殖技术已有200多年历史。

　　《河北省志·海洋志》记载，唐山丰南一带，早在二三百年前就纳潮采苗粗养鲻鱼，称为"港养"。河北养殖对虾也有100多年历史。

渔民在收获扇贝　　揣连海　摄

但直到1980年，全省的海水养殖产量只有1046吨，仅占海洋渔业总产的1.2%。

1985年，中共中央和国务院发出的《关于放宽政策，加速发展水产业的指示》提出，力争到20世纪末全国水产品产量翻两番。用三五年时间，分期分批解决大中城市吃鱼难问题。

靠海吃海，河北的鱼、虾、蟹等各类海水养殖由此开始，有了突飞猛进的发展。1989年，河北海水养殖产量为31434吨，占海洋渔业总产的19.8%，比1980年增长了30倍。

36:64，这是2018年河北海水捕捞和海水养殖产量的比值，其中海水养殖产量已经占全省水产品总产量的47.5%，海洋捕捞占20.6%。

换句话说，河北水产品的产量中，来自海水的占据了68%，海水养殖产量已经接近全省水产总量的一半。

那么海水养殖百无禁忌吗？答案是否定的。

2019年5月6日，秦皇岛河北省海洋与水产科学研究院。

靠近东山浴场的一处办公区，副院长孙桂清正在忙碌，她介绍，河北省海水养殖方式主要有4种：浅海筏式养殖、工厂化养殖、池塘养殖、浅海与滩涂底播增养殖。

这其中浅海筏式养殖面积86万亩，主要养殖品种为海湾扇贝，年产量约42万吨。海水工厂化养殖，主要养殖品种为鲆鲽鱼类、海参、对虾，年产量1.11万吨。

海水池塘养殖面积32万亩，主要养殖品种为鱼类、对虾、三疣梭子蟹、海参，年产量3.7万吨。浅海与滩涂贝类增养殖面积25万亩，主要增养殖品种为杂色蛤、毛蚶、魁蚶，年产量3.1万吨。

海水养殖为餐桌提供美食的同时，也会带来少许海水污染。

"传统的工厂化养殖，修砌水泥池，把海水导入养殖区，养殖的尾水不经处理直接排放入海。这种养殖方式除了养殖用水量大，尾水中还含有少量残余的饲料、养殖产品的粪便及溶解性氮、磷、有机碳等物质，流入大海将造成海水富营养化水平提高。"孙桂清说，现在不仅是环保形势倒逼海水养殖要更注重节水减排，养殖本身也要关注海洋资源与环境的可持续发展。

2019年5月7日，唐山滦南南堡村。

唐山海都渔业集团的河鲀养殖车间一侧，推土机正在轰鸣，工人们穿着雨鞋在埋头作业。

李卫东指着这片工地说，这是他正在扩建的河鲀养殖车间，"我们要上循环海水养殖系统，这次投建，就要一步到位，环保形势只会越来越严格，必须要走到前面。"

李卫东所说的循环海水养殖技术，是河北省海洋与水产科学研究院的技术创新项目研发成果。2012年这项名为"封闭式循环海水养殖技术开发与产业化示范"的成果获得河北省科技进步二等奖，同时获得中国水产科学研究院科技进步三等奖，工厂化循环水养殖技术最先在河北鲆鲽鱼类养殖中得到推广应用。

"简单说，养殖尾水经过沉淀、过滤、曝气、生物净化、增氧、调温、杀菌消毒等处理，实现循环利用。"孙桂清说，使用这一系统，只有5%～10%的尾水进入外循环，其余水进入养殖系统得到再利用，"这不仅可以减少养殖污染，还可以增加产量，提高养殖产品品质。"孙桂清说，目前全省已经推广20多万平方米养殖范围。

实施海水工厂化循环水养殖，具有环境友好和资源节约的双重优势，在促进产业跨越式发展的同时，有效地保护海洋生态环境，是"大力推进生态文明建设""加大自然生态系统保护力度"的大势所趋。

2017年河北省海水工厂化养殖面积330万平方米，"如将全省海水工厂化养殖进行升级改造，全部实行循环水养殖，则每年减排养殖尾水至少12亿吨。"孙桂清对此信心满满。

除了提供鲜美的海产品，大海还馈赠了一种关乎国计民生的产品——盐。从原盐到食盐，河北沿海制盐的历史能追溯到2000多年前。甚至有城市因盐而生，因盐而兴。盐是怎么来的，制盐工艺又有哪些发展，现在的海水制盐又是如何和我们的生活息息相关？请看《大河之北·海洋篇》第三单元——海盐传奇。

（感谢河北省海洋与水产科学研究院、河北大学、河北农业大学、河北师范大学为本文采访提供的帮助）

第三单元 海盐传奇

执笔◎《河北日报》记者 白云

采访◎《河北日报》记者 白云 汤润清

📖 阅读提示

　　盐，是我们日常生活中不可缺少的一种物品。

　　我国的食盐，按照来源分为海盐、井盐、矿盐、湖盐等。

　　两千多年前，河北就是重要的海盐生产区。如今，河北省487公里海岸线上，分布着黄骅、大清河、南堡盐场，它们是我国四大海盐产区中渤海盐区的组成部分，也是著名的长芦盐区一部分。

　　咸腥的海水，是如何变成白花花的盐的？

　　千百年来，盐给海岸线上的河北人带来了什么？

　　如今，人类最古老的商品之一——盐，又在怎样的延展中呈现独特的韵味？

　　带着这些问题，我们走进河北海岸线上的盐场，为您讲述海盐背后那些鲜为人知的故事。

沧州沿海春季原盐作业　　苑立伟　摄

一、盐从海里来

1. "一年两熟"的辛苦结晶

2019年6月23日,黄骅。

沿着307国道一路向东,大海特有的咸腥味扑鼻而来。从距离海岸线30公里处开始,路两边红砖砌就的结晶池里,海水在经过几个月的滩晒后,逐渐凝结为各面长约1厘米的晶体。

饱满的颗粒,晶莹剔透,任取一颗迎着太阳看,都是钻石般的光洁。

盐,是大海馈赠给人类的礼物之一。

这一天,在沧州盐业集团长芦黄骅盐业有限公司(以下简称黄骅盐场)作业区,71平方公里的陆域面积上,一年一度的春扒已接近尾声。

随着扒盐机在一块块7000多平方米的盐池里来来回回,盐粒相互撞击着,发出晶体特有的清脆声音。海边的制盐人,再一次经历了一个属于他们的收获季。

和几十公里之外农田里的庄稼类似,海盐的收获,也是一年两季——4、5、6月份的春扒,9、10月份的秋扒。

不过,秋扒往往不如春扒收获大。秋扒的盐粒体积明显小于春扒。"这是因为秋扒形成的盐粒,在夏季高温时,结晶速度过快,晶体生长不坚实,在作业过程中容易破碎。"沧州黄骅盐场生产部部长高立增解释。

第一次到制盐区的人,都会有一个疑问,为什么收盐又叫扒盐?

"'扒'是个动作。"高立增笑起来,"这说法是一代代传下来的。饱和卤水在盐池内析出晶体颗粒后,会均匀地铺在池底,扒盐就是要把盐集中起来再堆成坨。"

盐,貌不惊人,得来却要颇费一番功夫。尤其扒盐,曾经是个辛苦活儿——今天扒盐机所从事的工作,过去都是用人工来完成的。

从黄骅向北220多公里,跨过天津海域,就是河北长芦大清河盐化集团有限公司,也叫唐山三友盐化有限公司(以下简称大清河盐场)。

大清河盐场拥有97平方公里的陆域盐田,以及31.5平方公里的海域面积。

"我父亲那辈儿,要干扒盐这活儿,非得壮汉不可——光铁耙就得百十来斤重,一把盐连耙带盐二百多斤,从盐池子一头扒到池埝上,盐耙越拉越多,没

把子力气干不成。"大清河盐场一工区工人李明，1997年从父亲手中接过班。如今他们这些制盐人，在非收获季，更多的是拿着卤表在盐田巡视，根据卤水浓度变化，提闸、放闸。

李明值守的办公楼，孤零零矗立在盐田中。楼前的空地上是各种工具，其中有一些，在外人看起来，完全想不出做何用途。

"一部分是我们自己改造的工具。"李明指着一台履带式拖拉机和活碴耙子改造的设备笑着解释，"你看这个大家伙，就是我们鼓捣的。怎么节省人力怎么来吧，想到了就改，不断地改，甚至把俩设备合二为一。"

在很长一段时期，手推肩扛是盐区作业的主要方式。

"50年代抬着走；60年代推着走；70年代扶着走；80年代坐着走。"20世纪在老制盐人中曾流传过这样一句顺口溜，描述的是不同时代的盐区作业方式。

今天，黄骅盐场的资料室里，保存着这样一张照片：一男子推着独轮车行走在盐池中间的狭窄小道上，透过黑白相纸似乎能看出他健步如飞。这是1960年5月，全国劳模吴宝太到黄骅盐场推广"吴宝太推盐回车法"时留下的影像记录，其推广的意义就在于这种技术提高了运盐效率。

黄骅盐场经理宋建林介绍，直到20世纪90年代初期，一个作业队4副滩，需要80多名劳动力，现在一副滩要8个人，总共只需32人作业。而人均产量却从300吨/年～400吨/年，提高到了700吨/年～800吨/年。

生产技术的进步，也改变着盐区的作业方式。

2016年，黄骅盐场开始上马直吸式扒盐设备。直吸式收盐机操作原理是这样

大清河盐场五彩斑斓的海盐田　　杨世尧　摄

的："'唐三〇（T-30收盐机）'在行进中将盐粒集中，由盐泵将盐、卤吸入漂浮在池中的管道，经过二次加压输送到坨地，再进行盐卤分离，盐粒留在坨地集成盐码，卤水通过回水管进行回收并二次利用。2017年，这项设备在我们盐区已经全面推广。"高立增说，但关于扒盐的叫法延续了下来。

2. 一滴海水到一粒盐的旅程

海水变盐的收获，要从海水被驯服讲起。

2019年7月8日，黄骅。

距离海岸线数公里远的纳潮沟，像连接到大海上的一根脐带，海水沿着它，通过纳潮泵站被输送到初级制卤区。

明清时期，晒盐法之所以只能在部分沿海地区实行，得益于这些区域的近海滩涂地势平坦，能把海水借助涨潮引入作业区。如今，实现这一过程的，是电力驱动的扬水泵。

大海是咸的——这是因为海水里含有主导口感"咸"的氯化钠。

将海水经过自然蒸发、浓缩，达到氯化钠饱和状态的过程，称为制卤。制卤是海盐生产中一项常年基础性工作。制卤工用波美度来计量海水制盐的每一步所要达到的数值。在晒盐开始前，海水的初始浓度一般约为2~3波美度。

海水一路经过初级制卤区、高级制卤区、进入蒸发区再到调节区，在这个过程中，它们并不是自由流动的，而是要分别在这些区域通过风吹日晒达到一定浓度，才被允许进入下一区域。在一定的浓度区域里，卤水中的杂质也在被不断析出，卤水质量得到不断提升。比如，在3波美度到7波美度期间，析出卤水中的氧化铁；从7波美度到17波美度期间，析出卤水中的碳酸钙。

制卤既是不断提高卤水浓度的过程，也是不断提升卤水质量的过程。

从初级制卤池起步，卤水每前进一步，不同级别的卤水池，都需要提前留有少量较高浓度的卤水做底卤来进行铺底。这个被称之为"咬卤"的特殊过程，其实是通过底卤来催化新卤中淡水的蒸发，加速得到高浓度卤水。

正是由于这个原因，虽然我们可以形象地把海盐比喻为"一年两熟"，但即使在盐场工作了一辈子的老盐工，也很难断定具体某颗盐从哪一刻开始生长：盐区的卤水全年365天24小时滚动前行，一个工序的成品是下一个环节的原料，也可能是前一个环节的催化剂。

在几个月的时间里，海水不断蒸发，从2~3波美度起步，不断提高氯化钠含量，最终形成接近25波美度饱和的卤水。

卤水的最后归宿是结晶池。顾名思义，经过数月晒制的海水，最终要在这里结成晶体。

20世纪60年代，黄骅盐场作业区
的工作场景　韩　磊　翻拍

唐山市南堡盐场在加工仓储
码头卸盐　杨世尧　摄

"通过理论计算，生产1吨盐，大约需要110立方米2波美度的海水。"高立增介绍。

承担着孕育的重任，结晶池和其他池最大的不同就是百十年浸润碾轧的底泥。底泥让池板看起来光溜硬挺，在引入重卤之前还要反复碾轧，为的就是防止卤水从底泥中"溜掉"。

既然要防范卤水溜走，修筑水泥的结晶池不是更好？

几年前，盐场还真就此做过实验。"但效果并不好，水泥池板完全没有渗透性，析出的晶体比较细碎，质量也差。"高立增说。

适宜的结晶池，浓度适当的卤水，这是否意味着结晶成盐已经准备就绪？

其实不然。为了促进晶体的生成，尽快结晶成大颗粒，在完成卤水变晶体的最后一环，还要有一颗关键的种子——原盐。

老盐工习惯把撒入池内的原盐颗粒叫盐种。

撒盐种是结晶初期促进形成颗粒的关键工艺。池板轧好后，要将盐种均匀地撒在结晶池板上，厚度约为2.5厘米，再注入饱和卤水。卤水中析出的氯化钠晶核，直接结晶在原盐晶体表面，成长为更大的、规则的正六面体。

那么高浓度卤水要放多少？老盐工多年经验总结的配比是，每1毫米的蒸发量配比1.5厘米深的结晶卤水，依次递增。

2019年7月5日，黄骅盐场。

活碴机在结晶池中来来回回，不断将结晶的盐板打碎，这又是为什么？高立增说，活碴是为了晶体得到不断翻动，始终让晶体与晶体之间有缝隙，接触卤水的表面积就会保持在最大，使卤水中析出的晶核合理、匀速地结晶在颗粒表面，有利于原盐颗粒形成规则的结晶正方体，提高原盐的产量和质量。如果活碴不及时，就会造成池内原盐颗粒之间相互结晶成板，一方面减少了原盐颗粒的结晶面，造成减产，另一方面也使晶体成长不规则，影响原盐质量。

活碴时，少部分被打破的晶体，还可以帮助残余的晶核，附着在原盐颗粒上形成新的晶体，也更易让太阳照射到盐颗粒的不同侧面。

不断活碴不断结晶，直到原盐厚达七八厘米，一场生长和收获就这样悄然到来。结晶卤水中的钠离子和氯离子不断析出，直到卤水中钠离子和镁离子的比例打破1∶1的平衡，镁离子含量高于钠离子含量，这一结晶池的卤水使命宣告终结。

我们终于得到了一颗颗原盐。

3. 制盐的绝佳条件

时光倒回到2006年5月10日，在紧邻黄骅市的海兴县古制盐遗址，考古人员在这片约23平方公里的区域挖出一个形似"将军盔"的器件：上尖下圆，底口外径19.5厘米，内径13.7厘米，高22厘米。

"将军盔"自上而下有数道均匀弯曲的槽沟，槽沟内有盐硝痕迹。在"将军盔"出土的地点，有一道长长的排水沟，沟的两侧散落着古代煮盐陶器与金属器具残片以及0.6米～1.3米厚的草木灰层等。

这是河北境内发现的第一个完整的古代灰陶制煮盐过滤器，它被命名为"盔形器"，其作用是制盐过程中过滤，它的使用年代被证实是在春秋时期。

这与《史记》中记载的战国时期"东海煮海为盐"比较契合——当时的东海，指的就是现在的渤海。

"战国时期，地处齐国北部的黄骅和海兴都是齐国重要的产盐地之一。"河北省社会科学院历史研究所研究员刘洪升介绍。

为什么在这些区域，开启了海盐制取呢？又是为什么沧州和唐山的制盐保持至今？

《盐法通志》记载，煮盐（煎盐）的工艺是："长芦煎者，至11月破冰贮存海水……"

煮海为盐的第一步就是要取海水。以黄骅为例，黄河一度从这里冲积入海，形成了坡度较小的冲积海积平原，使得沿海滩涂地势平坦，对将海水引入制盐区非常有利。

8月的海兴湿地，芦苇丛中不断有鸟飞起，它们惊艳的羽毛和清脆的叫声，穿过密密层层的芦苇荡。从海兴到南大港湿地，芦苇是这片海岸线很常见的一种植物。就连渤海盐业的商标"长芦"之名，都来源于这种植物。

《河北省志·盐业志》中写道：各煎盐场地都有固定草地，称"荡地"，所产芦苇蓬蒿，作为燃料。

这意味着，煮盐的两个必要条件：近海和燃料都已经具备。

《盐法通志》还记载煎盐的淋卤法：取海水之后，"待春暖天晴，将草灰摊入亭场，待盐花浸入灰内，将草灰装入备好的灰坑，以贮存之海水淋灰取卤"。

这侧面证实，煎盐对土地有要求，如果土壤渗透性强，就很难留住卤水。

尤其是明清以后，长芦盐区启用的滩晒制盐工艺，需要长时间将海水曝晒，对土质的渗透性要求更高。

有趣的是，黄骅歧口冀、津陆域界点至海兴大口河口冀、鲁陆域界点，乐亭大清河口至丰南刘合庄冀、津陆域界点，刚好都是粉砂淤泥质岸线，土壤类型多为中壤质和黏质滨海盐土，底质板结，防水性好，是取海水得以留存煎、晒的底线。

如果说土质是海水制盐的地利，那么渤海一带时至今日，还保留着传统的晒盐工艺，是因为这片区域还具备着制盐天时。

2018年10月15日，黄骅。

一场预报中的小雨并没有如期到来。

对于华北平原上的庄户人家，雨水向来贵如油。但在盐田，下雨是盐工不喜欢的天气。

不过，河北盐区年均降水量600毫米～700毫米，比起全国其他海盐区，少了100毫米～350毫米。而河北产盐区日降水量强度大于10毫米的天数平均只有16天～17天，比全国其他各大产盐区少4天～11天，且降雨集中期与产盐集中的春晒期基本没有交叉。

这些，都为滩晒制盐提供了绝佳条件。

除此之外，渤海盐区拥有全国四大海盐区最长的年日照时长，常年日照平均时数多大于2800小时，年均蒸发量大于2000毫米，年蒸发量是年降水量的3倍多。对于靠自然蒸发晒制盐来说，充足的蒸发量是促使海水浓缩结晶的重要保证，产量相对较高。

河北省盐区日照强，年蒸发量比山东盐区多800毫米，比全国其他各主要盐区多200毫米～300毫米。从蒸发量的季节特征来看，河北省产盐区月蒸发量4～6月最大，为829.2毫米，占全年蒸发总量的40%，而同期降水量只有120毫米～130毫米，仅占全年总降水量的19.8%～21.5%。

河北的海盐晒制区，还拥有环渤海湾较大的盐度。河北省近海海域海水盐度平均状况为：表层盐度31.45，底层盐度34.23。春季海水平均盐度在32.5～33.4之间，均值为32.9，均高于环渤海其他省市产盐区（天津32.6，辽宁31.3，山东32.2）。

当天时和地利兼具，河北环渤海沿岸孕育2000多年的制盐业也就不足为奇了。

二、盐与一座城

1. 再现古代制盐术

坐落于黄骅的河北海盐博物馆，是全国三大盐文化博物馆之一。相比另两座盐博物馆所在地自贡和盐城，黄骅和盐的关联，听起来似乎并不那么如雷贯耳。

但事实上，这座城和盐有着千丝万缕的联系。古人所谓"鱼盐之利"，也包含这里。这里也是最早实行食盐专卖的地方。

《史记·齐太公世家》记载，"太公至国，……通工商之业，便鱼盐之利，人民多归齐。"——这里的"太公"，指的是吕尚，也就是人们熟悉的姜太公。

其后，齐桓公在大臣管仲的建议下"煮海为盐"，以富国强兵。今天河北东南部黄骅一带，当时正是齐国北部属地，黄骅盐业就此兴盛起来。随后，管仲提出"官山海"政策，即对盐和铁一起实行专卖，也就是后世所称的盐铁专营。

海盐博物馆复原的古人在盘铁上煮盐的一幕　　白 云 摄

2018年10月5日，河北海盐博物馆内。

游客们跟随讲解员在一件展品前驻足，这是海盐博物馆最能代表黄骅一带盐业发达的藏品：一枚重达50两的银铤。

日久年深，这枚银铤早已不再是鲜亮的银白色，而是黯淡发黑。"这是当时的海丰镇盐使司要上交国库的专用官银，是用官盐税收的碎银铸就的，并不在市面上流通。"河北海盐博物馆馆长张宝刚说。

海盐博物馆里，文物和实景演示的现场交替出现，泥塑和灯光特效还原了千年前的灶民煮盐场景：浩瀚的海水借助地势或涨潮被引入制盐区，沿海一带青烟袅袅，万灶连片。盐工们抱薪添柴，红润的炉火舔着盘铁，洁白的盐不断从煎盘上析出。

在古代，盐是国计民生不可或缺的重要物资与政府的财富来源之一。秦统一六国后，在黄骅设置了柳县，正是看中了沿海产盐的红利。

在唐朝时，官方将零散的民间制盐纳入管理，今黄骅市海丰镇就此形成制盐规模，并形成镇。

"到了唐宋时期，本地盐民煎盐的盘铁已经动辄数千斤，生产规模之大，由此可见一斑。"张宝刚说。当时，为了防止盐民私自制盐，官方往往故意将盘铁切成若干块交由不同的盐民保存，"需要制盐时再合体"。

海盐博物馆里，还藏有黄骅同居村村民捐赠的两个石权，分别重34斤和43斤。张宝刚介绍，同居村在明代正是长芦盐运司第二大盐场严镇场的衙署所在地。石权相当于秤砣，如此重量的秤砣，也从侧面印证着当时黄骅一带产盐的丰富和交易量的巨大。

河北省文物研究所水下考古研究室主任雷建红，参与过黄骅市东25公里的海丰镇遗址发掘。他介绍，这里除了发现煮盐的灶台、卤水沟，还发现过古代盐工用来测量卤水浓度的莲子。

不管是煎盐还是晒盐，掌握卤水的浓度始终是得到海盐的关键，聪明的古人其实早就掌握了测定卤水浓度的方法。而他们所用工具居然是一枚莲子或者一颗鸡蛋！

据《盐法通志》记载，古代盐工会把莲子或鸡蛋放入卤水池中，"沉而下者淡，浮而横侧半淡，浮而立于卤面者乃咸"。

1986年，《大清河盐场志》撰写者对这一细节进行了实测勘误，结果发现：鸡蛋在其中"浮而横侧"的卤水，为25波美度，"浮而立于卤面者"，为15波美度——这就用事实证明，古人记载的测量卤水浓度的方法是对的，只是记载或存在误差。

2. 史话与印迹

如果要在河北的海岸沿线，找出和盐的渊源最深的一座城市，那应该是黄骅。

从齐国始兴的制盐业，黄骅为主要盐产区之一，在当时比较兴盛。

西汉元封元年，桑弘羊为治粟都尉，请置大农部丞3名，分驻全国产盐多的郡县，全国始设盐官管理盐政。勃海郡章武县（县治今黄骅市故县村北）为首批置盐官之县，当时海丰镇一带已有盐民小规模煮盐，盐运以水路为主。

河北海盐博物馆楼顶的模拟古人制盐现场　　　白　云　摄

　　刘洪升介绍，公元319年，后赵石勒占领河北后，在柳县建角飞城（海丰镇附近），派王述在此煮盐，他的儿子石虎将这里更名为漂榆城。

　　《盐山新志》记载，勃海郡高城东北一百里，北尽漂榆（今黄骅市海丰镇附近），东临巨海，民咸煮盐为业。"这说明当时的黄骅、海兴一带，盐业生产已经初具规模。"刘洪升说。

　　辽金之际，沧州盐使司设盐场9处，晋献16州于辽国，始得河间煮盐之利，于是塞北各州尽食沧盐。

　　海丰镇的名字，第一次出现在历史记载中，是《金史·地理志》。

　　金大定二十二年（1182年），沧州、山东两盐使司合并为海丰盐使司。沧州、山东一带管理盐业生产的机构以海丰为名。

　　盐业的兴盛，带来了海丰镇经济的繁荣。

　　1986年，黄骅县博物馆文物普查时，发现了海丰镇遗址，2006年这里被国务院列为全国重点文物保护单位。

　　海丰镇遗址在金代是集水陆交通为一体、以瓷器为主的贸易集散地和重要的贸易输出港。

　　《盐山新志》记载：海丰镇在天津未兴之前为海口第一繁荣之区，至元盐业不振，渐废为墟。

　　海丰之后，海盐史上的另一块金字招牌"长芦"，从这块土地冉冉升起。

　　"元代设置了6处盐运司，其中大都河间盐运司设在长芦，这里所产盐就被称为沧盐或者长芦盐。明洪武二年（1369年），将大都河间盐运司改为河间长芦都转运使司，永乐初年（1403年），又改为长芦都转运盐使司，这是长芦最有名的时期。"刘洪升介绍。

当时的长芦，指的是沧州。

北周大象二年（580年），在今沧州市青县木门店置长芦县。唐开元十六年（728年），于沧州南运河东重建长芦县城，即沧州治所。宋熙宁四年（1071年）省县，改为长芦镇，隶属清池县。元延祐元年（1314年），迁沧州治于长芦镇。"长芦"，从隋至宋虽历经县至镇的变迁，一直是沧州的治所，也一直是管理长芦盐的管理机构——长芦盐运司所在地，直到清代。

时至今日，在河北盐场，仍能看到"长芦"字样。

鼎盛时期的长芦盐区，分南北24场，其中南场有7处在今黄骅境内，4处在今沧州海兴县，1处在山东；北场6处在今天津境内，涉及河北沧州、唐山、秦皇岛6处。随着盐业发展、盐务变迁，长芦盐区呈现北盛南衰，管理机构也随之转移至天津。

然而，盐，所带来的经济繁荣，已经给这片土地烙下了独有的印迹。

大清河盐场矗立的盐坨　　杨克欣　摄

刘洪升介绍，唐天宝末年，安史之乱爆发后，河北招讨使颜真卿率军抵敌，因"军费困竭"，"真卿收景城盐，使诸郡相输，用度遂不乏"。沧州在唐又名景城郡，在战事纷扰的情况下，景城郡存盐的销售可以维持军队所需，由此可见当时沧州盐业生产之盛，而沧州盐业的主要产地就是黄骅。

3. 口感和味道

2018年10月4日，黄骅市齐家务乡聚馆村。

北京、天津甚至山西、河南牌照的自驾车停满了村里的空地，游客们在枣树林里若隐若现，枣树上挂满了红绿相间的冬枣。

普通枣在8～10月已经成熟；冬枣之所以得名冬枣，是因为成熟期较晚——10～11月，北方已开始入冬。

小孩子踮着脚从树上拽下一颗枣，咔嚓咬碎，"呀，真脆，真甜。"

黄骅冬枣皮薄、肉厚、核小，肉质细嫩酥脆，总糖含量32.2%。据测算，平均每100克黄骅冬枣中，维生素C的含量高达380毫克～600毫克，高出猕猴桃4倍，是柠檬的10倍。

黄骅冬枣在2002年被列为中国国家地理标志保护产品。

游客们奔着聚馆村而来，不仅仅是因为枣甜。

当下，仅黄骅一地的冬枣种植已达15万亩，而聚馆村古贡枣园因拥有别处不能比拟的优势而出名：全国重点文物保护单位。

一株株拴着红布的古树，树皮龟裂，却枝繁叶茂，你可能无法想象，它们至少600岁高龄。

聚馆村有着世界上最古老的原始冬枣林，全村有百年以上冬枣古树1067株，其中树龄600年以上的198株。这是中国冬枣唯一"国保"级品牌，至今还在结枣。

如今，以聚馆村为圆心向周边辐射，附近的县乃至邻省种植冬枣的不计其数。但黄骅冬枣的品质却始终胜人一筹。

这和当地的土壤富含盐分不无关系。

盐中含有丰富的氯、钾离子，这些离子能够增加果实维生素含量，并增加果实脆度和硬度。

另一方面，黄骅属沿海气候，昼夜温差大，有利于冬枣糖分累积，这些促成了黄骅冬枣区别于别处的口感。

盐，曾带给沧州滨海平原的庄稼人很多烦恼，而对生活在海边的渔民来说，却是大自然的一种恩赐。

2019年4月3日。

黄骅市南排河码头。

一艘艘渔船借助海水涨潮一靠岸，满舱的鱼就被倒于岸上，梭鱼还在喘息，梭子蟹试图逃走，却被人随手翻了个个儿，八腿朝天，再也没法逃之夭夭。

但有些品种的海产，事实上是出水就死的。

在罐头和人工制冷技术出现之前，几千年里，盐不仅仅是调味品，还是重要的"防腐剂"。对于整天和海产打交道的渔民来说，这一点尤为重要。捕鱼往返往往长达数天，部分出水就死的海鲜，撒上一把盐，就能保鲜运到岸边；沿海土地盐碱，渔民无法种植蔬菜，是盐，延长了海产品的食用周期，慰藉了他们祖祖辈辈的脾胃。

2018年10月5日，黄骅当地的某海鲜酒楼座无虚席。

几乎每一张外地游客的席面上，都有跑堂小哥推荐的黄骅特色菜——糟梭鱼和黄须菜。

这两道菜都极度依赖盐。

糟梭鱼，粗盐抹一层到梭鱼表面，再涂抹小米粥和植物油放到坛子里发酵。六七个月后，经时间浸润过的梭鱼，蛋白质发生变异，肉糟却香韧。这道当地名菜，如今已经是黄骅人招客的重头戏。

相比之下，黄须菜的做法就好像没这么隆重。

黄须菜，另一名字叫盐地碱蓬，见名知其意，水肥条件好的良田沃野里倒长不出它来。

生长在盐碱地上，这种聚盐植物能神奇地将土壤中的盐分吸入身体，以至于它本身就带有微咸的口感。夏季采摘开花前的幼苗，焯一下凉拌或做馅，其松软香韧的口感，配合着自身所带的咸味儿，令人食之难忘。

三、海盐的未来

1. 从专营专卖到直面市场

刘洪升是沧州海兴人。他回忆起20世纪60年代初，他和小伙伴在路边刮起一块块白色的盐碱土，借助破漏的铁锅等器皿加工得到盐水，暴晒几天蒸发后得到粗盐，"小时候都吃那种盐，也叫土盐。"

刘洪升所淋晒的其实是原盐，海水制卤所得到的也是原盐。

如果你能到制盐区走一走，也会发现，制盐区堆积的小山一样高的盐垛上，原盐颗粒要远大于我们所吃的食盐。

"明朝以前，河北盐区只生产原盐。"刘洪升拿出《河北省志·盐业志》介绍。20世纪80年代，河北盐区开始上马粉洗盐，20世纪90年代开始投产精制盐。

今天，各家各户的餐桌上能见到的盐，无一例外都是精制盐。

根据《食用盐国家标准》，一级粉洗盐中氯化钠含量要大于97%，一级精制盐中氯化钠要大于98.5%，优级精制盐中氯化钠要大于99.1%。沧盐集团银山食盐技术人员介绍，目前，他们生产的精制盐，氯化钠含量均已经达优级，而且保持了海水中特有的微量元素，是最佳的调味品。

把原盐加工成精制盐，是我们的生活水平逐步提高的要求。

"一方面提高食盐中氯化钠的含量，另一方面通过技术手段去除原盐中杂质并添加人体所需的微量元素，比如碘。"河北永大食盐有限公司供销部副部长孟雪萍介绍。

你可能很难想象，一棵韩国泡菜与河北海盐的关联。

2018年8月23日，黄骅盐场。

宋建林指着距离办公区不远的一个盐池说，那一片的盐池曾被韩国客户长期租用，专门用来生产泡菜用盐。

海盐中富含镁离子，这是矿盐和井盐所不能比拟的。通过技术手段，可以使食盐中的镁离子更加丰富，而镁离子是促使泡菜在发酵过程中保持脆爽口感的秘诀。

从2000年开始，这里每年有7000吨富含镁离子的原盐乘坐轮船越洋而去，和韩国的白菜发生奇妙的化学反应。

2017年起，这样的"定制服务"范围在海盐区开始扩大——从那一年起，根据盐业体制改革方案，盐区制什么盐，制多少，卖给谁，盐场可以说了算了。

2018年8月31日，河北永大食盐有限公司。

孟雪萍的办公室里，座机铃声和手机铃声此起彼伏，她告诉记者："今年这几个月，我们已经在网店上卖出去了800吨——去年全年才卖了350吨。谁能想到，我们制盐的，有一天开上了淘宝店。"

制盐人走出体制，直面市场。

自春秋时期到新中国成立前的2600多年，河北盐的运销体制经历了3个阶段，自由运销仅限于民国时期短期执行。

刘洪升介绍，从管仲"官山海"起，实际上是对食盐实行盐官专卖制，也就是官收官销。唐代盐铁使刘晏进行改革，执行盐为民制，官主收购，寓税于价，转售商人，也就是官收商销。明万历年间，推行"纲法"，将各商所领盐引编成纲册，纲册有名者，永远据为"窝本"（盐商持有的专卖凭证），无名者不得参与领引销盐。在册者称纲商，各自垄断销地。官府只征收盐税，不再收盐，商人直接和灶户交易，这被称为官督商销。

由于盐对国计民生的重要性，各朝更替，大多将盐列入官营，至少也是民间生产、官方监督，以实现对盐的生产、价格和销售渠道进行管控，维护国家稳定。

新中国成立后，全国一度有近7亿人缺碘，为平衡盐价、保证加碘质量，新中国延续了盐业专营。

2017年1月1日起，根据国务院颁布实施的《盐业体制改革方案》，放开所有盐产品价格，取消食盐准运证，取消食盐产销区域限制，允许现有食盐定点生产企业进入流通销售领域，食盐批发企业可开展跨区域经营。这意味着，全面放开食盐出厂、批发和零售价格。

过去，像孟雪萍这样的岗位，只需要负责到上级部门要食盐生产指标，然后带着指标回到厂里下达生产计划。

"消费者有什么反馈，产品或者包装有什么意见，我们完全不知道。甚至产品卖给谁，我们也不掌握，全部由上级部门按照国家计划来调拨。"孟雪萍说，"而现如今，哪怕是消费者打电话反映，说盐颗粒上有小黑点，我们也会高度重视。"

长芦盐区收获春盐　　杨世尧　摄

永大供销部的展示橱窗里有几十种盐，不同包装不同分量不同品种，从常见的含碘盐，到不常见的加硒盐、低钠盐、钙盐，从包装精美的高端食用盐，到专用的清洗餐具盐、清洗果蔬盐、供给畜牧业的饲料添加盐……

"这只是一部分，我们一共80多个品种，根据不同消费需求开发。过去我们都是批发盐，几吨几十吨地走货，现在几袋我们也卖。"孟雪萍说，"食盐市场放开了，对制盐企业来说，一切都还在摸索。"

2018年8月20日，黄骅市。

沧盐集团生态科技公司经理刘佳峰刚结束一场争论热烈的销售会。他一边擦着脑门子上的汗珠，一边展示他们研发的盐包热敷袋，热敷袋里装的都是粗盐。摇晃一下有哗啦哗啦的动静，粗盐有消毒、保健的功效，这个新产品就是通过电阻丝加热，升温粗盐，起到缓解腰颈疼痛的作用。

取消了食盐产销区域的限制，意味着河北的盐，可能出现在国内的任何一张餐桌上。

取消了生产、流通界限，意味着，盐也可以不再是一种简单而廉价的调味品。

2018年8月19日，沧州渤海新区旅游委。

大清河盐场的工人在操作机械设备进行作业　　　杨世尧　摄

　　旅游委主任杨勇站在航运大厦十多层的办公楼朝远处眺望，目力所及的滩涂一片浑浊，守着海，不见海，这是黄骅人的老话。

　　这里的淤泥质海岸，岸不见沙滩，海不见蔚蓝，相比那些著名的海滨旅游胜地，这里的旅游资源相对缺乏。但当地人正在尝试改变这种旅游现状。

　　杨勇指着规划蓝图谈及他的构想："我们能不能从盐上做文章？这么多的盐田，划出一块区域，让游客下盐汪子参与种盐、扒盐、采盐，像大棚采摘一样，既能让游客更直观地看到晒盐工艺的流程，还能把亲自收获的盐粒带走，把这项传统又古老的制盐技艺，从新的角度进行开发，这种体验式旅游会不会很有市场？"

2. 盐化工和我们的生活

　　2018年8月29日，大清河盐场东湖宾馆。

　　热腾腾的杂鱼炖豆腐端上桌。

　　海滨的杂鱼不用说，自然是来自大海的馈赠。而细嫩洁白、口感爽滑的豆腐，正在酒精小火的煽动下，每一小块都发出轻微的咕嘟声。

普通人大概很难想到，豆腐这种生活中再常见不过的食材，却是人类历史上最早出现的"盐化工"产品之一，同样与大海密切相关。

老话说，"卤水点豆腐，一物降一物"——卤水中的氯化镁，是人类利用海水苦卤煎制盐的副产品，也是豆腐制作中最早使用的凝固剂。

据《长芦大清河盐场志》记载，早在明朝，长芦盐区以苦卤为原料生产的卤块（氯化镁）就是贡品，其主要用途正是做豆腐。到了清代，这里的卤块和芒硝生产已经初具规模。

盐，被称为"化工之母"。

这里说的盐，指的是原盐，也就是俗称的粗盐。我们日常食用的盐，只是原盐被加工成精制盐，更多的原盐，通过化工等方式，变成了我们生活中的其他常见物，这个过程，也被称为盐化工。

1926年以后，我国陆续建立了生产卤块、硫化碱、曹达（无水硝）的化工厂。

《河北省志·盐业志》记载，1958年，河北盐区的盐化工开始创建，但大多土法生产，产量不高。进入20世纪七八十年代，黄骅盐场溴素厂、大清河盐场化工厂相继建立并投产。1990年，河北拥有3个盐化工企业，开始形成"盐化并举"的局面，盐化产品已经拥有钾、溴、镁、硝等4个系列的18个品种。

2018年8月30日，唐山海港旭宁化工有限公司。

每一位进入厂区的人都要佩戴红色的安全帽，并事先接受细致的安全措施讲解——这很重要，因为这里的主要产品之一溴素比较危险。

溴素在地球上的储量分布，99%储存在海水中。这也是目前人类提取溴唯一的来源。我国十余家溴素生产厂，几乎都布局在沿海。目前，全国年产约2万吨左右的溴素，1／7出自唐山海港旭宁化工有限公司。

2018年10月19日，石家庄。

市民贾蓓正在布置婚房。

很难想象，这个房间里的很多物件儿，都和盐化工生产的溴有关：高楼外墙的阻燃泡沫、屋内电视机壳、插线板……甚至正在驱赶蚊子的蚊香里，都有溴元素的身影。

而溴的提取，也改变了制盐的步骤。

过去，海水被直接引入制卤池，通过风吹日晒达到结晶成盐的目的。而现代盐化工企业则要先把海水引入作业区，让海水"吐"出溴等人类所需化学品之后，再送回制盐区，实现了对海水的最大化利用。

2018年9月1日，唐山乐亭海岸。

海水在大清河盐场的制卤池，浓度被提高到6～7波美度后，顺着40千米长的输卤渠到达输卤库，从这进入唐山海港旭宁化工有限公司的生产车间。

"我们这是利用海水的第一道工序。"唐山海港旭宁化工有限公司副总王少志介绍。

简单说，含有溴的6波美度卤水，经过复杂的化学反应，被氧化成游离溴离子，这部分游离溴离子，在车间的密闭容器中被通入空气和水蒸气，溴被吹入吸收塔，再被氧化就得到产品溴。

价格高达5000元/吨的溴，从海水中被提取后，却并不影响海水的波美度值，依然保持在6～7波美度的海水从这里被"释放"进入回卤库，流经20多公里的回卤渠，正式进入制盐区。

借助现代化工业的发展，过去制盐后无法处理的高浓度苦卤如今也有了新的去处。

高浓度苦卤和2～3波美度的海水综合，可以加速海水吹溴前的准备工作。35波美度的苦卤和30波美度的苦卤兑卤沉降后，经过蒸发可以生产出氯化钾。制造溴素过程中形成的废液，经过处理得到成品氯化镁。

由于和溴素价格相差较大，这两种化学品目前产量并不高，但它们对我们的生活很重要。

氯化钾制成的钾肥，使得果实养分增加，果实大，是果树和大田作物较常见的肥料之一。氯化钾还用于制造枪口或炮口的消焰剂，它还可用于医药，是临床常用的电解质平衡调节药。

氯化镁则除了点豆腐之外，还可用于制造水泥。氯化镁作为原料生产出的氯镁水泥，强度高，具有优良的抗低温性能和防火性能。

提取完氯化钾、氯化镁和溴素之后的海水进入制盐区，进入晒制原盐的生产流程。海水从这里又被晒制成原盐。

原盐中只有一少部分用来制作食盐，那么更多的原盐去了哪里？

有数据显示，全国原盐消费构成中，化工用盐量占整体消费量的8成左右，食用盐占约1成。

"我们盐区附近就有几家烧碱厂，他们把原盐加工成烧碱和纯碱，再销售给下游化工公司，用于玻璃制造、纸张加工等，用途甚广。"高立增介绍，每年原盐收获堆放1个多月后，由技术人员对当年产的原盐进行化验。

对于原盐来说，用作化工原料，不仅看其中的氯化钠含量，还要看其中的钙镁含量，"比如说，其中镁大于钙含量的情况，就会影响烧碱加工工艺过程中离子膜的使用寿命。"高立增说。

经过上面盐化工工艺，我们清晰地看到了海水对人类贡献的路径：海水提取得到溴素等重要化工产品——海水进入制盐流程——滩晒得到原盐——原盐用于盐化工……

这个拓展后的海水利用链条，要远大于古人对海水单纯制盐的利用。现在，人类在跃跃欲试，试图让天然蒸发的海水能变成宝贵的淡水，如果这一环节也能实现，在海水利用上，将真正实现"吃干榨净"，而这一天，已经到来。

不管是被誉为中国滨海旅游的起点北戴河，还是有"中国马尔代夫"之称的唐山三岛，河北的滨海旅游，其地理价值和人文价值都远超其存在感。

为什么在河北沿海，造就了这样的地理景观，为什么在这些地方遗留下如此的人文历史，如果来一场河北滨海游，正确的打开方式应该是怎样？

请看《大河之北·海洋篇》第四单元——岸线胜境。

📖 阅读提示

　　河北是全国最早开展滨海旅游的省份，其起点便是被称为避暑胜地的北戴河。

　　大自然的鬼斧神工，造就了河北海岸线独有景观。这里山海相接，沙软潮平，加之厚重的人文历史、鲜美的饮食，无不为人们度假休闲提供着别样体验。从秦皇岛到唐山再到沧州，基于地理条件上的滨海旅游，也呈现出各自特点。

　　让我们一道探究关于河北滨海旅游的源头和未来，一起去寻找河北滨海旅游的打开方式。

游客在秦皇岛市海港区金梦海湾游玩　　　赵 杰 摄

一、因海而来

1. 海滨避暑的起点

2019年8月2日，盛夏的北戴河已经一房难求。

街头，肤色不同、口音各异的游客穿着随意，或徒步或骑车，在这座112平方公里的小城市穿梭。

每年这里接待的全球游客高达800万人，集中在7、8、9月份，而秦皇岛北戴河区2018年的常住人口只有10余万人。

游客们蜂拥而至，享受的是这一带优良的避暑资源。

夏天的火爆脾气，在北戴河一带沉静下来，从走出北戴河车站的那刻起，皮肤就能感受到高温的退却。

这不是一种错觉。

河北滨海地区地处中纬度欧亚大陆东岸，属于暖温带半湿润大陆性季风气候，其中北戴河全年气温平均只有六七天高于30℃。

就全省海岸带最高气温而言，7月，秦皇岛到唐山南堡一带大部分气温为28.1～29.5℃，其他南部岸段为31.4～31.6℃。这一分布状况除受纬度影响造成南高北低外，在纬度相近的地方，越靠近海岸边，平均最高气温越低：比如乐亭比滦南低0.4℃，秦皇岛比抚宁低0.1℃。

就平均气温而言，以7月为例，秦皇岛—乐亭一带的平均气温在24.8～25.4℃之间。由于海洋影响，越接近海岸边，平均气温越低，秦皇岛能达到24.8℃，形成夏季凉爽气候。而河北省的其他岸段大多在26.2～26.7℃之间。

2℃的差异，在炎热的夏季，人的皮肤感受将会非常明显。尤其是一早一晚，在夏季的北戴河，很少感受到湿热带来的黏，风都是爽利的。

造成这一差异，与这一带的海流和沿岸流也有关。

渤海中的海流大体上可分为两类：一类属于大洋系统的寒暖流，一类属于渤海内的沿岸流。影响渤海的大洋性海流有黑潮暖流的分支和东海寒流。

在夏季，黑潮借东南风之势迅速北上，其西支流经黄海进入渤海，对渤海的水文和气候都有着显著影响。

渤海中沿岸流的一支北起秦皇岛，南至渤海湾，大致呈东北—西南向，主要受东北风影响，流势较强而稳定。在夏季（初夏较明显）有时与从黄海北部进入的冷水团相结合，直接影响到北戴河一带，使那里气候凉爽。

赋予北戴河避暑胜地美誉的，还有地缘因素。

北戴河紧靠戴河，戴河古名渝水。清代，渝水注入渤海，又因流经戴家山改名戴家河，后来简化成了戴河。北戴河原是戴河一侧的一个渔村，因地处戴河之北，后被称为北戴河村。

"19世纪90年代的北戴河，还只是一个紧邻火车站的大村落，距离最近的海滩有四英里。"秦皇岛市北戴河区文保管理所所长闫宗学介绍。英里这个长度单位来自文献记载，也反映了北戴河独特的开发历史。

北戴河距北京只有270公里，1894年天津至山海关的津榆铁路通车，这里从此成为旅居京津两地的外国传教士、侨商、使领官员等人的避暑佳地。"此前，在中国的传教士每年夏季都是到日本北海道避暑的。"闫宗学说。

1898年，清政府正式辟北戴河海滨为避暑区，"准中外人士杂居"，隶属临榆县管辖。这是中国第一块由官方确定的旅游避暑胜地，也就此揭开了中国近现代滨海旅游业的序幕。

到20世纪20年代，北戴河已与夏威夷齐名，被誉为"东亚避暑地之冠"，是中国近代四大避暑地中唯一的滨海型避暑地。

2. 最美的沙丘

夏季，昌黎黄金海岸国际滑沙中心。

游客们被缆车送上高达40米的沙丘，摩拳擦掌准备和脚下的沙丘来一场亲密接触。

站在沙丘顶，脚下一侧是茂密的植被，另一侧就是坡度接近70度的沙丘。工作人员递过来一块滑沙板，讲解注意事项，游客坐好后一路尖叫而下。"太刺激了！"刚滑下来的游客张丰兴奋得满脸通红。

"1987年，这里开始建设运营。"黄金海岸国际滑沙中心副经理张桂纽介绍，"当时我们当地旅游局有位副局长叫张永凌，从一本旅游画册的背面看到一张纳米比亚人滑沙的图片，一下子想到了我们这块沙丘。"张桂纽回忆，当地就此在沙丘上做起了旅游文章。

1990年，20岁出头的张桂纽成为滑沙中心较早的一批员工，见证了这里的变迁。

20多年来，滑沙板从木到竹到铁到塑料，"最早，滑沙中心附近没有路，来滑沙的游客要从黄金海岸景区坐船来，下了船到沙丘脚下还有一段路，就靠毛驴把游客驮过来。"

在刻着"天下第一滑"五个大字的石碑旁，张桂纽对初创时景区样貌的回忆，让旁边的年轻员工露出不可思议的表情。

1991年，滑沙中心建起了北方第一条单人简易索道。

"目前，我们有80米宽、40米高的5条滑道，从顶端到底部，滑下来仅需7.78秒。"千百年来祖祖辈辈司空见惯的巨大沙丘，被开发出这么大的旅游价值，张桂纽很自豪。

更令人惊奇的是，每年冬季，也是滑沙中心的淡季，这里的沙丘会在风力作用下继续"长高"一米多。大自然带给滑沙中心的天然便利是无可比拟的。

沙，是大自然赐予这里的独特财富。

距离滑沙中心不过10公里，就是世界著名的黄金海岸景区。

2019年7月29日，黄金海岸边防派出所民警刘萌正和同事全副武装巡逻，"游客多，每天光求助报警就得十几起。"

随着刘萌指的方向望去，黄金海岸的沙滩上，游客人头攒动，近海里的人，用"下饺子"来形容一点儿也不夸张。"年年暑期都这样，我们辖区没有常住人口，来这儿的都是住宿就餐的游客。我们统计过，最多的一晚，辖区游客入住过15000人。"提起护卫的这片景区，刘萌又骄傲又感慨。

这片沙滩，确实有令人骄傲之处。

全长40公里的昌黎黄金海岸，顺岸线分布着1公里～1.5公里的风成沙丘，主沙丘链高30米～40米，与其斜交有数列新月形横向沙丘链。

"你可能想不到，这些沙丘形成于两三千年前。"中国地质调查局天津地质调查中心研究员王强介绍，这片面积约76平方公里的沙丘，是北方最连续、最高、发育最好的滨海沙丘。

正是因为这片沙丘沙质细腻，阳光照上去一片金黄，才使这片海岸有了"黄金海岸"的美名，也曾被《中国国家地理》评选为全国最美8大海岸之一。

为什么会在这里形成这样一片美景呢？

这不得不提及海岸沙丘形成的三个条件：丰富沙源、大于起沙风速的风动力以及开阔的地形。

"首先是滦河搬运来大量的泥沙，形成冲积扇—三角洲体系。"王强介绍，"不规则的日潮和半日潮，使滦河三角洲成为波浪型三角洲，同时把滦河携带来的沙物质在水下进行了再分配，使黄金海岸保护区沿海出现砂质海底沉积物和沙滩，为沙丘的形成提供了充足的物质来源。"王强说。

另外，东北风是滦河三角洲和昌黎地区常年主要盛行风，使得沙滩沙进一步向陆地方向卷扬，最终形成沿现代海岸线分布的纵向沙丘。

在黄金海岸，高大沙丘是得天独厚的资源和财富。但从另一个方面来讲，流动的沙丘也给交通、工农业建设带来困扰。

事实上，为了控制流沙向陆推进掩埋土地，从1958年开始，当地就在沙丘之间的洼地大规模植树，逐渐形成绵延30公里长的林带，有效地阻挡了沙丘入侵，使之成为固定沙丘。

"向陆方向沙丘与近岸主要沙丘斜交，平面上呈羽状分布，其间为丘间洼地。沙丘上逐渐生长植物，成为半固定或固定沙丘。沙丘之间的洼地因地下水位较高，得以生长林木，成为沙丘之间的绿洲。"王强拿出一份他早年到

黄金海岸调研的报告说。

就这样，北戴河至滦河口这段海岸，形成了沙丘、沙漠、绿洲、大海交错出现的景观。这，也成为黄金海岸的另一个独特之处。

3. 三岛风情

唐山国际旅游岛，总面积125.64公里。由菩提岛、月岛、祥云岛及北侧陆域组成。三岛就是其所辖的菩提岛、月岛、祥云岛。

2018年8月23日，天渐渐黑了，远处海浪拍堤，菩提岛上5平方公里的植物丛中，各种鸟开始归巢。不知名的小虫间或鸣叫，这个被称为华北第一大生态岛的景区，安静下来。

"菩提岛"是这座岛2000年之后的名字，此前它叫石臼坨，又叫十九坨，1985年正式对外开放。

游客在秦皇岛市北戴河区碧螺塔海上酒吧公园游玩　　杨世尧　摄

　　菩提岛不过5平方公里的面积，一度，这里仅供附近渔民避风浪停靠，是旅游，赋予了这里新的生机。

　　这座国家4A级景区岛，有植物260多种，植被覆盖率高达98%，其中北方罕见的菩提树多达2600余株，是天然的动植物园和享誉中外的国际观鸟基地，2015年被评为河北省首家"省级旅游度假区"。

　　记者在岛上来了一次长途穿行。纯天然生长的植物，几乎没有人为痕迹。小松鼠唰地从树上跳下，毫不避人。野枣树恣意生长的枝条，不定在什么路段横在面前，得轻轻扒开才能继续前进。

　　岛上最有名的菩提树，树高能达到15米。如今，这些树成了游人必"打卡"的项目之一，很多游客的自拍也一定要把树拍进去。

　　谁也说不清，这种本应在中国南方沿海生长的树，是如何在菩提岛上扎下根

唐山菩提岛俯瞰　　徐小跃　摄

来的。

　　但岛上为什么能出现如此丰茂的自然植被，这个奥秘是可以解开的。

　　菩提岛曾被当地人形象地称为"石臼坨"。这个名字描绘的恰恰是菩提岛的形成过程：滦河裹挟着大量泥沙入海，但由于大海的潮汐阻挡作用，河水的流速在入海口减缓下来，形成河口沙坝，离岸稍远处，更大水流受阻则形成远沙坝；在沿岸流流场作用下，远沙坝逐渐形成了菩提岛这样的沙岛。

　　"坨"，是当地人的习惯叫法，是把高出地面的沙丘、土岗皆称为"坨"。带有"坨"字的村庄在这里也颇为常见，比如沙坨、大黑坨、芍榆坨等等，附近都有较大的沙丘土岗。

　　"坨"的造型也造就了岛的独特——菩提岛四周被海水包围，而岛上深挖数米，则是不咸不涩的淡水。这是因为，下雨的时候菩提岛雨水不能外流，而海岛因是沙岛，沙的性质能滤水又能涵水，滤下去的是原来沙土中的盐碱，涵养下来的是淡水。

日久经年，岛上土质就由海水浸泡的重盐碱质地，变成了适宜植物生长的沙质草甸土。菩提岛正是由此有了让植被生长的良好条件。

茂密的植物让这座岛格外宁静的同时，空气质量也非比寻常。据测定，岛上氧离子每立方厘米含量高达20000个。有游客形容，初到这里会"醉氧"。

除此以外，菩提岛上滩涂广阔，咸淡水及食物丰富，为鸟类的栖息繁衍提供了条件，因而成为远近闻名的"鸟岛"。

目前，岛上、滩涂、海域共发现鸟类19目56科408种，其中候鸟379种，留鸟29种。有国家一类保护鸟类12种，如短尾信天翁、白鹳、黑鹳、白肩雕、白天鹅、黑嘴鸥等；国家二类保护鸟类60种；世界上存量极少的半蹼鹬、细嘴滨鹬等珍稀鸟类也在此常见。"我们这儿每年都吸引大批国内外鸟类爱好者、保护者到岛上来观鸟，形成了可观的观鸟经济。"唐山国际旅游岛工作人员徐小跃介绍。

其实，河北海域所辖的海岛并不止菩提一岛，但可作为旅游资源利用的仅有包括菩提岛、月岛、祥云岛三岛在内的几个较大岛屿。

离岸4公里之外的月岛，从空中俯瞰，因形似弯月而得名，要乘坐渡轮行驶3海里才能到达。

如果说菩提岛主打的是幽静，同为4A级景区的月岛上则是另一番风情：11.96平方公里的岛上，505座海上木屋，在岛屿沿岸迤逦排开，房顶上铺着装饰的茅草，有返璞归真的味道。

岛南一条长达5公里的沙滩，配上天然的海滨浴场，沙细水清、滩缓潮平，加之富有异域风情的酒店等设施，这里也被誉为中国的"马尔代夫"。

祥云岛因"岛霭祥云"而得名，总面积22.73平方公里，与菩提岛隔海相望。夏季气温凉爽，较北戴河低0.2℃，是避暑纳凉、休闲度假的胜地。海中沙坝与陆岸遥遥相对，构筑成双道复式海岸线，形成世界罕见的海陆奇观。

祥云岛滩缓潮平，沙白浪细，彩云环绕，温泉优质，因沙滩呈金黄色，绵若黄金沙，故名金沙滩。也因此，国际沙滩足球赛场及国家沙滩足球队集训基地落户于此。

二、待客之道

1. 民宿的进化

2019年7月29日，秦皇岛北戴河区刘庄。

狭窄的街道停满了各地车牌的私家车，不断有游客拉着行李箱在林立的招牌中寻找预定的民宿。

66岁的吴宝海背着手溜达到自家民宿门口，一块写有"逸家主题宾馆"的灯箱使得这里略有不同：这是北戴河区政府评选出的首批15家五星级民宿之一。

在每年旺季，这家拥有34个房间的民宿几乎天天爆满。

也难怪，从刘庄民宿步行到最近的海滩不超过100米，以至于从民宿到海边必经的联峰路，总是人头攒动。

截至2019年9月，北戴河区民宿达到2000多家，民宿接待床位7万余张，客房3.9万间，民宿从业人员有4768人。形成了覆盖海滨镇刘庄、单庄、草厂、河东寨、陆庄、丁庄和戴河镇西古城、崔各庄、大薄荷寨、小薄荷寨、费石庄、蔡各庄、北戴河村的13个民宿村。

这些民宿村见证的，正是河北省滨海旅游住宿行业的发展脉络。

"上世纪80年代初，刘庄2000多口人，还都是打鱼为生。"吴宝海坐在一楼沙发上，打开了回忆。

改革开放之后，旅游提上了人们的日程。"其实再早之前也有外地游客坐火车来，转转看看。可当时北戴河的宾馆很多不对外，游客来了没地方住，政府就鼓励我们用自家房子搞旅游接待外地游客。"吴宝海说，当时村里的民房，最近的距离海边不到50米远，具有得天独厚的优势，吴家也腾出一间房，摆上钢丝床，招待游客。

"最早一晚上住宿费才七八块钱。"吴宝海说，1998年，家里拆了小平房，盖起了有11个房间的二层楼，住宿费也涨到了一晚五六十元钱，"都是去火车站举着牌子接游客，刚开始雇车，后来家里买了小面包专门用来接送游客。"

2012年，吴宝海感觉，11个房间的旅馆也"小"了，和周边6家民宿一商量，翻盖了如今这套5层半的新楼，每个房间都配套了淋浴设施，2016年又加装了电梯。

2013年，北戴河区政府将家庭旅馆改为民宿，并组织民宿经营者到乌镇、鼓浪屿学习考察，不断提高当地民宿的管理和服务水平，并协调当地的民宿和美团签订了线上合作协议。"现在我们90%的客人来自网络订单。"吴宝海感慨，这解放了人力，也使得经营民宿的商家能腾出更多时间研究如何提高服务质量，比如为游客量身定做旅游攻略。

北戴河区政府工作人员宋硕介绍，北戴河30多年的滨海旅游发展中，仅是刘庄民宿就从200多家发展到700多家，一年能接待游客30余万人。

2019年7月31日。

距离北戴河20多公里的滨海新大道旁，虽然标准间就动辄2000元以上，但阿那亚黄金海岸社区内的各种房型早已被预订一空。

相对于传统的观景旅游，阿那亚黄金海岸社区正在打造一种高端精神体验。

目前，阿那亚社区内部已形成包括Club Med Joyview、安澜酒店、隐庐酒店、璞澜酒店在内的高品质酒店群。阿那亚社区负责人介绍，这些酒店的引入并不是随机的，既满足度假客群的消费需求，又和社区文化相互支撑和融合。在选择不同商家入驻阿那亚时，也更多基于商业生态的丰富性、差异化和趣味性的考虑。

比如，全球最大的旅游度假连锁集团旗下的Club Med Joyview，入住的游客在度假区就能享受到温泉、瀑布浴、攀岩、射击、骑马、冲浪，还能和孩子享受儿童俱乐部体验。

"当下，游客更注重体验感。"河北省科学院地理科学研究所研究员邸明慧认为，这和经济发展水平相关。按照全球休闲与旅游业发展规律，人均GDP超过1000美元，旅游消费处于观光阶段；超过3000美元，将迎来休闲旅游阶段；超过5000美元，将进入度假旅游阶段，"京津冀地区的人均GDP早就超过了10000美元，所以旅游业态也从休闲游过渡到度假游。"

这种体验，包括从吃到住乃至精神层次的诸多感受。

2019年7月31日，阿那亚社区艺术中心正在进行一场名为"色彩之后"的展示，游客们体会色彩和光线所带来的强烈视觉冲击时，可能会忽略，这并不是北上广的某场艺术展，而只是在度假。

在这里，完全不用走出社区。你可以慵懒地在海景房中醒来，可以到单向书

昌黎县昌黎镇五里营村的魏丽静在打扫民宿庭院　　　杨世尧　摄

店找一本小众书翻一翻，也可以到面朝大海、听涛拍岸的孤独图书馆发一天呆。

除了酒店自助餐，你可以从海边集市采购来自世界各地的食材，也可以选择社区食堂和那些名字奇异的私房菜，从中餐底蕴吃到意大利酒庄。

你的生活习惯可以被随身携带：跑步、刷电影、泡小剧场，亲临一场小型演唱会。

当然，以上体验所吸引来的游客，都和这里的地理位置关系密切：秦皇岛是距离京津最近的滨海旅游城市，不仅高速路网发达，高铁更是方便快捷。

阿那亚社区负责人介绍，来自北京的游客，确实是他们的大多数客源。地缘位置带来的优势，正在朝唐山蔓延。

2019年8月20日，唐山曹妃甸旅游局副局长贺芳看了一眼手机屏幕，"明天，北京至曹妃甸的高铁就通车了，盼了好久了。"

2小时的高铁行程，将北京到曹妃甸的3小时高速公路时长又压缩了1小时。对于这一带的沿海旅游项目，好处不言而喻。

曹妃甸多玛乐园，火辣辣的太阳晒得路边的植物都蔫了，但园区里孩子们的欢闹声一浪高过一浪。

"这家景区今年5月1日开业，为了保证游客体验和安全，我们和景区商量设定了3000名游客的上限，结果仅旅行社就带来了4000人。"贺芳介绍，当时，景区的官网和美团等网站都停止了售票，游客自驾的私家车从景区门口一直排到了高速上。

　　在旅游项目遍地的今天，这样的一幕并不多见，多玛乐园究竟拥有什么神奇之处，能吸引如此多的游客呢？

　　多玛乐园主打"渔"文化，这种体验感不仅在河北是独家，在全国都是新鲜的。

　　在这里，你能体验撒网打鱼、垒坝截鱼、浑水摸鱼、无钩钓鱼等50多个和鱼虾有关的体验项目，相对其他景区的走走看看，这里的所有项目都有很强的参与感。

　　园区所有的项目都是多玛乐园自主研发的，既有对已经消失的古老捕鱼方式的重现，比如水车捕鱼；也有对传统捕鱼方式的传承，如撒网捕鱼、垒坝截鱼、浑水摸鱼、无钩钓鱼；更有高科技的新式捕鱼设备，如欢乐捕鱼机、超能捕鱼船，以及温泉、死海、人造沙滩等自然休闲项目。

　　与传统的旅游项目不同，多玛乐园以水为介质，通过触觉、视觉、知觉等不同的感官体验，让人们享受到更高层次的"主动式体验"。

　　撒网打鱼区，一位游客带着七八岁的孩子在尝试撒网，不到2米直径的网，依然让新手"渔夫"有些难以把握。摇摇晃晃撒出去的网，扔出去还没1米远，就像线团一样垂直掉进了水里，引得游客一家笑作一团，至于鱼打上来多少，已经不重要了。

　　7月31日并非周末，300栋水上木屋的住宿区也有200多栋入住了客人，"来多玛乐园的游客，自驾和跟团游的比例约为1:1。"袁莹介绍，高铁开通后，散客群体还将扩大。

　　夜色降临，2500亩土地的园区渐渐安静下来，园区一侧的湿地观光区，翠绿的植被中，鸟儿叽叽喳喳归巢，游客还能选择温泉、鱼疗或在人工死海沐浴月光，直到累了回水镇木屋休息。

　　800元一晚的住宿价格，床位从4人到8人不等，对于家庭出游来说，最便宜可以人均到100元。而多玛乐园的门票180元，在园区内除了吃饭，所有的体验项目可以无限次游玩，或许，这也是多玛乐园开业至今，天天火爆的原因吧。

2. 打破"半年闲"

2019年10月13日，前往秦皇岛方向的车票终于可以选座位了，这同时也意味着，这座以避暑著称的小城市将迎来一年中的空闲。

北戴河区刘庄民宿老板吴宝海每年都从10月1日就结束当年的生意。"明年5月1日再来。"不仅是他，大半个秦皇岛的餐饮、住宿连带的出租、景区都会因为过了盛夏而进入淡季，也就是常说的"半年闲"。

这不能怪游客。

冬季的沿海气温骤降，到海边洗澡只是极少数冬泳爱好者的选择。对于大多数游客来说，河北的海边既没有东北冷得彻底，又没有南方城市的温暖如春，和水有关的娱乐项目也在冻得不愿伸手的季节难以带来乐趣。

如今，这一切正在悄然改变。

2019年7月30日，祖山脚下。

从驶入祖山景区起，温度就逐渐低下来。祖山是燕山余脉，也是渤海沿岸山海一体景区中的一个。

祖山山脚下的天女小镇，是近两年打造的康养度假新热点。天女小镇新绛旅游发展公司经理王建伟介绍，祖山景区拥有云海、佛光、天女木兰花等众多景点，但过去很多游客来了只是观光。把一部分想在山脚下度假的游客留下来，满足部分游客群体康养度假的需求，是打造天女小镇的初衷。

天女小镇拥有100间客房，目前全年50%的客源集中在暑期，另一部分游客正在成为冬季的客源。

王建伟指着山脚下的一片区域说，那一带已经探明，地下有丰富的地热资源。他又指着远处半山腰正在施工的工地说，那里正在修建一处大型滑雪场。"完工后，这里将实现夏季避暑观光，冬季滑雪泡温泉的度假新体验。打破秦皇岛这边大多数景区半年闲的窘状。"

利用地热，正在成为河北沿海景区追逐的热点。

"去年，我们这儿就迎来了一个北京的旅行团，在我们岛上过的年。"徐小跃说。

海风的刺骨可以想象，但温暖的地热带来了冷热交替的新体验。

2018年8月30日，来自天津的游客窦先生正和新婚爱人在酒店泡温泉。他抹了一把脸上的水说："这里很适合年轻人度假，晚上夜景也很美，就是太难订了。"在旅游旺季，入住月岛几乎需要提前半个月预定。

冬季的三岛旅游没有这么火热，价格也相对有优惠，当然，主题从纳凉变成了泡温泉。这里地热温泉资源丰富，探明储量达200亿立方米，出水温度73摄氏度，pH值为8，是达到国际优质标准的弱碱性温泉。

在邸明慧看来，温泉只是用来弥补沿海旅游半年闲的一种方式。"河北省滨海旅游产业要跟上当下产业升级的脚步，走出固有的思维模式，不一定到季节就关门歇业来年再战，要和陆域旅游结合起来，发展全域旅游模式。"

关于这一点，秦皇岛已有了尝试。2018年5月开通的"秦旅山海号"旅游小火车，行走的线路是修建于1915年的秦皇岛第一条地方铁路——柳江铁路。从而成为国内首条实现山海联动、海铁联运的山海旅游铁路。

游客在沿途欣赏山、长城、森林、地质遗迹等自然景观的同时，还可以观看车厢内上演的各种表演。在终点板厂峪，游客可以欣赏山、水、长城融合于一体的自然风光，体验军事屯兵、长城建造、民宿修建等项目。

三、人文印迹

1. 秦皇及雄关

"来秦皇岛的人们可能都会问同一个问题，就是到底秦皇岛和秦始皇有没有关系。"秦行宫遗址博物馆内，秦皇岛市文物管理处文博研究员闫乐耕笑着说。

2019年7月16日，是秦行宫遗址博物馆开馆的日子，记者同游客们跟随讲解员在每块展板前驻足倾听，了解秦皇岛这座海滨城市得名的由来。

"1984年，我在原秦皇岛市文化局文物管理处工作，当时市地方志成立了碣石协会，组织地方文史研究人员探寻碣石文化课题。"闫乐耕回忆，在这一过程中，他们在北戴河金山嘴横山区域内发现了零星的古代瓦片。

"后在横山南侧还发现了陶井和地下管道，经鉴定这些遗物为秦文化的遗

北戴河海滨　　潘如辉　摄

存。"闫乐耕回忆，1986年省文物研究所联合原秦皇岛市文化局文物管理处、北戴河区文化保管所共同开始了长达6年的挖掘工作。

距今2000多年的秦行宫遗址就此被揭开神秘面纱。他们最先在遗址东南部发现了一座曲尺形的夯土建筑，内存有多座土灶及排烟系统，"这个发现意义重大，为大面积发掘坚定了信心。"

尽管这一遗址的文化层很单薄，但在已揭开的15800平方米的遗址上，完全能够重塑当年行宫的恢宏——遗址中部是坐南朝北、长70余米的两大开间主体夯土建筑，开间内分布着三横四纵的柱网，其中一块大柱础石直径达1.3米，围绕主体建筑四周分布着不同使用功能的附属建筑群，让人不难想象当年大秦帝国行宫的宏伟气派。

闫乐耕介绍，从目前已发掘建筑的分布来看，可推测建筑使用功能有：主殿、辅殿、庖厨房、盥洗室、厅堂、寝室等。清晰的使用功能和分区，说明当时有严格的设计和规划，也反映了当时高超的建筑艺术水平。

在4大组14个单元的宫殿建筑遗址中，先后出土了大量建筑构件和文物：菱格纹方砖、夹贝卷云瓦当、大阪瓦、陶井圈、铭文大陶盆等。

"1987年前后，当时中国考古学会会长苏秉琦先生来遗址考察，赞许秦皇岛抱了一个金娃娃。"闫乐耕说，经过国家多位专家考证，认定这里为秦始皇行宫的主体建筑群，是秦始皇东巡碣石时建造的行宫遗址，与《史记》记载吻合。

1996年，该遗址被公布为全国重点文物保护单位。

"秦行宫遗址的发现，就相当于我们找到了秦皇岛得名的一把钥匙。"闫乐耕说。

如果从高空俯瞰，或许能更明白这里能作为行宫遗址的原因：这里更凸出于海岸线，具有更好的观海视线。

游客们仅仅来溯源一个城市吗？

答案是否定的。

2018年9月3日，山海关。

远远望去，"天下第一关"的巨大牌匾先映入眼帘。

相比唐山、沧州沿海地势的一马平川，这里是河北境内，唯一集山、海、关隘于一体的区域。

然而，历史塑造今天可见的景观，初衷却并不是为了赏景。

"这里地处辽西走廊之咽喉，北依燕山余脉，东南临渤海之湾，排布了关城、瓮城、罗城、翼城、哨城及众多烽火台、墩台，是长城沿线最科学、最严密、保存最完整的一座军事防御体系，是万里长城东部起点的第一座关隘，也因此才被称为'天下第一关'。"山海关区第一关旅游发展有限公司副总经理邱薪阳说。

明代中后期，明朝防务的重点由蒙古族转向女真族，由陆路转向海路。老龙头作为海上防御的前沿，经戚继光等数将的增修加固，成为拱卫京师的海防要塞。

明嘉靖四十三年正月，一支铁骑试图由结冰的海面绕过山海关进犯内地，终因潮水上涨、海冰解冻无法通行而被明军击退。

正是这次入侵，使得山海关兵部分司主事孙应元在此修筑了一座敌台，其后戚继光将此台改修为空心敌台，命名为靖虏台（康熙年间又改名为靖卤台）。万历七年戚继光又指令沿靖虏台向南增筑入海石城22.4米，长城从此真正伸入海里。

最原始的入海石城条石，出于保护的原因，已经用玻璃罩起，青灰条石之间是白色的固定剂。从石城向海里俯瞰，半隐半露的条石仰卧海水中，任由冲刷。

"入海石城建筑结构独特，全部以巨型花岗岩条石砌垒，就地取材，采自燕山北部，采用九层叠筑，块石最长的2.6米，最大的3吨多，还采用了21种异形石，用黏土、海沙、石灰浇筑。"邱薪阳介绍。

初秋时节，络绎不绝的游客走到老龙头探进大海的最尽头合影，镜头中的背景，海天一色。

北戴河老别墅宽阔的廊檐

潘如辉 摄

题刻在凉亭的《题澄海楼壁》，最吸引人，几乎每一位游客走到这里，都会仰着头把其中一句念出声来："我有一勺水，泻为东沧溟。"这是乾隆皇帝在老龙头题写的三首诗中的一句。

文人墨客登上澄海楼，在这里一望祖国的大好河山，难免胸中起丘壑，涌澎湃。老龙头也一度成为观海之胜地。

这里也曾见证屈辱和劫掠。因为八国联军入侵的枪声，在1900年响了起来。

八国联军进犯山海关，一路烧杀抢掠，老龙头入海石城被毁，仅存"天开海岳碑"。澄海楼后残存的英军大炮、灰白的八国联军营房，都是当年的印记。

但人们也会被一个刻有"爱中华修长城友谊长存"的纪念碑所温暖。

1984年，全国各地共捐赠修复长城款项153万元，这才有了今天的山海关。

2. 海边的建筑群

1984年，秦皇岛成为全国首批对外开放的港口城市之一。秦皇岛从河北沿海三地中脱颖而出，发展为北方典型的生态休闲康养胜地，"和地理位置、自然环境不无关系。"闫宗学认为。

闫宗学翻着手里一本厚厚的资料说，当年的《北华捷报》记者曾这样描述秦皇岛北戴河区："从长城临海的山海关或宁海，一直到天津，大沽平原的盐碱地上尽是贫瘠的沙土。""这沉闷土地中却有一处生机：在离山海关二十多英里的浅海湾的南端，有一处醒目的海角，地图上称它为'石岭'。"

这里，就有被外国传教士当作避暑地而修建的北戴河近现代建筑群。它们结构各异，建成于不同的历史时期，见证了北戴河如何一步步成为中外避暑胜地。

1893年～1894年间，英国人史德华首先建设了一栋办公用房。其后传教士、教会组织纷纷在这里购地筑屋。1894年～1895年，中日战争期间，北戴河早期建设的避暑别墅，消失殆尽。

战争结束后，北戴河避暑别墅建设迅猛发展。1896年北戴河已建成20多座简易廉价的外国别墅。"据1899年7月《字林西报》记载，当时已有别墅建筑100余栋。"闫宗学介绍。

随着外国避暑人士的逐渐增多，清政府正式辟北戴河海滨为避暑区。"到1949年，北戴河存有719栋别墅，涉及美、英、德、法、日、俄等20多个国家。截至目前，尚存119栋。"闫宗学说。

北戴河区草厂西路五凤楼前，北戴河区文保所副所长王学功指着廊檐让记者看，在中国建筑学界，把北戴河海滨的别墅建筑风格归纳为"红顶素墙、高台明廊"两句话。

确实，如果不是王学功指出，很难注意到这些老别墅的特点，它们都有1米以上宽阔的廊檐，按照当下的民居特点，人们会更注重采光，而明廊就阻挡了太阳照进房间，这是为什么呢？

"因为这里的房子是避暑用的，当时外国人修筑这些房子，要在廊檐下聊天、聚餐，需要遮挡太阳，采光反而是可以忽视的。"王学功解释。

秦皇岛市北戴河区秦行宫遗址　　杨世尧　摄

在位于东经路65号的班地聂别墅，王学功特意让记者注意看高台的石头。这些石头拼接得非常有特点，绝不是杂乱无章，而且勾缝非常讲究，"这是后期修缮过的，原始的勾缝还要简洁，工艺很高超。"

北戴河近现代建筑群的另一个特点，便是人与自然的高度和谐。

"早期规范北戴河别墅修筑的《石岭会会章》中就有规定：房屋建筑不妨害邻舍之面海风景。"闫宗学说，统观所有别墅，屋之四周，或有繁荫巨干之乔木，或有如茵之细草，各因其地之所宜。墙以刺槐或刺松为之，时时修剪，使之齐一，高仅及肩，不妨远眺。

如今，这些老建筑有的用作展览，有的用作酒窖，还有的发挥了最原始的功能，作为客房。"我们正谋划，划出五凤楼等5栋建筑，做一个名人别墅游。"闫宗学对此信心满满，毕竟，这些建筑承载的是一段历史。

与北戴河近现代建筑群异曲同工的，还有秦皇岛港口近代建筑群。

2018年11月24日，秦皇岛港口近代建筑群入选"第三批中国20世纪建筑遗产项目"。

秦皇岛港口近代建筑始建于19世纪末，包括码头、防波堤、装卸机具设备及各级管理人员工作生活场所等，目前共有17处被列为省级文物保护单位。

作为建筑群的一部分，开滦矿务局高级员司俱乐部于2013年6月改建为秦皇岛港口博物馆。

这里，封存着一个时代的烙印：踩上去咯吱有声的木制暗红的地板、宽大的壁炉、生锈的巨型喇叭唱片机。

秦皇岛港务局史志编研科负责人王庆普说，1898年3月26日，清光绪帝准奏秦皇岛为自开口岸。当时筹建的秦皇岛西港叫开平矿务局秦皇岛经理处。1900年10月，英商借八国联军侵华之机，攫取了开平煤矿和秦皇岛港，改称开平矿务有限公司。

1912年，英国人假借联合之名，兼并了滦州官矿有限公司，成立了由开平公司控制下的开滦矿务总局，秦皇岛港随之隶属该公司，随后，港口被侵占（含1941年～1945年日本侵略军管理港口时期）达半个世纪之久。

秦皇岛港口博物馆筹建过程中，工作人员在西港码头发现一块百年历史的旧木桩，如今也保存在博物馆中，弯曲的铆钉锈色斑驳，也印证着一段建港的历史。

据博物馆中的记载，从新中国成立之后，港口发展称得上日新月异。

"游客们看的不仅是人文，还要看到历史，穿过时空去看到我们的国家及港口在改革开放后取得的辉煌建设成就。"王庆普认为。

3. 美食的味道

河北海岸线487公里，盛产海鲜，祖祖辈辈靠海为生的渔民，也开发出当地朴素的餐饮。那么，在河北沿海，到底该怎么吃呢？

10月，开渔之后的黄骅渔码头，再热闹不过。如果你追问船老大，这个季节吃什么，船老大一定会瞪你一眼，这个季节的梭子蟹不能登上榜首，还能是谁？

鲜！

螃蟹盖子打开的那一刻，从大海中扑鼻而来的鲜味就能灌满整个鼻腔，细白的蟹肉居然带着一丝微甜。如果赶上一只母蟹，那结块的蟹黄流着油，可以整块从蟹壳里取出来，一定要记得把蟹壳尖两头的残留挖出来，好东西真是一点都不能浪费。

独特的水质环境和淤泥质底部环境条件，造就了黄骅梭子蟹肉色洁白、肉质细嫩、膏似凝脂、味道鲜美的特点，尤其是它富含蛋白质、微量元素硒、多种氨基酸等，营养极其丰富。

200多公里之外的唐山，秋风一起，毛蚶就该上市了。

整筐的毛蚶从船上抬下岸，拥挤的壳子发出清脆的碰撞声。毛蚶长得并不好看，和螃蟹比起来，粗鄙的外壳，看起来不是海鲜中的当家花旦，但它也因为价格低廉，成为老百姓餐桌上的常客。

也因此，用毛蚶制作的菜也就花样繁多。凉拌的毛蚶只需用水焯一下，壳子打开就算熟，筷子稍微一使劲就能把橙黄色的肉取下来，蘸点醋蒜汁就是一道美味的下酒菜。

憨厚的沿海渔家，更喜欢端一盆毛蚶炖白菜上来，大刀切出来的白菜条显得粗犷，毛蚶炖出来的鲜味浸透到白菜里，白菜百搭的质地又包容了毛蚶的腥鲜，两个便宜的配菜遇到一起，却造就了独有的滋味。

毛蚶馅的包子，则用剁碎的毛蚶配上白菜和韭菜作馅，鲜美至极。

2019年10月11日，唐山曹妃甸区河鲀小镇。

炖好的唐山河鲀　　　赵政雄　摄

　　小镇距离大海的直线距离不超过1公里，是靠海吃海的"休闲渔业"新尝试。

　　河鲀小镇800亩水域，混养了河鲀和其他鱼虾，这里有12套农家院作为客房，游客们可以垂钓、可以观光，还可以当场下单，马上捕捞，现场烹饪。

　　小镇负责人孙卫忠看中的，是2016年国家放开的国内河鲀销售市场。相比日韩等国家喜欢生吃，国人的饮食习惯更喜欢炖或涮，所以热腾腾的河鲀火锅，是初冬季节的一顿好饭。

吃过了丰腴的秋，还有鲜美的春。

开春，天气稍微转暖。人们戏称，此时想吃遍渤海，要先准备一张烙饼。因为，它能卷进大半个渤海。

先是小虾皮，夹着刚割下来的春葱，仔细卷好，一口下去。还可以卷鸡蛋炒虾酱、煎马口鱼、八带鱼炒蒜薹……

这里还有沿海喜闻乐见的"一平二镜三鳎目"（平是牙鲆鱼，镜是银鲳鱼，鳎目是鳎科鱼类），不管是渔家擅长的酱焖还是游客更喜欢的红烧，海产品之鲜总是淡水鱼不能比拟的。

5月，渤海的皮皮虾、中国对虾来了。这是一年中皮皮虾最好的食用季节，此时正值母虾的产卵旺季，皮皮虾大多满子满黄。把皮皮虾翻过来，在肚皮和脖颈之间有个隐约的"王"字，这就是母虾，煮熟的母虾会因为虾子而硬挺，抽出那条紫红色的子，你可能又陷入一个纠结：是先吃肉还是先吃黄？

人类很早就懂得利用天然海岸线作为通商、捕鱼之用。河北海岸线上，从南至北，排布着黄骅港、唐山港（包含京唐港区和曹妃甸港区）和秦皇岛港。

回望历史，我们为什么要在这些区域建港？这些港口选址是如何确定的？参与港口建设的建造者们经历了哪些困难？

如今，已经步入现代化、智能化的港口时代，运转起来又有哪些不为人知的"秘密"？让我们走进河北的港，细数那些和港有关的人和事。

请看《大河之北·海洋篇》第五单元——港群崛起。

采访◎《河北日报》记者 白云 汤润清 郭猛 王育民

执笔◎《河北日报》记者 白云

📖 阅读提示

靠海吃海，绝不仅仅指从大海中获得海洋产品，享受滨海自然风光。

人类很早就有利用海岸线的天然地势，发展海上运输的记载，在河北省所辖的渤海沿岸，最早的自然港口始于2700多年前。

今天，在河北省海岸线上，从南至北，排布着黄骅港、唐山港（包含京唐港区和曹妃甸港区）、秦皇岛港，这三个港口各有特点：

辐射冀中六市、打造雄安新区最便捷出海口的黄骅港；面向东北亚开放的桥头堡、打造服务重大国家战略的能源原材料主枢纽港的唐山港；作为全国北煤南运枢纽港，转型发展集装箱运输和邮轮母港的秦皇岛港。

渤海港口群的崛起，极大地拉动了沿海经济。那么，这些港，为什么建在这里，它们又是如何运转的？它们的建立又带给腹地什么？

京津冀港群示意图　　王戬芬　制图

一、选址的理由

1. 天然港湾

2019年9月4日，秦皇岛303号码头。

靠泊在此的长179米、吃水12米、载重31800吨的宏伟7号运煤船缓缓驶出航道，消失在海平面。

对于拥有162.7公里海岸线的秦皇岛人而言，这样的场面，早就习以为常。

这里的海港故事，甚至能追溯到2700年前。

早在战国时期，这里就被誉为燕国通海门户，载入史册的碣石港承担着运输士兵和战争物资的重要军事功能。

"秦皇岛一带的港址，历经碣石、平州、码头庄、秦皇岛东南山（秦皇岛老港区）以及东港区的5次变迁，空间跨度约80公里。从碣石位移到平州港约经历1500年，由平州位移到码头庄港经历700年，由码头庄位移到秦皇岛港经历200年，由秦皇岛老港区扩展到5公里之外的东港区经历10余年。"河北港口集团史志编研原总编、港口博物馆顾问王庆普介绍说。

为什么这里较早有了人类利用海洋拓展生存空间的可能？

根据《秦皇岛港史》记载，早在4000年前，秦皇岛沿海海岸的地貌概势已经基本形成。沿海岸线绵延百十公里，由东北向西南逶迤延展，起于今天止锚湾，经山海关老龙头、石河口、汤河口、戴河口及碣石山，至滦河口东岸。海岸沿线有多处基岩岬角屏障，间有平缓沙岸，天然造就了良港，为古代自然寄泊港口的形成提供了必要条件。

公元前11世纪末到公元前8世纪的西周时期，社会生产力逐渐提高，"通商工之业，便渔盐之利"，以港口为活动基地的贸易往来与文化交流以及民族部落的争夺与融合，促使中国沿海的吴、越、齐、燕四国的经济皆出现繁荣发达的局面。伴随着沿海经济的发展，各地之间的海上交往发达起来，燕国著名的通海门户——碣石海港出现。这构成了秦皇岛港发展的最初阶段。

此后千百年来，秦皇岛港作为运送军粮和兵丁的重要港口，一直被历朝历代所看中。

今天，我们用现代的眼光来看，秦皇岛港的优势更加科学具体：从港址类型看，秦皇岛港所在位置属于岬角式港湾港址，具有水深大、潮差小、波浪弱、潮流缓和、不淤不冻的特点；水深岸陡，能建设万吨级以上泊位的岸线长达4.8公里，港池航道年淤泥不足1毫米；砂质海底，锚着力好，锚地宽阔。

这种天然优势，在清朝设置通商口岸时，也成为考虑因素之一。

1878年前后，开平煤矿开采。起初，这里的煤通过天津塘沽码头下水。但随着开采能力提高，塘沽码头运输能力逐渐落后于煤炭生产发展，荒于疏浚的大沽口涨潮时水深不过3.35米，开平煤矿想要采购的大吨位运煤船无法通行，找一个自然条件优越、地理位置适中的新码头变得迫切起来。

为海防而修筑的津榆铁路，贯穿了整个秦皇岛沿海地带，使秦皇岛沿海地带成为华北与东北地区联系的纽带。"再加上清政府急需增加财政收入，又要考虑军事防护，秦皇岛一带开港提上日程。"王庆普介绍。

这里所说的秦皇岛，和今天的秦皇岛辖区大有不同，"当时这一带都属于临榆县，秦皇岛、北戴河、金山嘴都是其辖区，三地之间各自独立。"王庆普说。

今秦皇岛一带岸线很长，具体港址应该选在哪儿呢？

1897年，开平矿务局督办张翼委派英籍雇员鲍尔温，用一条吃水3.35米深、载重450吨的"永平号"轮在秦皇岛沿海一带进行运煤试验。两年后，结合考察的水文地理情况，鲍尔温得出结论：秦皇岛港湾形势及潮水、气象、暗礁等均"较北戴河为佳"。

但当时还有备用港址金山嘴。

光绪二十四年（1898年）初，英籍工程师哈定详勘秦皇岛沿海地势、海水、沙滩后认为：自戴河口起至山海关止，其间可建港之地不过有两处，一为金山嘴，一为秦皇岛，水势较深，起卸尚便。唯该地常起东北风，以致该两处东岸波浪甚大，只可在西边停泊商船，建造码头……而金山嘴距津榆铁路甚远，且必由山路崎岖之处经过，用费必大。秦皇岛则距铁路甚近，且经行之处甚为平坦，用费必小。况秦皇岛海面风平浪静，是以码头应在秦皇岛建设。

1898年3月26日，总理衙门以"振兴商务"的名义，补奏《秦皇岛自开口岸折》。同日，光绪帝批复"依议"，秦皇岛与湖南岳州府、福建福宁府所属之三都澳一起，成为自开通商口岸。

秦皇岛港终于被确定下来。这，就是如今的南山老港区。

"到了20世纪70年代，特别是改革开放以后，经济的推动力更加强烈，要求港口向更大型化、现代化发展，而原秦皇岛老港区岸线有限、陆地狭窄，已无太大的发展余地，从而有了港口第五次位移。"王庆普介绍，这也是秦皇岛港老员工们常说的原油一、二期，煤一期至煤五期项目所在地。

2. 深槽与浅滩

和秦皇岛港、黄骅港不同，唐山港一港两区，两区相距33海里，分别叫京唐港区和曹妃甸港区。

2019年9月5日。

夕阳斜斜铺洒在和新海大道一路之隔的近海海面上，隐约可见养殖户的小棚屋和远处的船。

汽车开近唐山港京唐港区，明亮的灯光证实着这里早就不是30年前的王滩镇。

唐山港股份有限公司总经理助理王国增头发已稀疏，他举起三根手指，"今年是建港30周年，也是我在这工作的第30个年头。"

1989年7月，王国增从河北水利专科学校毕业分配到这里时，一望无际的滩涂上，除了能看见几处养虾池边上的废弃建筑，其余的就是东一块西一块、长得跟斑秃一样的杂草。"一点儿港口的痕迹都还看不出来。"

当时的王国增并不知道，此前关于在王滩建港的声音，已经存在了很多年。

1912年，孙中山先生在《建国方略》的《实业计划》部分中提出要建一个北方大港，位于"大沽口和秦皇岛两地之中途，青河、滦河口之间"。

孙中山提出，北方大港是直隶湾中的不冻深水大港，与内陆河水相连便利，既可以把当地大清河一带的原盐通过海运销往全国，又能承运开滦矿物公司的煤炭。

然而，旧中国连年战乱中，北方大港的构想始终停留在纸上。

1974年，国家冶金工业部成立了唐山矿山建设指挥部，由于有进口部分矿石作配料的需求，这就需要在唐山沿海建设港口以利于矿石进口。

1978年，交通部第一航务工程勘察设计院邀请南京大学地理系对王滩进行了动力地貌调查。保定勘探设计院也在秦皇岛昌黎九龙山和唐山乐亭王滩进行实地打桩试验，论证了王滩可建10万吨级泊位的大型港口。

那为什么是王滩？

王滩镇隶属于乐亭县，适宜建港的岸线长达10公里，水深岸陡，水域开敞无掩护，水深5米、10米、15米和20米等深线离岸边的距离分别为1.5公里、6.5公里、11公里和24公里。"等深线越密集，越说明水深岸陡，港池挖泥和航道疏通越容易实施，短距离就可以满足航道水深，这是建设天然良港的有利条件。"王国增介绍，尤其是这一带海底底质为细砂、粉砂和硬泥，锚着力好，航道边坡比较稳定，可建设30万吨级深水航道。

另外受流入渤海的黄海暖流分支的影响，这里冬季水温较高，结冰较轻，不至于影响货船进出港口。

1987年，《河北省王滩港总体规划报告》颁布，1989年8月，第一港池起步工程7号、8号5000吨级泊位动工。

王国增回忆，唐山段港址属于潟湖—沙坝港址。王滩附近为平直岸线，如果采用填筑式港口建设方案，由于缺乏掩护条件，就得建设较长的防波堤，但采用挖入式建设，因地制宜利用砂性土和亚砂土作为回填土源使用方案，"就既节约了资金，又缩短了工期"。

京唐港区的另一个因地制宜的办法，是在国内首次将地下连续墙板桩结构应用于码头主体水工结构。"此前，这种结构大多应用在高楼地基施工和深基开挖的维护上。"王国增说。

唐山港京唐港区集装箱码头　　河北日报社资料图片

此后，这项技术也在曹妃甸港区建设中得以推广。

"目前，全国只有4个港区7个泊位，能接卸40万吨级的货轮，其中就包括我们港的两个泊位。"曹妃甸港区港航铁路服务中心主任荣国锋提起这一点很骄傲。

这种超大吨位货轮接卸能力，更多的要借助自然条件，这和曹妃甸港区的特殊地理位置不无关系。

荣国锋说，曹妃甸地处渤海湾湾口北侧，拥有"面向大海有深槽，背靠陆地有浅滩"的深水港口建设的优越自然资源。

回顾起建港之初，亲历者的淡淡一笑却往往饱含酸苦。

建港前，由于曹妃甸是一处距离自然岸线有18公里的海中孤岛，首先要打通二者之间的一条通港路。"2003年施工时，从岛、陆两端同时起步，其中登岛作业要从咱东坐2.5小时的船。"荣国锋说，当时的曹妃甸，还叫曹妃殿，不过4平方公里，岛上只有两个建筑：破旧的神殿和一座用来给渔民引路的灯塔。

"曹妃甸一带岸线属于砂质海岸，这里的砂质极好。"荣国锋介绍，这也是曹妃甸港吹沙造地的砂源，这种就地取材，也大大降低了成本。

那为什么是曹妃甸呢？

"水深。曹妃甸甸头为渤海湾潮汐深槽水域，甸头南侧水下岸坡陡峻，30米等深线距甸头仅500米，30米水深岸线长达6公里，最深处36米，刷新了渤海湾最大水深记录。"荣国锋强调，这里是渤海湾唯一不需要开挖港池航道就可建设30万吨级大型深水泊位的天然港址。

曹妃甸港区规划岸线长度126公里，可建泊位386个，已建成泊位94个，吞吐能力达4.58亿吨/年。

2019年8月，曹妃甸被列入河北自贸试验区四个片区之一，是河北首个综合保税区和跨境电商综试区，拥有汽车整车、肉类、水果、粮食、木材、冰鲜等多个进口口岸资质。

3. 征服泥质岸线

黄骅市冯家堡村村民杨之绪站在渤海新区的回迁楼前，背着手扫了一眼大海的方向：20世纪80年代，他作为生产队长带领渔船作业，每次进出海，都要等到涨潮，"咱这片海，滩浅，不涨潮船出不去。"

至今，黄骅渔民仍在沿用同样的出海方式。渔码头在落潮时，能看见水底的淤泥，被浪头抛弃的小鱼小虾就搁浅在泥巴里。这一带是典型的淤泥质岸线，而渔码头的现状是这种岸线特点的一个体现。

不过，对于货船来说，这里，已经大变。

2019年9月9日。

沧州黄骅港矿石港务有限公司副总经理张建武拿着一顶橘黄色的安全帽，风尘仆仆地从码头走进办公室。

"看那儿，我们的堆场，虽然设计堆高是14米，但我们日常最大堆高是12.5米，最多260万吨。"张建武笑笑，"不敢堆更高了，咱们脚下踩着的这片工区，底下150米都是泥，地基太软。"

那为什么还要在这里建港呢？

张建武走到墙上挂着的一张地图前，把大手拍在渤海湾说："位置。"

顺着他所指，从黄骅港延伸出一条铁路，穿过漫长的内陆地区，蜿蜒到山西省神池县神池南站，与神朔铁路相连，构成了我国西煤东运的一条大通道。

那是1984年，陕西发现了神府—东胜（以下简称"神府"）煤田。我国急需第二条西煤东运大通道，来解决南北资源不均的问题。

铁路转航运，无疑是最佳选择，渤海沿岸又铁定是最合适的岸线。

但渤海岸线上仍有多个港址可供选择，选谁呢？

1986年7月，在山东胶南县（现胶南市）召开的神府煤田到港口通道第一次专家论证会上，黄骅与秦皇岛、王滩、天津、龙口、青岛、石臼、连云港，正式被确定为候选港址。

在天津港至山东龙口港之间长达540公里的海岸线上，没有一个大中型港口。在黄骅建港，既可填补这一空白，又可使我国北方港口的布局更加合理。

与其他候选港口相比，神府至黄骅运煤路线最短，比秦皇岛港近300多公里，比山东滨州也近300多公里。建设神黄铁路造价低。

"神黄铁路的修建，还可填补北中部地区没有横贯东西铁路的空白，缓解京山、京原及石德、石太线的压力，使华北铁路布局更趋合理。"国家能源集团神华黄骅港务有限责任公司工程部副经理谢家林回忆，当年，他作为原沧州港务局的一员，参与了争取黄骅港项目落地的全过程。

谢家林拿出一摞泛黄的格纸，当时的手写会议纪要，抬头写着"神华黄骅港务公司筹建办公室"，就连这张纸，都可被视为一段历史。

此前，黄骅也有两个千吨级小码头，但粉沙淤泥质岸线的建港条件并不突出。为了论证黄骅是否能建港，仅从技术上，河北省就组织了200多名科研人员的团队对黄骅港址进行空中、陆地、海上、地下的全方位反复勘探、测量，用3万多个数据，200多万字的报告得出结论：这里建港，是可行的。

最终，黄骅港从8个备选港址中胜出。

1997年9月23日，国务院正式批复沧州黄骅港工程开工报告。3年后，朔黄铁路在河北省境内第一段正式通车。这一年，黄骅港一期工程4个泊位基本竣工，设计吞吐量3500万吨，成为全国重要的煤炭输出港（随后陆续建设煤二期、三期、四期工程，码头吞吐规模现已达2亿吨）。

黄骅港是冀中南重要的出海口，然而，黄骅港杂货码头的起步借助于国家能源集团神华黄骅港务有限责任公司建港之初的两个1.5万吨级杂货泊位，因规模有限，始终在低位徘徊，2008年吞吐量才达到160万吨，承担不起拉动地方经济、拉动冀中南腹地发展的重任。

2008年，河北省委、省政府决定在煤炭港区以北开挖第二航道，建设黄骅港综合港区。

"17个月，我们完成了黄骅港综合港区8个10万吨级泊位的建设。"沧州黄骅港矿石港务有限公司董事长杨学军，2008年时担任秦皇岛港务集团建港指挥部工程处副处长。

只有亲历者，心里才会永远记得那些艰难：一场风暴潮，就把刚挖好的航道推平，辛辛苦苦做好的基础就这样全没了。

没了，再建。在上千港口建设者的努力之下，港口逐渐有了现在的模样。

"2019年4月河北省政府批准实施的《黄骅港总体规划（2016～2035年）》，进一步提升了黄骅港的战略定位，指明了黄骅港的未来发展方向：将黄骅港打造成为现代化综合服务港、国际贸易港、一带一路重要枢纽、雄安新区便捷出海口、京津冀协同发展的合作平台。"沧州海洋和渔业局港口管理科副科长李树辉介绍。

2016年，第一艘20万吨级货轮靠泊黄骅港综合港区，如今，这里已经形成了辐射鲁北、豫北、陕甘宁众多内陆省份的重要北方港。

二、进港和出港

1. 锚地和堆场

　　2019年9月9日，黄骅港矿石码头。

　　张建武指着远处的海面说："锚地那儿，还有6艘船等着靠泊，压港了，卸不了。"

　　锚地是港口的公共基础设施。

　　"黄骅港规划有6处港内锚地，锚地一般能满足5万吨、10万吨、20万吨、30万吨等不同吃水的货船锚泊。"李树辉说。

曹妃甸港区，三条拖轮协助轮船靠泊　　　　杨世尧　摄

锚地的选择要满足一定的海底地形，具有符合水深的回旋余地。

比如黄骅港的锚地从面积最小的1.4平方公里到最大的150平方公里不等，方便停靠LNG、散货、危险品、集装箱等不同船只。

锚地是船只进港的缓冲区，也是进出口岸的待检区。

运送矿石的船只可以靠泊待检，而运送进口牛的船只必须停靠到锚地等待出入境检验检疫人员登船初检合格后，才有资格靠泊码头。

"这是为了防范动物携带的疫病进入我国。"黄骅港出入境检验检疫局动植食检验检疫科相关负责人介绍，因实验室检测阳性，最多的一次他们处理了18头阳性动物。

6个锚地中，最远的6号锚地距离港口34海里，单程就要3个小时，以确保一旦有传染源在运输船上，可以最大限度减少对我国境内的影响。

港口的另一个标配设施是航道。和陆地公路一样，航道要有宽度，不同的是航道还有深度。

"就相当于在海里挖出一条通往码头的路来。"国家能源集团神华黄骅港务有限责任公司规划发展部经理潘攀说，他们拥有17个煤炭泊位，"预计2020年，我们的7万吨级双向航道就能建成，可以同时满足船进出港口，能提高整体运力10%左右。"

航道水深和泊位水深一样，是制约一个港口发展的要素之一。

目前，河北总泊位数共有213个，能停靠从5万吨到40万吨级别的船。

2019年9月10日。

唐山港集团股份有限公司副总经理助理李文勇刚散会，拿着写满了会议纪要的本子匆匆而来。

2018年，京唐港区的集装箱吞吐量达到了233万标准箱，占到了河北集装箱吞吐总量的55%。李文勇和同事在谋划2025年启动5港池建设，这样，港池水深将从现有的16米达到18米。

环视渤海湾的各大港口，现有的港池水深从16.5米到17.5米不等，不过半米上下的浮动，为什么李文勇对这一数字这么敏感？

"目前，全世界最大的集装箱运输船是23000标准箱，吃水是17米，富余1米，就是18米。未来的5港池就能达到这个水深，这意味着，我们港将来能停靠世界最大的集装箱运输船。"李文勇说，京唐港区是挖入式港池，港池到锚地只有6公里，18米水深的港池将使这里成为整个渤海湾集装箱作业能力、承载能力最强的港。也难怪这位工作了30余年的老码头说到这儿，眼睛一亮。

2018年，河北三港共完成吞吐量11.56亿吨，这个数字是惊人的：其中唐山港排名全国第三，增幅全国第一。

然而，这些进出港口的货物并不能马上被转运走，这就需要配备堆场来暂时存放。

"我们港区的堆场现在已经达到了堆存上限，我们又开发了港外的几个堆场，通过13公里长的皮带将矿石粉等运送过去，来提高我们的存放量。"张建武说，港口相当于接卸货的中转场，那些暂时运不走的货物的堆存费，也是港口的收益之一。

这又产生一个新的问题：相比矿石、煤炭等易辨识的货物，成千上万个集装箱要如何码在堆场，货主又是如何识别并准确运走的呢？

"我们有一套智能生产作业系统。"津冀国际集装箱码头有限公司技术信息部部长栾绍海介绍，这套系统能实现船舶预报、配载、靠离泊、场地计划、现场生产操作、商务结费的全过程控制，能满足90万标准箱的运转需求。

从栾绍海的办公室望出去，黄骅港综合港区3号泊位上，一艘货轮正在卸船，红色的集装箱被高高吊起，转运到堆场。

一个集装箱通过什么船运、什么时候到港等信息，集装箱码头公司的网上办单平台能同步查询到，和快递平台类似。集装箱客户也能通过这个平台办理收箱及提箱预约委托手续。

"我们会根据客户提货的不同时间、不同的货物、所属的不同公司，分门别类把集装箱堆放到30万平方米的不同区域堆场。"栾绍海笑着打了个比方，"类似快递柜，不过，我们这里是特大号的。"

当集装箱客户准备提取货物时，另外一套智能系统启用：智能闸口进闸通道及TQM系统。

这套智能系统能自动识别集装箱体上的箱号，对残损箱体自动拍照等，自动进行闸口事务处理并打印进堆场小票。栾绍海说："接下来，这套智能系统能引导货车司机到所要提、放箱的堆场区域，通过场桥及其他流动设备完成装、卸箱作业。"

2. 风的影响

2019年9月4日，秦皇岛港303号泊位。

5000匹动力的秦港24拖轮，慢慢靠近载重31800吨的宏伟7号运煤船船尾。

拖轮船船长武海勇通过高频与宏伟7号的船长沟通后，一条直径96毫米的拖缆被货船水手挂上缆桩。

绞缆机咔嗒咔嗒稍微滚动了两下，刚还下垂的缆绳瞬间绷成了一条直线。武海勇通过高频告知宏伟7号船长，尾部已带妥。

与此同时，秦港18缓慢靠近宏伟7号，用船艏顶住宏伟7号的船身，便于宏伟7号解掉连接岸上的系泊缆。

两条拖轮都在等，等待宏伟7号船长发出指令，来协助这条吃水近10米的大家伙离泊驶入航道。

秦皇岛港有一支400人的拖轮队伍，365天24小时服务于进出港的货轮。拖轮公司船调会根据货船长度、吃水、吨位、停靠泊位等因素来安排拖轮协助货轮离靠泊作业。

179米长的宏伟7号，在装载过程中，会像汽车侧方停车一样，平行靠泊在码头，但巨大的船身，又限制它不能像小汽车一样灵活地自行驶出泊位，这就必须借助拖轮来完成离泊。靠泊，也是同样的道理。

"所有船的靠泊离泊，拖轮都是不可或缺的辅助工具。"武海勇对这一点很自豪。

"准备好了吗，可以启动了吗？"武海勇通过高频继续询问船长，在得到肯定回复后，秦港24先行启动，破断力在100吨左右的缆绳越来越直，秦港24拖轮的全负荷是70吨，借助水面的浮力，两条拖轮一前一后，以四两拨千斤的神奇，拖动宏伟7号动起来了。

驶入航道的宏伟7号，任风吹起旗子渐渐远去。风是拖轮作业时要参照的数据之一，风太大时，拖轮也会回避。

风也是港口的防范因素之一。

那些暂时存放在堆场的货物，如果是集装箱还好，如果是矿粉、煤炭，就要想办法降低风对货物的影响。

秦皇岛港股份有限公司煤三期至煤五期堆场，23米高的防风网矗立在堆垛旁，

中船重工大船集团山海关船舶重工有限责任公司作业泊位　　赵 杰 李 蕾 摄

对堆场形成合围之势。和我们想象中不同，防风网上居然有不少形状各异的孔洞，既然是防风，为什么还要开孔？

"为了减少风压。如果一味地挡住风，它也会从防风网顶部通过，甚至形成更大的风。"秦皇岛港股份有限公司、河北港口集团有限公司卫生环保中心副主任马贺介绍。

2008年，秦皇岛港煤三期堆场首次建成防风网。而在此之前，关于这道网，港口已经和科研机关研究了10年之久。

"我们的防风网开孔率是44%，通过不同网片形状和大小孔洞结合的办法，来适合港口的风力和风向，起到挡风降速或者把紊乱的风变平稳的作用。"马贺说，这片高大的防风网，地下还有鲜为人知的秘密，为了让它稳定地守护在堆场旁，地下同样进行了23米深的加固。

更有趣的是，河北港口集团下属的沧州黄骅港区和唐山港曹妃甸港区，因风力、风向的不同，防风网的高度和开孔也不同，可以说是为不同港区量身定做的网。

目前，河北港口集团下属港区的防风网总长已经达到了27公里，能把风对堆场扬尘的影响降低40%～60%左右。

3. 特殊的岗位

2019年9月4日，秦皇岛港引航站。

高级引航员王文庆穿着一件白色制服，肩膀上扛着绣有罗经花图案的四道杠推门而进，看记者盯着肩章，王文庆笑着解释："这是指北针，是海神波塞冬手里那柄叉子的变形。"

在河北487公里海岸线上，能穿这套制服的不到80人。他们从事着被誉为世界第三大危险职业的引航工作，他们就是引航员。

"内贸船只可自行选择是否需要引航，外轮在驶入距离我国海岸线18海里前，只要不是避险，其靠泊离泊，必须由引航员带领驶入。"王文庆说，就在当天上午，他用了3小时，把长263米的"新苏州"号集装箱船从10海里之外带入秦皇岛港，"这条船吃水较大，刚好赶上休渔期结束，渔船进出航道较多，船长对在航道安全行驶、狭窄港池靠泊没有把握，就申请了引航。"

货船申请引航，就相当于在不解除船长管理责任的情况下申请引航员代船长，要支出一笔不小的开支，为什么货船还要用呢？

这是因为货船上装载的商品，动辄数亿元。驻守当地港口的引航员，已经对航道的每一块水域都了如指掌，能更安全地将货船引领进出港，这就要求引航员具备高超的船舶操纵技术，也就相应地承担着巨大的心理压力。

2018年，秦皇岛港引航站高级引航员李大鹏为一艘载重7万吨的进口船引航进港时，要从160航道转入130航道，在交叉点处，突然全船失电，主机、舵机全部停止运转。

这就类似于汽车在十字路口转向时，方向盘和刹车系统同时失灵。当时船速较快，四周都是浅滩，情况十分危急。

"李大鹏利用大船余速惯性和流压，坚持等到了协助拖轮的到来，为船舶抢修赢得了宝贵时间，避免了一起搁浅重大事故。"王文庆介绍。

这样的紧迫局面，几乎每一位引航员都遇到过。但成为一名高级引航员并不容易，十余年的经验才有了他们的游刃有余。

秦皇岛港引航站有26名引航员，其中25名高级引航员。大学4年的航海技术专业毕业后，要经过3年学徒期才可以考三级引航，再过4年可以考二级，再过3年考一级，拿到一级证后两年半才可以参评高级引航员。

这只是理想状态，"正常情况下，从大学毕业到成为一名什么船型都能上手的成熟引航员，需要十七八年的时间。"

王文庆习惯性地走到窗前，从那儿望出去，就是秦皇岛港的西港水域，他目光锁定在波纹起伏的水面，"今天还好，2、3级风。"这是引航员的日常，他们每天都关注所服务港口的水流、潮汐、风向、浪高，以确保引航进出秦皇岛港的船，安全离泊或靠泊。

2015年，秦皇岛港引航站引航了5400多艘次货轮。2018年，受矿石码头搬迁、京津冀协同发展城市定位等因素的影响，这一数字降到了2300多艘次。

进出港口的散货货轮，还需要一个必不可少的环节，那就是计重。

相比清点一艘船装了多少个集装箱，搞清楚一艘船装了多少吨煤炭，在普通人看来略有困难。这并不能像曹冲称象一样，找到一个合适的参照物，因为进出河北省港口的货轮已经有40万吨级的纪录，称得准的同时，还要称得快。

类似煤炭、矿石粉、粮食等大宗散货，通过皮带机运输时，皮带机上有动态衡，煤炭在进入翻车机房时，也会有轨道衡，但是受天气等因素影响，这一数据并不够精准。

那么装载到船的动辄数万吨的货物该怎么称重呢？

"买卖双方互不认可对方提供的数据信息，这就产生了第三方公证机构。第三方机构在船方配合下，进行客观精确的水尺计重，这个结果就是买卖双方的结算依据。"秦皇岛中理外轮理货有限责任公司业务部经理张学民说。

这就又产生了码头的另一个工种：水尺计量员。

这一职业也被誉为"港口的公正天平"。

他们出具的水尺计重结果是贸易双方、承托运双方、港航货物交接的直接证明，是有关方面处理航运纠纷、判断经济责任时具有法律效力的原始依据。

每一艘货轮的船体都有水尺标志，水尺计量员通过水尺观测，经过必要的修正，计算出这艘货船的平均吃水；同时准确地测量该轮的燃油、压舱水和淡水数据，再经过一系列计算，最终确定一艘货轮该航次的货物重量。

张学民介绍，理货公司通过科学检测管控，目前，秦皇岛港船舶水尺计重的误差率严格控制在5／10的国家标准之内，船舶交接时间基本控制在50分钟内完成，加速了港口船舶周转效率。

三、海港的身后

1. 煤炭、矿石和集装箱

说到河北沿海的3个港,就不得不提与3个港紧密相连的铁路线路。

2019年9月3日,秦皇岛港股份有限公司第六港务分公司翻车机房。

105节的敞80列车缓缓驶入车间,被定位车稳稳卡住后,每3节、240吨重的整车厢煤,轰隆一下被倾倒进皮带机。日均约7000车的煤炭被转运到堆场,从这里通过吨位不等的货轮,运往全国各地。

"秦皇岛港的煤主要来自大秦线的另一头儿。"秦皇岛港股份有限公司生产业务部煤炭科科长秦远友用手在一张铁路线路图上滑动着说,"大秦线的火车把来自山西、陕西、内蒙古西部(俗称"三西")的煤炭,拉运到秦皇岛港,再装船运往东北的营口、大连、丹东、锦州,山东的青岛、日照、烟台以及浙江、上海、江苏、福建、广东等沿海沿江地区。"

这些黑色的煤,对夏冬两季的南方意义重大。

时间跳回到2008年冬季,一场罕见的大雪突袭了南方大部分省份,电煤告急!

承担着全国北煤南运的主力角色的秦皇岛港成为全国的焦点。

"当时我们提出'来多少、装多少、走多少',不让一车煤滞留在秦皇岛港。"时任秦皇岛港股份有限公司第九港务分公司卸车部部长助理的张金丰回忆,"南方下雪,北方也低温,车皮里的煤都冻住了,翻到二层算子上都是冻块,算子会堵塞影响翻卸作业,需要人上去清理,作业难度很大。但是为了提高运力,公司全员上阵,克服极端低温天气对生产造成的不利影响,创造了全港日均卸10083车的历史记录。"

1992年开通的大秦线,是河北省3条北煤南运通道中最有"资历"的一条。承担全国煤炭资源调配的线路还有1999年建成的从山西神池到黄骅港的朔黄铁路。

2018年,秦皇岛港、黄骅港完成煤炭吞吐量均超过2亿吨,处于北方煤运港口的前两位。

在两港中间的唐山港,位于大秦线的支线迁曹线的南端,是迁曹线及张唐铁

北海航海保障中心秦皇岛航标处海巡1503航标船正在进行换标作业　赵　杰　杨　宽摄

一艘轮船靠泊在曹妃甸港区弘毅码头　杨世尧　摄

路运输煤炭的主要下水港。2018年5月通车的唐呼线，也将从呼和浩特运出的煤炭，直接送抵唐山港。

北煤南运，更多的是指下水量，也就是从港口运走的货物。在唐山港，特色之一是这里的下水货物还包括钢材。

"主要销往华东、华南地区，也有一部分销往国外。"荣国锋介绍，这对于唐山这座钢铁大市，无异于打开了一条海上运输通道，"海运比陆运要大大地节省成本。"

制作钢铁的原料铁矿石，则是河北沿海港口上水较多的另一种货物。

2019年9月14日，唐山港京唐港区。

红色的矿石粉堆积在堆场，锚地不时有汽笛传来，这是待靠泊的货船。

"运自巴西、澳大利亚的铁矿石，从唐山港卸货，主要运往唐山本地和承德的钢厂消化。"唐山港集团股份有限公司副总经理李顺平介绍，比如建在港口附近的钢厂，港口有铁路或皮带机直接将矿石送到厂区。

沧州黄骅港矿石港务有限公司副总经理刘晓辉每天都关注群里的动态，这里几乎都是铁矿石的相关信息，他划动着手机屏幕说："你看，今天的运费价格，以邯郸武安一家钢铁公司为例，从渤海不同港口的运费差价不小。"

56元、82元、71元、90元、93元，这分别对应着2019年9月9日当天，黄骅港、曹妃甸港、天津港、董家口港、日照港发车的矿石汽运价格。"黄骅港的铁矿石还通过铁路运送到邯郸武安、河南等地，极大地缩短了陆地运输距离，对于企业而言，将节约巨大的物流成本。"刘晓辉笑笑，"这就是区位优势。"

航运史上有个说法，集装箱改变了世界。这是因为，集装箱最大的成功在于其产品的标准化以及由此建立的一整套运输体系。

秦皇岛的淀粉、玻璃，唐山的板栗、陶瓷，它们从港口"坐"上货轮，被运往南方城市以及国外的超市货架，一些产自国外的产品，再随着这些有着固定航线和固定时间的班轮被运回到港口，通过铁路或者公路运输送到不同地区。

"从唐山港上水的集装箱，通过京汕、京秦等18条铁路路线，可以辐射到我国西北广大地区，包括新疆、青海等地。"李文勇说。他们还有5条集装箱外贸线路，分别到达日本的7个基本港和韩国的仁川、釜山等港口，和连云港比，近了400多公里。距离里就藏着货主关注的赢利点。

唐山港曹妃甸港区在建设初期吹沙造地　　河北日报社资料图片

2018年，从这里发出的唐山首列中欧班列，打通了唐山沟通世界的国际铁路物流大通道。遍布西北、华北、东北的18个内陆港，将港口腹地拓展到230万平方公里，航线覆盖国内沿海主要港口及日、韩基本港。

2. 港的生意

每年年底，全国乃至全世界港口最关心的数字就是全年的吞吐量。

这就涉及一个问题，能计重的货物自然可以在数字后面缀上"吨"或者标准箱，那么类似羊、牛的运输量又该怎么计算呢？

"一头牛算一吨，5只羊算一吨。"刘晓辉介绍。

到2019年8月底，从黄骅港进境的牛，达到了31259头，按照吞吐量核算，也就是31259吨。

黄骅港口岸2018年1月首次进口屠宰牛，截至2018年底，共进境澳大利亚牛1.4万头，占全国同类进口牛的11.9%，成为全国进境牛数量最多的口岸。

"这就是港口的虹吸效应。"刘晓辉的话不无道理。

2010年通航的黄骅港综合码头，2012年有了进口牛的记录，"我们有6个10万吨以下通用散杂货码头，通航不久就有船代公司来咨询，问我们的码头是否能接卸进口牛。"刘晓辉回忆，此前，他有过进口牛羊的接卸经验，一口应了下来。

"进口牛的流程比较繁琐，需要专门的牛道，要引导牛从船舱通过牛道走到货车上，这可不是一头两头，而是上千头牛，所以效率和安全都很重要。"刘晓辉介绍，这只是一头外国牛想要踏入我国境内的一个环节。

2012年，黄骅港进口2288头牛，2014年，这个数字就飙升到了26614头。这是因为一家肉类食品公司——黄骅市鑫茂肉类食品有限公司，国家首批进口澳洲肉牛定点屠宰加工企业之一，看准了黄骅港的便利，2012年将公司设置在了港口附近。

此前，我国以进口冷冻牛肉和冰鲜牛肉来满足国内市场需求，这种方式对冷链运输技术要求较高，成本也高。黄骅港口岸开展的进境屠宰牛业务，实现了活牛入境、国内屠宰，最大程度上保证了牛肉的品质与口感，也可降低运输成本。

港口所带来的辐射动力已经显而易见，港口自身也在谋求突破。

"2018年，我们完成了超3亿吨的吞吐量。"唐山港股份有限公司京唐港区副总经理张小锐介绍，而京唐港区的年设计通过能力实际只有1.72亿吨。

那么，一个港口是如何实现几乎两倍于设计通过能力吞吐量的呢？

"这就是智慧港口。"张小锐说，就是用现在的设备，提高港口的周转率，来实现超设计能力的吞吐量。

在整个唐山港京唐港区，所有的作业指令都可以通过手机App发送和接收，这些指令以及工人操作所形成的大数据，被后台收集后，又形成了新的参考，有利于进行生产分配以及决策时作为依据，"极大地节约了人力成本"。

京唐港区的散杂货装卸目前已经实现了工业自动化和POS系统管理，具有高度的智能化。"我们15台斗轮机，已经改装了2台无人驾驶，其余流动机械，都在尝试主要作业过程实现无人化，特别复杂的人工辅助，由过去的操控类改为管控类。"张小锐调出实时监控后台，几名操作人员紧盯着屏幕，集装箱码头正在作业的区域，空无一人。而过去，每一台场桥上都要有两个工人操作，按照三班倒轮值，至少需要配备6人。

"如果说港区引入的智慧作业是大脑，那么岸桥、场桥这些设备就是要由大脑控制的手脚，手脚不灵活，也会影响效率。"张小锐说，他们在堆场首次使用双箱轨道吊，占比达30%，作业效率提升50%以上，轨道吊支持跨堆场使用，堆场设备投资降低60%。

相较这些宏观管理，国家能源集团神华黄骅港务有限责任公司（以下简称黄骅港务公司）设备管理科科长汪大春的工作更为具体。

在黄骅港务公司，初次到访的人可能都会好奇，为什么煤炭码头如此干净。

汪大春给出了答案："我们自主研发了翻车机本质长效抑尘系统，从煤炭进港的第一个环节入手，把煤尘污染的源头解决掉，实现了作业全流程煤尘近零排放。"

对于传统煤港来说，大多数采用洒水降尘工艺，但除尘效果不佳。

为彻底将煤尘抑制住，黄骅港务公司还发明了多个抑尘装置，包括堆料机臂架洒水系统、皮带机洗带装置等，系统性解决了北方煤炭港口粉尘控制难题。

以运煤皮带为例，皮带循环运转，总有粉尘被拖带下来。洗带装置，先洗后刮，产生的煤污水和码头、堆场等清扫的粉尘均进入粉尘处理车间做成煤饼，每天能产出约10吨煤饼对外销售，一年接近3000吨。

矗立在码头的48个筒仓，也是清洁生产的一项重要有效举措，筒仓高43米，直径40米，单个可装3万吨煤。"煤从火车上卸下来，通过皮带直接运往了筒仓。"汪大春介绍。这里也是世界上煤炭港区规模最大的筒仓群，这种煤炭中转方式与露天堆场相比减少了97%的粉尘排放。

　　海洋，和我们相依相伴的海洋，孕育了生命，联通了世界，促进了发展。我们从海洋中获取各种生产生活资料的同时，也在探索保护和可持续开发海洋。

　　河北在海洋科学研究、海洋环境保护、海洋生态修复、海洋资源可持续利用等方面正在采取哪些行动？请看《大河之北·海洋篇》第六单元——碧海清波。

第六单元 碧海清波

采写◎《河北日报》记者 白 云

📖 阅读提示

我们从海洋中获得各种资源，也借助海洋拓展我们的生存空间。

河北省地处环渤海核心地带，有3个沿海市和11个沿海县（市、区），拥有7200多平方公里管辖海域，布局有3港4港区。海洋，对河北省的环境影响和经济建设的重要性不言而喻。

这就要求我们更加了解海洋，保护海洋，探寻一条可持续开发利用海洋之路。

近年来，河北省在保护湿地、修复沙滩、治理赤潮等方面取得了一定进展，也在增殖放流、海洋牧场、海洋观测、海水淡化等领域持续探索，这一切，都是为了让海洋走向蔚蓝。

秦皇岛加紧修复沙滩　　赵 杰 摄

一、修复与治理

1. "治疗"沙滩

2019年8月4日，秦皇岛东山浴场。

天南海北的游客们在细腻的沙滩上玩得不亦乐乎，有人下海畅游，有人坐地玩沙，小孩子几乎人人一套小桶、小铲，要在沙滩上建一座沙的城堡。

数公里长的海滩上，这十分常见。

游客们并不知道，就在几个月前，东山浴场的这片沙滩，刚接受完一场"治疗"。受潮水侵蚀，这里的海滩一度不足40米宽，被海浪冲击的木栈道也残破不堪。

"不只是秦皇岛，在人类活动造成的负面环境效应以及全球气候变暖的共同作用下，全球70%的砂质海岸都遭受到侵蚀，出现了岸线蚀退。"河北省海洋地质资源调查中心生态修复室副主任赵友鹏谈及此，忧心忡忡。

秦皇岛，一座以滨海旅游著称的城市。恰好，它的岸线主要是砂质岸线，而沙滩又是这座城市滨海旅游产品中不可或缺的组成部分。

"从20世纪80年代起，受全球气候变化以及填海、上游河流修建水库等影响，沙源减少，使得秦皇岛沿岸沙滩侵蚀加剧。"赵友鹏说。严重的岸段，甚至出现一场风暴潮后，七八米宽的沙滩被海浪整片卷走的情况。

以秦皇岛著名景区老虎石浴场为例，老虎石西侧的海滩，在修复前已残存无几，整治修复后，呈现了70米～80米宽、长约3000米的沿岸沙滩。

沙滩修复是否只是简单的运沙倾倒？

河北省海洋地质资源调查中心海洋处技术负责人刘修锦摆摆手，"每一处海滩修复的准备工作就要半年左右。"

简单说，修复沙滩的过程，一方面要对沙滩补沙，一方面要在水下修筑沙坝。

所谓的沙坝就是一条距离岸线200米左右的潜于水下、用沙子堆起来的坝，"这条沙坝既能消减来自海洋的波能，又能对岸上沙向海洋的流动起到阻拦作用，正常天气下，甚至能促使沙坝的沙向岸搬运"。

补沙的过程相对简单，每一条沙坝的准确数据是如何得出的呢？

曹妃甸湿地　　河北日报社资料图片

　　修复一块海滩，要从采集待修复区域的水文基础信息开始，通过计算机做数学模型、模拟实际场景做物理模型。"前者通过计算机计算出水下沙坝的适宜位置、长宽高等数据，后者将海滩按比例缩小后在水池或水槽中进行实物模拟。"刘修锦说。

　　物理模拟在长约60米、宽40米、深0.6米的水池或长40米、宽2米、深0.8米的水槽内进行，用采集的当地水文数据，模拟出海浪、潮流等因素对沙坝、海滩的影响。

　　当然，即使经过严格试验测算之后，修复的海滩依然会继续受到侵蚀。"一般修复后第一年侵蚀最为严重，能保留80%～90%的修复成果，此后，侵蚀逐年递减。"刘修锦介绍，2017年完成的北戴河新区戴河口—洋河口段岸线修复，如今还有80%的修复成果保留。

　　在准备修复前，解决沙源问题也在同时开展。

像刘修锦一样的海洋科研人员，除海滩修复维持旅游红利之外，他们更关注的是修复前后的生态效果。

"修复海滩的沙，大多在距离秦皇岛岸线10海里以外的区域采集，颗粒大小要大于或接近于待修复区的沙，取海底沙的表层。"刘修锦介绍。

"取沙前，要避开相应的规划区域和红线区，同时要考虑到海底会留有坑，这个坑是否会对近岸带来环境影响。"刘修锦说，经过连续几年的观察，他们发现海底沙的流动具有"自愈"能力，能慢慢将坑淤平，基本不会带来生态影响。

秦皇岛160多公里的海岸线上，共有海滩60多公里，游客们不知道，这其中有24公里是刘修锦和同事们人工修复的区域。

2. 防范赤潮

2018年8月28日，秦皇岛海域西浴场沿岸。

赤潮再次发生了。

此前的7月20日至7月23日，同样的位置已发生过一次。

赤潮是在特定的环境条件下，浮游动物或植物通过快速增殖，影响其他生物生长和正常食物链结构，危害生态环境和人类健康的异常增殖现象。

每当赤潮爆发，河北省地矿局第八地质大队、河北省海洋地质资源调查中心海洋处项目经理陈文超就会格外地忙。

赤潮，却不一定是红色的。"赤潮发生的原因、种类以及数量不同，水体会呈现不同的颜色，有红色或砖红色、黄色、棕色等。"陈文超介绍，赤潮是习惯性叫法。

秦皇岛海域的赤潮，大多是一种微微型藻华，经过研究鉴定，其学名为抑食金球藻。"我们肉眼是看不到这种藻的，要借助显微镜。它边繁殖边死亡，消亡的过程也是变色的过程，聚集在一起覆盖在水面，形成赤潮。"

除了植物，还有红色中缢虫等浮游动物造成的赤潮。

2016年7月，秦皇岛还爆发过夜光藻、尖叶原甲藻、红色中缢虫、血红哈卡藻等10种赤潮生物演替叠加的赤潮。

那赤潮是如何形成的呢？

"污染物超标入海、温度变化等，都可能诱发赤潮。"陈文超介绍。

老话说"雷雨丰田",这是形容打雷下雨的天气,雨水中的氮会增多,对庄稼有好处。但是过量的氮,会造成水体富营养化,引发水体中的浮游动植物大面积繁殖,从而爆发赤潮。

秦皇岛一带的赤潮大多表现为红色或褐色,偶尔也有蓝色等其他颜色,蓝色是赤潮异弯藻或夜光藻所致,夜间的海面上能看到一片蓝色的光。

对不了解赤潮的人来说,赤潮甚至是美丽的。

但颜色,掩盖不了赤潮的危害。

"赤潮一旦爆发,动辄以数平方公里的面积出现,近些年最大的一次赤潮甚至超过100平方公里的覆盖面积,对于渔业来说,这几乎是致命的灾害。"陈文超介绍,藻体在分解过程中大量消耗水中的溶解氧,导致鱼类及其他海洋生物因缺氧死亡,使海洋的正常生态系统遭到严重破坏。

2016年爆发的塔玛亚历山大藻,本身就含有毒素,食用它的紫贻贝体内麻痹性贝毒素超标,人食用紫贻贝后还出现了多起中毒案例。

"目前,我们处置赤潮的应急手段,主要是喷撒改性黏土。改性黏土是通过物理的方法改变普通黏土的电位,利用其吸附作用,让赤潮中的浮游动植物沉入海底。"陈文超介绍。

4克改性黏土就能消除1平方米范围内的赤潮,数平方公里的赤潮灾害几小时就可以消除。

当然,这只是应急措施。陈文超介绍,20世纪90年代,北戴河附近海域10年间只发生了2起赤潮,2000年~2019年却发生了近50次赤潮。值得注意的是,2016年到2018年赤潮发生的次数分别为6次、5次、2次,正在呈逐年下降的趋势。

这和河北省对北戴河近岸海域实施的综合治理不无关系。

2013年,经科技部、国家海洋局批准,河北省组织了国内上百位专家学者,启动《北戴河近岸海域典型生态灾害污染监控与关键技术集成应用研究(2013~2016)》,就海域环境状况、水质污染和污染源状况进行调查,对陆海污染物输入、时空分布和联动等进行诊断,查明赤潮灾害诱发因子等。

"其中,首次查明了造成北戴河海水大面积异常和扇贝养殖业巨大损失的微微藻及诱发灾种。"河北省自然资源厅原总工程师肖桂珍介绍,根据这批研究成果,政府确定了启动微微藻应急处置的预警指标,组建了应急消除队伍。这些研

海兴湿地　　范立伟　摄

究为政府决策工程时序、治海先治陆、治陆先治污染源、实施海陆统筹、流域综合整治提供了科学依据。

比如，为减少陆源污染物入海量"刺激"赤潮爆发，河北对所有入海河流实施全流域系统治理，落实"一河一策"。对全省49条入海河流101个断面水质组织开展监测。

除此之外，秦皇岛作为全国第一批"湾长制"试点之一，把162.7公里大陆岸线、岛屿岸线和滩涂湿地等划片分包，施行基层湾长驻守、县域湾长巡视和市级湾长检查督导的三级湾长监管体制。

就赤潮明显减少的2019年1月～9月，河北入海河流13个入海口断面水质全部达到或优于V类标准，近岸海域海水水质均达到一类海水质量标准。

3. 湿地留存

2019年10月24日，北戴河湿地。

潮水退去的浅滩里，数不清的鸟在觅食或休息。阳光照射在水面，植被、水洼、鸟，构成一幅独特的海岸风景画。突然，遮天蔽日的鸟，飞了起来，几公里外的观鸟游客们，纷纷用长焦镜头和望远镜对准了这被称为"万鸟临海"的一幕，禁不住发出惊呼和赞叹。

每年四五月份以及九十月份，都是秦皇岛的观鸟季，这里被誉为世界四大观鸟地之一，来自世界各地的观鸟团会形成一个新的旅游小高潮。

不仅是北戴河湿地，七里海湿地、滦河口湿地、曹妃甸湿地、南堡湿地、南大港湿地、黄骅湿地等，都有一定规模的迁徙鸟停留，形成了河北滨海湿地一道风景线。

为什么迁徙的鸟类，会选择在滨海湿地沿线停留呢？

这和滨海湿地的生态有关。

狭义湿地是指地表过湿或经常积水，生长湿地生物的地区。湿地生态系统是湿地植物、栖息于湿地的动物、微生物及其环境组成的统一整体。

滨海湿地地处海洋与陆地的交汇地带，咸淡水汇合，不仅资源丰富，还具有调节气候、调节水文、净化污染物、为生物提供栖息地等多种功能。

生活在滨海湿地水域中的蛤蜊、蝌蚪、沙蚕、虾、钉螺、水生昆虫、软体动物以及水生植物的茎、叶、块根、球茎和果实等等都是鸟类的食物。长途迁徙中，湿地，是鸟类重要的补给站。

鸟类，不过是湿地哺育的动物之一。

秦皇岛石河南岛湿地　　　河北日报社资料图片

滨海湿地作为重要湿地类型，既蕴藏着丰富的自然资源，又有自己独特的生态环境效应，是地球上生产力最高、生物多样性最丰富、最具保护价值的生态系统之一。

"滨海湿地还有储存碳、调控水量（抗洪防涝）、防灾减灾等作用。"河北省地矿局第八地质大队、河北省海洋地质资源调查中心海洋处项目经理邢容容说，以防灾减灾为例，滨海湿地上的植被对防止或减轻海浪对海岸线的侵蚀起着很大的作用，还可使后方的建筑物、农作物、植被等免遭强风和海浪的破坏。

不可否认，随着经济建设以及环境污染等因素，全国滨海天然湿地都在大面积减少，滨海湿地生态系统受到干扰，出现了天然湿地萎缩、生态环境恶化等问题。

保护湿地也就变得迫在眉睫。

"我们正在做滨海湿地生态修复工作。"邢容容介绍。

那么，湿地的保护从哪里入手呢？

"北戴河湿地生态修复项目已纳入渤海综合治理攻坚战整治行动。"邢容容说，这一项目通过营造岸坡植被——明水面——浅滩植被——明水面——光滩的复合生态系统对湿地展开修复。

"湿地植被修复优选本土物种，如芦苇、碱蓬等。"邢容容说，植被修复后可为鸟类提供觅食、隐藏和繁殖的场所。

除此之外，湿地修复还包括潮沟系统修复。主要是疏通潮沟恢复潮滩湿地水文连通性，提高潮沟漫滩的水盐交互能力。

这是因为潮沟系统在维持生物多样性及生态系统过程中具有重要的作用。

被问及湿地最终修复成什么样，邢容容笑笑说：修复后的滩涂形成翅碱蓬—芦苇植物群落，滨海湿地生态系统得以重建。

二、海里的播种

1. 增殖放流

2019年5月30日，黄骅近海海域。

一艘渔船借着涨潮的海水，满载出港。当地组织的一场放流活动正在进行，

初夏时节，乐亭县沿海地区渔民投播海参、贝类等海水养殖产品的幼苗

河北日报社资料图片

一桶桶的虾苗、鱼苗，顺着船舷滑入渤海，它们承担着资源修复的重任。

增殖放流是用人工方法向海洋等天然水域投放或移入渔业生物的卵子、幼体或成体，以恢复或增加种群的数量，改善和优化水域的群落结构。

这次放流，黄骅向渤海投放了1厘米以上中国对虾9500万尾，20厘米以上牙鲆5000尾，10厘米以上半滑舌鳎8.5万尾。

不是每一尾苗种，都有资格加入放流队伍。在投放之前，它们要经历一场"体检"。

在黄骅市季家堡河北鑫海水产生物技术有限公司院内，河北省水产养殖病害防治监测总站原站长邵铁凡正对准备投放的苗种进行抽检。"要把关投放的苗种质量，比如是否用了违禁药品、是否属于本地品种、苗种质量是否合格等等。"

"就拿同一片渤海来说，咱们本地和辽宁海域投放的品种不完全一样。"沧州市农业农村局渔业管理科科长张军生介绍，用于增殖放流的亲体、苗种等水生生物应是原生境分布物种的原种或者子一代。不能向天然水域投放杂交种、外来种、转基因种以及其他不符合生态安全要求的水生生物物种。

比如，质优价高的日本对虾，属于外来生物，由于担心外来生物破坏本地的生物链，所以增殖放流不允许投放。

不仅如此，不同品种的苗种，投放前的生长状态也有规定，中国对虾苗种要求1厘米以上，梭子蟹要求Ⅱ期幼蟹以上，半滑舌鳎等鱼苗多在5厘米以上，这是为保证成活率。

承载着重任的苗种，投入大海后，如何评估呢？

河北省海洋与水产科学研究院承担着增殖放流效果评估工作。

2019年5月7日，秦皇岛港。

300吨级的渤海001号，静静停靠在海港。

轮机员杜秋钻进船舱检查了一番，即使不出海，这艘42.8米的大家伙也要有最好的保养。

这艘2017年交付使用的近海资源调查船，是河北唯一一艘集捕捞、调查、科研于一体的大型科研船。它具备在近海进行大范围海洋渔业调查及水文、物理等综合要素的同步探测、分析和处理能力，还具备数据采集、样品的现场分析、数据集成、信息传输等能力。船上配有海洋环境、鱼类资源、水质监测分析实验室，拥有科研探鱼仪系统、无线拖网检测系统。

"这艘船主要承担渤海海域的渔业资源与环境的常规、专项和应急调查监测、海洋综合调查与评估。为海洋渔业生态环境保护、渔业增殖放流、海洋牧场建设、海洋生态环境修复和渔业资源可持续利用等提供科技支撑平台。"河北省海洋与水产科学研究院渔业资源室主任张海鹏介绍。

借助专业设备，张海鹏和同事对中国对虾、三疣梭子蟹、牙鲆、海蜇等主要放流品种进行了跟踪监测和社会生产调查。

"2014年～2018年，河北省海域共放流了11个品种，包括中国对虾、三疣梭子蟹、半滑舌鳎、褐牙鲆、红鳍东方鲀、梭鱼、许氏平鲉、毛蚶、杂色蛤、海蜇和刺参。"张海鹏说。

5年间，河北省海域累计放流872282.3534万单位的海洋生物，其中中国对虾累计放流776490.56万尾，占总放流数量的89.02%；三疣梭子蟹累计放流49618.4308万尾，占5.69%，两种放流品种合计占总放流数量的94.71%。

如此大的放流量，效果如何呢？

"2014年～2018年中国对虾放流产量共11207吨，产值21.76亿元，年均4.35亿元。回捕率范围为1.94%～3.9%，均值为2.89%。"张海鹏说。

增殖放流还明显增加了河北海域的经济品种如中国对虾、三疣梭子蟹和牙鲆的资源量，使当地渔民直接增收。

"近几年很多渔民反映春季口虾蛄（皮皮虾）生产时见到了洄游的中国对虾，说明上年的捕捞剩余群体经过越冬和生殖洄游形成一定数量的繁殖群体。"张海鹏说，2017年，调查还显示牙鲆的幼鱼数量最多，说明放流对促进生态环境的改善和保护生物多样性发挥了显著的作用。

2. 海洋牧场

能否想象，在海底搭建人为牧场，让鱼虾蟹像草原上放牧的牛羊一样聚集生长？

这就是被称之为海洋牧场的构想。

海洋牧场的概念20世纪被提出后，全国沿海各省都有行动，截至目前，河北省已有11处国家级海洋牧场示范区。

2019年5月6日，昌黎。

30米长的冀昌渔06092号渔船上，船长杨海杰调试着设备，即将出发。

在禁渔期，出海的渔船是因为承担着一项科研任务：海洋牧场生态效果调查。河北省海洋与水产科学研究院要对新开口海域国家级海洋牧场示范区进行一次生态效果评估。

船开出去两小时左右停了，张海鹏穿着红色的救生衣，和同事开始了紧张的工作。

透明度盘等各种设备被抛下水，等数据稳定后，再逐一提出水面，张海鹏在晃动的船舱里报出一个个数据：水温12℃，盐度32‰、透明度2.5米……

3名水手多次协助工作，已经轻车熟路：放网、采底泥。百十米的渔网逆着船前行的方向，一节节沉入海底，滑轮吊起抓斗，带上来一团湿淋淋的海底淤泥。

"今天一共有三大类调查内容，水环境、生物环境、沉积环境调查。每一大类

秦皇岛海港区对沙滩浴场进行集中整治　　赵 杰 摄

又有多项需要现场测定和实验室分析的指标。"张海鹏说，"一年要做几次这样的调查采样，通过每次数据对比，来分析这片海域的水质和海洋生物变化。"

张海鹏蹲在筛网旁，用镊子夹起一条长不过5厘米、通体透明的小鱼，兴奋地喊："看，文昌鱼！"

张海鹏的兴奋是有原因的，别小看这个小家伙，文昌鱼是国家二级保护动物，对海洋底质要求比较严格，通常仅生存于有机质含量低的纯净粗砂和中砂里。

放入海底的网，要等次日再来取，采集到的生物样品和水样分析结果将用于评估海洋牧场示范区的效果。

2019年5月8日，唐山海洋牧场实业有限公司。

10年前，这里是河北省较早开展海洋牧场建设的。

总经理张云岭展示了一段潜水员从海洋牧场拍摄的视频，数米长的马尾藻在略微浑浊的海底来回漂荡，被海草缠满的人工礁石孔洞中，一只小螃蟹试探着爬出来，差点儿被一只经过的鱼撞到。

"陆地上没有草和森林，土地就会沙漠化。海底也一样。我们通过在海底投放礁石，作为海洋生物的栖息地，便于海藻等生长，从而为海洋动物提供食物和庇护所，增加海洋生物。"张云岭说。

　　回忆起筹建海洋牧场，张云岭直言："摸索中前进。最初，具体到投什么样的礁体、投多少，都没有经验可以借鉴。"

　　张云岭说，第一批投到大海的礁体，都是水泥浇筑，有方的也有圆孔形的，忐忑地投入大海后，张云岭就开始不断观察效果。

　　"慢慢发现，礁体上长出了马尾藻，长度有三四米，礁体中也有小鱼小虾来栖息。"张云岭回忆，他开始好奇并追踪，为什么会出现这种现象。

　　通过不断研究，他发现了礁体上附着的活体牡蛎的重要性。牡蛎是滤食性动物，滤食的过程中还吸收了海水中的氮和磷，净化了海洋水体，从而能减少赤潮发生的概率。牡蛎还有利于大型海藻附着其上生长，进一步改善水质、提高海洋生产力，鱼虾蟹自然被吸引过来。

　　当这样一个生物链条被发现后，张云岭开始研究礁体投放的细节，什么样的礁体更有利。他用花岗岩、水泥、钢铁作原料，制成各种礁体不断进行试验，

"至今，我们公司已经累计投放了20多种礁型。"

生态环境变好的同时，张云岭尝试在海洋牧场投放海参和贝类进行养殖，并组织当地渔民改变传统的捕捞作业模式，开展海洋牧场旅游、养殖等增收方式，他们还准备利用海洋牧场的资源，拓展休闲渔业。

"全省累计投放花岗岩石块和水泥构件等人工礁体460多万立方米。"张海鹏介绍，2008年河北省制订出台了《河北省人工鱼礁管理办法》，对人工鱼礁进行细化管理，目前河北省海洋牧场总面积已达6500万多平方米。

海洋牧场建设的效果怎样呢？

张海鹏介绍，通过省海洋与水产研究院提交的本底调查、效果评估和跟踪监测数据显示，海洋牧场的生物量和生物密度都有明显的增加。

人工鱼礁单体跟踪监测的数据显示，构件礁表面的附着生物量达到14种，其中软体动物6种，节肢动物4种，腔肠动物2种，苔藓动物1种，尾索动物1种。构件礁上的附着生物量达到每平方米1748克。潜水员的水下拍摄视频显示礁体表面还附着生长着大量藻类，形成了一片"水下森林"，既净化了水质，又为众多海洋生物提供了基础饵料。

北戴河海滨　　潘如辉　摄

"我们还对礁区附近的渔民进行了问卷调查，显示在人工鱼礁投放区及周边海域，渔获量是其他海域的2～4倍。但我们建设海洋牧场的目的并不是为了捕捞，而是为了以点带面地全面修复我们的海洋环境。"张海鹏扶着渔船的船舷目视远方说。

三、减灾与开发

1. 海洋观测站

　　2019年10月28日，黄骅港三千吨码头。

　　退潮后的浅滩还留着湿漉漉的大海印迹，一栋孤零零的办公楼矗立在这片海域的海陆交界处，这里就是河北省地矿局第四水文工程地质大队海洋环境监测站的水文气象观测站。

　　两间狭窄的办公室，电脑屏幕不断更新着数据：水温、盐度、潮汐、气压……在国家海洋观测网内部，这里被称为黄骅站。

　　这里是沧州市唯一纳入全国海洋观测网的全天候水文气象观测站，也是河北省6个观测海洋的台站之一。

　　当天的值班员之一是水文气象观测站主任齐震。

　　呼啦啦的海风中，齐震来到建在黄骅港神华港区二期码头边的设备室，巡视设备是否正常作业。

　　设备室内，一块巴掌大的屏幕上显示着一组动态数据。码头上噪音很大，海风也很大。齐震指着屏幕上的数据，靠近记者的耳朵大喊："低潮2.12米，水温15.55。"

　　"就现在吗？"记者问。

　　"就现在，实时。"

　　这是一处验潮井，由浮子式验潮仪实时获取潮汐数据。设备室外，一条直径近50厘米的铁管深入海面下七八米，温盐仪就在其中，用来读取水温、盐度等数据。

　　"我们站，全年365天，每天24小时都有人值班。24小时值班的意义在于，设

科研工作者正在对国家级海洋牧场示范区进行生态效果评估　　　白云　摄

备有时候会损坏，传输线路也可能会出现问题，我们要马上抢修，同时手动上传数据，不管什么情况，数据不能丢。"齐震说。

观测站的工作是枯燥的。每5天轮班一次，一组两个人，天天守着潮涨潮落的海岸和屏幕上一堆红红绿绿的数字。为了在饮食和业余生活中有所调剂，值班人员开辟了一小块菜地。

"吃饭在一楼，自己做，睡觉在旁边，就这儿。"齐震指指电脑旁的单人床，略显局促的办公环境，丝毫不能掩饰这里的重要性。

2019年8月11日，受"利奇马"台风影响，国家海洋环境预报中心、河北省海洋预报台发布风暴潮红色预警。风暴潮预警分4个等级，分别是蓝、黄、橙、红，红色预警为最高等级，本次红色预警风暴潮最高潮位达5.77米。

当天，预报中提及的受影响区域，就包括黄骅潮位站。

当晚，当沿海区域大多数人对这场风暴潮避而远之的时候，齐震和同事却开着越野车，疾驰在风雨交加的黄骅港。"海水涌上港口淹了大半个轮胎，一个浪打过来，啪一下就拍到了前挡风玻璃上，啥也看不见。"齐震回忆。

观测站的小菜地见证着台风"利奇马"有多恐怖：比滩涂高出1米多的菜地，种植的蔬菜全部被上涌的海水"盐杀"，菜地的一角还被海浪啃出一个1米多深的洞。值班室一楼多处进水，海水冲刷的痕迹清晰可见。

由于海水漫灌，值班室电瓶损坏、变电站被烧，数据传不过来。齐震前往验潮井维修设备并手动上传数据。狂风巨浪中，验潮井设备室被海浪拍得乱响，齐震钻入其中，肉眼读取各项数据，通过通信设备每10分钟上报一次实时潮位变化。

渤海新区防汛抗旱指挥部在等、省预报台在等，如此恶劣的天气，设备记录的数据一方面会留下珍贵的资料，另一方面也能实时上传到省预报台和自然资源部北海预报中心，为预报员提供准确的一手资料，预报的结果就能及时提醒相关部门，制定精准的防灾救灾方案。齐震在设备室坚守了4个多小时，直到数据恢复传输。

这场被誉为50年不遇的台风风暴潮持续了整整60个小时警报才解除。

这里的观测数据非常宝贵。

"这里的前身是成立于1982年的黄骅港务局水文气象站，海洋站观测预报员由原黄骅港务局水文气象站在2005年并入而来。建设之初，这里服务于建港初期的工程建设和防灾减灾，也由此积累了近20年的宝贵海洋水文资料。"海洋环境监测站站长刘新伟介绍，累积的数据对于研究海洋潮汐的变化是一笔无价的财富。

观测站的数据上传后，由国家海洋预报台根据各站上传数据资料，科学分析，做出预报，并逐级下发。

"我们这儿的观测数据，就是预报的基础之一。"齐震说。

正因此，海洋环境监测站全年从来没断过人。

观测站发出的预报，迅速传达到沿海各单位，为政府防灾减灾、企业生产、居民生活提供指导。

这，正是齐震和同事们日复一日收集海洋数据的意义。

2．海水淡化

2019年10月29日，黄骅港神华港区。

运煤船缓慢通过港池准备靠泊，承载着这些货船的海水，还有一部分悄然流向另一个渠道：海水淡化厂区。

海水淡化，这曾经是人类的梦想之一。

海洋占据了地球表面70%的面积，如果能把浩瀚的海水转化为我们的生产、生活用水，将大大缓解全球缺水的状况。

"2006年，河北省的海水淡化项目开始起步。"由河北省自然资源厅主导的河北海水利用调查项目负责人齐震介绍，10余年间，全省海水淡化工程数量和产水规模呈逐步上升趋势。

国家能源集团河北国华沧东发电有限责任公司（以下简称"国华沧电"），就是最早"吃螃蟹"的企业之一。

国华沧电的厂区和渤海隔着一条长长的防波堤，堤那边是几艘渔船，这边是4台海水淡化装置，巨大的白色管道里，从黄骅港神华港区港池接过来的海水，正通过低温多效蒸馏方式转化成淡水。

低温多效蒸馏是目前比较常用的海水淡化的方法之一，是指海水的最高蒸发温度约70℃的海水淡化技术。通过将一系列的水平管降膜蒸发器串联起来并分成若干效组，用一定量的蒸汽输入，通过多次的蒸发和冷凝，从而得到多倍于加热蒸汽量的蒸馏水。

"我们的造水比是10，即1吨蒸汽可以制造出10吨淡水，1吨淡水还需要约3吨的原料海水。"国华沧电总经理助理张兰芳介绍。

目前，全国海水淡化日产能约119万吨，其中国华沧电的海水淡化产能约占6%，为5.75万吨。

国华沧电海水淡化日产能的75%，通过70公里长的管道供给其附近50多家工业企业，25%留作国华沧电自用，这超出了国华沧电上马海水淡化装置的预期。

把目光转回到2001年。全国煤炭销售形势不好，作为煤炭大港，黄骅港神华港区受到一定影响，他们谋划建一个电厂，就地消化一部分运抵港口的煤。

电厂运转需要大量的淡水，但黄骅港神华港区所在的沧州市，就全国而言是缺水严重的城市之一，也是因过度开采地下水而成为我国地面沉降最严重的城市之一。

国华沧电最初上马海水淡化项目，是想解决电厂自身生产用水。

2006年，国华沧电上马了1、2号海水淡化装置，每台可日产1万吨淡水，随后投产的拥有自主知识产权的3号设备，实现单台日产1.25万吨淡水，2013年投产的4号海水淡化装置，将单台日产淡水量更是提高到了2.5万吨。

张兰芳递过来一瓶名为神华海露的淡化水，记者犹豫着接过来试喝。海水，总要和咸、涩联系起来，但这瓶水入口，却和普通矿泉水没太大区别。

事实上，淡化的海水，水中所含的总硬度、氯化物、硝酸盐等指标，远低于《GB5747-2006国家生活饮用水卫生标准》的高限值。

以总硬度和氯化物为例，国标要求分别低于450mg/L、250mg/L，国华沧电淡化后的海水分别小于1mg/L、等于0.36mg/L。

"这是因为工业生产中，设备对水的要求更高。"张兰芳说。

国华沧电供应的50多家工业企业，涵盖了粮油、化工和生物医药等行业。相比企业购买水库等水，再自行加工以达到生产用水标准，国华沧电提供的淡化海水价格每吨比企业自行处理用水成本低1元钱。

这就有助于形成一个正向循环：用水企业越多，供水平均成本越低，越能形成产销平衡……

这种正循环，还在向着更多的领域扩展。

张兰芳的办公室挂着一张渤海新区海水淡化产业发展布局图，分别用醒目的绿色、粉色、红色、蓝色标注，不同颜色对应的分别是供水、供热、供汽、供浓海水四条线路。

"我们电厂的热能用于供给新区的居民用热，比如冬季采暖；汽能供给一部分用汽的企业；水就是淡化海水直供企业。"张兰芳说。

浓海水去哪儿呢？

她指着地图上标成了蓝色的沧海文化风景区，"到这儿。海水淡化的同时，提取了海水中的淡水，就一定会提高海水中的盐度，过去海水淡化产生的浓海水处理，一直是海水淡化的难点。2019年起，我们的浓海水先排到沧海文化风景区，和这里直接引入的作为景观的海水汇合后，供游客观光，随后从这里进入沧州盐业集团长芦黄骅盐业有限公司的作业区，进入滩晒制盐环节，能提高制盐生产效率。"

齐震介绍，海水淡化后排放的浓海水如未经适当的处理而直接排放入海，将对海洋生态环境造成长期的、不可逆转的影响。

截至2018年12月，河北省已投产海水淡化工程8个，总产水规模位居全国第4位。

海水淡化的规模越大，海水淡化的浓海水合理处理也就越发迫切。

齐震的调查显示，2018年河北省海水淡化后浓海水处理方式主要有3种：一是直接或间接排入邻近海域，浓海水产生总量的49%这么处理；二是浓海水排入附近盐场进行制盐，浓海水利用量占浓海水产生总量的41%；三是将浓海水作为原料用于制碱，利用量约800万吨，占浓海水产生总量的10%。

"当下河北省海水淡化工程浓海水综合利用方式呈现多样化，浓海水直排的总量呈下降趋势，相关政策的推进也将大幅减少河北省海水淡化企业浓海水直排量，这为推动河北省海水淡化工程下游产业发展奠定了工作基础，同时降低了海水淡化浓海水直排的环境副作用。"齐震对此很乐观。

结束语

感谢各位专家学者、受访对象对本系列报道的无私帮助，感谢一路相伴的读者，感谢河北这片美丽的土地，我们可爱的家乡。

本系列报道得到河北师范大学、河北大学、河北农业大学、河北地质大学、河北省农业农村厅、河北省交通运输厅、河北省文化和旅游厅、河北省地矿局、河北省林业和草原局、中国地质调查局天津地质调查中心、国家海洋局秦皇岛海洋环境监测站、河北省科学院地理科学研究所、河北省文物局、河北农林科学院、河北林业科学研究院、河北省海洋与水产科学研究院等单位（排名不分先后）的大力支持，再次致谢！

《河北日报》编辑部

编后记

一条大河，奔流千年；大河之北，是我家园。这里有自然天成的锦绣壮美，更有满怀期待的深情款款。

以一本书展开旖旎的画卷，把七千六百万燕赵儿女生活与深爱的这片神奇热土展现在世人面前，这是河北出版人的使命，也是我们的美好夙愿。感谢本书的创意者，感谢为本书的完成付出辛劳的每一位参与者。

本书是在《河北日报》特别策划、创作的深度连续报道《大河之北——河北自然地理解读》的基础上完成的。这一系列报道刊出后，收到良好社会反响，读者盛赞其"深入浅出、旁征博引、大开大阖、饱含情感"，体现了创作的专业性、权威性、知识性和可读性，并荣获第三十六届河北新闻奖一等奖。

河北是中国唯一兼具高原、山地、丘陵、沙漠、盆地、平原、河流、湖泊、海滨等地形地貌的省份。从记者的视角以深度报道方式来全景式呈现河北自然之美，这是具有开创价值的第一次。本书把专业性的自然地理介绍与经济、文化、历史、生态等诸多领域融合起来，从古至今，多领域交叉并现，用通俗、生动、准确的语言，结合具体的采访场景，以纪录片的叙述方式，不仅为读者全面了解河北这个浓缩的"国家地理读本"，提供了大量信息、知识和故事，而且让读者真切感受到燕赵大地"绿水青山就是金山银山"的丰饶美丽，感受到这片热土日新月异的发展变化。正因如此，它也独一无二地成为河北人的"家乡地理读本"。

河北出版传媒集团公司领导对本书的出版工作提出具体要求，给予悉心指导。为此花山文艺出版社组建了专业精干的项目团队，在编辑、校对、设计、制作的每个环节精益求精反复打磨，在图文并茂的基础上，专门制作了六个篇章的短视频和全部音频，读者通过扫描二维码即可收听全书内容，并获得色彩缤纷的视觉享受。我们力争以多媒体出版物精品的标准，给读者提供丰富的阅读体验和美的享受。

　　河北是一幅亘古至今绵延几千年的美丽画卷。平原广袤，沃野良田；山峦竞秀，小溪潺潺；海浪拍岸，河湖静安；高原揽月，森林无边；草原辽阔，大漠孤烟……知之深，才能爱之切。我们相信，不同年龄、不同地方、不同职业的读者，都可通过本书呈现的每一段文字、每一道风景，感受到燕赵大地壮美自然的勃勃生机，体验到生活在这片土地上的人们生命的律动，了解到从历史到今天社会发展的沧桑巨变。生于斯长于斯的我们，更能从中看到自己的"乡愁故事"，了解家乡的前世今生，感悟新时代的脉动，增长知识，引发思考，激发热爱家乡、建设家乡之情。

　　让更多的读者熟知河北的秉性和情操，惊艳她的容颜，走到她的身边，爱上她的明天；让更多的家乡人尊崇她的品格，情愿与之终生相伴，这是我们河北出版人的责任，更是我们工作的动力。花山文艺出版社将继续推出《大河之北——河北人文地理解读》，敬请广大读者期待。

2023年3月